국가안보론

국가안보론

2014년 2월 25일 초판1쇄 발행
2017년 2월 25일 초판3쇄 발행
2018년 9월 20일 수정판1쇄 발행
2020년 3월 20일 수정판2쇄 발행
2021년 7월 30일 수정판3쇄 발행

지은이 조영갑
펴낸이 이찬규
펴낸곳 북코리아
등록번호 제03-01240호
주소 13209 경기도 성남시 중원구 사기막골로 45번길 14
우림2차 A동 1007호
전화 02-704-7840
팩스 02-704-7848
이메일 sunhaksa@korea.com
홈페이지 www.북코리아.kr
ISBN 978-89-6324-625-3 93390

값 20,000원

Theory of National Security

조영갑 지음

국가 안보론

생존과 번영의 길목에서
국가안보를 위해, 인간안보를 위해
무엇을 해야 할 것인가?

북코리아

머리말

국가는 어떤 존재이기에 지켜야 할 대상이 되고 있는가?

프랑스의 수학자이자 철학자인 파스칼(Blaise Pascal)은《명상록》에서 "인간은 자연 속에서 가장 약한 존재에 지나지 않는다. 그러나 인간은 생각하는 갈대이다."라고 말했다. 이처럼 인간은 자연 속에서 미약한 존재이지만 생각하는 갈대로서, 다양한 대외적 · 대내적 위협과 군사적 · 비군사적 안전을 국가를 통해 보장받고 번영된 삶을 영위하기 위해 끊임없이 노력하기 때문에 위대하다고 할 수 있다.

제2차 세계대전을 승리로 이끈 영국 처칠(Winston Churchill) 수상은 "내가 국가를 위해 바칠 수 있는 것은 피와 눈물, 땀과 노력뿐이다. 국가안전과 국민번영의 길이 제아무리 험난할지라도 국가안보 없이는 생존할 수 없다."고 밝힌 바 있다.

국가의 영토, 주권, 국민의 생명과 재산을 보호하기 위해서는 국가안보가 튼튼해야 하며, 이를 통해 한국의 평화와 안정, 한민족의 번영과 행복, 세계 속에 평화통일과 국가품격을 높이고 발전시켜 나갈 수 있다. 특히 국가적 · 사회적인 지도자, 지식인, 전문가, 행정가, 학생들은 국가안전과 국민복지를 보호하고 증진시키기 위해 국가안보론의 학문적 이론과 실제에 근거한 국가정책과 국가전략을 결정하고 집행하는 내용을 이해하고 평가할 수 있어야 한다.

국가안보론이란 국가의 안전과 개인 · 조직 · 국민의 번영을 보장하기 위해 정치 · 외교력, 경제력, 사회 · 심리전력, 문화력, 과학기술력, 군사력 등을 종합적으로 운용하여 대외적 · 대내적인 군사적 · 비군사적 위협에 적절히 대응함으로써, 국가와 개인 · 조직 · 국민이 추구하는 제 가치를 보존하고 발전시켜 국가목표를 달성하기 위한 종합학문이다.

이 책의 구성은 다음과 같다.

제1장 '국가와 국가정책 이론'에서는 국가의 개념, 국력의 특징, 국가이익과 국가정책 내용으로 편성하여 국가이론 및 국가정책을 이해할 수 있도록 했다.

제2장 '한국의 안보정책 · 국방정책 · 군사전략 정립과 변화'에서는 안보정책 · 국방정책 · 군사전략의 기본이론과 발전과정을 국방체제 정립기, 자주국방 추진기, 자주국방 발전기로 구분하여 각 시대별 정책 및 전략의 특징과 내용을 정립하였다.

제3장 '군비통제정책'에서는 군비경쟁과 더불어 국가안보를 달성할 수 있는 또 다른 중요 분야로서 군비통제 이론, 국제적인 군비통제의 실제, 남북한의 군비통제 정책과 한국의 군비통제정책 방향을 정립했다.

제4장 '국가동원정책'에서는 전쟁이나 국가비상사태가 발생했을 때 국가의 인적 · 물적 자원을 효율적으로 동원 · 통제 · 운용하기 위해서 국가동원 이론, 국가동원과 전쟁, 한국의 동원제도 발전과정, 그리고 한국의 국가동원정책 방향을 제시했다.

제5장 '국가통일정책'은 국가통일 이론과 실제를 정립하여 분단국가의 국가통일 유형과 군사통합 방법, 남북한의 통일 정책 및 전략, 한국의 통일 정책 방향을 제시했다.

이 책은 수차례의 수정 보완을 거치면서 국가안보 이론에 기초하면서도 한국의 안보정책 및 안보전략 사례를 적용하여, 학문적 이론서 및 주요한 사례연구서 활용될 수 있도록 작성하였다. 따라서 안보정책 전문가를 위한 연구서, 교육자를 위한 강의서, 학부 및 대학원의 교육용 교재, 일반 연구자들의 참고서로 활용될 수 있을 것이다.

끝으로 이 책이 출판될 수 있도록 해주신 북코리아 이찬규 사장님과 편집 담당자, 그리고 각 대학에서 강의하시는 교수님 및 공부하는 학생들에게 진심으로 감사드린다.

대학교 연구실에서

저자 조영갑

차례

제2장 한국의 안보정책 · 국방정책 · 군사전략의 정립과 변화

제3장 군비통제정책

제4장 국가동원정책

제5장 국가통일정책

제1장

국가와 국가정책 이론

제1절 서론

제2절 국가의 개념

제3절 국력의 특징

제4절 국가이익과 국가정책

제5절 결론

1 서론

국가란 우리에게 무엇인가?

인간은 태어나면서 어떤 국가에 귀속되어 내 나라 또는 내 조국이라고 부르고 있으며, 국가는 의지할 영원한 마음의 고향으로서, 사랑과 충성의 대상으로서, 감격과 희망의 대상으로서 존재하고 있다.

국가란 무엇이기에 국가를 위해 희생한다는 것이 충성스러운 행동으로 찬미되고, 또한 인간은 그러한 숭고한 희생을 열망하는 것일까? 프랑스 극작가 코르네이유(Pierre Corneille, 1601~1684)는 "국가를 위해서 희생한다는 것은 결코 비운이 아니다. 그것은 하나의 아름다운 희생으로서, 스스로를 불멸의 것으로 만드는 것"이라고 전쟁극 〈르 씨드〉(Le Cid)에서 말했다.

그렇다면 우리들은 국가를 위해 무엇을 해야 할 것인가? 현대를 살아가는 우리들은 국가의 안전과 국민의 번영을 보장하기 위해 국가정책과 국가전략의 이론과 실제를 깊이 이해하고 적극적으로 실천해야 할 의무와 책임이 있다.

2 국가의 개념

1. 국가의 정의

국가는 고대 그리스의 폴리스(Polis)라는 도시국가가 역사상 가장 먼저 그 모습을 나타낸 후에 현대국가로 발전되어왔다. 국가라는 글자도 영어에서는 'state', 이탈리아어에서는 'stato', 독일어에서는 'staat'로 사용되고 있다. 이러한 단어들은 르네상스시대에 사용된 라틴어의 'stato'의 '선다'는 말에서 유래되어 'status'의 지위 또는 신분이란 의미로 전환된 후 오늘날에는 'state'의 국가라는 의미로 변화되어 사용하고 있다.[1]

국가란 말이 처음 사용된 것은 마키아벨리(N. Machiavelli, 1469~1527)의 군주론이었으며, 그는 저서에서 "역사상 오늘날까지 인간을 다스린 또한 다스리고 있는 국가나 정치조직은 모두 공화국 아니면 군주국의 어느 하나였다"고 말함으로써 국가라는 말을 공화국, 군주국, 도시국가의 모든 것을 포괄하는 용어로 일반화하였다.[2]

그렇다면 국가란 어떤 의미를 가지고 있는 것인가? 아리스토텔레스(Aristoteles, B.C. 384~B.C. 322)는 국가란 정치적인 동물이라는 인간성에 의해 결정된 불가피한 공동사회에서 완전한 생활, 즉 행복하고도 명예로운 자족생활을 위해 인간의 능력

1 이극찬, 《정치학》, 서울: 법문사, 2018, pp. 653-662.

2 N. Machiavelli, *The prince* (Chicago; Lodon: Encyclopaedia Britanica. Inc., 2007), p. 3.

을 최대한 발휘할 수 있는 생활형성체라고 말했다. 막스 베버(Max Weber)도 국가를 일정한 영역 안에서 정당한 물리적 강제력의 독점을 효과적으로 요구하고 행사하는 인간의 공동체라고 정의했다.

국가는 일정한 지역을 기반으로 하고 그곳에서 거주하는 모든 주민 위에 유일한 권위를 가지는 권력조직을 갖추게 된 정치사회를 지칭하고 있다. 따라서 국가는 국경에 의해서 다른 나라와 구분된 영토가 있고, 그 국가에 귀속되어 있는 국민이 있으며, 국가 내에서 유일한 최고의 권위를 가진 국가권력, 주권이라는 세 가지를 불가결의 요소로 하고 있다.[3]

> 동양적 의미에서 國家라 할 때 '國'의 근원은 '或'으로서 무기를 가지고 일정한 지역, 즉 토지를 수호한다는 뜻에서 비롯되어, 이 토지에는 한계가 있으므로 그것을 경계 짓기 위해 에울 '위'의 '口' 자를 붙인 것인데 이때 '口'는 '圍'의 고어이다.
>
> …… 동양에서 집단의 발족은 작은 규모의 촌락이 성벽을 이루고 인근의 강족으로부터 침략을 방어하려는 단결에서 비롯되어 국가를 형성하는 것이다.

국어대사전에서도 국가는 일정한 영토를 가지고 거기에서 살아가는 삶들에 대해 통치권을 행사하는 단체이며, 국민 · 영토 · 주권의 세 가지 요소로 구성된다고 말하고 있다.[4]

이상의 견해를 종합해보면 국가란 국가를 구성하는 영역(영토) 위에서 생활하는 일체의 인간과 인간 집단이 외부의 위협으로부터 방어하고, 내부의 치안을 확보해 일정한 목적을 달성하기 위해 정부라는 조직을 가지는 조직된 국민 단체라고 정의할 수 있다.[5]

---

3 이극찬, 앞의 책, pp. 656-659.

4 이희승, 《국어대사전》, 서울: 민중서림, 2014, p. 414.

5 정인흥 외, 《정치학 대사전》, 서울: 박영사, 2014, p. 172.

국가의 구성은 국민 · 영토 · 주권이 되며, 국가존립의 최대목적은 국가와 국가가 대립하는 환경 속에서 자국을 보호해 국민의 생명과 자유를 보장하고 국민의 복리를 증진시킬 수 있어야 한다.

2. 국가의 영역

1) 국가 영역의 정의

국가의 영역이 그리스 도시국가에서는 인적인 단체로서 간주되는 데 지나지 않았고, 봉건국가에서는 토지가 소유권적인 영유의 대상으로 간주되어 근대적인 통치의 대상으로서의 영역 개념이 형성되지 못했으며, 오늘날 같은 영역 개념은 근대 국가가 형성되면서 시작되었다.

국가의 영역이란 국가가 지배권을 행사할 수 있는 공간적 범위 및 장소로서 영토 · 영해 · 영공으로 구분하고 있다.[6] 즉 국제법상으로 특정의 국가에 소속하고, 그 주권 밑에서 국가가 자유롭게 지배하고 처분할 수 있는 구역을 말하며, 국가 영역의 가장 기본적인 부분으로서 영토를 중심으로 주변의 바다와 그 상공을 국가의 영역으로 하여 국가가 실력으로써 지배할 수 있는 일체의 공간을 말한 것이다.

국가는 이 영역 내에서 국제법 및 국제조약에 따라 금지되지 않는 한 입법 · 사법 · 행정의 통치행위와 선점 · 양도 · 할양 · 병합 · 매각의 처분권한을 갖게 된다. 그러나 국가 영역은 국제조약에 따라 변경될 수도 있다. 그동안 영해의 폭이 연안으로부터 3해리(1해리는 1,852m)였지만, 1982년 국제해양법이 12해리로 확대되고, 배타적 경제수역(EEZ)은 200해리가 되었다. 이에 따라 해양을 가진 국가는 배타적 경제수역에서 해양자원과 해저자원에 관해서도 소유권이 인정되었다.[7]

---

6 위의 책, p. 182.

7 上田愛彦 外, ..國際政治關係論.., 日本: 鷹書房, 2005, pp. 28-32.

2) 영토

영토는 국제법과 국제조약에 따라 국가통치권이 배타적 · 독점적으로 행사할 수 있는 구역으로 국민의 독립 존재를 유지할 수 있는 생활기지를 말한다. 영토는 광의적 의미로서 토지, 지하, 수상, 수중, 해저지하, 공중 등이 포함되고, 협의적 의미로는 국가 영역의 기본이 되는 지상 및 지하를 의미한다.

현대국가는 정치적 · 경제적 · 군사적 · 역사적 관점에서 영토의 소유권을 둘러싸고 갈등하게 되고, 지하매장자원의 소속과 배분 문제로 분쟁하게 된다. 그러나 모든 국가들은 이런 문제들을 사활적 국가이익 차원에서 자국의 소유로 주장하고 있기 때문에 해결이 어려워지고, 결국에는 평화적 방법보다는 무력적 방법으로 해결하는 경우가 많이 있다.

예컨대 중국은 2006년부터 매년 제주도 서남쪽의 수중에 있는 이어도의 한국 해양탐측기지를 국제법적 효력이 없다며 자국 영토라고 주장하였다. 이어도는 한반도 최남단 섬인 마라도에서 서남쪽으로 149km 떨어진 곳에 있는 수중암초로, 꼭대기가 수면 4.6m 아래 잠겨 있으며, 한국해양연구소는 2003년 이어도 종합해양과학기지를 건설했다(그림 1-1).

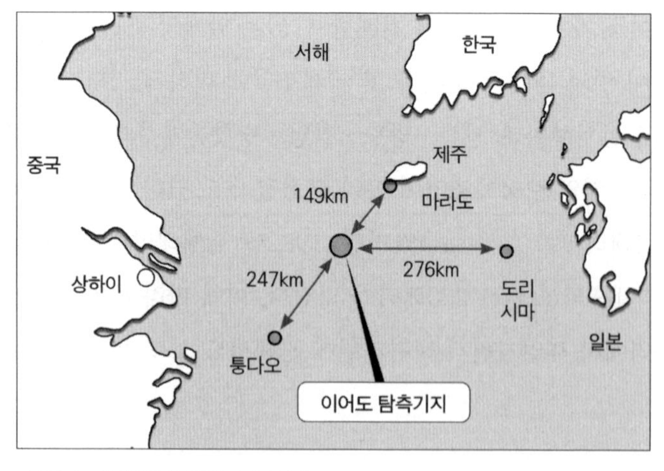

〈그림 1-1〉 한국의 이어도 소유권

중국은 해양과학기지 건설과정에서 몇 차례 이의를 제기했다. 중국은 수중에 있는 이어도를 해양 영유권 분쟁으로 유도하고 있지만 ① 한국 최남단 섬인 마라도와 이어도의 거리는 149km인 반면에 중국 장쑤(江蘇) 성 앞바다 가장 동쪽에 있는 퉁다오(童島)에서 이어도까지의 직선거리는 247km나 된다. 따라서 한국은 ② 국제법상 자국 배타적 경제수역 안에 인공구조물을 설치할 수 있을 뿐만 아니라 ③ 이어도 주변의 해저 역시 한국의 대륙붕이기 때문에 해양영유권을 주장하는 데 아무런 문제가 없다. 특히 중국은 2013년 11월 23일 한국 영토인 이어도를 중국방공식별구역(CADIZ)에 포함시켜 일방적으로 선포하여 갈등을 일으켰다. 또한 일본도 1969년에 이어도를 일본반공식별구역(JADIZ)에 포함시켰지만, 한국은 6 · 25전쟁 중이던 1951년 미국 태평양 공군이 한국방공식별구역(KADIZ)을 선포하였으나 이어도가 빠졌다.

이같이 한국 영토인 이어도가 중국과 일본의 반공식별구역에 중첩되어 포함됨에 따라 한국도 62년만인 2013년 12월 15일에 이어도 · 마라도 · 홍도가 포함된 반공식별구역을 인천비행정보구역과 일치하도록 확대해서 발효시켰다.[8]

즉 이어도가 한국 · 중국 · 일본의 반공식별구역과 해양경계선이 중첩됨에 따라 정치 · 외교적, 군사적 갈등이 발생할 수 있다.

또 다른 사례로서 일본은 한국 영토인 독도[9]를 일본 영토라고 하면서 영유권을 주장하고 있다. 일본이 1905년 1월 28일 독도를 일본 영토로 선언 후 4주 뒤인 2월 22일 시마네 현(懸)의 현 고시 40호로 한국 독도를 다케시마(竹島)로 명시하고,

---

8 중앙일보, 2013년 12월 9일.

▶ 방공식별구역(ADIZ: air defense identification zone): 자국의 영공 방위를 위해 영공 외곽의 공해상공에 설정하는 공중 구역이다. 미확인 항공기가 영공에 닿기 이전에 확인해 조치를 하기 위한 일종의 군사적 완충구역(버퍼존)이다. 국제법적으로 인정을 받지 못하고 있지만 해당국가로부터 강제착륙 등의 불이익을 당하지 않기 위해 비행계획을 사전에 통보해야 한다.

▶ 비행정보구역(FIR: flight information region): 원활한 항공기의 비행을 위해 국제민간항공기구(ICAO)가 설정한 공역이다. 이 구역에선 비행 중인 항공기가 안전하고 효율적으로 운항할 수 있도록 관제 등 각종 정보가 제공되며 FIR을 설정한 국가가 항공사고 발생 시 수색 및 구조 업무를 책임지도록 하고 있다. 영토 · 영공 · 영해의 개념이 적용된다는 점에서 ADIZ와 다르다.

9 독도는 1900년(광무 4년)에는 석도라고 불렸으며, 칙령 제41호에 의해 울릉군수 관할이었다. 1946년에는 연합군 최고사령부 지령 제677호에 의해 독도를 일본 영토에서 제외했으며, 1953년에는 독도의용수비대를 창설, 1956년에 이르러 경찰을 파견해 독도 경비를 시작했다.

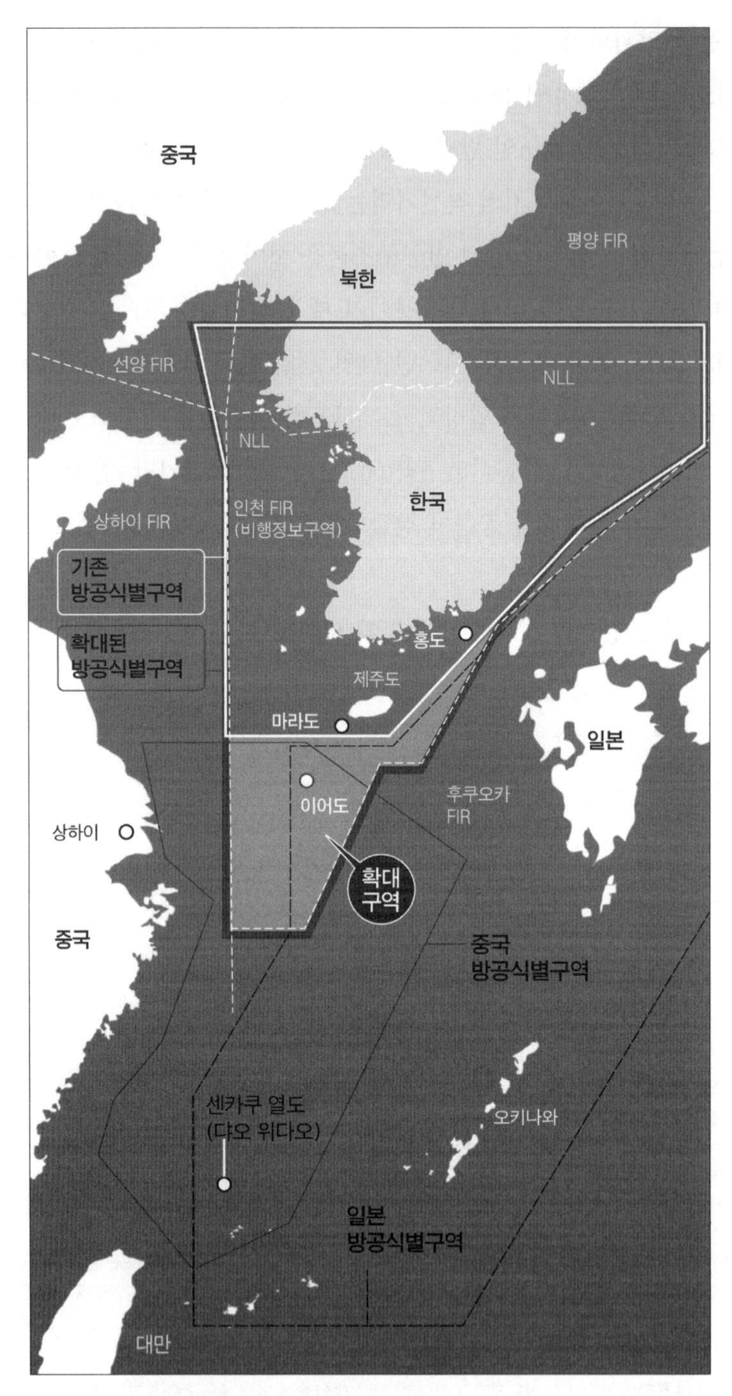

〈그림 1-2〉 한국 방공식별구역(KADIZ) 확대도

오키제도의 소관으로 둔다고 공시했다.

특히 2005년 3월 16일 시마네 현은 '다케시마의 날'을 제정하고, 2006년 3월에는 일본의 중 · 고등학교 일부 교과서 내용에 일본 영토로 게재하였으며, 동년 4월 14일에는 독도 지역의 한국 측 배타적 경제수역에 수로측량을 하겠다고 국제수로기구(IHO)에 측량계획을 통보함으로써 한 · 일 간에 외교적 갈등을 야기시켰다. 또한 일본은 2013년 12월 17일 국가안전보장전략에 최초로 독도를 일본영토로 포함하여 발표했다. 그리고 일본은 2021년 도쿄올림픽 선전물에 독도를 자국영토라고 표기하고, 2022년 고등학교 모든 사회 교과서에 "독도는 일본의 고유 영토인데, 한국이 불법점거하고 있다"라고 명시하며, 일본군 위안부의 강제 동원 관련 기술은 축소하거나 삭제하였다.[10] 한국은 독도 영유권을 훼손하고 분쟁지역화하려는 일본에 항의하고 삭제를 요구했지만 관철되지 않았다.

일본은 정책지침에서 공공연히 독도 영유권주장을 포함시키는 등 독도 문제를 수면 아래의 영토 문제에서 수면 위의 영토분쟁으로 부상시켰다(그림 1-3).

일본이 독도 영토 편입을 주장하는 근거는 ① 근세 초기 이래 독도는 일본 영토였고 영토 편입 직전까지 오랫동안 일본이 실효적 점령을 했으며, ② 영토 편입 당시 독도는 주인 없는 돌섬이었으므로 무주물 선점을 한 것이라는 두 가지 논리로 집약할 수 있다. 그러나 독도는 한국의 영토이며, 그 근거는 다음과 같다.

첫째, 지정학적 근거로서 한국 영토인 울릉도에서 독도까지 거리는 48해리인데, 일본 오키 제도에서는 이 거리의 약 두 배인 82해리가 된다. 따라서 독도는 지정학적으로 가까운 한국 영토에 포함되는 것이다.

둘째, 역사적 근거로서 ① 독도는 신라시대에 울릉도와 더불어 우산국을 형성하였으며, 우산국은 신라 지증왕 13년(512년) 신라에 귀순해왔다. 그 이후 계속 고려와 조선을 거쳐 현재까지도 한국의 관리에 있으며, ② 일본이 1905년 외교권을 박탈하면서 시마네 현 고시 40호 행정조치로 편입한 것은 독도가 일본의 고유영토가 아님을 증명한 것이다.

10 중앙일보. 2021년 3월 30일.

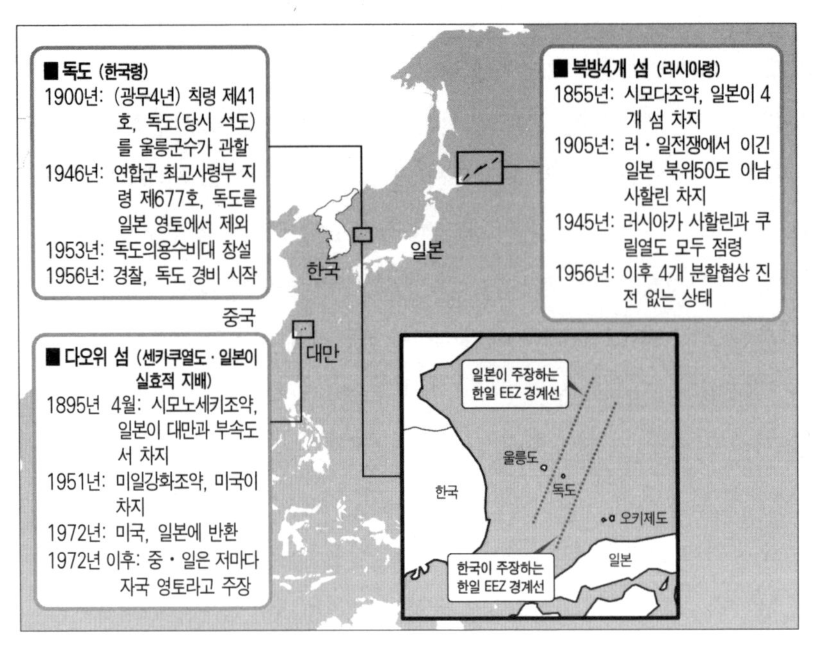

〈그림 1-3〉 한국의 주변국가 영유권분쟁 도서

셋째, 국제법적 근거로 일본은 제2차 세계대전의 결과를 마무리하기 위해 연합국과 일본 사이에 맺어진 대일평화조약(Treaty of Peace with Japan)에 실려 있는 제2조 "일본은 한국의 독립을 인정하고 제주도, 거문도 그리고 울릉도를 포함하는 한국에 대한 모든 권리, 영유권과 청구권을 포기한다"에 세 섬에 대한 해석에 있어서 한국과 일본은 큰 의견 차이를 보이고 있다.

일본은 명기된 세 섬에서 독도가 빠졌다고 주장하고 있으나, 대일평화조약에 3개 섬은 중요한 섬으로 제시해 언급된 것이며, 또한 울릉도에 딸린 독도는 당연히 한국의 영토에 포함된 것이다.

예컨대, 1943년 12월 1일 루스벨트 미국 대통령, 처칠 영국 총리, 장개석 중국 주석은 일본이 제1차 세계대전 이후 획득하고 점령한 태평양의 모든 도서들을 박탈하고 한국의 자유와 독립을 결의했다. 1945년 7월 25일 연합국의 포츠담선언은 일본 영토를 혼슈 · 규슈 · 시코쿠 및 연합국이 결정한 도서로 제한하였다. 일본은 1945년 8월 14일 항복문서에서 포츠담선언에 동의하고, 또한 1946년 6월

22일 연합국 최고사령관지령 제1033호는 일본 선박 및 승무원의 독도 12해리 내 접근을 금지시켰다. 1951년 샌프란시스코 평화조약 제2조에서 일본은 한국의 독립을 인정하고 제주도 · 거문도 · 울릉도 등을 포함한 한국 영토에 대한 모든 권리, 소유권과 청구권을 포기하라고 규정했다. 독도가 구체적으로 명시되지 않은 것은 울릉도에 포함된 섬이기 때문에 국제법상으로 독도는 한국 영토가 된다.

이와 같은 사실들은 독도가 역사적으로나 국제법상으로 한국 영토라는 것을 증명해주고 있는 것이다. 특히 1951년 6월 6일 공포된 일본 총리부령 24호에는 일본 땅에 속하지 않는 도서는 울릉도 · 독도 · 제주도라고 확실히 명시하고 있다. 이것은 일본이 1905년 시네마 현이 독도를 편입한 지방고시보다 높은 일본 정부 차원의 공식적인 한국령임을 시인한 것이다. 그러나 일본에 의해 독도 문제가 국제해양법재판소 등의 심판 대상이 될 가능성도 배제할 수 없다. 그러면 한국이 아무리 무시하려고 해도 일본과의 영유권 다툼은 피할 수 없게 된다.

2006년 9월 중국은 중국 국경 안에서 전개된 모든 역사를 중국 역사로 만들기 위한 동북공정 정책으로 고구려 역사를 왜곡하며 고구려 영토와 백두산 지역에 대한 영유권을 주장하였다.

2006년 러시아는 두만강 상류에서 유속에 밀려 두만강 하구에 섬을 이룬 녹둔도에 제방을 쌓고 러시아 영토로 편입함으로써 통일 후에 한국과 영토분쟁의 원인을 제공하였다(그림 1-4).[11]

두만강 하류에 있는 녹둔도는 여의도 면적의 4배 크기로 조선시대 세종대왕의 6진 개척 이래로 이순신 장군이 3년간 주둔했으며, 방책을 설치하고 농경지로 개간한 조선 땅이었다. 그러나 지금은 두만강 상류의 모래가 유속에 밀려와 섬과 러시아 쪽 강변 사이에 쌓이면서 러시아 육지와 연결되었으며, 러시아 군사기지가 자리 잡고 있다.

11 동아일보, 2006년 11월 22일.

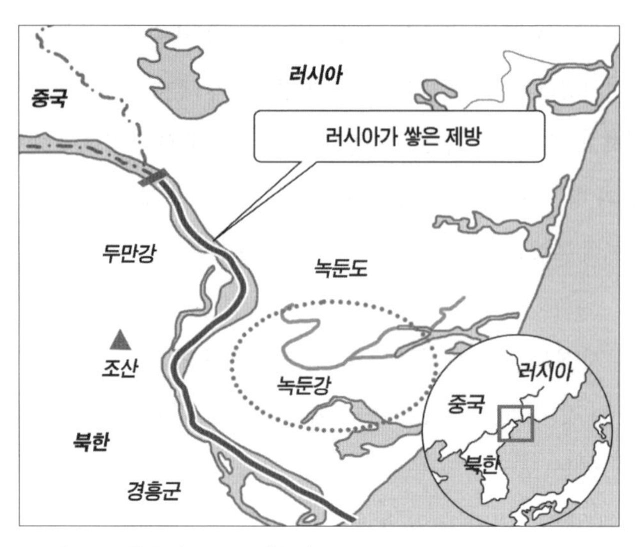

〈그림 1-4〉 한국의 녹둔도 영유권

북한은 1990년 러시아와 국경을 체결하면서 녹둔도를 러시아 영토로 양해함에 따라 러시아는 북한 접경지역에 제방공사를 완성하였다. 러시아는 녹둔도에 대한 실효적 점유와 영유권 주장에 힘을 얻게 되면서 통일한국에서 녹둔도 반환은 더욱 어려워질 수 있고 영토분쟁의 불씨로 남게 되었다.

21세기 한국은 일본 · 중국 · 러시아의 역사 왜곡 및 영토 영유권 주장에 대한 허구성을 증명하고, 역사적 사실을 확보하기 위해서는 그 국가들의 논리를 제압할 수 있는 각종 역사적 자료와 지도들을 충분히 확보하고 합리적이고 정당성을 입증할 수 있는 당당한 대응전략을 개발하고 대처해야 한다.

3) 영해

영해란 국가 영토에 인접해있는 해역으로서 국가주권이 미치는 범위를 말하며, 영해는 자국과 타 국가의 경계선에 접해있는 강, 호수, 바다 등으로 구성된다.

강에서 국경을 나누는 경우는 중국과 러시아의 국경을 흐르는 아무르 강, 우스리 강이 있으며, 한국과 중국의 압록강, 한국과 러시아의 두만강 등이 있는데, 이

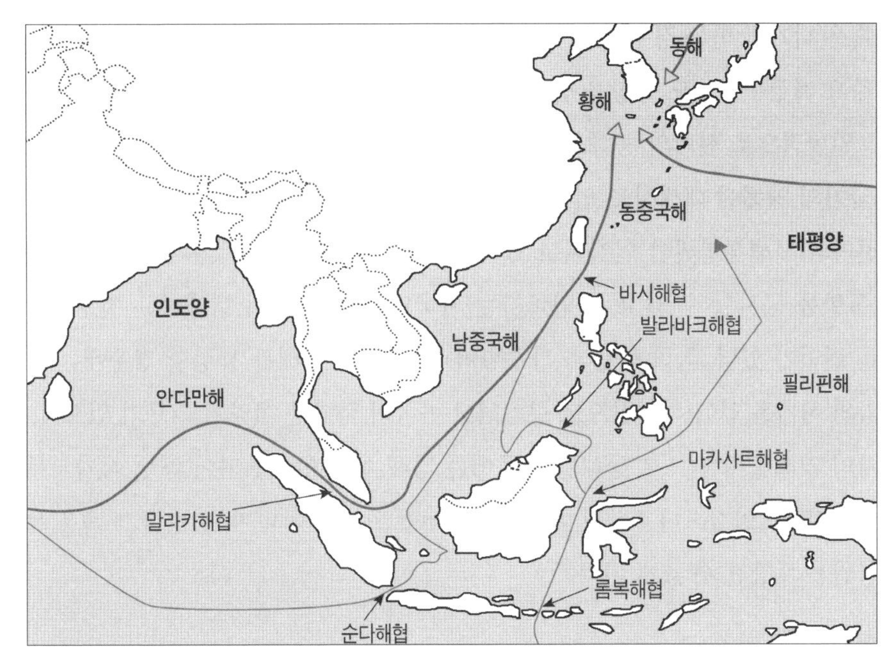

〈그림 1-5〉 한국의 주요 해상 수송로

런 강을 국제강이라고 한다.

또한 국가의 국경선을 호수로 나누는 경우가 있는데, 백두산 천지는 한국과 중국의 국경을 나누고, 북미주 지역의 5대 호수 가운데 미시간 호를 제외한 4개 호수에서 미국과 캐나다가 국경을 나누었고, 탄자니아와 우간다는 빅토리아 호를 끼고 국경을 나누고 있다.

그리고 국경을 해양에서 나누고 있는 경우가 많이 있다. 국가의 연안해는 최저 간조 때의 수륙분계선을 기준으로 하여 정하고, 그 폭은 3해리, 6해리, 12해리 등 각 국가에 따라 서로 다르나 한국은 영해법의 시행에 따라 12해리를 적용하고 있다.[12] 연안국가는 연안으로부터 12해리 폭의 연안해역과 배타적 경제수역(EEZ: Exclusive Economic Zone)의 200해리를 지배하지만, 예외로서 반도국가의 좁은 해협이 타 국가와 중첩 될 경우나 타 국가의 영해를 통과하지 않고는 해양을 나갈 수 없거

12 이희승, 《국어대사전》, 서울: 민중서림, 2005, p. 2676.

나 혹은 나가기 힘든 경우에는 국제법에서 국제해협을 다시 규정하고 있으며, 한국의 주요 해상수송로도 영향을 받고 있다(그림 1-5).

일반적으로 선박의 공해상 통항은 자유라는 공해자유의 원칙이 주어져 있고, 타 국가의 영해에 대해서도 연안국가의 평화, 질서 또는 안전을 해치지 않는 한 외국선박의 무해통항권이 인정되고 있다. 그러나 전시에는 교전국가의 군함에 대해서 통항을 금지할 수 있고, 중립국가는 자국의 영해 내에서 행해지는 전투행위를 막을 권리가 있다. 특히 군함과 잠수함이 타 국가의 영해를 통항할 경우에는 연안국가의 허가를 얻어 해면상으로 항해하고 자국의 국기를 게양할 의무가 있으나, 타 국가의 영해를 무단으로 항해할 경우에는 영해 침범행위가 되어 해당 국가로부터 경고 · 정선 · 임검 · 나포 · 격침당해도 국제법 위반이 아니며, 위반국가 측은 무해통항권을 주장할 수 없게 된다.[13]

> 흑해로부터 지중해에 나가기 위해서는 보스포러스 해협을 통과하지 않으면 안 되지만 해협이 터키 국가의 영역 내에 존재하기 때문에 터키가 주권을 주장할 경우에 타 국가의 군함 및 상선의 통항이 불가능하게 된다. 이 경우는 보스포러스 해협을 국제해협으로 지정하고, 일정 폭의 해역에 관해서는 터키의 배타적 권리를 배제하고 있다. 이러한 국제해협으로서는 모로코와 스페인의 지브롤터 해협, 인도네시아와 말레이시아의 말라카 해협, 일본과 한국의 대한해협 등이 있다.
>
> …… 배타적 경제수역(EEZ)은 타 국가의 선박이 통항하는 것은 문제없지만 허가 없이 타 국가의 어선이 어업을 하거나, 조사선과 탐사선이 정선하거나, 해양자원의 포획과 조사, 굴착 등의 행위, 함정의 군사연습 등을 금지하고 있다.

예컨대 2001년 6월 2일부터 5일까지 북한 상선인 백마강호, 영군봉호, 청진호, 대홍단호 등이 4차에 걸쳐 한국 정부에 사전 통보나 양해도 없이 제주도 해협 및 북방한계선(NLL)을 통과함으로서 영해를 침범하였다.

---

13 上田愛彦 外, 앞의 책, pp. 32–33.

한국 해군은 북한 상선이 통신검문에 순순히 응해 군사적 조치를 취할 빌미를 찾을 수 없었고, 또한 2000년 6 · 15남북공동선언 후의 화해협력 분위기를 고려해 북한 비무장상선들에 대한 정선 명령, 검문하거나 항해를 저지하는 등 적극적인 조치를 취하지 않고, 경고 방송 및 근접감시를 실시해 서해 연평도 북방한계선을 통과케 하였다.

그리고 한국 정부는 같은 날 오후에 긴급 국가안전보장회의를 열어 강경책보다는 북한이 사전통보 및 허가요청 등을 할 경우에는 제주해협 통항을 허용하겠다는 유화책을 선택하였다.[14]

> 무해통항권이란 군함 · 잠수함 등 무장선박이 아니라 상선 등 민간 선박이 항해를 할 때 해당 국가들이 자국 영해를 고집하지 않고 자유로운 통행을 허용하는 것으로 국제법(유엔 해양법 협약)이 인정하고 있다. 그러나 이는 해당 국가의 평화와 안보에 해를 끼치지 않고 신속하게 항해한다는 조건을 전제로 한다.
>
> 외교부 당국자는 "국제법적으로 안보에 위협적인 면이 있다면 무해통항권을 인정하지 않을 수 있다"며 "이는 마치 한국 배가 자유롭게 북한 영해를 다니지 못하는 것과 같다"고 말했다.
>
> 유엔해양법 협약은 무력행위와 정보수집 행위, 어업행위, 오염물질 배출행위 등 무해통항권 인정에 예외가 되는 열두 가지 위해 행위를 규정하고 있다. 특히 남북한의 경우 법적으로 전쟁이 중지된 정전 상태에 있기 때문에 비록 민간선박이라도 서로 간에 무해통항권을 사실상 인정하지 않고 있다. 그러나 이번 북한 선박의 영해침범이 국제법적으로 무해통항권에 해당되는 것인지에 대해서는 전문가들 사이에 의견이 엇갈렸다. 해군의 한 전문가는 "현재 정전 상태이기 때문

14 북방한계선(NLL: Northern Limit Line)은 휴전 직후인 1953년 8월 유엔사가 선포한 해상의 군사분계선이다. 동해 NLL은 군사분계선 동쪽 끝 지점에서 정동으로 218마일 지점까지 그어져 있으며, 서해는 한강 하구에서 백령도 등 5개 섬을 따라 42.5마일이 된다. 당시 유엔사가 일방적으로 선포하고, 북한이 이를 인정하지 않아 그동안 어선과 경비정들을 NLL 남쪽으로 내려보냈다. 지난 1999년 6월에는 서해안에서 꽃게잡이 어선의 월경을 계기로 남북한 해군 간의 연평해전이 일어났으며, 2002년 6월 서해교전이 있어 남북한 간에 군사적 위기상황이 발생하였다. 조선일보, 2001년 6월 4일.

에 무해통항권을 인정할 수 없다"고 밝혔으나 박춘호 국제해양법재판소 재판관은 "남북한은 현재 특수한 상황인 점을 고려해야 하지만, 국제법상 무해통항권에 해당된다고 할 수 있다"고 말했다.[15]

이와 같은 상황에서 북한의 통항권을 분석해보면, 북한이 1953년 정전협정 이후 단 한 번도 제주해협을 침범하지 않았다는 점과 사전에 한국 측에 제주해협통항을 협의하지 않았다는 점에 대해서 정치적 시험과 북방한계선 무력화 등 한국의 경계상태 및 대응태세를 떠보기 위한 정치적 · 군사적 목적일 수 있다.

다른 한편으로 북한은 제주해협을 통과함으로써 종전의 제주도 남쪽 공해상으로 우회하던 것보다 ① 항해거리가 단축됨으로써 시간 및 경비절감을 할 수 있는, ② 새로운 항로를 개척하고, ③ 국제법상 연안국가에 해를 끼치지 않는 범위 내에서 항해를 보장하는 무해통항권 확보 등의 의도도 갖고 있는 것으로 판단할 수 있다.

영해침범 사태에 대해 한국 해군은 비상상황에 대한 대응방침을 규정해 놓은 합참 작전예규와 유엔사 교전수칙에 따르면 ① 경고사격, ② 승선을 통한 검색 및 정선, ③ 나포 등을 할 수 있다. 그러나 한국 해군은 북한의 비무장상선에 대해 무선교신을 통한 통신검색과 경고방송 등으로 대응하고 무력을 사용하지 않았다. 한국 해군의 행동은 한편으로 국가안보의 특수성을 고려한 신중한 행위라는 긍정적 측면과 군 본연의 임무를 훼손시키면서까지 유화적일 수 있느냐는 비판적 측면의 논란이 있었다.

한국 해군이 영해침범에 대해 지극히 실무적 · 현장적 상황에서 유화적 대응을 했던 것은 정치적 차원에서 남북한의 화해 및 협력을 위한 햇볕정책과 남북한

---

15 유엔 해양법협약상 국제항행용 해협에서는 통과통항권이 인정되며 일반 영해에서 인정되는 무해통항권과 구별하고 있다. 첫째는 무해통항권이 모든 선박(군함 포함)을 인정하되 잠수함에 대해서는 부상해서 국기를 게양할 것을 조건으로 인정되고, 항공기의 상공비행은 인정되지 않음에 대해 통과통항권은 선박(군함포함)은 물론이고 잠수함의 물밑 통항, 항공기(군용 포함)의 상공비행도 인정한다. 둘째로 무해통항권은 연안국이 안전의 보호를 위해 긴요한 경우 등 일정한 상황에서는 이를 일시적으로 정지할 수 있으나 통과통항권은 그것이 인정되지 않는다. 셋째로, 무해통항권은 연안국이 통항의 무해성을 심사해 무해통항이 아니라고 주장할 수 있으나 통과통항권은 그럴 수 있는 여지가 전연 없다. 문화일보, 2001년 6월 5일.

의 특수관계, 그리고 국가안보정책의 큰 테두리 안에서 움직여지는 군사적 차원에서의 국방정책과 군사전략의 종속성이 있기 때문이다.

2001년 6월 15일 김대중 대통령은 6 · 15남북공동선언 1주년을 맞이해 앞으로의 남북한 관계와 최근 북한 상선의 제주해협 및 북방한계선 침범사건에 대한 한국 해군의 대응은 적절한 것이었다고 평가했다.[16]

> 북한은 2001년 6월 2일부터 4차례 걸쳐 한국영해를 침범했다. 그러나 군 당국은 국제법상 무해통항권, 남북화해무드 등 정치적 고려, 침범이 아니라 사실상 작전지역을 벗어난 통과라는 등의 이유로 평화적 대응을 함으로써 정부여당과 일부여론은 적절한 조치로 평가한 반면에 야당 및 일부 여론에서는 강력한 군사적 대응을 요구한 여론이 비등했다.
>
> 이에 대해 김대중 대통령은 "현재 남북 간에 약간의 정체가 있지만 햇볕정책은 반드시 실현돼야 하고 이것 외에 대안이 없다. 소신을 갖고 햇볕정책을 실현해 남북 간 평화공존과 교류 · 협력해 장차 10~20년 뒤에 평화 통일하는 계획을 흔들림 없이 추진하겠다. 또한 북한 상선의 영해침범과 관련해서 진정한 화해는 확고한 안보 위에서 가능하다. 국민의 정부는 북한이 무력으로 도발하면 무력으로 응징한다. 역대 정부는 울진 삼척사건, 판문점 도끼만행 등 수많은 일이 일어났지만 무력으로 응징하지 못했다. 국민의 정부만이 연평해전에서 응징했다. 이번은 상대방이 비무장 상선이다. 영해에 들어와 나가라 압력해서 내보냈다. 영해에 들어왔다고 꼭 총격을 하는 게 좋은가? 그러면 세계 여론과 남북한 관계는 어떻게 되겠는가? 군이 적절히 대응했다고 생각한다."

이와 같이 영해는 현대국가에서 정치 외교적 · 경제적 · 군사적으로 많은 갈등과 분쟁의 대상이 되고 있으나 2005년 8월 1일 남북해운합의서를 협정을 발효시켜 북한 민간 선박이 제주해협을 통과할 수 있도록 했다(그림 1-6).

---

16 조선일보, 2001년 6월 16일.

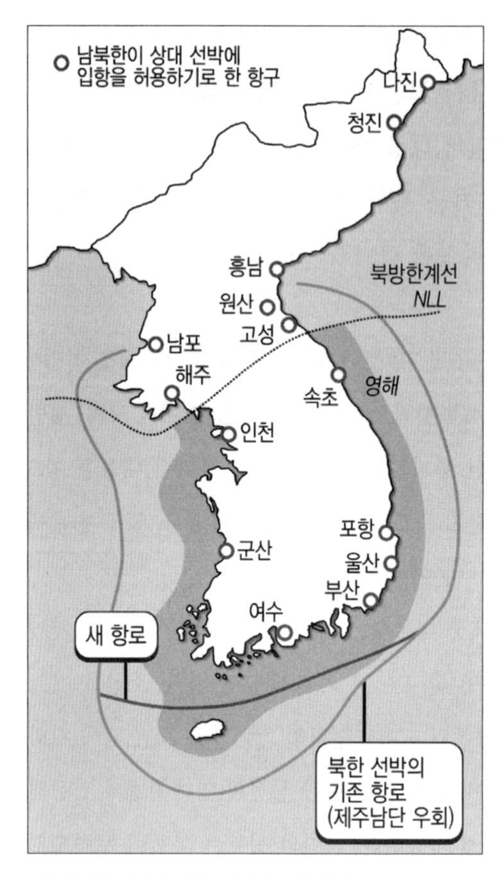

- 통과선박: 상선만 허용, 어선 및 군함 제외
- 금지행위: 군사활동, 잠수항행, 무기수송, 정보수집, 어로 등
- 위반시 제재: 선박 정선 및 검색, 영해 바깥으로 추방

〈그림 1-6〉 남북한의 해운합의서

북한 선박이 제주해협을 통과하면 53해리의 거리가 단축되고, 12노트 항행 기준으로 소요시간 4시간 25분이 단축된다. 이에 따라 북한은 민간선박의 운항비용과 시간, 안정성을 확보할 수 있게 되었다.

또한 남북한은 안전한 선박운항을 위해 필수적인 선결 사항이었던 남북해상당국 간의 통신망을 운용하도록 했다.

2005년 8월 15일 북한의 대동강호와 황금산호가 남포항에서 물자를 싣고 제주도와 추자도 사이 바다를 통해 동해의 청진항으로 통항함으로써 남북한은 육상, 해상, 공중에서 화해와 협력으로 교류를 증진시켜나갔다.

남북한은 육상 · 해상 · 공중의 자유로운 통항에 장해적이고 어려운 상황이 일어날 수도 있지만 평화통일과 번영국가를 건설하기 위해서는 함께 극복하려는 인내 및 노력과 실천이 중요한 것이다.

4) 영공

영공이란 영토와 영해로부터 수직선상의 공간으로서, 타 국가의 항공기는 허가가 필요하고 사전에 허가를 얻지 않은 비행은 영공침범이 된다. 국가의 주권이 미치는 공간 안에서 영공은 영토 및 영해까지로 되어 있지만 상공에 관해서는 어디까지 영공으로 인정할 것인가는 많은 이론이 있다.

1967년 국제연합에서 채택한 우주조약은 국가에 따라 우주 공간의 영유권을 인정하지 않고 있으며, 대기권과 우주 공간의 경계를 명확히 설정하는 것이 어려워지고 있다. 그러나 영공의 수직적인 한계에 대해서 명확한 기준은 없지만 지구를 돌고 있는 인공위성의 최저궤도 이상의 공간을 우주 공간으로 하고, 그 이하를 영공이라는 것이 일반적인 개념으로 되어 있다. 국가의 영공 중에 상층의 범위는 무제한이 아니고, 현재의 과학기술이 미치는 데까지라고 할 수 있다.

인공위성이 대기권 내에서 연소 · 낙하하는 일 없이 장기간 회전하는 위성이 출현하고 있는 오늘날에 대기권과 우주 공간의 관계를 명확히 설정하는 것이 곤란해지고 있다. 예컨대 더욱이 영공과 관련해서 문제가 되는 것은 지상 3만 6,000km 상공에 정지해 있는 위성에 대해서 위성의 바로 아래에 위치한 국가의 영공 침범이 되는가의 논란과, 만약 과학기술의 발전으로 인공위성의 최저궤도가 그 이상의 상공으로 확대되었을 때를 두고 논란이 있다.

…… 다른 한편으로 미국 항공우주국의 정의는 우주비행을 인정한 80.45km 고도 이상까지 비행을 해야만 우주비행을 했다고 인정하고 골든편을 수여하고 있다. 우주비행사들은 "하나님! 이 우주선이 아무런 사고가 생기지 않게 해주십시오. 아니, 사고를 내시더라도 부디 80.45km 이후에 나게 해주십시오"라고 기도한다.

21세기 과학기술의 발전으로 더욱 높이 비행할 수 있는 항공기가 미래에 출현하면, 그 영공의 범위는 더욱 확대될 수 있을 것이다.

3. 국가의 권리

1) 국가권리의 정의

국가의 기본적인 권리는 개인 간의 법이 마치 인간의 본성 및 이성의 고유한 어떤 내재적 권리에 근거를 두고 있는 것처럼, 국가들도 국가 기본권리를 가지고 있다는 이론에서 국가는 국제사회의 일원으로서 일정한 국제법상의 지위와 권리를 인정하는 것이다.

그 지위와 권리는 국가의 자유의사에 따라 주어진 것이 아니고, 국제사회의 일원이 됨으로써 인정되는 것인데, 이것은 국제법에 따라 국가로서 인정된 기본적 지위가 되기 때문에 국제사회의 일원으로서 기본적인 권리와 의무를 동시에 갖게 된다.

국가의 기본적인 권리라고 하는 것은 국제사회에서 자국보존의 권리와 의무로서 독립권, 평등권, 불가침권, 명예권, 외교교섭권 등으로 구성된다.[17]

---

17 정인홍 외, 《정치학 대사전》, p. 175.

2) 독립권

독립권(Right of Independence)이란 국가가 국내 문제나 외교관계에 있어서 외국의 간섭 없이 독립하여 주권을 행사할 수 있는 권리를 말한 것이다.[18]

국가는 국제법상으로 타 국가의 관할 문제에 개입하지 않아야 하는데, 이것을 불간섭의 원칙이라 한다. 국제연합헌장에서도 자국의 국내 문제에 타 국가가 개입하거나 관여하는 것을 금지하고 있다. 예컨대 1823년 미국 제5대 제임스 먼로(James Monroe, 1758~1831) 대통령은 ① 불간섭, ② 불개입, ③ 불가입의 3대 원칙인 먼로주의(Monroe Doctrine)를 발표했다. 불간섭이란 유럽 국가들이 미국의 문제에 간섭할 수 없고, 불개입이란 미국도 유럽 국가들의 문제에 개입할 수 없으며, 불가입이란 식민지화를 위한 국제기구에 가입하지 않는다는 주장이었다. 그러나 현대국가는 전통적 전쟁, 인권문제, 테러 및 대량살상무기, 국제적 범죄 및 마약 등 문제만큼은 불간섭, 불개입의 원칙을 적용하지 않고 국제적 문제로 설정해 해결하기 위해 개입하고 있다.

> 1999년 3월 20일 코소보전쟁은 인류의 인권보호를 위한 전쟁이었다.
>
> 발칸 반도의 유고슬라비아 밀로셰비치(Slobodan Milosevic) 대통령은 슬라브계의 세르비아인들을 앞세워 코소보 지역의 알바니아계 주민과 회교도에 대한 탄압과 학살행위로 인종청소의 살상전을 실시함으로써 국제문제화가 되었다. 이에 대응해 미국을 비롯한 NATO 국가들은 인권보호적 차원에서 코소보전쟁을 수행해 밀로셰비치 대통령을 굴복시키고 국제재판소에서 인권범죄자로 단죄시켰으며, 동년 6월 3일에는 강제적으로 알바니아계 주민 보호와 코소보 자치권을 부여함으로써 민족 간 인권 문제를 해결하였다.[19]
>
> …… 그동안 아프리카 소말리아 해역에서 특정 국가나 특정 선박을 겨냥하지

18 이희승, 앞의 책, p. 945.

19 조영갑, 〈코소보전쟁이 한반도에 미치는 영향과 국가비상대비〉, 《비상기획보》(통권 49호, 국무총리비상기획위원회) 봄호, 1999, pp. 4-16.

않고, 어선 · 상선 · 유조선 등이 무차별적으로 일어난 해적들에 의한 해상테러를 방지하기 위해 2008년부터는 유엔 개입으로 미국 · 러시아 · 영국 · 프랑스 · 중국 · 한국 등 다국적군 해군으로 편성된 군사작전이 시행되었다.[20]

홍해와 인도양을 연결하는 소말리아 해상은 매년 2만여 척의 선박이 통과하고 있는 주요 무역통로로 해적 출몰이 잦은 곳으로서, 한국의 선박과 선원들도 수차례에 걸쳐 해상납치 되었다가 해상테러분자들에게 많은 금액을 보상하고 풀려났기 때문에 한국 해군도 2009년 3월부터 해상왕 장보고의 본영인 청해진을 본뜬 청해부대 인원 310명과 구축함 문무대왕함 등이 파견되어 한국 선박 및 선원의 통행을 보호하는 임무를 수행하였다.

3) 평등권

평등권(Right of Equality)은 국제법상에서 모든 국가가 차별 없이 평등한 권리와 의무를 가지는 것을 말한다. 따라서 각 국가에 평등권이 있기 때문에 어떠한 국가도 타 국가에 대해서 자국의 주권을 강요하거나 행사할 수 없다.

4) 불가침권

불가침권(Right of lnviolability)이란 한 국가가 타 국가의 영역, 국민 및 주권을 침해해서는 안 되는 의무를 가지게 되며, 이 권리의 침해는 국제법상의 불법행위가 된다.

국가는 불가침권을 보존하기 위해 ① 국가는 불가침권을 침해하는 예방행위와 침해행위에 대해서 방지할 의무가 있고, ② 국가는 불가침권을 침해하는 타 국가에 대해 자국의 권리를 방위하기 위해서 자위권을 행사할 수 있는 권리가 있다. 국가는 독립권과 명예권 혹은 영유권 등을 침해당했을 때는 국제법상 인정된 규정에 따라 자위행위를 할 수 있는 것이 허락된다. 국가는 타 국가의 지상군, 전투기,

20 조영갑, 《세계전쟁과 테러》, 서울: 선학사, 2012, pp. 115-130.

정찰기와 군함 등이 사전 통고 없이 영토 · 영해 · 영공을 침범해오는 경우에 공격할 수 있는 행위가 국제법상으로 인정되어 있다.

5) 명예권

국가는 국제법상으로 명예권(Right of Honor)이 인정되어 있으며, 이것은 국가위신 혹은 국가품격이라고 말한다. 국가를 대표하는 대사와 영사 혹은 주재무관 등의 사람과 거주지인 대사관, 영사관, 그것에 부속하는 시설 등도 국가 대표로서의 명예권이 부여되어 있기 때문에 침해하는 행위는 명예훼손에 해당된다. 또한 외국을 친선과 교육 등의 목적으로 방문하는 항공기, 군함과 그 승무원에게도 명예권이 주어진다. 국기를 의도적으로 파손하거나 불태우는 행위도 해당 국가의 명예를 훼손하는 것으로서 국가 간의 갈등을 불러일으키는 경우가 있다.

현대국가에서 명예권을 높이기 위해서는 ① 국가의 역사와 문화, 상품 경쟁력, 신용도, 세계 시민의식 등을 높여 국제사회에 기여, ② 국가의 제도 · 관행 · 사고면에서 국제적 기준에 도달, ③ 장기적으로 총체적 품격을 쌓아 다른 국가에서 인정을 받아야 한다.

6) 외교교섭권

외교교섭권(Right of Diplomacy)이란 국가가 국제법상 인정될 수 있는 요건을 구비하면 주권국가로서 외국과 외교교섭을 할 수 있는 권리를 갖게 되는 것을 말한다. 현대국가에서 평화적 방법으로 국가 간의 갈등문제를 해결하는 데는 외교교섭권이 더욱 중요한 위치를 차지하고 있다. 이러한 외교교섭권은 국가 간의 조약체결이나 분쟁을 해결하는 데 있어서 국력의 영향을 받게 되는데, 강대국가는 외교교섭권이 강하게 되고, 약소국가에서는 외교교섭권이 어떤 한계를 갖게 될 수도 있다.

이와 같이 국가의 권리는 국가가 준수해야 할 기본적인 권리로서 국가들 사이에 여러 가지 형태로 인정하고 있다.

3 국력의 특징

1. 국력의 정의

현대국가는 자국의 생존을 위해 국가이익을 추구하려고 노력하고 있으며, 이 과정에서 상호 간의 대립으로 인한 갈등 · 분쟁 · 전쟁으로 발전할 수 있는 요인이 존재하게 된다. 오늘날 냉혹한 국제사회에서 살아남기 위해서는 국가의 힘, 즉 국력은 필요하고 중요한 요소가 된다.

먼저 힘(Power)에 대해서 알아보면 어떤 주체가 중대한 가치박탈이나 또는 가치를 박탈하겠다는 위협을 배경으로 하여 타인의 행동을 자신이 의도하는 방향으로 강제할 수 있는 능력을 의미한 것이다. 그런데 국가가 국가의 목적(목표)을 달성하기 위해서는 국가가 발휘할 수 있는 힘으로서 국력이 필요하다.

국력(National Power)이란 한 국가가 갖고 있는 또는 동원할 수 있는 인적 · 물적 자원과 기타 자원들을 실제로 행동에 옮겨 다른 국가의 행동을 변화시킬 수 있는 국가의 능력이라고 정의할 수 있다.[21]

국가의 힘은 결코 군사력으로만 구성되는 것이 아니라 인구, 영토, 경제적 · 기술적 자원과 기민한 외교정책 수행과 국가지도자의 선견지명, 결단력 그리고

21 이극찬, 앞의 책, p. 697.

능률적인 사회적 · 정치적 조직으로 구성된다. 그것은 무엇보다도 그 나라와 국민, 그들의 기량, 활력, 야심, 기강, 자발성 그리고 신념과 신화와 문화 등으로 이루어진다. 이러한 모든 요인들이 상호작용하는 방식에 의해서도 구성된다. 게다가 국력은 그 자체만의 절대적 범위 안에서만 고려된 것이 아니라 국가의 외교적 의무나 국가적 의무에 대한 충성심에서 고려되어야 한다. 그리고 다른 국가들과의 상대적 차원에서도 고려되어야 한다.[22]

국력은 어떤 단일한 요소로 구성되는 것이 아니고 한 국가가 가지고 있는 또는 동원할 수 있는 인구, 영토, 경제력, 천연자원, 국민의 능력, 정부의 질과 지도력, 문화력, 과학기술력, 외교력, 군사력 등을 종합한 요소로 구성된다.

이와 같이 국력은 타 국가에게 직접적으로나 간접적으로 영향력과 강제력을 행사해 국가이익을 추구하는 수단이 된다.

2. 국력의 성격

레이몬드 아론(Raymand Aron)은 힘이란 그 어떤 일을 할 수 있고, 만들 수 있으며 파괴할 수 있는 능력을 갖는다고 말하고 있는데, 이러한 국가의 힘으로서 국력은 국가 간에 적용하는 힘의 성격에 따라서 몇 가지로 구분할 수 있다.[23]

첫째, 공격적인 힘과 방어적인 힘이다.

국가 간의 공격적인 힘이란 다른 국가에 대해서 자국의 의지를 강요할 수 있는 능력을 말하며, 방어적인 힘이란 다른 국가의 의지가 자국에게 강요하지 못하도록 할 수 있는 능력을 의미한 것이다.

둘째, 잠재적인 힘과 실제적인 힘이다.

22 폴 케네디, 《강대국의 흥망》, 서울: 한국경제신문사, 2005, p. 244.

23 국력을 어떤 변수로 측정할까 하는 데 대해서는 수많은 논란이 있어왔으나 레이 클라인(Ray S. Cline)은 다음과 같은 국력측정방법을 제시하였다.

잠재적인 힘이란 어떤 국가가 소유하고 잠재된 인구, 영토, 천연자원 등 느린 속도로 화하는 자원을 비롯해서 정치문화, 애국심, 국민의 교육 정도, 산업능력, 과학기술 등 장기적인 자원에 해당된 것이다. 실제적인 힘이란 평화 시나 전시에 있어서 단기간에 동원될 수 있는 힘의 자원으로서 전시에 있어서 군사력은 실제적 힘이라고 말할 수 있다.

장기적이고 잠재적인 힘의 자원이 중요하다는 사실은 1941년 일본이 진주만의 미 해군 함대를 기습공격한 이후의 사태진전이 잘 말해주고 있다. 이 공격으로 태평양의 미 해군 전력은 큰 타격을 받았으며, 이로 인해 일본이 일시적으로 우월한 군사력으로 동남아시아 지역의 미군을 몰아내고 이 지역을 점령할 수 있었다.미국 맥아더 장군은 일본군의 공격으로 필리핀에서 철수하면서 "나는 꼭 돌아온다"고 하였다. 장기적인 관점에서 볼 때 미국은 경제적 잠재력에 바탕을 둔 힘의 자원을 일본보다 더 많이 가지고 있었다. 미국은 이후 몇 년 동안 군사력을 증강해 태평양의 일본 군사력을 조금씩 따라잡고 결국 일본을 능가하게 되었다. 일본패전 이후 맥아더 장군은 미군 점령군사령관으로서 일본의 최고 당국자가 되어 다시 돌아왔다.

셋째, 평화 시의 힘과 전시의 힘이다.

평화 시의 힘은 한 국가가 정치 외교적인 힘, 경제적인 힘, 사회심리적인 힘, 과학기술적인 힘, 지리적인 힘, 가용자원과 행동능력 등을 가지고 국제적 관행으로 인정되어 있는 합법적인 수단에 의존하는 힘을 말한다. 전시의 힘이란 군사적으로 동원할 수 있는 힘으로써 양적으로 측정하기 어려운 개념이지만 궁극적으로는 군사력이라고 말할 수 있다.

즉 국제사회에서 국력이 약소한 국가는 힘의 비례에 따라서 국가이익을 양보

$P_p = (C + E + M) \times (S + W)$

여기서, P_p = 인식된 국력(Perceived Power) C = 크기(Critical Mass) = 인구 + 영토
E = 경제능력(Economic Capability) M = 군사능력(Military Capability)
S = 전략적 목적(Strategic Purpose) W = 전략추구의지 강도(Will to Pursue National Strategy)

그의 책 *World Power Assessment 1977*(Boulder: Westview Press, 1978)에 해설과 각국별로 지수가 실려 있다. 이기택,《현대국제정치이론》, 서울: 박영사, 2005, pp. 67-72.

를 하게 되고, 강대국가는 그 만큼 국가이익을 취하는 유리한 협상 및 조약을 체결하게 된다. 그러나 국력이라는 것이 한 나라의 절대적인 힘을 말하는 것이 아니라 항상 상대적 힘을 의미하는 것으로서, 국가 간에 힘의 개념이 적용되어 경쟁하게 된다. 이것이 더 나아가서는 대립하는 상황으로 들어설 때는 갈등 · 분쟁 · 전쟁으로까지 확대 진행되기 때문에 모든 국가는 항상 국력을 키우기 위해 총력을 다하게 된다.

3. 국력의 요소

국력은 국가가 특정의 능력 · 계획 · 행동을 위해 뽑아 쓸 수 있는 자원요소를 갖고 있다. 국력의 요소에 대해서는 많은 학자들에 따라 다르게 분류하고 있다.

카(E. H. Carr)는 국력의 요소를 ① 군사력, ② 경제력, ③ 여론의 힘이라고 규정하고 있으며,[24] 모겐소(H. J. Morgenthau)는 국력을 ① 지리적 요인, ② 식량과 원료 등의 천연자원, ③ 산업능력, ④ 전쟁에 대한 능력과 준비 상태, ⑤ 인구, ⑥ 국민성, ⑦ 국민의 사기, ⑧ 외교능력, ⑨ 정치의 질로 구분하고 있다.[25]

> 한스 모겐소에 의하면 지리적 요인은 국가의 안전성을 유지해주는 중요한 국가의요소라고 했다. 이를테면 유럽 대륙으로부터 바다에 멀리 떨어져 있는 미국은 타 국가로부터 공격을 당할 수 있는 지리적 유리한 위치를 차지하고 있다. 천연자원은 국력의 중요한 구성요소이다. 즉 석유 · 철광석 · 핵연료와 같은 에너지 자원의 유무는 현대국가의 중대한 자원으로 대두되고 있다.
>
> 1973년 중동전쟁을 계기로 보이게 된 석유무기화는 국제관계에 있어서 실로 중대한 자원 문제가 되었다. 석유를 중심으로 한 자원 보유국의 민족주의는 대자

24 E. H. Carr, *The Twenty Years' Crisis, New York: Harper and Row*, 1951, pp. 132-145.

25 Hans J. Morgenthau, *Politics among Nations, New York: Alfred A. Knopf*, 1949, p. 80.

본국과 자원 소비국에 커다란 영향을 미치고 있으며, 이러한 움직임을 중심으로 자원경쟁은 날로 심각해지는 것이 현실이다.

산업능력의 증대와 군비의 확충, 인구의 크기 등도 물론 중요성을 갖지만 국민성이나 국민의 사기도 그것들에 못지않게 중요성을 갖고 있다. 국민성의 특징은 한 나라의 내외 정책에 반영되며 국력의 유지 발전에 커다란 영향을 미친다. 그리고 국민의 사기는 국민의 평시 또는 전시에 있어서 그 정부의 대외정책을 지지하는 결의 정도로서 국력의 요소로 중요성을 갖고 있다.

이 밖에도 외교와 정치의 질도 중요성을 갖고 있다. 외교가 잘되느냐 못되느냐의 질은 한 국민의 힘을 형성하는 모든 요소 중에서 불안정한 것이긴 하지만 가장 중요한 것이다. 그것은 국민의 이해와 직접 관계가 되는 국제 문제에 대해서 국력의 서로 다른 제 요소를 가장 효과적으로 발휘시키는 기술이고 수단이 되기 때문이다. 그러나 가장 좋은 대외정책도 좋은 정치가 뒷받침되지 못하면 무효로 끝나고 만다.

이런 의미에서 좋은 정치는 국력의 독자적인 필수조건으로서, 국력을 형성하는 요소가 되는 인적 및 물적 자원, 그리고 추구되어야 할 대외정책과의 균형과 조화가 중요한 것이다. 모겐소는 국민의 사기가 국력의 혼이라고 한다면 외교는 국력의 두뇌라고 말했다.

다른 한편으로 카는 힘이라는 것을 하나의 분할할 수 없는 전체라는 것을 강조하면서 그것을 군사력, 경제력 및 여론을 지배하는 힘으로 나누어서 논했다. 카는 특히 여론을 지배하는 힘으로서 선전, 선동, 홍보 등 심리전의 중요성을 제시하고, 이것이 현대전의 무서운 무기가 되고 있다고 했다. 그에 의하면 궁극적으로 전쟁에 호소하는 것이 국가의 최후수단으로서 중요시되는 냉혹한 국제 관계에 있어서 군사력이 중요한 무기가 되는 것은 너무나 당연하다.

그러나 경제력도 역시 중요한 무기이다. 현대전에서 군사력과 경제력의 관련성은 더욱 긴밀하게 되고 있다. 경제적 자급자족은 힘의 중요한 요소로서 요구되고 있으며, 또한 자본수출과 외국시장의 지배의 세력을 확장하기 위해 노력하고

〈표 1-1〉 국력의 요소에 관한 이론

구분	지리적 요소	인구적 · 경제적 · 문화적 요소	사회 · 심리적 요소	정치 · 외교적 요소	과학기술적 · 군사적 요소
마한 (1890)	- 지리적 위치 - 국토의 크기	- 인구 - 천연자원	- 국민의 성격	- 정부의 성격	- 군사력
슈타인메츠 (1920)	- 영토의 크기	- 인구 - 경제력	- 정신적 자원 - 외국의 존경과 우의	- 정치조직 - 국가통일과 단결	
피셔 (1939)	- 지리적 위치 - 국토의 크기 - 국경과 인접 국가의 성격	- 인구 - 토지비옥도 - 광물자원 - 산업조직과 기술 - 통상무역 발전 - 재정력	- 국민의 인내와 적응성	- 정치조직력과 외교 수준	- 군사력
로버트 슈트라우스 (1945)	- 외적 조건과 환경	- 인구 - 거주장소 - 식료, 원료 - 경제기구 기능	- 국민의 사기	- 정치 조직 - 정치행위	
스파이크맨 (1951)	- 국토의 크기 - 국경의 성격	- 인구 - 천연자원 - 경제력	- 국민정신 - 사회통합	- 정치 · 외교력	- 과학기술 - 군사력
모겐소 (1960)	- 지리	- 인구 - 천연자원 - 산업력	- 국민성 - 국민의 사기	- 정치 · 외교의 질 - 정부의 질	- 군사력
오르간스키 (1970)	- 지리	- 인구 - 자연자원 - 경제적 발달	- 국민의 사기	- 정치적 발달	- 군사력 - 과학기술
미 국방대학 (1990~2000년대 현재)	- 지리	- 인구 - 경제력 - 천연자원 - 문화력	- 국민성 - 국민의 사기 - 사회통합	- 정부의 질 - 정치 · 외교력	- 군사력 및 동맹관계 - 과학기술

자료: 上田愛彦 外, 《國際政治關係論》, p. 52.

있다. 이런 의미에서 국력은 매우 다양한 요소로 구성되어 있다.[26] 스파이크맨(N. J. Spykman)은 ① 영토의 크기, ② 국경의 성격, ③ 인구의 크기, ④ 천연자원의 유무, ⑤ 경제 혹은 산업의 발달수준, ⑥ 재정능력, ⑦ 종족의 단일성, ⑧ 사회적인 단합의 수준, ⑨ 정치적인 안정도, ⑩ 국민정신으로 구분하고 있다.[27]

> …… 이같이 국력은 다양한 요소로 결정되는데, 유엔국제연합개발회의(UNCTAD)는 2021년 7월에 한국의 국제적 지위를 개발도상국가에서 선진국가 그룹으로 변경한다고 공식 발표했다 ……

이상의 내용을 종합해보면 국력의 요소는 지리적 요소, 인구 · 문화적 요소, 경제적 요소, 정치 · 외교적 요소, 사회 · 심리적 요소, 과학 · 기술적 요소, 군사적 요소로 구분할 수 있다(표 1-1).[28]

1) 지리적 요소

지리적 요소는 대륙적 위치, 해양적 위치, 반도적 위치로 구분할 수 있으며, 여기에는 국토의 크기를 비롯해 지형과 기후 및 기상의 요소 등이 영향을 미친다.

> 국력의 요소로서 효과적인 군사력은 물론 노련한 국가외교가 극히 중요시되는 한편 지리적 요소가 중요한 의미를 갖게 되었다. 여기서 지리적 요소란 그 나라의 기후, 천연자원, 농토의 비옥한 정도, 교역로와 인접한 정도와 같은 요소도 있지만 — 그것은 전반적인 번영에 중요한 것이다 — 그보다는 다양한 전쟁에서의 전략적 위치라는 결정적인 요소를 말한다.

26 이극찬, 앞의 책, pp. 699-701.

27 Nicholas J. Spykmann, *American Strategy in World Politics*, New York: Harcourt Brace & Co., 2000, p. 19.

28 이기택, 《현대국제정치이론》, 서울: 박영사, 1999, pp. 75-81.

한 전선에 전투력을 집중할 수 있는가 아니면 여러 전선에서 동시에 싸워야 하는가? 약소국과 국경을 접하고 있는가 아니면 강대국과 국경을 접하고 있는가? 육군 또는 해군 아니면 혼성군이 주력인가? 그에 따른 강점은 무엇이고 약점은 무엇인가? 생각만 있으면 전쟁에서 쉽게 빠져나올 수가 있는가? 타 국가에서 자원을 계속 지원받을 수 있는가?[29] 등의 지리적 요소가 있다.

2) 인구 · 문화적 요소

인구적 요소는 강대국가가 되기 위해서 최소한 7,000만 명 이상 1억 명이 되어야 하고, 인구의 성장률, 인구연령의 비율, 인구의 질로서 교육과 국민 단결수준 등이 국가의 힘에 영향을 미치고 있다.

또한 문화적 요소는 국민이 가지고 있는 국민적 가치 창조와 국가품격 등이 중요한 요소가 된다.

3) 경제적 요소

경제적 요소는 농수산업자원, 지하자원, 에너지자원, 생산능력으로서 산업화, 기술화 및 정보화 수준, 경제정책 등이 영향을 미치게 되는데, 이는 그 국가의 전쟁 지속성과 군사혁신 및 군사력 건설과도 직결되기 때문이다.

> 세계화된 무역과 커뮤니케이션 — 통신, 항공, 철도, 컴퓨터, 방송 보도매체, 지식정보화, 생명공학 — 은 과학과 기술의 새로운 발전, 즉 지식정보 및 생명공학의 새로운 발전이 한 대륙에서 다른 대륙으로 신속하게 이전되고 있다.
>
> 경제 대국이 정치문화적 이유나 지정학적 안전보장의 이유로 군사소국이기를 원하는가 하면, 대단한 경제적 자원을 갖지 않은 나라가 그 사회를 동원해 강

29 폴 케네디, 《강대국의 흥망》, 서울: 한국경제신문사, 2005, p. 112.

력한 군사대국이 될 수도 있다.

그러나 경제력은 곧 군사력이라는 단순한 등식에 대한 예외는 다른 시기와 마찬가지로 이 시기에도 존재하므로 논할 필요가 있다. 왜냐하면 정밀화되고, 정보과학화된 현대 전쟁시대는 국가경제와 국가전략의 관계가 더욱 밀접해졌기 때문이다.[30]

예컨대 남한의 자본과 기술력, 북한의 노동력과 자원력이 통합되고, 남북한 인구가 합쳐지면 통일한국은 강대국가가 될 것이다.

4) 정치 · 외교적 요소

정치 · 외교적 요소는 정치제도와 정치지도력, 정부에 대한 국민의 태도, 외교의 질적인 문제, 관료제도 등을 말한다. 지리적 · 인구적 · 경제적 요소가 물리적인 힘의 요소가 된 반면, 정치 · 외교적 요소는 비물리적인 요소로서 한 국가의 힘을 종합해 발현하는 중요한 요소가 된다.

국가의 행동은 국민, 정치지도자, 외교관과 국가관료 등과 같은 다양한 개인들이 각각 행하는 여러 선택들이 국가 내의 여러 조직을 통해 하나로 결집된 합성물인 것이다. 국가 정치지도자는 어떠한 사람인가, 해당 사회와 정부의 형태가 어떤 것인가, 국가 관료들의 능력과 직업윤리성은 어떤 수준인가? 국가 간 혹은 세계적 상황이 어떠한가 등에 따라 정치 · 외교정책의 결과가 달라진다.

…… 정치 · 외교정책이란 국내에서, 국제사회에서 정부의 행동지침이 되는 원칙을 가리킨다. 정치 · 외교정책은 국가 지도자가 어떤 국가와의 관계에서 혹은 어떤 상황에서 추구하는 목표를 담고 있으며, 또한 그러한 목표를 추구하기 위한 일반적인 수단들을 담고 있다. 따라서 정치 · 외교정책의 목표는 정부의 여

30 위의 책, p. 241.

러 부처들이 그날그날 내리는 정책 결정들을 일정한 방향으로 유도해 국력을 결집한다.[31]

5) 사회 · 심리적 요소

사회 · 심리적 요소는 교육, 노동, 복지, 문화, 역사 등의 사회적 요소와 국가에 대한 정신상태 및 윤리 도덕적 성격을 가진 국민성, 사기와 단결, 국민의 여론과 소통 등의 심리적인 요소 그리고 역사적 인식 및 사회통합 등으로 연결되어 국력의 중요한 요소가 된다.

> …… 국가의 다양한 사회 · 심리적 요소들은 국력이 된다.
>
> …… 6 · 25전쟁 당시 북한에 포로가 된 터키군은 다른 나라의 포로들과는 차이가 있었다. 터키군 포로는 단결해 이탈자가 없었으며, 대단히 용감하고 모범된 포로생활을 하였다. 귀환 후에 이에 대한 질문에서 터키군의 대답은 "터키군이기 때문이다"였다. 그 나라 민족이 갖는 가치체계나 사회적인 윤리도덕성과 역사인식 및 사회통합 등은 한 나라의 국민성으로 승화되어 행동 반응으로 나타난 것이다. 이는 사회 · 심리적 요소로서 평화 · 위기 · 전쟁 시 국가의 통합성과 깊은 관계가 있다.

6) 과학 · 기술적 요소

맥키버(R. M. MacKiver) 교수는 과학 · 기술이란 지적인 통제방법으로서 사물과 인간을 마음대로 처리하며 통제할 수 있도록 하는 일체의 고안이나 기교라고 말했다.

고도의 지능을 가진 인간은 일찍이 각종 기계와 기술의 발명을 통해서 농업

---

31 Joshua, S. Goldstein, *International Relations*, New York: Longman, 2003; 김연각 외, 《국제관계의 이해》, 서울: 인간사랑, 2005, pp. 97-199.

시대-산업시대-지식정보화 시대로 발전시켜왔다. 특히 현대국가에서 지식정보화 기술은 인간의 노동력을 덜어주고, 경제의 성과를 증대시켜주며, 삶의 만족도를 넓혀줌과 동시에 전쟁에서 필요한 합리적 · 기술적 수단을 제공해주고 있다. 따라서 현대국가에서 지식정보화된 과학기술은 국력의 가장 중요한 요소가 된다.

7) 군사적 요소

군사적 요소가 국력을 구성하는 가장 큰 요소라고 하여 군사력은 곧 국력이라고 말한 때도 있었다. 그러나 현대국가에서는 단순히 무기나 군대의 질이나 양으로 표현되는 좁은 의미의 병력이나 장비로 해석되는 군사력을 국력이라고 할 수 없고, 한 국가의 군사적 요소와 비군사적 요소가 통합된 힘을 국력이라고 한다.

21세기 세계 국가들은 평시나 전시에 국가를 방위하고 국민의 생명과 재산을 보호하기 위해 군사적인 수단을 가장 직접적인 요소로 생각하고 준비한다.

4 국가이익과 국가정책

1. 국가목적

오늘날 국제사회에서 자국의 독립과 이익을 위해서는 영원한 벗도, 영원한 적도 없으며 오로지 국가이익만이 있을 뿐이다라는 말이 있다.

모든 국가 간에는 이익갈등으로 ① 분리운동을 포함한 영토분쟁, ② 정부장악을 위한 분쟁, ③ 무역 · 통화 · 천연자원 · 마약밀수 · 기타 경제적 분쟁, ④ 종족 · 민족 분쟁, ⑤ 종교분쟁, ⑥ 이념분쟁 등이 발생하고 있다. 이와 같이 다양한 국가이익과 국가 생존을 확보하기 위해 국가들은 국가목적을 갖게 된다.

국가란 일정한 지역 위에 정부라는 조직을 가지는 국민단체이며 통치권의 주체로서 영토 · 국민 · 주권을 외국의 침략이나 국내의 폭력으로부터 방위하고, 국가를 번영시키기 위한 능력과 국민 복지를 향상시킬 수 있는 사명으로서의 목적을 갖고 있다.[32]

국가목적은 국가의 성격을 명백히 하기 위해서 그것이 어떤 목적을 가지고 있는 집단인가를 명시할 필요가 있다. 따라서 국가목적은 국가의 개념 내에 의미적으로 포함되는 종합사회의 존속 및 발전을 위해 최고의 정치적 통제를 하게 된다.[33]

---

32 정인홍 외, 《정치대사전》, 서울: 박영사, 2005, pp. 172-173.

33 위의 책, pp. 179-180.

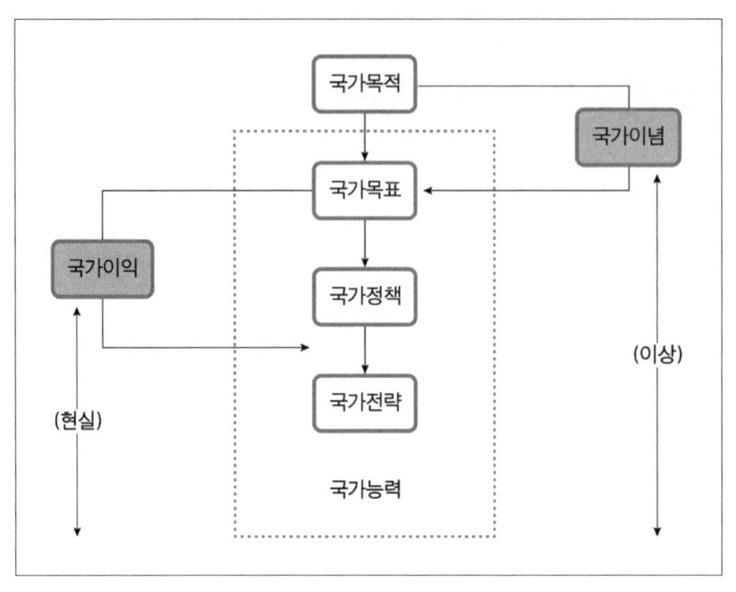

〈그림 1-7〉 국가목적과 국가목표, 국가정책의 관계

현대국가는 국가목적을 국민의 영속적인 염원(국가의 이상)이라고 정의하고, 모든 국가는 공통적으로 그 나라의 영속적인 염원으로써 안전 · 발전 · 복지에 관련된 국가목적을 가지게 된다.

국가목적은 한 나라가 행하는 모든 행동을 지배하는 기초적 지침이며, 광범하고 영속성이 있는 건국이념이나 국가이념 및 국가사명으로 표현함으로써 국가목표에 직접적인 영향을 미치는 특징을 갖고 있다(그림 1-7).

국가목적의 달성기간은 무한이며, 요망하는 수준이 고차원적이기 때문에 국가목적의 표현은 개념적이고 추상적인 이상이며, 국가가 앞으로 달성할 수 있느냐 없느냐 하는 문제도 크게 고려하지 않고 국가의 최고 소망사항을 국가목적으로 설정하게 된다. 이러한 국가목적은 그 나라 국민의 도덕적 가치와 이념, 전통문화나 역사적 경험, 또는 국가통치의 기본원칙 등 국내적 요소와 세계평화를 위한 국외적 요소 등에 의해 결정된다.

현대국가는 국가목적을 지정해 표시하는 경우도 있으나 통상 국가 헌법 전문에 그 국가가 지향하는 국가목적의 개념을 찾을 수가 있고, 또한 국민의 열망을 집약해 국가 통치권자가 발표하는 경우도 있다. 예컨대 한국의 헌법 전문에서 국가목적을 알아보면 다음과 같다.

> 유구한 역사와 전통에 빛나는 우리 대한민국은 3 · 1운동으로 건립된 대한민국임시정부의 법통과 불의에 항거한 4 · 19 민주이념을 계승하고, 조국의 민주개혁과 평화적 통일의 사명에 입각해 정의 · 인도와 동포애로써 민족의 단결을 공고히 하고, 모든 사회적 폐습과 불의를 타파하며, 자율과 조화를 바탕으로 자유민주적 기본질서를 더욱 확고히 하여 정치 · 경제 · 사회 · 문화의 모든 영역에 있어서 각인의 기회를 균등히 하고, 능력을 최고도로 발휘하게 하며, 자유와 권리에 따르는 책임과 의무를 완수하게 하여, 안으로는 국민생활의 균등한 향상을 기하고 밖으로는 항구적인 세계평화와 인류공영에 이바지함으로써 우리들과 우리들의 자손의 안전과 자유와 행복을 영원히 확보할 것을 다짐하면서 …….

헌법 전문에서 국가목적은 국내적 요소로서 국가이념인 건국이념과 국가사명이 명시되어 있고, 국민의 영속적인 염원이라 할 수 있는 안전 · 발전 · 행복의 확보가 있으며, 국외적 요소로서는 항구적인 세계평화와 인류공영에 이바지하는 내용이 표현되어 있다.

즉 국가목적은 국가이념으로서 대단히 이론적이고 추상적으로 개념화해 국가가 나가야 할 방향을 제시한다. 따라서 국가목적의 구체적 표현이 국가목표가 되고, 국가목표를 달성하기 위한 기본원칙이 국가정책이며, 국가정책의 실천적 수단이 국가전략이 됨으로써, 국가목적에 따라서 국가의 활동 방향이 결정되는 것이다.

2. 국가이익

1) 국가이익의 정의

국가목적이나 국가목표를 달성하기 위한 국가정책 및 국가전략은 국가이익을 기준으로 한다. 국가이익(National Interests)은 국민이익 또는 민족이익이라고 한다. 국가이익이란 국민의 영속적인 염원인 국가목적을 추구하고, 국가가 처한 현실적인 상황 속에서 국가목표를 달성하기 위해 국력을 집중하고 노력하는 데 있어서 국가의지를 결정할 때 가치기준이라고 정의할 수 있다.

국가이익이란 용어는 16세기에 이탈리아 카사(G. D. Casa)가 최초로 경제적 이익으로 사용한 이래로 미국 정치학자 비어드(C. A. Beard)가 지금까지의 경제적 이익 개념을 새로운 국가이익 개념으로 확대 해석해 "국가가 유지되고 부강해질 수 있는 기준과 방식"이라고 정의하였다.[34]

모겐소(H. J. Morgenthau)는 국가이익을 경시한 국가는 국가를 위기로 빠져들게 할 수 있다고 주장하면서, 국가의 생존이 최소한의 국가이익이라고 정의하였다. 국제정치는 근본적으로 서로 상반되는 이익의 세계에 기초하고 있으므로 냉혹한 국제사회에서 생존하고 번영하려면 힘으로 정의된 국가이익이 국가목표로 표현되고, 이 국가목표가 국가정책의 최선의 기준이자 이해의 척도가 되어야 한다고 하였다.[35]

오스굿(Rober E. Osgood)도 국가이익을 국가이기주의 차원에서 하나의 동기와 목적으로 이해하고, 국가이익은 한 나라의 최고 정책결정 과정을 통해 표현되는 국민의 정치적 · 경제적 · 사회적 · 문화적 · 군사적 욕구의 갈망이라고 정의하고 있

34 Charles A. Beard, *An Economic Interpretation of the Constitution of the United Sates*, New York: Macmillan Company, 2000; 구영록, 《한국의 국가이익》, 서울: 법문사, 2005, pp. 19-29.

35 Hans J. Morgenthau, *Another Great Debate : The National Interest of the United States*, American Political Review, 1952, p. 73.

다.[36] 또한 허츠(F. Hertz)는 국가이익을 국가의 존립과 발전을 위해 포함해야 될 국민의 열망 3대 요소로서, '국가안전 보장, 국가복지번영 보장, 국가위신보장'을 말하였다.

(1) 국가안전 보장

국가안전 보장(National Security)은 국가와 국민의 안전으로서, 국가적 번영을 가능케 하는 현실적 기반이며, 그것은 군사적으로나 외교적으로 보장되어야 한다. 따라서 국가는 대외정책을 매개수단으로 하여 국가이익을 추구할 경우에는 경제적 목표와 안전보장 목표 사이에 균형을 유지해야 한다.

(2) 국가복지번영 보장

국가복지번영 보장은 국가경제적 번영을 기반으로 성립되고 국민의 존재와 복지를 위해 유익한 목표를 추구하는 것이다. 따라서 국가복지번영(National Prosperity)은 물질적인 경제적 번영만을 의미하는 것은 아니며, 정신적 · 문화적 번영까지 포함하는 복지번영 개념이다.

(3) 국가위신 보장

국가안전 보장과 국가복지번영 보장이라는 국가이익을 의식의 형태에서 완성하는 국가의 자존심인 국가위신 보장(National Prestige)이다. 여기에서 자국이 대내적으로 바람직하다고 생각하는 가치를 보급해 대중 형태로 확대 재생산하고, 민족전통으로서 사명감과 결합되어 국가자존심으로서 존재하게 되며, 대외적으로는 군사적 · 비군사적 영광이 국위선양으로까지 발전하게 되는데, 이러한 국가위신은 군사력 · 비군사력과 민족적 이념 및 정신 등의 결합으로 나타난 국가품격으로써 무형의 가치가 된다.

---

36 Rober E. Osgood, *Ldeals and Self-Lnterest in America's Foreogn Relations*, Chicago: University of Chicago, 1953, p. 4.

국가위신에 대한 사례는 미국과 중국의 자존심 싸움에서 그 중요성을 찾아볼 수 있다.

2001년 4월 1일 일본 오키나와 카데나 미 공군기지를 출발한 미 해군 소속 EP-3기가 남중국해 상공에서 정찰임무를 수행하던 중 영공 초계비행에 나선 중국 F-8 전투기 한 대와 충돌한 후 중국 영토인 하이난다오에 비상 착륙하였다. EP-3 승무원 24명은 모두 무사하였으나 충돌한 중국 F-8 전투기는 추락하였고 조종사는 실종되었다. 중국은 이 사건의 책임이 미국에게 있다고 주장하고 사과할 것을 주장함으로써, 양국 간에 가장 큰 시각차를 보이는 쟁점은 사고 원인과 국가위신의 문제였다. 미국은 EP-3 정찰기의 통상적 정찰활동 중 중국 전투기 2대의 제지를 받는 과정에서 근접 비행을 시도하던 중국 F-8기가 EP-3기 왼쪽 날개 아래에서 부딪쳤다고 주장하였으나 중국은 미국 EP-3기가 중국의 영토를 침범해서 정보활동을 하였다고 비방하였다. 즉, 미국 부시(George W. Bush) 대통령은 중국을 전략적 동반자 관계가 아닌 전략적 경쟁자 관계로 규정하고, 세계 유일한 최강대국의 자존심을 내세워 "중국은 우리의 정찰기와 승무원을 안전하게 즉각 송환해야 한다. 그리고 미국은 중국에 사과해야 할 어떤 요구도 받아들일 수 없다"고 말했다.

그 반면에 중국 장쩌민 주석은 "미국은 이번 사건에 대해 중국인들에게 사과하고 결과에 대한 모든 책임을 져야 한다. 정찰기는 하이나다오 공항에 있고 24명의 승무원은 모두 무사하고 안전하다. 거리에서 남과 부딪쳤을 때 사과하는 것은 많은 나라에서 일반적인 일이다. 그런데 미국 정찰기는 중국국경을 넘어와 놓고도 중국에 사과하지 않으니 받아들일 수 있는 행동인가?" 또한 "중국은 국가주권과 영토와 관련된 원칙적인 문제들에 대해서는 절대로 어떠한 외부의 압력에도 굴복하지 않는다. 우리 국가 정책의 가장 중요한 목표는 국가주권의 독립과 영토와 민족적 존엄성을 수호하는 것이다"라고 말했다.

이처럼 미국 정찰기와 중국 전투기 충돌사건의 사고 원인과 미국의 중국 영해정찰의 정당성 등에 대한 첨예한 의견대립은 국가위신을 위한 자존심 싸움이었다.

미국과 중국은 2001년 4월 11일에 끈질긴 외교적 · 군사적 줄다리기 끝에 나온 사과 표현은 '매우 미안하다'(very sorry)는 것이었다. 부시 대통령은 당초 사과 불가원칙을 천명해왔지만 여의치 않자 유감(regret)을 표명하기도 했으나 중국의 거부로 매우 미안하다는 용어를 사용하였다. 미국 측의 공식 창구 역할을 맡았던 조지프 프루어 주중 대사가 탕자쉬안 외교부장에게 전달한 서한에서 미국은 실종된 조종사 유가족에게 매우 미안하게 생각하고, 또한 미국 정찰기가 구두 허락 없이 중국 영공에 들어가 착륙한 것에 대해서도 거듭 미안하다고 밝혔다.

다시 말해 미국은 이번 사건으로 중국이 입은 손실에 대해 매우 미안하다는 뜻을 중국 국민과 실종 전투기 조종사 왕웨이의 유가족에게 전달해주기 바란다고 분명히 밝혔다. 미국 측은 정찰기 승무원의 복지에 신경을 써준 노력에 대해 감사하다는 말도 덧붙였다. 당초 협상과정에서 중국 측 관리들은 말하는 사람이 잘못의 책임을 시인한다는 의미의 공식 사과용어인 '다오첸'(道歉)이라는 단어를 요구했다. 이 단어는 '나의 잘못을 표명합니다'라는 의미로 미국 측은 사고(accident)일 수도 있다며 이를 거부했었다. 결국 외교문서에서는 영어로는 'very sorry', 중국어로는 '선삐아오첸이'(深表歉意)로 타협을 보았다. 'very'를 넣느냐 마느냐? 이를 중국어로 어떻게 번역하느냐? 추후 보상 또는 배상과 관련한 그 법률적 의미는 무엇이냐 등이 협상의 관건이었던 셈이다.

미국과 중국이 자존심을 걸고 맞붙었던 미국 정찰기와 중국 전투기 충돌사건이 사건 발생 11일 후인 4월 11일에 미국의 사실상 사과와 중국의 승무원 석방으로 결정되었다.

그동안 국제법적 해석과 사과의 수위를 놓고 팽팽하게 전개된 사태가 극적으로 해결 국면을 맞은 것은 무엇보다 미국이 '매우 미안하다'는 외교적으로 상당히 높은 수준의 사과를 하고 중국이 이를 수용했기 때문이다. '매우 미안하다'는 표현은 절대사과불가를 표방해온 부시(George W. Bush) 행정부로서는 굴욕적으로 비쳐질 수도 있으며, 중국은 이 정도라면 당초 주장해온 충분한 사과를 받았다고 판단했다. 특히 이번 사건은 미국과 중국의 국가위신을 위한 힘의 행사적인 성격을 띠어 세계적 주목을 받았다.

중국은 이번 사건이 집권 후 중국에 강경정책 의사를 공개적으로 표명해온 부시 행정부의 콧대를 꺾어 놓을 호기로 간주했고, 미국도 중국을 굴복시킴으로써 패권적 지위를 확고하게 다지겠다는 전략적 의도를 숨기지 않았다. 이번 사건은 일단 미국의 사과를 받아낸 중국의 국가위신 확보 승리로 볼 수 있다.[37]

국가이익

- ▶ 국민의 안전보장, 영토의 보전, 주권의 수호를 통해 독립국가로 생존
- ▶ 국가의 경제발전과 복리증진
- ▶ 자유민주주의와 인권신장
- ▶ 조국의 평화적 통일 달성
- ▶ 세계평화와 인류 공영에 기여 등

이와 같이 허츠(F. Hertz)는 국가이익을 국가안전 보장, 국가복지번영 보장, 국가위신 보장으로 정의하고 있으며, 이러한 요소들은 상호보완적 관계에 있다고 말하고 있다.

이상의 주장들을 종합해보면 국가이익은 국가안전 보장, 국가복지번영 달성, 국가위신 증진, 유리한 국제질서의 창출 등이 국가이익의 기본적 내용[38]이 되며, 그 예로서 한국의 국가이익도 그 내용을 포함하고 있다.[39]

2) 국가이익의 유형

(1) 사활적 이익

사활적 이익(Vital Interests)이란 국가의 존립에 직접적인 위협으로 치명적 손실을 가져올 절대 양보할 수 없는 이익이다.[40] 국가의 생존과 안전, 흥망 등과 같이 광범위하며, 중요성에서도 최우선시되는 이익으로서 자국 영토와 동맹국가 영토의 물리적 안보, 국민의 안전, 경제적 번영, 주요기관 시설보호 등이 이에 해당한다.

37 동아일보, 2001년 4월 12일.

38 김영준, 앞의 책, pp. 4-11.

39 국가안전보장회의(NSC), 평화번영과 국가안보, 2004, p. 29.

40 The White House, "A National Security Strategy for a New Century", 2000, pp. 5-6.

이러한 사활적 국가이익을 지키기 위해 필요시 군사력을 독단적으로 과감히 사용할 수 있는 것이다. 사활적 국가이익의 결정기준은 가치요소와 비용 그리고 위험요소를 고려해 결정한다(표 1-2).

〈표 1-2〉 국가이익의 결정기준

가치 요소	비용/위험 요소
- 위험의 정도 - 위협의 본질 - 경제적 이해관계 - 국민감정의 결부 - 정부 유형과 인권 - 세력균형에 대한 영향 - 국가위신 - 동맹국의 지지	- 국가의 생존, 국민의 안전 평가 - 전쟁 시 정치 · 경제 · 사회 · 문화 · 군사의 위험 - 분쟁이 연장될 위험 - 분쟁이 확대될 경우의 위험 - 패배 또는 교착상태의 비용 - 여론이 반대할 위험 - 의회가 반대할 위험 - 국제기구가 반대할 위험

자료: 구영록, 《한국의 국가이익》, 서울: 법문사, 2005, pp. 31-33

(2) 중요한 이익

중요한 이익(Important Interests)이란 국가가 방지책을 사용하지 않는다면 심각한 장해가 예상되는 사안들이다. 국가생존에 치명적인 영향을 주지는 않으나 국가의 안녕과 세계의 성격에 영향을 주는 이익으로서 부분적인 갈등과 분쟁조정 · 난민문제 해결 · 환경보호 등의 노력이 포함된다. 이러한 중요한 국가이익을 지키기 위해서는 국가이익과 균형을 이루는 정도까지 군사적 · 비군사적 방법으로 참여하고 지원하게 된다.

(3) 인도주의적 이익

인도주의적 이익(Humanitarian Interests)이란 자국의 가치가 요구되기 때문에 행동해야 할 이익으로서, 자연재해와 인재에 대한 대응 · 인권침해에 대한 대응 · 민주화에서 군사력에 대한 민간통제 지원 · 인도주의적 원조 · 지속적인 개발증진 등이 된다. 이러한 인도주의적 국가이익을 지키기 위해서는 외교적 노력으로 해결하고 필요시 극히 제한적인 군사력을 지원하게 된다.

(4) 지엽적 이익

지엽적 이익(Peripheral Interests)이란 국가적으로 급박하지 않을 뿐만 아니라 아주 적은 손해가 예상되는 기타 사안들이 된다.[41] 따라서 앞의 세 가지 국가 이익에 비해 학문, 예술, 대중문화, 체육, 국민들의 애국심 등의 분야에서 성과를 말한다.

요컨대 국가이익은 이상적이고 영속적인 국가이념인 국가목적을 추구하고, 현실적이고 장기적인 국가목표의 달성과 국가정책 및 국가전략의 실천적 노력에 가치기준이 되는 것이다.

3. 국가목표

현대 국제사회에서 국가는 국가 간의 관계 협력과 대결이라는 서로 모순된 이중적 관계로 전개되어왔다. 즉 정치, 경제, 사회, 문화, 과학기술, 군사 등의 각 부문에서 국제 간의 협력이 그 어느 때보다도 중요한 것으로 강조되고, 다른 한편으로는 이러한 각 부문에서 국가 간의 대립과 대결 양상도 또한 과거 어느 때 못지않게 첨예화되고 있다. 이러한 과정에서 각 국가는 자국의 이익을 위해 달성하고자 한 국가목표를 갖게 된다.

국가목표는 국가이익의 구체적인 제시이며 국가가 도달하고자 하는 국가정책의 방향적 지침이 된다. 국가목표는 현재의 상태라기보다는 국가가 도달하고자 한 미래의 상태로서, 국가목표를 수립하는 데는 국가이익이 기준이 되고, 국가목표는 국가정책을 수립하는 데 있어 기본적인 방향을 제시하는 원칙이며 지침이라고 정의할 수 있다.[42]

41 구영록, 앞의 책, pp. 31-32.

42 김영준, 앞의 책, pp. 25-27.

국가목표를 결정하는 요소는 내부적인 요소와 외부적인 요소로 구분할 수 있다.[43] 먼저 내부적 요소로, 첫째는 국가목적 달성을 위한 국가이념의 구현을 위해 그 국민이 가지고 있는 독특한 기본적인 가치관, 역사적 전통, 정치적 제도, 지리적 환경, 경제적 수준 등에 의해 결정된다.

둘째는 관료집단의 성향으로서, 일반 시민의 목표는 그들 자신이나 가족을 위한 직접적인 중요성을 가지는 목표가 아니면 대체적으로 국가목표에 대해서는 무관심하다고 말할 수 있다. 또한 개인은 크고 많은 이익집단에 소속되어 집단의 목표를 위해 노력하는 과정에서 갈등하고 대립하게 되는데, 이때에 정부는 국민의 대행기관으로서 활동하기 때문에 정부관료 집단은 각 이익집단의 상충된 의견을 조정하고 통합해 국가적 차원에서의 국가목표를 설정함으로써, 국가목표는 주로 정부관료 집단 성향과 그들이 밀접히 의존하고 있는 지배적인 집단의 성격에서 영향을 받는다. 이러한 관점에서 특정한 국가목표는 정부관료의 성향과 정부가 크게 의존하고 있는 집단의 이익 및 목표를 분석해보면, 그 국가의 목표를 예견하기는 어려운 일이 아닌 것이다.

셋째는 정치지도자의 개인적 가치가 국가목표 설정에 크게 영향을 미치고 있으며, 이런 사례는 세계사적 · 국가적 차원에서 많이 찾아볼 수 있다.

다음은 외부적 요소인데, 첫째는 국가의 국제적 지위의 영향으로서, 국가목표 설정은 타 국가의 국가목표 · 국력 · 국가이익 등을 고려해야 한다. 왜냐하면 타 국가가 힘이나 부의 목표를 확대시키려고 할 때에 강력한 경쟁자로서 타 국가의 목표와 갈등하고 제약하는 요소로 작용할 수 있기 때문이다. 둘째는 시대적 상황으로서 냉전구조 시대이거나 탈냉전구조 시대의 영향, 테러, 대량살상무기, 마약 및 밀수, 재해 및 재난 등의 다양한 위협 영향을 받게 된다.

이와 같은 국가목표는 내부적 요소와 외부적인 요소로서 타 국가의 국가목표와 자국이익 등을 고려해 설정해야 한다.[44] 따라서 국가목표의 한 분야로서 국가안

---

43 위의 책, pp. 41-56.

44 김영준, 앞의 책, pp. 28-41.

보목표와 국가복지번영 목표도 국가목표 범위 내에서 내부적 요소와 외부적 요소를 고려해 설정하게 된다.

요컨대 국가목표는 국가목적을 달성하기 위한 수단이 되며 국가정책을 위한 최종 목표가 되는 도구적 목표의 특성을 갖게 되고, 또한 국가목표는 장기간의 국가상황 판단에 따라 현실적으로 결정한다. 왜냐하면 목적은 이룩하거나 도달하려고 하는 목표나 방향을 의미하며, 목표는 행동을 통해 이루거나 도달하려는 대상이 되는 것으로서, 국가목적이 추상적이고 영속적이며 이념적인 것이라면 국가목표는 보다 구체적이고 장기적이며 실제 이익적인 내용을 갖는 차이점이 있기 때문이다. 그러나 국가에 따라서는 국가목적과 국가목표를 국가목표(국가목적)로 단일화된 개념으로 포괄해 사용하기도 한다.

4. 국가정책

패들포드(N. Padelford)는 국가정책이란 국가목표를 달성하기 위해 취해지는 지속적이며 총체적인 국가의 행동적 지침이라고 정의했다. 국가정책의 근원이 되는 것은 그 국가의 독특한 이념과 역사적 전통 속에서 정치제도, 경제적 욕구, 권력적 열망, 지리적 환경, 민족의 기본적 가치체계가 되며, 또한 국가정책의 원활한 수립과 집행을 위해서는 최대한 국민여론이 허용한 범위 내에서 가능한 것이다.[45]

국가정책을 수립할 때에 고려할 사항은 국가자원을 고려해 가용자원 범위 내에서 현실적으로 달성 가능해야 하며, 자국과 동맹국가에서 용인이 가능해야 하고, 특정한 정세에서 유리한 요소는 최대한 활용하고 불리한 요소는 감소시켜나가야 한다(그림 1-8).

국가정책의 분류는 ① 국가정책의 중요성에 따라서 기본정책, 일반정책, 세부정책으로 구분하고, ② 국가정책의 기능에 따라서 복지번영정책과 안전보장정책

45 김영준, 《국가이익과 국가정책》, 서울: 신명문화사, 2005, pp. 57-58.

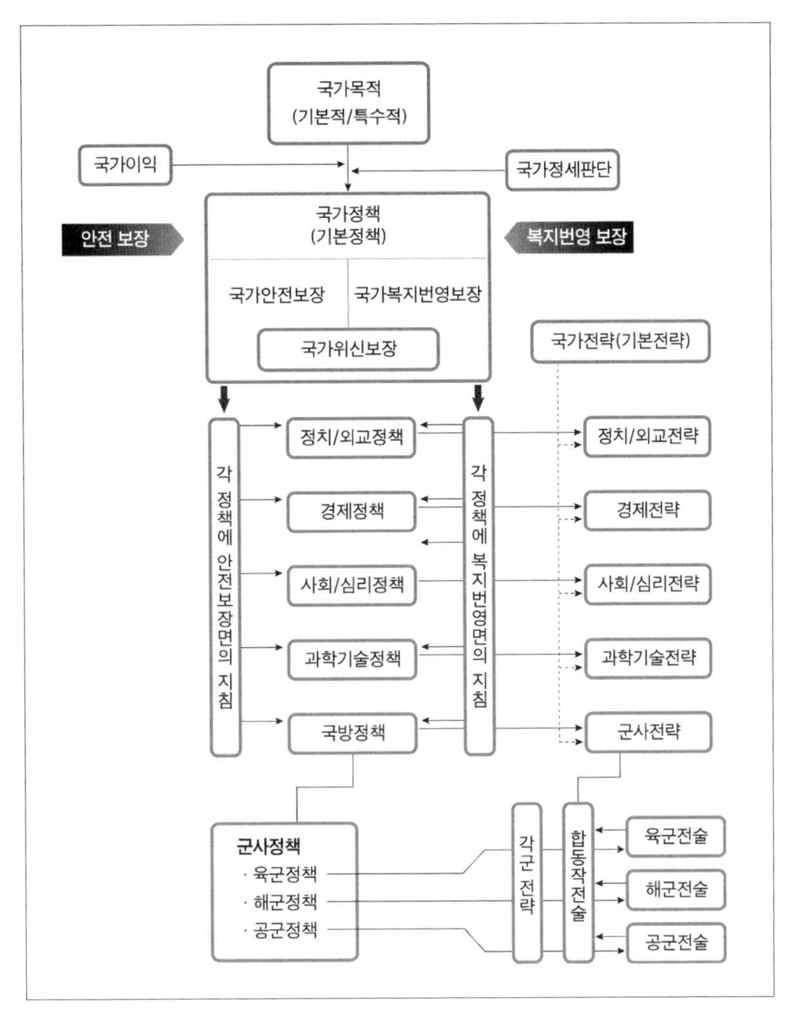

〈그림 1-8〉 국가정책과 국가전략의 관계

으로 기본 구분하고, 정치 · 외교정책, 경제정책, 사회 · 심리정책, 과학기술정책, 국방정책 등으로 일반 구분하고 있으며, ③ 국가정책의 내외의 관점에 따라서는 대내정책, 대외정책 등으로 분류하고 있다.

이와 같이 국가정책은 국가가 추구하는 수개의 개별적인 정책의 단순한 총화가 아니라 타 국가에 대한 자국의 정치적, 경제적, 사회 · 심리적, 문화적, 과학기술적, 군사적 지위의 평가는 물론이고, 국가를 유지하는 포괄적인 행동원칙, 구체적인 국가이익과 국가목표의 실현을 위한 국가전략과 전술을 포함하게 된다.

따라서 국가목표를 달성하기 위한 국가기본정책은 복지번영정책과 안전보장정책으로 구분하고, 국가의 자존심인 국가위신 보장은 복지번영정책과 안전보장정책에 융합되어 무형의 가치로 표출된다.

1) 국가기본정책

(1) 국가안전보장정책

국가안전보장정책은 국가목표를 달성하기 위한 기본정책으로서, 정치 · 외교정책, 경제정책, 사회 · 심리정책, 과학기술정책, 국방정책 등의 일반 정책에 안전보장 측면에서 원칙과 지침을 제공한다.

안전보장은 특정한 국민이 타 국가의 힘에 의한 침략을 두려워할 필요가 없을 뿐만 아니라 두려워하지 않는 상태를 의미하고 있기 때문에 안전보장의 가치는 상대적인 것이 되며, 절대적 안전보장은 전면전쟁에서 국가가 절대적 힘의 우위성을 확보할 수 있을 때 달성할 수 있다.

그러나 현대국가는 절대적 안전보장의 실현이란 어려운 문제라고 보기 때문에 모든 국가는 잠재 적국에 대한 자국방위를 위한 정책으로서, 적국에 의한 성공적인 침략의 위험성을 현실적으로 극소화하고 조직화하기 위해 노력을 하게 된다. 국가는 안전보장 추구를 위해 보통 군사력 사용의 상태를 가정해 가능한 한 고도의 군사력을 유지하면서도, 다른 한편으로는 정치 외교적, 경제적, 사회 · 심리적, 과학기술적으로 집단 안전보장체제, 상호방위협정 등으로 협력적 안전보장의 공동목표를 설정해 대응하게 된다.

(2) 국가복지번영정책

국가복지번영정책은 국가목표를 달성하기 위한 기본정책으로서, 정치 · 외교정책, 경제정책, 사회 · 심리정책, 과학기술정책, 국방정책 등의 일반 정책에 복지번영 측면에서 원칙과 지침을 제공한다.

현대국가는 튼튼한 국가안보를 바탕으로 민간사회, 군대사회에서 정치적 · 경제적 · 사회적 · 문화적으로 자아를 실현케 하고 삶의 질 향상을 위해 노력한다. 따라서 모든 국가의 기본정책은 복지번영정책을 갖게 되며, 그 복지번영정책은 일반정책에게 복지 및 번영을 위한 원칙이나 지침을 주게 된다.

이와 같이 국가목표를 달성하기 위한 국가기본정책은 복지번영된 국가와 내외적 위험으로부터 안전이 보장된 국가를 구현하기 위해 이중성의 정책적 특징을 갖고 있다.

2) 국가일반정책

국가일반정책은 국가기본정책인 국가안전보장정책과 국가복지번영정책을 실현하기 위한 정책으로서, 정치 · 외교정책, 경제정책, 사회 · 심리정책, 과학기술정책, 국방정책 등으로 구분한다.

첫째, 독립적인 정치 · 외교정책의 수행이다. 국가의 대내외 정책의 핵심은 자국 보존의 욕구에 있으며, 이러한 욕구는 개인생활에서와 마찬가지로 국제사회에서 독립국가 유지를 위해 모든 노력을 하는 것이 기본적인 목표가 된다. 이러한 의미에서 독립된 국가의 영토는 불가침적인 것으로서, 군사적 패배로 인한 극단적인 위기를 제외하고는 국가의 이념과 영토가 분리되지 않고 통합성이 보장되어야 한다. 또한 국가는 주권국가로서 사법권을 행사하고, 자국영역 내에서 발생한 사항에 대해서는 타 국가와 무관하게 자국 소관사항으로 처리할 수 있는 독립적인 정치체제와 외교권이 보장되어야 한다. 이러한 자국보존의 목표는 국가존재를 위한 필수적인 조건으로서 국가목표 구현을 위한 정치외교정책 내용이 된다.

둘째, 경제적 복지번영을 위한 경제정책의 중요성이다. 현대국가는 국가정책 속에 경제적 복지와 번영을 가장 중요한 요소로 포함한다. 국가가 존립하기 위해서는 최소한의 국가 건설재원과 국민복지 유지가 필요하게 되는데, 그 이유는 절대적 빈곤은 국가의 통합을 파괴하고, 국가안보에 치명적인 악영향을 미치고 있기 때문에 절대적인 국가정책의 목표가 되고 있다. 국가는 총포와 버터 중에 어느 것을 선택하느냐에 따라서 국가정책목표의 설정은 결정적인 영향을 미치게 되는데, 민주주의 국가는 복지번영을 통한 국민 생활수준의 향상을 선택하는 반면에 독재국가는 국민의 복지를 희생시켜 특정인이나 집단의 권력을 증대시키는 것이다. 이러한 경제정책에는 국가이익을 위한 경제적 활동을 비롯해서 경제적 복지번영과 국가방위 및 과학기술 등의 비용이 포함된다.

셋째, 사회 · 심리정책의 실현이다. 국가의 사회적 안전과 심리적 안정은 교육, 역사, 노동, 복지, 산업, 법규, 홍보, 환경, 행정 분야와 사회계층구조, 의식구조, 인구구조, 문화구조, 종교제도 등에서 생성되고 발전한다. 즉, 민족이념으로 승화된 국민심리와 사회적 환경은 사회 · 심리정책에 영향을 미쳐 민족단결과 사회적 안전으로 국가목표를 달성하는 데 영향을 미치게 된다.

넷째, 과학기술정책의 실현이다. 현대국가에서 과학기술은 국가의 핵심적인 국가 정책이 된다. 오늘날 세계는 물리적 충돌을 가져오는 무력전쟁을 하고 있으며, 한편에서는 눈에 보이지 않은 경제전쟁, 과학기술전쟁 등을 하고 있다. 즉 누가 먼저 품질 좋은 상품을 신속하게 개발해 파느냐의 경제전쟁은 국가의 번영에 결정적인 영향을 미치고 있다. 그런데 경제전쟁에서 승리하기 위한 필수사항은 과학기술력이다. 상대방보다 우수한 기능을 보유한 제품을 팔아야 하며, 또한 경쟁 제품보다 가격이 저렴해야 한다. 특히 지식정보화 사회에서는 다양한 분야에서 수많은 첨단기술이 출현하고 있으며, 그 과학기술은 군 · 산 · 학 연구기관의 공동연구체제를 구축하고 민군 겸용 기술체계에 영향을 미쳐서 국방정책 및 군사전략을 발전시키고, 무력전쟁의 승패를 결정하고 있다. 이와 같이 현대국가에서 과학기술은 무역전쟁과 무력전쟁에 영향을 미치고 있기 때문에 국가 과학기술정책의 중요성은 더욱 커져가고 있다.

다섯째, 국방정책의 실현이다. 국가는 항상 타 국가로부터 침략의 잠재적 위험성을 갖고 있기 때문에 국방정책은 국가정책 중에서도 가장 중요한 분야로 추구하게 된다. 왜냐하면 국방정책은 국가와 민족의 생존에 직접적인 영향을 미치게 되고, 군사적 · 비군사적 요소가 통합된 종합정책으로서 과학성 · 신속성 · 복잡성이 포함된 정책이기 때문이다.

요컨대 현대국가는 국가목표를 달성하기 위한 기본정책으로 국가복지번영정책과 국가안전보장정책으로 구분할 수 있으며, 그 실천적 일반정책으로는 정치 · 외교정책, 경제정책, 사회 · 심리정책, 과학기술정책, 국방정책 등이 있다.

5. 국가전략

국가전략이란 국가목표를 달성하기 위해 국가정책의 실현에 바탕을 두고, 전시 및 평시를 막론하고 국가의 정치 · 외교적, 경제적, 사회 · 심리적, 과학기술적 및 군사적인 모든 역량을 통합시켜서 효과적으로 실천하는 술과 과학이라고 정의한다.[46] 또한 미국 웨드마이어(Albert Wedemyer) 장군도 국가목표를 달성하기 위해 국가의 모든 자원을 통합해 실천하는 기술과 과학이 국가전략이라고 정의하였다.[47]

이상의 내용을 종합해볼 때 국가전략은 자국의 능력과 국가에 대한 위협을 기초로 하여 수립해야 하고, 국가전략의 설정단계에서는 정치 · 외교적, 경제적, 사회 · 심리적, 과학기술적, 군사적 역량을 통합해 효과적 사용 등을 고려해야 하며, 국가의지가 반영되어야 한다.

이미 앞에서 국가정책과 국가전략의 관계를 알아보았지만 그 내용을 좀 더 설명하면 다음과 같다. 국가정책이 국가목표 달성을 위해 우리가 무엇(What)을 해야 하는가를 말하는 것이라면, 국가목표는 왜(Why) 국가정책을 수행하는 가를 말하며, 국가전략은 국가정책을 어떻게(How) 실천해야 하는가를 말하는 것이 된다.[48] 따라서 국가전략은 국가정책을 집행해 국가목표를 달성하기 위해 국가가실천할 수 있는 방법과 수단을 통합해 사용하는 기술과 과학의 관계에 있다.

이 모든 수단과 방법은 국력의 요소인 정치, 경제, 사회, 과학, 문화, 군사 및 심

46 국방대학교, 《안보관계용어집》, 2005.

47 김영준, 앞의 책, p. 106.

48 김영준, 앞의 책, pp. 105-107.

리적인 것이 될 수 있기 때문에 국가전략의 수단으로는 정치 · 외교전략, 경제전략, 사회 · 심리전략, 과학기술전략, 군사전략으로 구분하고 있다. 특히 군사적 수단이라고 할 수 있는 군사전략은 국가전략의 하나의 구성요소로서, 이들 제 수단과 통합해 국가정책을 수행하는 데 사용되는 무기가 되는 것이다.

> 국가전략을 국가정책의 집행이라고 한다면 다음과 같은 실질적인 예를 미국에서도 들 수 있다. 우선 정치 분야에서 국가전략의 실례를 든다면 정치 · 외교 분야에서는 국제연합(UN)과 북대서양조약기구(NATO), 국가 동맹협정 수행 같은 것은 그 전형적인 사례가 되는 것이며, 경제 분야는 마셜계획을 비롯해 우방제국에 대한 경제원조를 들 수 있을 것이다. 또 군사적 분야에서는 6 · 25전쟁, 걸프전쟁, 이라크전쟁에 참전을 비롯해 기타 전략적 중요 지역에서 군사력의 동원 및 배치 등을 들 수 있다.

군사전략은 국가 차원(국방부 및 합동참모본부)에 따라 매우 다양하게 구분하고 있으며, 또한 각 군 차원(육 · 해 · 공군본부 및 작전부대)에 따라 육군전략(지상전략), 해군전략(해양전략), 공군전략(항공전략) 등으로 세분하기도 하며, 한국의 군사전략은 평시와 전시로 구분해 국가목표(국방목표)를 달성하는 데 기여하고 있다. 국가전략은 국가목표 달성을 위한 국가정책의 실천적 집행을 의미하며, 군사전략은 정치 · 외교전략, 경제전략, 사회 · 심리전략, 과학기술전략 등과 더불어 국가전략의 하나의 구성요소가 된다.

이와 같이 국가정책과 국가전략 간에 개념상의 구별에도 불구하고, 국가목표를 달성하기 위해 필요한 방법과 수단이라는 면에서 공유부분이 많이 있기 때문에 실질적인 사용에 있어서 혼용해 사용하는 경우가 있다. 국가정책을 세밀하게 설정하면 국가전략의 영역을 포함하게 되고, 너무 개괄적으로 설정하면 국가전략이 국가정책의 영역을 포함하게 되는데, 그것은 국가정책과 국가전략이 상호 밀접한 관계에 있기 때문이다.

5 결론

지금까지 국가란 무엇인가에 대해서 알아보았다. 국가는 강자만이 존재할 수 있는 국제환경 속에서 자신을 보호해 국민의 생명과 자유를 보장하고, 국민의 복지를 증진하기 위해 노력하는 국민단체라는 것을 알 수 있다.

그러나 사람들은 평소에 산소의 호흡으로 존재하면서도 산소의 고마움을 모르고 살아가는 것처럼, 국가의 존재에 대해서, 또는 국가를 위한 자신들의 책임과 역할에 대한 이해와 실천을 가볍게 생각하기도 한다.

21세기 세계 속의 강대국가가 되기 위해서는 국가의 국민으로, 국가의 주인으로서, 국가의 지도자로서 책임과 역할을 할 수 있도록 국가의 개념, 국력의 특징 그리고 국가이익과 국가정책에 대한 깊은 이해와 실천이 있어야 한다.

제2장

한국의 안보정책 · 국방정책 · 군사전략의 정립과 변화

1 서론

역사란 항상 과거와 현재를 깊이 들어다 보고 미래의 방향을 결정할 수 있는 값진 유산이다. 오늘을 살아가는 사람들은 한반도에서 국가안보와 국민생존에 대한 역사를 깊이 연구하고, 또 다른 진실을 발견해 새로운 위기에 대처하면서, 더 높은 도약의 발판을 마련하는 것이 매우 중요한 사명이 된다. 현대국가에서 국가정책과 국가전략 중에 안보정책 · 국방정책 · 군사전략은 가장 핵심적 요소로 위치하고 있기 때문에 발전과정 정립은 매우 필요하다.

그렇다면 한국의 역사적 발전과정에서 안보정책 · 국방정책 · 군사전략은 무엇이라고 명쾌하게 대답할 수 있을 것인가? 한국의 안보정책 · 국방정책 · 군사전략은 역사적 변천과정에 따른 국제적 안보환경, 한반도 정세, 국가의 능력과 결단에 따라 결정되어왔기 때문에 여기에서는 한국 정부의 안보정책 · 국방정책의 목표와 정책 내용, 국방체제, 군사력 건설 그리고 군사전략 및 작전술 발전과정을 고려해, 국가안보학적 이론에 따라 3단계로 구분해 정립하였다.

즉 대한제국은 1905년 을사보호조약으로 일본 제국주의의 국권 탈취와 식민통치체제에 있게 되었고, 1907년에는 군대가 해산됨으로써 1945년 8월 15일 광복의 날까지 군대를 가질 수 없었다. 그러나 독립된 국가와 민족의 정통성을 되찾기 위한 결사적 항전은 계속되었으며, 대한제국에서 의병군, 독립군, 광복군은 오늘날 대한민국의 국군으로 계승되어왔다.

1907년 8월 1일 일본제국에 의해 군대가 해산된 이래로 제1창군이 의병군이고, 제2창군이 독립군이며, 제3창군이 광복군 그리고 제4창군이 대한민국 국군이 되는 것이다.[1] 따라서 한국의 안보정책 · 국방정책 · 군사전략은 대한민국 국군이 창설된 시기부터 구분하였다.

첫째, 국방체제 정립기(1945~1961)는 제1공화국(이승만 정부)과 제2공화국(윤보선 · 장면 정부) 시대의 안보정책 · 국방정책 · 군사전략으로서 건군기부터 6 · 25전쟁과 그 후의 정비기까지 한국군은 의존적 자주국방 정립기가 된다.

둘째, 자주국방 추진기(1961~1998)는 1961년 5 · 16군사정변 및 제3공화국부터 문민정부까지가 된다. 즉 제3공화국부터 제4공화국(박정희 정부) 시대의 안보정책 · 국방정책 · 군사전략은 자주국방의 필요성 증대로 미국 의존 일변도에서 탈피해 독자적 자주국방기반조성기가 되고, 제5공화국(전두환 정부) 및 제6공화국(노태우 정부)과 문민정부(김영삼 정부)까지는 독자적 자주국방정책 지속으로 북한에 대한 국방전력 격차를 넘어서 독자적 자주국방강화기가 된다.

셋째, 자주국방 발전기(1998~2000년대 현재)는 국민의 정부(김대중 정부)를 비롯해서 참여정부(노무현 정부), 이명박 정부, 박근혜 정부, 문재인 정부에서도 국가안보에 대한 정책적 · 전략적 수사용어를 다양하게 사용하고 있지만 국제적 · 지역적 안보체제 협력과 자국의 주도적 방위역할로 국방을 달성하는 협력적 자주국방정책 기본 개념은 같은 방향성과 내용성이 계속되고 있다. 왜냐하면 국가의 정책과 전략은 국가목표가 근본적으로 변화하지 않는 한 그렇게 자주 변경할 수 없기 때문이며, 또한 한국의 주도 속에서도 동맹국가 및 주변국가들과 긴밀한 협력을 통해서 자주국방을 달성해야 하기 때문이다.

이와 같은 이론과 실제를 고려해 앞으로 국제안보 환경과 한반도 주변국가 및 남북한 관계 발전에 따른 새로운 변화에 대처하기 위해 안보정책 · 국방정책 · 군사전략 변천 내용을 정립하였다. 그동안 한국군은 국가안보와 국가발전에 크고 많은 발자취를 남겼으나 각 시대별 안보정책 · 국방정책 · 군사전략이 무엇이냐고 질문했을 때 명쾌한 답변을 할 수가 없었다. 따라서 여기에서는 그 시대에 국제적 안

1　조영갑, 《민군관계와 국가안보》, 서울: 북코리아, 2005, pp. 220-254.

보환경, 남북한 관계 중심의 한반도 정세, 한국의 사실적 상황을 고려한 정책의 특징적 내용과 정책의 지속성을 중심으로 분석하고, 학문적 이론과 역사적 발전과정을 접목해 정립하였다.

21세기 한국은 불확실한 미래 안보환경에 적극적으로 대비할 수 있도록 국제적 · 지역적 안보체제 협력과 한국방위의 한국화를 위한 안보정책 · 국방정책 · 군사전략을 연구하고, 교육해 발전시켜나가야 한다.

2 안보정책 · 국방정책 · 군사전략의 이론

1. 국가안보정책의 개념

1) 국가안보정책의 정의

국가안보정책이란 국내외적 원인으로 부터 발생하는 군사 · 비군사에 걸친 각종각양의 직간접적 위협을 정치 · 외교, 경제, 사회 · 심리, 과학기술, 군사 등 국가의 제 정책 분야를 종합적으로 운용해 억제 · 방지 · 배제하고 국가가 추구하는 국가목표를 달성하기 위한 원칙이며 지침이 되는 것이다.

국가안보란 원래는 외부의 직접적 위협으로부터 국가의 안전을 확보하는 것을 의미했으나, 간접침략 등에 의한 우회적인 책동이나 분란 및 소요사태도 국가안전을 위태롭게 할 수 있다는 인식이 확산되면서 대내적 안전의 확보도 국가안보의 주요영역으로 포함하게 되었다. 흔히 안전보장 대신 줄임말로 안보라고 불리는데, 안전보장(Security)이라는 말의 사전적 의미는 위험이라든가 위기 그리고 침해 및 침략으로부터 안위를 지킴으로써 공포, 걱정, 불안감이 없도록 하는 것을 뜻한다. 어원적으로 보면, 영어의 'security'는 라틴어의 'securitas'(se=free from, 즉 ~로부터의 자유+curity=care, 즉 불안, 걱정)에서 유래하였다고 한다. 안전보장은 안전이라는 상태 개념과 보장이라는 행위개념으로 이루어졌기 때문에, 보장되지 않는 안

〈표 2-1〉 안보정책 · 국방정책 · 군사전략관계

구분	안보정책	국방정책	군사전략
기능	국가위기 관리, 국가시책 추진	군사력 건설 · 유지 ※ 양병	군사력 운용, 소요 제기 ※ 용병
성격	국가이익 달성	국가이익의 증진	국가이익의 보호
책임	국가안전보장회의(NSC)	국방부 본부	합동참모본부
관계	정치외교 및 경제정책 등 국방정책에 지침 · 방향 제공	군사전략에 지침 · 방향 제공	합동작전술, 각 군 전술에 수단 및 방법 제공

전은 진정한 안전이 아님을 강조하는 의미에서 안전보장이라는 표현을 쓴다고 할 수 있다.

국가안전 보장의 논리는 ① 어느 곳의 무엇으로부터 국가의, ② 무엇을, ③ 언제, ④ 어떠한 것을 가지고, ⑤ 어떻게 지키는가라고 하는 5가지 요소로 구성되어 있다.

이와 같은 안보정책을 기능적 · 성격적 · 책임적 · 관계적 측면에서 보면 국방정책 · 군사전략과 깊은 상관관계가 있다(표 2-1). 즉 국가안보정책이 국가안보 목표를 달성하기 위한 원칙과 지침으로 방향을 제시하면, 국방정책은 국가안보정책에서 제시된 원칙과 지침을 국방 차원에서 구체화시키고, 군사전략은 국방정책을 전략적이고 전술적으로 실천하는 것이 된다.

2) 국가안보정책의 유형과 적용

국가안보 목표인 국가의 독립 · 안전 · 평화를 확보하기 위해 국가안보정책 유형은 개별적 방법이나 집단적 방법을 통해 절대안보, 협력안보, 중립안보, 집단안보의 네 가지 정책으로 구분하고 자주국방정책에 적용한다.

(1) 절대안보

절대안보란 어떤 국가가 독자적으로나 고립적으로 군사적인 자력방위를 달성함으로써, 또는 다른 국가와 세력균형을 위한 동맹관계를 유지함으로써 국가안보를 보장받는 것이다.

절대안보는 기본적으로 배타적이며 자국중심적인 속성을 가지고 있기 때문에 자국의 안보는 스스로 힘에 의존할 수밖에 없으며, 오직 강한 군사력을 바탕으로 위협에 대응한 것이다. 따라서 절대안보는 적대국가 위협으로부터 자국을 보호하기 위해 상대적으로 우월한 하드 파워(Hard Power), 즉 절대적인 군사력 우위로 대응하는 것이야말로 자국의 안보를 보장받는 첩경이라 생각하는 정책인 것이다.[2]

이 같은 절대안보는 ① 일반적으로 강대국가들의 자력방위에 의한 절대안보, ② 특별한 상황에서 고립주의에 의한 절대안보가 있다. 그 반면에 강대국가들은 약소국가들을 보호하고 약소국가들은 적대국가의 군사적 위협에 절대적인 힘의 우위를 확보해 전쟁을 억제하기 위해 ③ 강대국가와 동맹관계를 맺어 동맹국가 군사력에 의존해 자국의 군사력을 증대시키는 동맹국가에 의존한 절대안보 등이 있다.

(2) 중립안보

중립안보는 어떤 국가가 중립의무를 가지게 됨으로써 중립보장국가들로부터 중립국가에 대한 불가침의 안보보장을 획득하는 것이다. 따라서 중립안보는 상호 불가침으로 스스로도 상대국가에 대한 불가침을 약속하는 것은 상대국가도 자국에 대한 불가침을 보장받는 다는 것으로써, 군사적인 하드 파워보다는 다양한 수단인 비군사적인 소프트 파워(Soft Power) 중심으로 국가안보를 보장받는 것이다.

즉 중립안보는 어떠한 동맹이나 진영에도 참가하지 않을 뿐만 아니라 전쟁이나 분쟁에 대해서도 중간적인 입장을 취해 국가의 독립과 영토의 안전을 보장받는 정책인 것이다.

---

2 온만금 외, 《국가안보론》, 서울: 박영사, 2006, pp. 231-282.

(3) 협력안보

협력안보란 정치 · 외교적 현실에 기초해 안보수단으로 군사력의 중요성을 인정하면서, 동맹국가는 물론 적대국가의 존재를 인정하고 상호 대화와 공존을 추구하기 위해 긴밀한 협력을 통해 안보이익을 공유하는 정책이다.

협력안보와 유사한 공동안보가 있으나 공동안보가 동맹국가는 물론 적대국가의 존재를 인정하고 안보이익과 상호 공존을 모색한다는 점에서 같다. 그러나 협력안보는 전쟁을 포함해 포괄적이며 상호의존성을 보다 확대해 안보쟁점의 관리 및 해결을 적극적인 협력(협상)을 통해 모색한다는 점에서 공동안보보다 한 차원 발전된 안보정책 개념이기 때문에 여기에서는 공동안보를 협력안보에 포괄해 사용한다. 그리고 협력안보는 절대안보가 적대국가를 인정하지 않고, 절대적인 군사력 우위에 치중한 대응정책이란 차이점이 있다.

즉 협력안보는 일정한 군사적인 힘(Hard Power)의 뒷받침과 비군사적인 힘(Soft Power)인 다양한 정치 · 외교, 문화 활동 등을 적절히 결합해, 안보문제의 이해 · 논의 · 협력을 이끌어내는 스마트 파워(Smart Power)[3] 정책인 것이다.

(4) 집단안보

집단안보란 3개 이상의 국가들이 주로 군사적 목적을 달성하기 위해 행사하는 공동노력으로서, 한 국가에 대한 침략행위를 다른 나머지 모든 국가에 대한 침략으로 간주하는 것으로, 하나를 위해 전체가 있고 전체를 위해 하나가 존재한다는 안보정책이다.

세계 국가들은 1차적 안보의 정책적 · 제도적 장치로 절대안보, 중립안보, 협력안보를 실시하고, 통상적으로 2차적 안보의 정책적 · 제도적 장치로는 다자간에 집단안보체제를 갖게 되는데, 그 사례는 세계적 차원에서 국제연합(UN)이 있으며,

---

3 스마트 파워(Smart Power)는 하드 파워(군사력 · 경제력 등 경성권력)와 소프트 파워(문화 · 외교 등 연성권력)를 적절히 조화시킨 맞춤형 외교전략으로, 버락 오바마 미국 행정부가 내세운 외교기조이기도 하다. 주창자인 조지프 나이 하버드대 케네디스쿨 교수가 군사력을 앞세운 조지 W. 부시 행정부의 일방주의적 대외정책을 돌이켜보면서 내세운 개념으로, 관타나모 수용소보다는 자유의 여신상이 미국의 상징이 되어야 한다는 비유법으로 스마트 파워의 지향을 강조하였다.

지역적 차원에서는 북대서양조약기구(NATO), 미주상호방위조약(OAS), 태평양안전보장조약(Pacific Security Pact) 등이 있다. 그뿐만 아니라 집단안보를 위해 다자간에 군비통제를 추구한다.

현대과학기술 발전에 따라 전쟁도 지상 · 해상 · 공중 · 우주 · 사이버의 5차원 전쟁으로 진화해 최첨단 무기체계와 군사장비 등의 고가화 및 관리유지비 등의 안보비용 증대, 그리고 국가흥망이 달려 있는 전쟁피해는 모든 국가들에게 커다란 부담으로 작용하고 있기 때문에 오늘날 세계적으로 혹은 지역적으로 집단안보 차원에서 군비통제를 위해 노력하고 있다.

이와 같이 현대국가들은 자국의 안보환경에 적합한 절대안보, 협력안보, 중립안보, 집단안보 등에서 안보정책 유형을 채택하고, 자국의 특성에 맞는 자주국방정책으로 구체화되고 적용되어 군사전략과 전술로 실천하게 된다.

2. 자주국방정책의 정의

현대국가는 전통적인 국가위협인 전쟁을 비롯해서 테러, 대량살상무기, 마약 및 범죄, 재해 및 재난, 심대한 개인인권침해 등으로 국가적 차원의 국가안보와 개인적 차원의 인간 안보의 중요성이 더욱 증대하고 있다. 현대국가는 정책을 통해서 달성해야 할 바람직한 목표로써 국가안보 및 국가이익을 실현시키기 위해 노력한다.

주권국가는 국가안보와 국가이익의 보호 및 증진을 최우선적인 목표로 지향하고 있으며, 이러한 미래성과 지향성을 지닌 정책목표를 구현할 수 있는 능력을 스스로 갖추고자 하는 모든 정책적 노력이 자주국방정책이 되는 것이다.

> …… 국방이란 용어의 근본은 국가가 자국을 스스로 방위한다는 자주국방 의미를 포함하고 있다. 따라서 국방은 곧 자주국방을 말한 것이다.
>
> 현대의 모든 국가들은 국가나 국민에 대한 다양한 안보위협으로부터 스스로

를 지키고 보호할 수 있는 역량을 갖추고자 하는 노력의 일환으로서, 또 미래에 달성하고자 하는 목표로서 자주국방을 국방의 기본정책 목표로 설정하고 있으며, 이를 정책서 · 전략서 · 국방백서를 비롯한 중요 문서에 직간접적으로 명문화하고 있다.

즉 자주국방정책이란 모든 국가가 지향하는 보편적 국방가치로서 외부의 간섭을 받지 않고 스스로 국방정책의 목표와 수단을 결정하고 집행해 주체적 당사자가 되고자 하는 국가 의지 구현이라고 정의할 수 있다.

따라서 현대국가에서 자주국방은 적대국가에 대해 자위적 방위역량으로 자주적 억제능력을 확보하고, 그 바탕 위에서 동맹국가와 주변국가의 안보협력을 보완적으로 병용하는 개념이 되는 것이다.

이를 실현하기 위해서는 적대국가에 대한 억제 가능한 전력을 구축하고, 국방개혁으로 군의 조직과 운용체제를 개선해 정보과학군을 건설하며, 이를 기반으로 미래 동맹의 변화에 대비한 자주국방을 발전시키는 것이다.

그동안 한국의 자주국방정책은 한 · 미 동맹을 안보의 근간으로 하는 정책과 전략을 추구하는 과정에서 불가피하게 미국과 주한미군에 많은 부분을 의존해왔으며, 일부 국민들 사이에도 그러한 심리가 형성되어, 안보적 · 군사적으로 취약하다는 우려를 제기하기도 한다. 앞으로 한국은 불확실하고 다양한 안보위협과 국력 신장에 따라 한반도 방위에서 한국군 스스로 안보를 확고하게 지켜내고, 국민적 자신감을 회복하기 위해서는 한국적 상황에 맞는 자주국방정책을 지속적으로 추진해나가야 한다.

그래야만 미래의 동맹국가 관계 변화에 능동적으로 대처하고, 남북한 관계도 주도적으로 발전시킬 수 있으며, 통일국가가 된 후에도 주변국가들의 위협에 대비할 수 있다.

3. 자주국방정책의 유형

현대국가는 외부로부터의 위협이나 침략에 대해 국가의 생존을 보호하기 위해 군사적 · 비군사적 정책수단으로 자주국방달성을 목표로 하고 있다.

이와 같은 자주국방정책은 달성하는 수단과 방법에 따라 다섯 가지 유형으로 구분한다(표 2-2).

〈표 2-2〉 자주국방정책의 유형

구분	내용
의존적 자주국방	1. 국제적 · 지역적 안보체제에서 특정국가에 절대적 의존으로 자국의 안보달성 2. 불평등한 동맹관계로 의존된 국방정책 결정 및 수행 - 특정국가에 의존한 국방력 건설 및 유지 - 특정국가에 통제된 군사력 운용 및 관리 3. 안보관계: 동맹국가에 의존한 절대안보 - 특정국가의 안보정책 틀 속에서 외교 · 안보력 행사 - 특정국가의 국방정책이 깊이 관여된 군사력 운용 및 관리 ※ 약소국가들의 정책
독자적 자주국방	1. 국제적 · 지역적 안보협력체제에서도 독자적으로 자국의 절대적인 군사력 증강을 통해 안보달성 2. 절대적인 힘을 바탕으로 자국의 국가이익을 위한 국방정책 결정 및 수행 - 자국의 국방정책에 따라 독자적 군사력 건설 및 유지 ※ 핵무기/미사일/특정 군사력의 독자적 개발 · 보유 · 배치 · 사용 가능 - 자국의 의지에 따라 일방적인 군사력 운용 및 관리 3. 안보관계: 자력방위에 의한 절대안보 - 국제적 · 지역적 안보협력체제에서도 필요시 자국의 국가이익에 따라 일방적인 외교 · 안보력 행사 - 국제적 · 지역적 안보협력체제와 타 국가들의 통용된 가치 및 기준보다는 자국의 가치와 판단에 따라 독단적으로 군사력 사용 ※ 강대국가들의 정책

<table>
<tr><td>고립적
자주국방</td><td>1. 국제적 · 지역적 안보체제 및 타 국가 안보협력관계를 완전히 단절하고 나홀로식 자주국방 실현으로 안보달성
2. 자국의 안보상황만을 고려해 국방정책 결정 및 수행
3. 안보관계: 고립주의에 의한 절대안보
- 고립주의적인 외교 · 안보력 행사
4. 국제적 · 지역적 안보협력체제와 타 국가 관계는 불간섭 · 불개입 · 불가입 원칙을 적용해 고립적인 군사력 운용 및 관리
※ 특정 국가들의 정책</td></tr>
<tr><td>협력적
자주국방</td><td>1. 국제적 · 지역적 안보체제의 적극적인 협력과 적대국가보다 군사력 우위확보 및 주도적 역할로 자국의 안보달성
2. 자국의 자위적 방위역량과 국제적 · 지역적 안보협력체제(유엔, 동맹국가의 군사동맹, 주변국가의 군사협력) 등의 활용이 긴밀히 고려된 국방정책 결정 및 수행
- 자국이 주도적 역할을 수행할 수 있는 만큼의 상대적인 적정수준의 군사력 건설 및 유지
※핵무기/미사일/특정 군사력의 개발 · 보유 · 배치 · 사용의 일부 제한 및 통제를 받음
- 적대국가의 군사력, 동맹국가의 군사동맹, 주변국가의 군사협력 등을 고려한 군사력 운용 및 관리
3. 안보관계: 안보이익 공유에 의한 협력안보
- 자국의 상대적 방위역량과 국제적 · 지역적 안보체제의 긴밀한 협력관계에서 외교 · 안보력 행사
- 적대국가와도 화해협력으로 공존보장 및 협력안보 추구
※ 보통 국가들의 정책</td></tr>
<tr><td>중립적
자주국방</td><td>1. 국제적 · 지역적 안보체제 및 타 국가들로부터 중립국가를 보장받음으로써 자국의 안보 달성
2. 국제적 · 지역적 중립의무 수행으로 자국의 불가침 보장을 받을 수 있는 국방정책 결정 및 수행
- 군사적 수단보다는 비군사적 수단 등으로 국방 구현
- 정규군사력보다는 동원군사력의 운용 및 관리
3. 안보관계: 중립의무에 의한 중립안보
- 국제적 · 지역적 안보체제 및 타 국가에 평화보장 조치추구의 외교 · 안보력 행사
- 국제적 · 지역적 안보기구 및 관계국가들의 이해 일치 및 군사력 불사용
※ 영세중립국가 및 중립추구국가들의 정책</td></tr>
</table>

1) 의존적 자주국방

의존적 자주국방정책이란 어떤 특정 국가에게 절대적 의존으로 자국의 안보를 달성하는 정책이다. 의존관계란 어느 사물의 존재 내지 성질이 다른 사물에 의해 규정되고 제약되는 관계를 말한다.[4]

의존적 자주국방은 특정 국가에서 인적 · 물적으로 원조를 받으며 교육 및 행정적으로 지도받고, 정책적 · 전략적 · 전술적으로 의존해 자국의 국방을 건설 · 관리 · 유지 · 운용하는 정책이다. 이때 수혜국가는 지원국가의 안보정책 틀 속에서 외교 · 안보력이 행사되고, 국방정책과 군사력의 건설 및 운용이 규정되고 제약을 받으면서 자국국방을 달성해야 되기 때문에 불평등한 동맹관계를 갖게 된다.

예를 들면 제2차 세계대전 종전과 더불어 동북아시아 지역에서 신생독립국가로 탄생한 한국은 국가체제 건설과정에서 초강대국가인 미국에 의존해 자주국방 실현을 추진했다. 한국은 미국에 비하여 국력 면에서 차이가 날 뿐만 아니라 동맹의 목표와 이익도 미국의 세계전략에 의해서 규정되고, 미국의 안보우산에 의존해 생존을 보장받는 편승동맹(Bandwagoning alliance)에 의한 의존적 자주국방 추진기(1945~1961)였다. 현대국가에서도 강대국가의 보호를 받는 약소국가나 타 국가의 강제에 의해 통제된 국가 혹은 국가가 내부분쟁에 있는 일방향적 수혜국가들은 지원국가에 의존적 자주국방정책으로 국가안보를 보장받고 있다.

2) 독자적 자주국방

독자적 자주국방정책이란 국제적 · 지역적 안보협력체제에서도 타 국가가 어떻게 생각하든 간에 필요시 자국의 의지대로 전쟁을 치를 수 있고, 절대적 전쟁지도권을 행사하는 것을 말한다. 독자적 자주국방은 보통 국가와는 달리 절대적인 자국의 군사력 증강을 통해 안보를 달성하려는 절대안보와 자국의 이익에 따라 일방

4 이희승, 《국어대사전》, 서울: 민중서림, 2000, p. 2996.

적인 외교 · 안보력을 행사하는 것이다. 독자적으로 국방정책을 결정해 군사력을 건설하고, 필요시에는 국제적 · 지역적 안보체제와 타 국가들의 일반화된 가치 및 기준보다는 자국의 일방적인 가치와 판단으로 군사력을 사용해 국가목표를 달성한 것이다.

독자적 자주국방정책을 추진한 강대국가들은 자국의 의지대로 타 국가와 국방관계를 설정하고 조종할 수 있는 능력을 갖기 위해 핵무기 · 미사일을 비롯한 특정한 군사력을 개발 · 보유 · 배치 · 사용하고 절대우위의 군비증강을 하게 된다.

> 자주(Self-Reliance)와 독자(Independence) 간의 개념을 혼동하거나 상호호완적으로 사용하는 경향이 있다. 그러나 양자는 주안점이 다르다. 자주국방은 외부의 간섭을 배제하면서 국방목표와 수단을 결정하고 집행하는 것을 의미하며, 독자적 자주국방은 외부에 의존하지 않고 자력으로 국방목표와 수단을 결정하고 집행하는 것을 의미한다.[5]

예컨대 독자적 자주국방정책은 냉전시대는 자유진영의 미국과 공산진영의 구소련(러시아)을 비롯해서 비동맹국가들로서 독자노선을 추구하는 국가들이 있다. 탈냉전시대에서는 국제적 · 지역적 안보체제와 국가 간의 상호관계 속에서도 자국의 국가이익과 가치구현을 위해 일방적인 외교 · 안보력 행사와 국방정책을 결정하고 군사력을 건설 및 운용하고 있는 미국을 비롯해 영국, 프랑스, 러시아, 중국 등 독자적 방위역량을 발휘할 수 있는 국가들이 있다.

> 그 사례로 2003년 3월 20일 미국은 국가이익과 국가안보를 위해서 테러와의 전쟁이란 명분으로 이라크를 공격했다. 세계의 국가들과 시민들 그리고 유엔을 비롯한 국제기구 등이 명분 없는 이라크 전쟁을 일으킨다고 미국과 조지 W. 부시 대통령을 맹렬히 비난하고, 이라크전쟁을 반대했으나 이라크 전쟁은 미국의

5 한국국방연구원, 《중장기안보비전과 한국형 국방전략》, 2004, p. 60.

국가이익과 가치추구에 따라 일방주의적 판단에 의한 독자적 자주국방정책으로 전쟁을 수행했다.

미국 조지 W. 부시 대통령은 "세계가 뭐라고 하든 간에 또는 미국에 협력한 국가가 없어도 독자적으로 전쟁을 치르겠다. 왜냐하면 우리는 위대한 미국이기 때문이다……"라고 말했다.

이라크 사담 후세인 대통령은 체포되고 붕괴되었으며, 2003년 5월 1일 이라크 전쟁 승리를 선언했다. 이것은 미국의 국가이익과 가치추구를 위해서는 국제적 영향과 국가 간의 이해관계를 배제하면서 일방적인 판단으로 독자적 자주국방정책을 실현하는 사례가 된다.

한국도 자주국방 추진기(1961~1998)에 국제적 안보환경 변화, 남북한 간의 적대적 정책, 국가발전의 선택과 결단 등을 고려해 고립적 자주국방정책이 아닌 독자적 자주국방정책을 추진했었다.

박정희 대통령은 미국이 북한의 도발에 효과적 대응을 하지 않고, 한국에 확실한 방위의지를 갖지 못하는 데 충격을 받았다. 따라서 한국은 북한의 단독침공에 대해서 한국군 단독으로 방어할 수 있는 절대우위의 군사력을 건설해 운용할 수 있어야 한다고 선언하고 중화학공업 육성, 핵무기 및 미사일 개발, 그리고 한국군의 현대화 등으로 독자적 자주국방정책을 추진하는 과정에서 동맹국가인 미국과 갈등이 있기도 했는데, 그것은 동맹국가에 의존하지 않는 군사력을 건설하고, 유사시에도 타 국가의 부적절한 간섭 없이 독자적으로 국방정책을 결정하고, 군사력을 사용해 국가방위를 추구하는 정책이었다.

3) 고립적 자주국방

고립적 자주국방정책은 국제적 · 지역적 안보협력체제 및 다른 국가와의 협력관계를 완전히 단절하고 나홀로식으로 자주국방을 실현하는 정책을 말한다. 따라서고립적 자주국방은 불간섭 · 불개입 · 불가입 원칙을 적용하는 고립주의적인 외교 · 안보력을 행사한다. 어떤 국가가 고립정책을 추구하는 것은 ① 그 국가의 국력이 다른 국가들보다 우월해 그들과 협력할 필요를 느끼지 않을 경우, ② 독립을 지키기 쉬운 지리적 · 사회적 조건이 존재하는 경우, ③ 국내 사정이나 국력의 약세로 국제정치에 참여할 여유가 없고, 또 그러한 참여가 그 국가의 이익이 되지 못할 경우 등의 세 가지 경우를 들 수 있다.

첫째 사례는 19세기 전반의 영국의 고립정책을 들 수 있다. 영국은 세력균형정책을 취해왔으나 한때 유럽 대륙보다 먼저 자본주의 체제를 확립해 경제력 · 정치력이 우세하자 19세기 중반까지 다른 유럽 국가들과 동맹하지 않고 고립적 자주국방정책을 추구한 일이 있다.

둘째 사례는 미국에 해당하는 경우인데, 1823년에 먼로(James Monroe) 대통령이 불개입 · 불간섭 · 불가입의 고립적 자주국방정책을 제창하였다. 미국은 초기에 지리적으로 유럽 대륙과 격리되어 있고 신세계 건설에 이상을 둔 미국인들이 유럽 제국 간의 잦은 전쟁과 권력정치를 혐오해 유럽정치에 대해 고립정책을 취해왔다.

셋째 사례로 중국은 마오쩌둥의 문화혁명 기간 동안 택했던 대외적 고립정책이 해당한다. 이 기간 중 중국은 문화대혁명이라는 국내 문제에 몰두해 대외적으로 관심을 돌릴 여유가 없었고, 미국 · 구소련(러시아) 우위체제에서 발언권을 행사할 충분한 힘도 없어 대내적으로 투쟁적인 고립정책을 유지했었다.[6]

이와 같이 타 국가와 일체의 관계를 갖지 않는 나홀로식의 고립적 자주국방정책은 특정한 안보환경에서 특정한 국가들의 국방정책이 되기 때문에 국제적 · 지역적 안보체제 및 타 국가와 일정한 관계 속에서도 자국의 일방적인 가치와 판단에 따라 자국의 의지대로 정책을 결정하고 수행하는 독자적 자주국방정책과 차이가 있다.

오늘날 국제사회에서 모든 국가들은 국제적으로나 국가 간에 일체의 간섭이나 지원을 받지 않고 나홀로식의 단독으로 완전한 국방력을 건설 · 관리 · 유지 · 운용할 수 있는 고립적 자주국방을 희망할 수도 있다.

---

6 정인흥 외, 《정치학대사전》, 서울: 박영사, 2005, p. 103.

그러나 현실적으로 고립정책 차원의 완전한 의미의 나홀로식 단독 국방은 어렵고 불가능하기 때문에 고립적 자주국방정책을 추진한 국가는 찾아보기 힘든 것이다. 그 반면 강대국가들은 국제적 · 국가적 관계와 영향에서 협력하다가 필요시에는 자국의 이익과 안보를 위해서 국제적 영향과 국가 간의 이해관계를 초월해 언제든지 자국의 가치와 의지에 따라 일방적 방위역량을 발휘할 수 있는 국가적 능력을 갖추고 독자적 자주국방정책을 추구하고 있다.

4) 협력적 자주국방

협력적 자주국방정책이란 동맹국가 · 주변국가 · 적대국가와도 안보이익의 공유를 위해 적극적인 협력관계를 국가안보의 주요 수단으로 활용하면서, 적의 전쟁도발을 억제하고 도발하는 경우에는 격퇴하는 데 자국이 주도적인 역할을 수행할 수 있는 능력과 체제를 구비하는 정책이다.[7]

협력이란 한 가지 일을 이루기 위해 여러 사람이 공동으로 노력하는 것으로,[8] 보통 국가들은 협력적 자주국방으로 자위적 방위역량 확보추구와 병행해 국제적 · 지역적 안보체제를 비롯해서 우방국가뿐만 아니라 적대국가와도 협력을 통해 공동안보를 추구하는 협력적 방위태세를 갖추는 것이다.

국가안보가 자국의 안위만을 생각해서는 달성할 수 없고, 적과의 대결은 결국 공멸로 이룰 수밖에 없다는 인식에서 적의 안보도 함께 고려하며 공존을 추구하는 것을 의미한다. 즉 자국의 생존을 위해서 타 국가 또는 적대국가의 생존에도 협력하고 화해해 공동안보를 이루어 나가는 것을 말한다.

따라서 협력적 자주국방을 위해서는 적과의 갈등과 경쟁을 통한 절대우위의 군사력 건설로 자국의 안보를 추구하는 독자적 자주국방정책이 아니라 우방국가

7 국방대학교,《안보관계용어집》, 2006, p. 189.

8 이희승, 앞의 책, p. 4378.

나 적대국가에 대해 적정 수준의 군사력 건설과 적과도 공동 안보이익의 증진을 위해 화해 · 협력함으로써 국방목표를 달성하는 것이다.[9]

협력적 자주국방 구현을 위해서 스스로를 지킬 수 있는 군사력뿐만 아니라 전략적 이해를 같이 하는 국가와의 강력한 동맹관계는 물론 주변국가를 포함한 적대국가와도 우호적인 안보협력 관계를 유지하는 자주국방정책의 형태인 것이다.

오늘날 대부분 보통국가들은 나홀로식을 의미하는 배타적인 고립적 자주국방정책이나 절대적인 힘에 기초한 독자적 자주국방정책이 아니라 어떤 특정 분야에서는 동맹국가나 협력국가의 안보의 주요 수단을 활용하면서도 자국이 주도적인 역할을 수행하는 협력적 자주국방정책을 추구하고 있다.

한국은 전통적 전쟁을 비롯해서 테러, 대량살상무기, 마약 및 범죄, 자연환경, 인권침해, 재해 및 재난 등 새로운 안보위협에 대한 대응중심으로 재편되고 있는 국제적 안보상황, 한반도 주변국가들의 자국이익 중심의 변화, 한 · 미 동맹관계의 재조정, 남북한의 화해 및 협력관계 발전 등 미래지향적 관점에서 협력적 자주국방정책이 요구되고 있다.

> 오늘날 세계에서 미국을 비롯한 몇 개의 강대국가들을 제외하고는 독자적 자주국방정책을 추진해 군사력을 건설 및 운용하는 것은 어려운 과제가 된다. 따라서 보통 국가들은 이해관계를 같이 하는 동맹국가 및 주변국가, 그리고 적대국가와도 상호 이익을 공유하기 위해 협력관계를 유지해 자국의 국방목표를 달성하는 협력적 자주국방정책을 추진하고 있다.

협력적 자주국방은 국제적 · 지역적 안보체제와 협력국가 간에 안보환경 변화에 따라 국방협력 수준을 설정하고, 그 설정된 목표수준에 따라 국방의 자주성을 발전시키는 것이다. 즉 국가안보는 국제적 · 지역적 안보체제의 협력 틀 속에서 책

9 국방대학교, 《안보관계용어집》, 2005, pp. 38-39.

임소재는 스스로에 있고, 타 국가에 의존하지 않는 적정 수준의 군사력을 건설하고, 유사시에는 타 국가의 부당한 영향력을 최소화하는 수준에서 협력하는 국방정책인 것이다.[10]

이와 같은 협력적 자주국방은 보통 국가들이 추구하고 있는 자주국방정책의 형태가 되고 있으나, 자국의 자위적 방위 역량을 발휘하기 위해서, 어떤 분야에서는 긴밀한 쌍방향적 협력관계가 중요하기 때문에 국제적 · 지역적 안보체제와 협력국가들의 영향력으로 핵무기, 미사일, 특정 군사력의 개발 · 보유 · 배치 · 사용 등 부분적인 제한을 받게 된다.

5) 중립적 자주국방

중립적 자주국방정책이란 어떤 국가가 중립 의무를 가지게 됨으로써 국제기구나 중립보장국가로부터 중립국가에 대한 불가침 보장을 획득해 안보를 추구하는 정책이다.

국가 간에 중립조약으로 보장된 상호불가침은 국제연합 헌장에 명시되어 있고, 당사국가들 사이에서 스스로도 상대국가에 대한 불가침을 약속하는 것으로서 상대국가가 자국에 대한 불가침의 보장을 얻는 법적 관계를 낳게 하는 것이다.

예컨대 영세중립은 영구히 타 국가에 전쟁을 일으키지 않을 뿐만 아니라 타 국가 간의 전쟁에 대해서도 중립을 지킬 의무가 있다. 영세중립국가는 타 국가에 의해 안보가 보장되고, 보호국가는 영세중립국가에 대해서 개전할 수도 없고, 또 타 국가의 침입을 막을 의무가 있는 것이다.[11]

> 중립적 자주국방정책을 추구한 국가들은 자국 내에 국제평화기구 설치 및 국제평화회의 개최 등 평화보장추구 노력을 한다. 예컨대 스위스는 14~20세기 초

10 합동참모본부, 합참(제25호), 노훈, 《협력적 자주국방과 국방개혁》, 2005, pp. 71-77.

11 정인홍 외, 《정치학 대사전》, 서울: 박영사, 2000, p. 1052.

까지만 하더라도 외국 군대에 200만 명 이상의 용병을 제공했으나, 1927년 용병 금지법을 제정한 이후 지금은 로마교황 경호와 바티칸 경비를 맡고 있는 스위스 근위대만을 허용하고 있다.

그러나 2010년부터 세계 100여 개의 국가에서 활동 중인 유명한 사설 용병업체들이 스위스에 본사 또는 사무실을 두고 전쟁이나 분쟁지역에 개입해 군사활동을 하고 있다. 그것은 사설 용병업체들이 스위스의 긍정적 이미지, 무엇보다도 스위스의 중립적 자주국방정책에서 혜택을 보고자 하는 원인이 크다는 것이다.

스위스는 용병업체들이 완전히 법의 사각지대에서 군사활동을 하고 있기 때문에 전쟁 · 분쟁지역에 동원된 용병들이 제네바협약을 비롯한 국제인도주의법을 위반함으로써, 스위스의 중립적 자주국방정책에 먹칠을 할 우려가 있다고 판단했다.

스위스는 이러한 문제의식을 바탕으로 국제적십자위원회와 함께 역사적으로 가장 오래된 직업 중 하나인 용병에 대한 새로운 법적 틀을 마련해 통제하기 위해 국제화하였다.

이와 같이 중립조약으로 중립적 자주국방정책을 추구하는 국가들은 평화보장조치 추구의 외교 · 안보력 행사와 군사적 수단보다는 비군사적 수단으로 자주국방을 구현한다.

니콜라스 플뤼에(1481)가 스위스는 외국 간의 불화에 끼어들지 말라는 권고안을 영세중립국가인 스위스가 충실히 지켜온 것을 비롯해서 강대국가 사이에서 중립적 국방정책 추구로 자주국방을 달성해가는 국가들이 있다.

4. 군사전략의 개념

1) 군사전략의 정의

군사전략이란 무력의 사용이나 위협으로 국방목표(안보목표)를 달성하기 위해 군사적 수단을 효과적으로 준비하고 계획하고 운용하는 술이며 과학이라고 정의할 수 있다.

군사전략은 ① 군사목표의 설정, ② 군사달성을 위한 방안으로서 군사전략기획의 수립, ③ 군사전략을 수행하기 위한 수단으로서 군사자원의 사용으로 구성된다. 이 기본 요소의 어떤 것이 다른 것과 양립하지 못할 때 국가안보는 위험에 도달하게 되는 것이며, 군사전략은 일정한 구비조건을 가지고 있다.

2) 군사전략의 구비조건

(1) 적합성

적합성(Adaptability)은 군사전략이 국방목표(안보목표) 달성에 적합하며 국가정책 또는 국가전략에 부합되어야 한다.

군사전략은 국방목표 달성의 한 수단이지, 군사활동 자체가 목적일 수 없기 때문에 군사전략이라는 수단은 항상 상위목표에 적합해야 한다. 따라서 공격적이나 방어적인 무력행사를 위한 순수한 군사적 관점에서 가장 좋은 군사전략일지라도 그것이 국방목표(안보목표) 달성에 기여하지 못하거나 저해된다면 군사전략의 가치를 상실하게 된다.

(2) 달성가능성

군사전략이 적합성을 충족시킨다면, 다음은 전략 개념 시행으로 군사전략 목표달성 가능성(Feasibility)이 있는가? 그리고 그 개념이 가용자원 및 능력(정신적 · 물리적)으로 시행 가능한가? 라는 질문에 대한 답이 요구된다.

달성 가능성의 문제는 단순히 가용자원의 충족 여부뿐만 아니라 조직원의 수단 운용능력도 분석되어야 한다. 제4차 중동전쟁 때에 이집트가 초기 기습의 성공을 확대할 전략을 선택하지 못한 이유는 전략선택의 오류나 자원의 가용성 때문이 아니라 기동전 능력에 있어서 이스라엘군에 비해 이집트군의 상대적인 능력제한 때문이었다.

자원과 능력이 뒷받침되지 못한 군사전략은 환상에 불과하며, 그와 같은 달성 불가능한 군사전략 선택은 오히려 패배를 자초하게 된다. 따라서 보복력이 없는 억제전략이나 기동전 수행 능력이 없는 공세전략 등은 달성 가능성에서 그 제한적인 사례가 된다.

(3) 용납성

용납성(Acceptability)은 다음과 같은 두 가지의 의미를 포함하고 있다.

첫째는 그 전략이 적합성과 달성 가능성을 충족시킨다고 하더라도 비용 대 효과의 측면에서 용납될 수 있느냐의 문제이다. 그러나 비용의 문제는 국가 생존과 직결되는 수세의 입장에서 고려되는 것이 아니라 전쟁을 통해 어떤 목표를 달성하고자 하는 전쟁 결심의 경우 또는 반격 시 고려될 문제이며, 그것은 목표의 소요 수단 간의 가치에 대한 평가문제이다.

둘째로 용납성은 전략의 수단과 방법의 도덕성을 검토하게 한다. 비록 무력투쟁이 죽이고 죽는 것을 전제로 하고 있지만 국제적 지지가 전략의 성공을 좌우하게 되는 현대 무력 투쟁에 있어서 전쟁의 목표에 걸린 명분뿐만 아니라 전략의 수단과 방법의 윤리 도덕적 관점에서 정당한 전쟁 혹은 부당한 전쟁으로서 국내외적인 용납성을 충족시켜야 한다.

2006년 7월 12일 레바논의 무장정치조직인 하마스나 헤즈볼라가 이스라엘 병사 2명을 납치하고, 이스라엘에 감금된 이슬람인들을 석방할 것을 요구함으로써 이스라엘과 레바논 전쟁이 촉발되었다.

이스라엘은 즉각 육 · 해 · 공군으로 레바논을 공격해 주요 행정 및 산업시설,

고속도로 및 교량, 방송국, 발전소 등을 무차별 파괴하고, 피난민 및 주민을 대량 살상하면서, 레바논 공격이 정당방위라고 주장하였다. 이에 대해 레바논은 로켓포 및 도시 게릴라전으로 응전하면서 휴전을 제의해 불안전한 휴전을 맺었다.

그러나 국제사회에서는 한 대 맞았다고 상대의 집까지 박살내야 하느냐며 이스라엘의 강경대응방식을 비난했다. 즉, 2006년 7월 15일 코피 아난 유엔 사무총장을 비롯한 러시아 블라디미르 푸틴 대통령, 유럽 국가 지도자들은 군사력의 사용은 균형적이어야 하는데 이스라엘은 군사력을 불균형적으로 사용했다고 비판했다.

이처럼 이스라엘이 비난의 대상이 되는 이유는 모든 국가가 자위차원에서 무력을 사용할 수 있으나, 이는 권리의 침해 수준에 비례하는 무력일 때에만 정당화되고 용납될 수 있다는 비례의 원칙이라는 국제법을 무시했기 때문이다. 특히 민간인에 대한 대량살상과 가자지구의 유일한 발전소를 파괴해 팔레스타인 인구의 절반에 전력공급을 중단시켜 유럽 국가들로부터 많은 비난을 받았다.

이와 같이 이스라엘이 자위권과 자국민 보호 의무라는 이유를 들고 있지만 전면공세로 민간인의 살상, 교량 및 발전소 등 주요시설을 무차별 파괴한 행위는 결국 국제관습법을 무시한 과잉대응으로서 윤리도덕적으로 용납 또는 정당화될 수 없는 범죄행위라는 것이다.

제네바협약에서는 비군사시설에 대한 공격과 민간인들을 의도적으로 집단살상하고 파괴하는 보복행위를 금지하고 있다.[12]

즉, 수단 측면에서 국제적으로 사용이 제한되거나 금지된 대량살상무기의 사용과 방법 면에서 무차별 학살이나 초토화 작전 등은 용납성을 저해시키는 것이 된다. 현대전쟁은 국제적 · 국내적으로 전쟁의 정당성을 확보하지 못하면 국내외적으로 용납성을 인정받지 못하고 부당한 전쟁으로 비판을 받게 된다.

---

12 동아일보, 2006년 7월 17일.

5. 군사전략의 유형

군사전략은 학자들에 따라 매우 다양하게 유형을 구분하고 있다. 그러나 여기에서는 현대국가에서 적용하고 있는 실용적 접근방법에 따른 몇 가지 유형으로 구분하였다. 억제전략으로는 제재적 억제전략, 거부적 억제전략, 통합적 억제전략 등이 있으며, 방위전략은 공세적 방위전략, 수세적 방위전략, 수세 · 공세적 방위전략 등 유형으로 구분하고 있다.

억제전략은 전쟁을 일으키면 보복이나 손실이 크다는 것을 인식시켜서 적대국가의 침략 행동을 자제시키는 전략이 되며, 방위전략은 전쟁의 억제가 실패했을 때 적의 침략으로부터 자국을 보호하기 위해 사용되는 전략인 것이다. 여기에서는 한국군에 적용될 수 있는 억제전략과 방위전략을 중심으로 알아보기로 한다.

1) 억제전략

(1) 정의

어떤 국가가 침략을 하려고 할 경우에 그 침략에 의해서 얻을 수 있는 이익 이상의 견디기 힘든 손해를 받게 될 것임을 그 나라에 인식시켜서 침략을 미연에 방지하기 위해서, 또는 전쟁이 발발 시에는 그 전쟁의 규모 및 치열도가 확대될 위험성을 인식시켜 전쟁을 억제토록 하기 위해서 사용하는 전략이다.

(2) 억제전략의 기본 요건

첫째, 제재 의지의 의사전달로서, 어떤 범위의 행위가 금지되어야 하며, 만일 그러한 금지사항을 무시한다면 어떤 일이 일어나리라는 것을 적대국가로 하여금 정확히 알게 하는 것이다.

둘째, 충분한 제재 수행역량으로서, 억제국가는 적대국가가 희망하는 어느 가능성 있는 이익에 비해 상대적으로 받아들일 수 없는 대가를 부과하는 능력을 갖는 것이다.

셋째, 제재 의지에 대한 신뢰성을 확립하는 것으로서, 금지된 행동을 취할 때 예상되는 대가가 얻어지는 성과보다 훨씬 크고, 또한 그렇다는 것을 인식하게 하는 것이다.

넷째, 억제의 회복과 전쟁수습으로서, 단계적 제재전략을 취한다면 만일 잠재적 침략국가가 오산(예를 들면, 아측이 제재조치를 발동하지 않을 것이라는 오산이나, 특정 침략행동에 대한 잘못된 손익 계산에 의한, 잃는 것보다 얻는 것이 많을 것이라는 결론 등)으로 억제를 파괴하는 침략을 강행했을 경우, 위험과 효과가 가장 적은 제1단계의 제재조치를 발동해 그들의 계산이 틀렸다는 것을 알게 하고, 그 이상 침략을 감행한다면 보다 높은 제2단계 제재조치를 발동한다는 결의를 표명함으로써 남아 있는 각 단계의 제재조치가 억제의 회복 효과를 기대할 수 있다.

제재조치 발동의 확대에 있어서 어느 단계에서 억제의 회복 효과를 기대할 수 있는가는 궁극적으로는 침략국가의 전쟁 지도부의 속전의지에 달려있으며, 만일 억제전략이 실패했을 때는 신속한 전쟁대응능력이 있어야 한다.

(3) 억제전략의 유형

① 거부적 억제전략

거부적 억제전략이란 잠재적 침략국가의 한정적 침략에 의한 특정의 전략 목적(목표) 달성을 거부하는 능력을 가짐으로써, 그들에게 침략을 기도하지 않도록 하는 것이다.

잠재적 적대국가가 거부능력을 갖는 국가에 대해 침략을 감행함으로써 특정의 전략목적을 달성하려 해도, 그것은 불가능하거나 극히 곤란하다고 판단될 때에는 그러한 침략에 수반되는 위협과 효과가 그것으로부터 얻을 수 있는 이익보다 훨씬 크게 되므로 침략을 중지하게 되는 것이다. 또한 잠재적 침략국가가 거부능력을 갖는 국가에 대해, 특정의 전략목적 달성이 용이하다고 오산해 침략을 개시했을 경우에는 피침략국가가 자기의 거부능력으로 침략국가에게 커다란 손해를 입힘으로써, 침략목적 달성이 용이하지 않다는 것을 실감케 하면 침략국가는 자기 계산의 과오를 깨달아, 목적달성을 단념하고 침략을 중지하게 함으로써 억제의 회복이 이루어진다.

거부적 억제전략 주안은 ① 잠재적 침략국가에 의한 목적달성을 거부할 수 있는 충분한 거부 능력을 가져야 하고, ② 충분한 거부능력이 결핍되었을 때는 자국의 거부 능력과 동맹국가의 거부 능력을 결합시켜 제재능력을 인식시키고, ③ 유사시 즉응체제의 확립, ④ 장기 항전능력을 보유해야 하며, ⑤ 가능한 다양한 거부전력을 보유, ⑥ 국가이익과 국가능력, 지리적 위치와 국제 환경에 적합한 군사전략을 가져야 하고, ⑦ 거부 능력의 충분성을 검토할 때는 전략적 가치에 비례해 상응하는 것인가를 고려해야 한다.

2 제재적 억제전략

제재적 억제전략이란 잠재적인 침략국가에 대해 그들이 만일 침략행동을 시작한다면, 그들이 견딜 수 없을 정도의 제재를 가할 것이라는 응징보복 위협에 의해, 그들에게 충격과 공포심을 일으키게 함으로써 결국은 침략행동을 일으키지 못하도록 자제시키는 것을 의미한다.

이와 같은 제재적 억제전략은 전쟁 개념과 같이 존재해왔는데, 핵무기가 출현해 핵보복력의 괴멸적 파괴력을 세계의 모든 사람들이 인식하게 됨에 따라 국가전략의 중요한 요소로 뚜렷한 의의와 내용을 가지게 되었다. 그리고 제2차 세계대전 이후의 많은 전략 이론가들은 억제를 제재적 억제로 해석하고 억제전략과핵전략을 동일시해왔다. 그러므로 제재적 억제전략을 응징보복 전략이라고 말하고 있다.

제재적 억제전략의 주안은 잠재적인 침략국가에게 견딜 수 없을 만한 제재의 공포를 줄 수 있는 것은 보복력으로서, 구체적인 수단은 응징보복력이라고 말할 수 있다. 보복력이란 가장 중요한 국가지휘 및 통제수단, 군사시설, 인구 또는 산업시설 같은 침략국가의 존립에 절대적 가치를 가지는 전략적 중심이나 목표를 파괴할 수 있는 역량이다. 미국 키신저(Henry A. Kissinger) 박사는 억제력과 보복력을 동일시하고 있다.

전략이론가들도 잠재적 침략국가의 10개 내지 20개의 도시를 괴멸시킬 수 있는 핵보복력을 가지면 충분하다는 '최소한 억제능력' 논자도 있고, 어떤 국가가 잠재 적국에 제1격을 가했을 때, 그 공격에서 생존할 수 있는 잠재 적국의 잔존 보복전력이 자국의 도시가 충분히 견딜 수 있을 만큼의 보복공격밖에 할 수 없을 정도의 파괴력을 가지는 선까지 핵보복력을 증강해야 한다는 '충분 제일격 능력' 논자도 있으며, 제일격으로 잠재적 침략국가의 전략핵전력을 거의 완전하게 괴멸시킬 수 있을 정도의 핵보복력을 가져야 한다는 '완전 제일격능력' 논자 등이 있다.

그러나 현대국가에서 제재적 억제전략은 공격에 대한 징벌적 대응조치로서 핵무기에 의한 보복력에 한정하지 않고, 발전된 현대의 정밀무기체계에 의한 외과수술적 정밀보복력도 제재적 억제전략에 포함하고 있다. 즉 미국이 2003년 3월 20일부터 5월 1일까지 대량살상무기 보유와 9 · 11테러 지원국가를 응징보복한다는 이유로 일으킨 이라크전쟁에 적용했던 정밀유도무기에 의한 전략적 · 작전적 · 전술적 목표에 대한 기능마비를 위한 정밀성, 파괴성, 거리성 등으로 인한 충격과 공포 군사전략은 제재적 억제전략으로 적용했던 것이다.

③ 총합적 억제전략

총합적 억제전략이란 국가적 차원에서 군사적 수단뿐만 아니라 이용 가능한 모든 비군사적 수단까지 동원할 능력이 있음을 적대국가에게 인식시켜 적대국가가 침략하지 못하도록 하는 전략 개념이다. 즉 전쟁억제를 위한 정치 · 외교적 활동, 경제적 제재 능력, 사회 · 심리적 능력, 국제안보환경의 이용, 국내 안정 유지 등의 제반 요소를 전쟁억제 요소로 활용하는 것이다.

총합적 억제전략의 방법으로써 첫째, 비적대적 억제는 적대적 관계를 우호적 관계로 개선해 침략의 근원적 조건을 소멸시키는 것이다. 예컨대 민족, 영토, 이념, 종교, 패권 등을 둘러싼 적대관계는 해소 불가능의 것으로 보이는 것이 보편적이지만, 장기적 시야에서 보면 대립관계에 있는 국가에 대해 끈질기게 정치 · 외교적,

경제적, 사회 · 심리적, 과학기술적, 문화적, 군사적 접촉을 계속 노력함으로써 서서히 신뢰관계를 이룩해 적대관계를 완화하고 나아가서는 진실한 공존관계를 성립시키는 것이다. 이와 같은 노력에도 불구하고, 그 과정에서 분쟁문제가 발생할 경우에는 적대국가에 무력행사를 일으킬 구실을 주는 것을 회피하면서 정치 · 외교적 협상으로 해결하도록 노력하는 것이다.

둘째, 보상적 억제는 적대국가에 경제지원 및 기술원조, 편의제공, 또는 위신을 세워주는 등의 보상을 줌으로써 침략행동을 방지하는 것이다. 즉 요구물 가치에 가까운 비용과 위협을 수반하는 군사력 행사 없이 획득하였다는 만족감을 가지게 해 침략행동을 하지 않도록 하는 것을 말한다.

셋째, 상황적 억제는 적대국가에 불리한 국제적 상황을 조성해 침략할 이유를 없애는 것이다. 즉 국제적 · 지역적 안보체제의 개입, 혹은 국제적 또는 지역적 힘의 균형에 대한 일부 책임 분담 등을 갖게 해 억제기능을 발휘하는 것이다.

2) 방위전략

(1) 정의

방위전략이란 적대국가에 대해서 전쟁억제가 실패해 침략을 받았을 때 국가를 방위하기 위해 사용하는 군사전략이다.

(2) 방위전략의 기본요건

방위전략은 국가의 능력과 수단에 따라서 자국의 단독방위, 동맹국가의 집단방위, 국제적 · 지역적 안보체제의 협력 활용 등의 기본 방위역량 요건을 고려해 분류할 수 있다.

(3) 방위전략의 유형

1 공세적 방위전략

공세적 방위전략은 적대국가의 침략이 임박했을 때의 선제공격과 현재는 크게 위협이 되지 않지만 언제인가는 위협이 될 수 있다고 판단될 때는 예방전쟁 차원의 예방공격을 실시해 적 지역으로 전쟁을 확대하는 군사전략이다.

이와 같이 적대국가의 명확한 전쟁 징후를 포착 시 적극적 방위로 전장을 적 지역으로 확대함으로써, 자국의 국경선 밖에서 또는 주변지역을 주 전장화해 자국의 인적 손실 및 물적 파괴를 최소화하면서 적의 전쟁의지 변경을 강요하는 전략이다. 따라서 공세적 방위전략을 거부적 적극 방위전략이라고도 말한다. 공세적 방위전략을 수행하기 위한 기본조건은 감시권, 방위권, 결전권 등이 있어야 한다.

첫째, 감시권은 침략국가에 대한 조기경보능력의 확보로 ① 정치 · 외교전략, 사회 · 심리전략으로 기도를 폭로하고, 사전 경고해 국내 여론 조성 및 국제적으로 문제화하며, ② 동맹국가와 군사협력 관계를 구축하고, ③ 침략국가를 감시 · 정찰하는 것이다. 둘째, 방위권은 기습공격능력 확보로 ① 침략국가 지역에서 전쟁하는 개념을 최대한 이용하며, ② 동맹국가와 군사협력을 실천하고, ③ 침략국가 심장부에 타격능력을 과시하는 것이다. 셋째, 독자적 작전 결전권 확보로 ① 침략국가 지역에서 혹은 그 주변 지역에서 정규전 · 비정규전을 배합해 전쟁을 수행하고, ② 국제적 · 국가적으로 전쟁의 정당성을 홍보해 국제적 지원세력과 국민적 지지를 확보하며, ③ 침략국가의 전략적 중심을 선제공격 혹은 예방공격해 전쟁을 승리로 이끌게 한 것이다.

이와 같이 공세적 방위전략은 전략적인 선제공격 및 예방공격으로 침략국가 지역에서 전쟁을 수행하는 것이 중요하다.

2 수세적 방위전략

수세적 방위전략이란 잠재적 침략국가의 침략을 받았을 때나 또는 국지분쟁 시에 국가를 방위하기 위해 자국의 영토내부에서 전쟁을 수행하는 전략인 것이다.

수세적 방위전략은 전쟁 시나 국지분쟁 시에 침략국가의 도발지역과 도발수단 및 규모에 따라 상응한 대응방법으로 전쟁을 수행해, 전쟁 혹은 국지분쟁 이전의 상태로 원상회복하는 전략이다. 그리고 신축대응전략을 수세적 방위전략에 포함하기도 한다.

수세적 방위전략을 적용하기 위해서는 ① 전략적 기습을 거부할 수 있는 능력이 있어야 하고, ② 전쟁을 위한 철저한 방어태세를 준비해야 하며, ③ 확전을 방지할 수 있는 노력이 있어야 한다.

③ 수세 · 공세적 방위전략

수세 · 공세적 방위전략이란 공세적 방위전략을 기본으로 하지만 침략국가의 선제공격을 전제로 일단 수세를 취하다가 즉시 공세 이전하는 선수세 · 후반격하는 전략으로서, 전쟁 혹은 국지도발 이전의 원상회복 이상까지 전쟁목표를 확대할 수 있다. 수세 · 공세적 방위전략의 주안은 ① 선제기습공격으로 인한 군사적 이익보다는 정치적 고려가 보다 지배적인 요소가 되며, 또한 ② 공세이전 할 수 있는 충분한 작전능력을 갖추고 있어야 한다.

이스라엘은 1967년 6일전쟁까지는 적의 기습공세에 조기경보가 불가능하고, 적의 선제공격을 절대로 허용할 수 없는 좁은 국토의 한계성 때문에 적 지역에서 전쟁을 수행하기 위한 공세적 방위전략으로서 선제공격을 수행했다. 그러나 1973년 10월 전쟁에서는 이집트에게 선제공격을 허용한 후에 반격하는 전략을 채택했다. 이스라엘은 6일전쟁 승리 후에 적이 기습공격을 해도 조기경보가 가능하며, 충격을 완화하고 융통성 있는 전투를 할 수 있는 충분한 지역공간을 확보할 수 있었다. 따라서 이스라엘은 이집트의 선제공격을 허용한 후 즉시 반격해 승리하는 수세 · 공세적 방위전략을 적용해 승리함으로써 국제적 · 국가적으로 전쟁의 정당성을 확보할 수 있었다.[13]

13 김희상, 《중동전쟁》, 서울: 일신사, 2004, pp. 472-475.

3) 충격과 공포전략

현대전쟁에서 충격과 공포전략은 가공할 핵무기를 대신해서 첨단과학무기에 의한 압도적이고 정밀한 공습, 뛰어난 정보전과 심리전, 신속한 기동전을 바탕으로 적의 전쟁의지를 꺾어 적을 붕괴 · 자멸 · 투항으로 유도함으로써 최소한의 피해로 전쟁을 조기에 끝내는 군사전략이다. 즉, 충격과 공포전략은 무차별 표적파괴보다는 핵심적 기능을 마비시켜 적의 행동변화를 유도하는 군사전략으로서, 억제전략 · 방위전략 · 그 외 군사전략 등에 조합적용할 수 있는 군사전략이다.

충격과 공포전략을 수행하기 위한 기본조건은 ① 신속대응군에 의한 결정적 기동, ② 정밀유도 무기에 의한 효과기반 작전, ③ 네트워크 중심작전 등 기습적 · 기능파괴적 방법에 의한 속전전략으로서 적에게 심리적 충격을 주어 기능마비적 효과를 달성해 승리하는 새로운 전격전 개념의 전략이다.[14]

> 충격과 공포군사전략은 존 워든(John Warden)의 국가체계별 타격목표 이론을 적용한 전략이다. 산업시대의 전쟁에서는 전선이 주로 지상에 형성되어 있기 때문에 중무장 지상군 중심의 방어전략을 위한 공지합동작전술(ALO)에 따라 지상 · 해상 · 공중의 3차원에서 작전들은 적국의 전략적 목표를 공격하기 위해 축차적 · 점전적 · 소모전적 · 병력 중심적으로 외부에 배치된 적의 야전군부터 격멸한 다음에 인구집중지역이나 산업중심지 등을 공격하고, 내부의 최종적인 전략적 목표인 국가지휘구조를 파괴해 들어갔다.
>
> 그러나 지식정보화 시대의 이라크전쟁에서 미 · 영 연합군은 충격과 공포전략을 위한 신속결정적 작전술(RDO)에 따라 지상 · 해상 · 공중 · 우주 · 사이버의 5차원에서 장거리 첨단정밀유도무기를 작전특성에 맞게 연계하고 통합해 동시적 · 병행적 · 효과기반적 · 핵심지향적으로 내부의 전략적 목표인 사담후세인과 국가지휘구조를 먼저 타격해 붕괴시키고, 그 효과가 외부로 퍼져나가 이라크의

14 상세한 내용은 조영갑, 《전쟁사》(북코리아, 2015)를 참고할 것.

국가체제 기능을 마비시킴으로써 단기간 내에 전쟁목표를 달성할 수 있게 했다.

예컨대 산업시대의 전쟁까지는 외곽부터 안쪽으로 접근해가는 축차적인 접근방법이었으나 지식정보시대의 전쟁은 가장 안쪽에서 바깥쪽으로 또는 전 동심원을 동시에 접근해가는 병행적인 접근방법이다. 이같이 충격과 공포군사전략작전은 적의 급소가 된 중심인 전략적 지휘구조를 제거하거나 타격함으로써 적의 전투력이 지휘가 없는 상태 또는 명령 흐름이 단절된 상태가 되게 하여 제 기능을 발휘할 수 없도록 하는 새로운 중심마비전이 되는 것이다. 여기에서 마비전이란 물리적인 것보다는 심리적인 것으로서, 연이은 누적적인 타격으로 적을 섬멸하는 것이 아니라 적의 중추신경을 찌름으로써 모든 근육을 동시에 마비시키는 것을 말한다.

이것은 모든 시스템에는 중심이 있는데, 그 핵심적 중심이 변하게 되면 다른 시스템도 따라서 변하게 된다는 국가체계별 타격의 5개의 전략적 동심원 모델을 적용한 전략이다.

이와 같은 충격과 공포군사전략은 2003년 3월 20일부터 5월 1일까지 실시된 이라크전쟁에서 적용되었다. 미국의 신속대응군은 1일 80~100km 속도로 전략적 중심인 바그다드를 향해 기동했으며, 네트워크 중심작전으로 통합 지휘통신체계를 구성해 5차원적 작전을 실시할 수 있었으며, 전략적 · 작전적 · 전술적 표적에 대한 기능을 효과기반작전으로 정밀 파괴함으로써 이라크의 전쟁지도부 · 군대 · 국민들을 충격과 공포로 싸울 수 있는 의지를 포기토록 하여 붕괴시키고, 투항해 자멸토록 했다. 따라서 충격과 공포군사전략의 실현을 위한 작전술도 공지협동작전술(ALO)에서 신속결정적 작전술(RDO)로 변환되어 이라크전쟁부터 적용되었다(표 2-3).

21세기, 현대전쟁에서 충격과 공포전략은 핵무기를 대신한 첨단정밀 과학무기로 억제전략 또는 방위전략에 다양하게 조합시켜 적용할 수 있는 군사전략이다.

〈표 2-3〉 신속결정적 작전술의 개념

구분	걸프전(1991)	이라크전(2003)
작전술의 기본요건	공지협동작전술(Airland Operation) - ALO 기본요건 적/지형/기상 중심 + 수적우위/제파식 기동작전 + 대량화력전 + 종심 전장확대작전 C3I ※ 군 조직은 합동성 반영, 작전은 각 군 중심 실시	신속결정적 작전술(Rapid Decisive Operation) - RDO 기본요건 지식 · 정보 중심 (전투지휘의 기본지식) + 신속결정적 기동작전(RDM) (기동) + 효과 기반작전(EBO) (화력) + 네트워크 중심작전(NCW) (지휘/통제) C4ISR ※ 각 군은 실질적인 합동성 작전 발휘
작전술의 적용	ALO 개념 - 축차적 - 점진적 - 선형적 - 소모전적 - 대칭적 - 병력중심적 - IPB와 상황전개의 의존 ※ 수적 우세, 적 군사력 공격 ※ 기존 적용해온 합동/연합작전 개념	RDO 개념 - 동시적 - 병행적 - 분권적 - 효과에 기초 - 비대칭적 - 핵심 지향적 - 가변적 전장 이해와 활용 ※ 질적 우세, 적 능력공격 ※ 현대전쟁에 적용한 합동/연합작전의 개념

자료: USJFCOM, Coordinating draft: A Comcept for Rapid Decisive Operations, 2003.

4) 그 외의 군사전략들

군사전략은 근본적으로 전쟁에서 승리하기 위한 것이기 때문에 전쟁 상황에 따라 적합한 전략유형이 결정되지만 대부분의 군사전략은 몇 가지 유형을 조합해 적용하게 된다.[15] 첫째, 전쟁 형태에 따라서 ① 국가의 광범위한 목표(목적)를 달성하기 위한 전면핵전 및 전면재래전으로서 전면전 전략이며, ② 국가의 제한적인 목표를 달성하기 위한 국지핵전 및 국지재래전으로서 제한전 전략 등이 있다.

둘째, 사용되는 무기에 따라서 ① 핵무기 사용을 위한 핵전쟁 전략, ② 재래식 무기에 의한 재래전쟁 전략, ③ 비정규전쟁 전략 등이 있다.

셋째, 전쟁방법에 따라서 ① 적의 주력을 괴멸시키는 섬멸전략, ② 적의 군사력과 후방 전쟁지원 능력을 점차 소모시키는 소모전략이 있다.

넷째, 안드레 보프르(Andre Beaufre)는 전쟁의 접근방법에 따라 ① 직접적인 결전주의 방식인 직접전략, ② 결전을 하지 않고 적의 군사력을 소진케 하여 쌍방 간의 전략상 균형을 파괴시킨 후에 최소의 전투로 승리를 거두는 간접전략으로 구분하고 있다.

다섯째, 미국 와일리(J. S. Wylie)는 ① 순차적 전략, ② 누적적 전략으로 구분하고 있다. 순차적 전략은 일련의 행동들을 개념적이거나 시간적 차원에서 단계적으로 진행해 목표를 달성하는 전략이며, 누적적 전략은 개념적이거나 시간적 차원에서 제반행동을 체계적으로 조직하지는 않지만 아군에게는 유리하게 적군에게는 불리한 결과를 지속적으로 누적시킴으로써 결국은 바람직한 목표를 달성하는 전략인 것이다.

6. 국방체제와 국방조직

1) 국방체제의 정의

국가는 안전보장을 위해 국가안보체제를 구축하고 안보정책과 국방정책을 수립하고 시행한다. 국가안보체제는 국가안보를 위한 국가총력 방위수행체제로서

15 박휘락, 《전쟁 · 전략 · 군사입문》, 서울: 법문사, 2005, pp. 114-115.

국가의 가용한 모든 역량을 총동원해 국가를 방위하는 정치 · 외교, 경제, 과학기술, 사회 · 심리 및 군사 분야의 고유역량과 활동을 유기적이고 상호보완적으로 조직하는 총합체제이다.

국가안보의 수단은 정치 · 외교력, 경제력, 사회 · 심리전력, 과학기술력, 군사력 등 국력의 제요소 중에서 선택된 수단을 중심으로 총체적으로 전력화하게 되고, 국방수단은 군사력이 중심이 되며 기타 비군사적 수단이 이를 보완하게 되는 것이다.

국방체제란 국가안보를 위해 군사력을 중심으로 모든 국력을 종합해 총체적 국력으로 승화시키는 총력전 수행을 위한 구조, 기능 및 절차라고 정의할 수 있다. 국방체제는 국가안보체제와 군사체제의 중간에 위치해 상호 보완적이고 의존적인 관계를 유지하면서 국가안보 및 국방목표를 달성하기 위한 수단인 군사력을 건설, 관리, 유지, 운용하는 역할을 한다.

즉 국방의 2대 기능인 군정과 군령을 군사력 중심으로 국력의 타 요소와 유기적으로 조직화해 총합 전력화하는 과정에서 통수권과 군정 · 군령 통할권이 수직적으로 일원화되고, 수평적으로 국방정책결정기구 및 국력동원기구가 협동과 조화를 이루는 조직체제가 된다.

2) 국방체제의 구조

국방체제는 국방목표를 달성하기 위해 국방의 2대 기능인 군정(양병기능)과 군령(용병기능)을 통합해 국방체제 구조 내에서 수평적 · 수직적 권한 활동을 명확히 하기 위한 최고통수권자, 국방정책결정기구, 국력동원기구, 군정 · 군령 통할기구, 군정 · 군령 집행기구 등의 5개 요소로 구성된다(그림 2-1).[16]

최고통수권자(대통령)는 통수권으로 군대를 지휘할 수 있는 권한과 책임을 갖고, 헌법 절차에 의해서 계선조직인 군정 · 군령 통할기구와 군정 · 군령 집행기구

16 이선호, 《국방행정론》, 고려원, 2000, pp. 164-186.

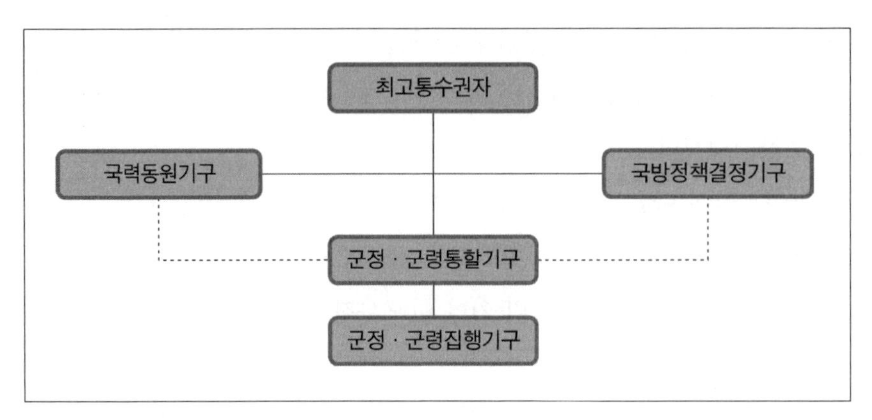

〈그림 2-1〉 국방체제의 구조

를 경유해 수직적으로 행사하며, 참모조직으로서 민군합일 정책결정 및 자문기구인 국방정책결정기구(국가안보회의)와 국력동원기구의 보좌를 받게 된다.

군정 · 군령 통할기구의 국방장관은 국방체제 속에서 두 가지 신분상의 기능을 수행하는데, 통수계통상의 최고통수권자인 대통령으로부터 군령업무를 지시받아 이를 통할 관장하는 한편, 행정부 내각의 일원으로서 군정업무를 통할 관장하며, 또한 이를 집행하기 위해서 내각의 자문이나 심의 또는 의결과정을 거친다.

군정 · 군령 집행기구는 국방장관의 명을 받아서 국방업무를 집행하는 군사기구 등이 있다. 따라서 국방체제는 5개 요소가 하나의 통합체제로서 구조, 기능, 절차가 종합체계화를 이룰 때 건전한 국방체제로서의 역할을 할 수 있게 된다.

(1) 최고통수권자

통수권이란 한나라의 최고통수권자(대통령)가 그 나라의 헌법적 지위에 따라 군대를 지휘하는 권한을 말하며, 통수권은 군정권과 군령권을 통할한다.[17]

통수권의 운용은 필요시 직접 행사할 수 있으나 통상 간접 행사가 원칙으로 되어 있다. 따라서 통수권은 군정 · 군령 일원화체제에서는 법적 절차에 따라 대통

17 국방대학교, 《안보관계용어집》, 2006, p. 83.

령이 국방장관을 통해 문서로 간접 행사하는 것이 원칙이라 할 수 있으며, 통수권을 보좌 내지 지원하는 기구로 국방정책결정기구와 국력동원기구가 있다.

(2) 국방정책결정기구

국방정책결정기구(국가안보회의)는 최고통수권자인 대통령의 의사결정을 보좌하는 기구가 된다. 오늘날 다수국가가 가지고 있는 국가안보회의가 바로 안보정책이나 안보전략, 그리고 국방정책결정기구로서 존재하게 되는데, 평시에는 국가안보정책의 3요소인 '대외, 대내, 국방정책'을 심의하는 기능을 수행하고, 전시에는 전쟁지도 기능을 수행하는 것이다.

이러한 기구들은 일반적으로 대통령에 의해 주재되며, 비록 대통령의 자문기구로서의 성격을 띠고 있지만, 국가안보정책을 결정함으로써 국방정책의 근원을 창출하는 것이다. 대통령은 국가안보회의의 의장을 겸임하고 있다는 신분으로 법률이 정함에 따라 국가안보정책의 최고결정자가 되고, 결정된 안보정책은 국방정책 결정에 직접적인 영향을 미치게 된다.

(3) 국력동원기구

국력동원기구는 국방에 있어서 국력을 탄생시키는 원천으로서 국가정책에서 정치, 경제, 사회, 문화, 군사 등 전반의 역량을 장악하고 있으며, 국방정책을 지원하는 근본이며, 국방체제에 있어서 지원적인 역할을 한다.

국력동원기구로서 국무회의는 행정부의 각 부처 간의 정보교환 및 분배기능과 수평적 · 수직적 조정협조 장치의 역할을 한다. 대부분의 국가에서 운용상 편리를 위해 이 기구를 통수계통에 귀속시켜 각 기능의 집중으로 전쟁의 승리를 갖게 한다.

(4) 군정 · 군령 통할기구

군정 · 군령 통할기구는 국방임무를 완수하고 국가목표(국방목표)를 달성할 때까지 군사정보의 수집, 연구 및 분석 그리고 국방정책 및 군사전략의 구상과 계획의 수립 및 실시에 이르기까지 국방관계 업무 전반을 관장하며 국방체제 중에서 상하를 연결시키는 핵심적 지위를 차지한다.

군정(Military Administration)

국방목표 달성을 위해 군사력을 건설, 유지, 관리하는 기능으로서 국방정책의 수립, 국방관계법령의 제정, 개정 및 시행, 국방자원의 획득배분와 관리, 군사작전 지원 등을 의미한다. 양병으로도 통용되는 이 용어가 의미하는 것은 군이 용병(작전)의 임무를 수행할 수 있도록 지원하는 것을 주 업무로 한다.

군령(Military Command)

국방목표를 달성하기 위해 군사력을 운용하는 용병기능으로서 군사전략기획, 군사력 건설에 대한 소요제기 및 작전계획의 수립과 작전부대에 대한 작전지휘 및 운용 등을 의미한다.[18]

국방장관은 국방의 2대 기능인 군정과 군령 업무를 계획, 조정, 통제하는 군정·군령 통할기구로서 국방부본부는 국방자원관리의 정치·외교적, 경제적, 사회·심리적, 과학기술적 효율성을 극대화해 군사력을 건설·관리·유지하는 것을 최고의 과제로 하며, 합동참모본부는 군사작전에서 군사력 사용의 효과성을 극대화하는 모든 활동을 추구한다.

군정·군령 일원화란 합참의 기능이 국방부의 군정기능과 독립 분리된 기능이 아니고, 어디까지나 국방장관의 군정·군령 통할권을 수행함에 있어 군령 분야를 보좌하는 것이다. 즉 국방부본부는 국방장관의 군정참모기구이고 합동참모본부는 국방장관의 군령참모기구로서의 기능을 담당하게 되므로, 통수체제에서 볼 때 국방장관에서 양자가 완전히 결합 및 일원화되고 있는 것이다.

18 국방대학교, 《안보관계용어집》, 2006, p. 83.

(5) 군정 · 군령 집행기구

군정 · 군령 집행기구는 국방체제에 있어서 통수권자의 차하위 계선조직기구로서 군정 · 군령 통합기구인 국방부의 군정 · 군령에 관련된 의사결정사항을 집행하는 기능을 갖는다. 군정 · 군령 집행기구는 국방조직구조에 따라 군정과 군령의 분야를 분리 집행할 수 있고, 통합 집행할 수도 있다. 즉 국방장관은 국방부 본부와 각 군 본부를 통해 각 군부대에 군정업무를 집행하고, 군령업무는 합동참모본부를 경유하거나 또는 작전사령부로 직접 행사하고 있다.

일반적으로 군정기능은 국방정책 분야, 군령기능은 군사전략과 군사작전 분야로 구분되고 있다(표 2-4).

현대국가는 통상 군정과 군령을 분할하지 않고 국방장관이 일원적으로 통할해 최고통수권자를 보좌하는 것을 군정 · 군령 일원화 체제라 한다. 이는 군정사항은 물론 군의 군령사항이라도 법적으로 내각의 의결을 거치거나 국방장관을 경유해 발동하도록 하는 제도이다. 즉 군의 최고통수권은 국가원수가 통할하지만 그 권한 행사는 반드시 내각의 보좌로서 발동하고 문서로 집행하도록 하며, 국방장관과 주요 국방보좌기관을 문민으로 충원함으로써 문민통제(civilian control) 내지문민우위체제를 확립하려는 것이다.

이와 같은 제도는 선진 민주국가의 민주헌정체제를 가진 국가들에 의해 전통적으로 시행되어온 국방체제로서 국가를 보위하고, 적과 싸우는 군대가 민주주의

〈표 2-4〉 군정과 군령의 비교

구분	군정	군령
국방기능	국방정책(양병)	군사전략(용병)
군사기획	군사력조정(유지)	군사력사용(운용)
환류과정	건설 – 유지 – 관리	사용 – 수정 – 요구
통솔 · 지휘계통	행정	작전
담당자	민간인	군인
기관	국방부본부	합동참모본부

도 지켜야 한다는 헌정수호의 대원칙이며 민군관계의 제도적 장치인 것이다.

3) 국방조직의 원칙

버나드(C. I. Barnard)는 "조직이란 목표 달성을 위해 두 사람 이상의 힘과 활동을 의도적으로 조정하는 협동체제"라고 정의했고, 에치오니(Amitiai Etzioni)는 "조직이란 일정한 환경에서 특정한 목표를 달성하기 위해 일정한 구조를 가진 사회단위"라고 정의했다.[19]

국방조직은 국방목표를 달성하기 위해 군사 중심의 협동체제로서 일정한 조직의 원칙을 가지게 된다. 조직 원칙이란 조직의 구성 및 운영을 위해 필요하다고 인정된 일반적인 기준을 말한다. 그러나 일반적인 조직이론에서 원칙으로 제시되는 각종 요소들의 일반성 · 보편성을 고려한다면 국방조직에도 이를 충분히 적용 가능한 것이다. 물론 국방조직은 조직의 규모가 거대하고 조직 자체가 지니고 있는 전문성과 특수성 때문에 일반적인 기업조직과 상이한 부분도 있다. 특히 체계적인 훈련과 교육, 전문지식, 집단 응집력, 윤리의식과 책임감 등을 비롯해 가장 중요한 것은 개인이익 추구집단이 아니라 국가이익 보호집단이기 때문이다.

그러나 국방조직을 운영함에 있어서 특성의 차이는 있어도 그 원칙적인 차이는 없다는 것이 공통된 견해이다. 국방조직을 위한 기본 원칙으로 제시된 요소들은 다소의 차이가 있으나 일반적으로 조직의 원칙을 목적, 환경, 기술, 사회심리, 조직구조, 관리의 여섯 가지 요소를 기준으로 구분하고 있다(표 2-5).

이와 같은 조직관리의 원칙에 관한 학자들의 의견을 종합해보면 국방조직 역시 단순히 조직이론만을 고려할 경우 문민통제의 원칙을 제외한 대부분의 원칙과 일맥상통함을 알 수 있으나 국방조직이 군사조직인 점을 고려한다면 군사적 특성과 국방심리전 적용이 고려된 조직이 되어야 한다.[20]

---

19 유종해, 《현대행정학》, 서울: 박영사, 2005, pp. 257-258.

20 조영갑, 《국방심리전략과 리더십》(북코리아, 2009) 참조.

〈표 2-5〉 국방조직의 일반적 원칙

체계	원칙
목적	- 목표 및 임무지향의 원칙 - 산출지향의 원칙: 임무 달성을 중심으로 산출성과를 극대화
환경	- 환경적응의 원칙: 환경변화에 점진적으로 적응 - 조직생존 및 성장 추구의 원칙
기술	- 기술혁신 수용의 원칙: 비약적으로 발전되는 과학기술에 조직구조를 개편 - 전문화의 원칙
조직구조	- 소속감 및 응집력의 원칙: 조직의 우수성을 과시, 명예로운 소속의식 속에 응집이 전제되어야 조직이 발전 - 합동성의 원칙 - 국방심리전 적용의 원칙: 군사심리와 전쟁심리 적용 - 분업과 협업의 원칙 - 계층 단축화의 원칙: 수직계층의 단축, 수평적 분업의 확산 - 권한과 책임의 원칙: 권한=책임=의무의 3면 등가의 원칙 - 감독범위의 원칙 - 지휘통일의 원칙: 군사적 특징에 적합한 조직구조
관리	- 경제성, 효율성 및 효과성 추구의 원칙 - 문민통제의 원칙 - 기획관리의 원칙 - 기타

4) 국방조직의 유형

현대국가는 국가목표(국방목표)를 달성하기 위해 각 국가마다 각기 특성에 맞는 독특한 국방조직을 유지하고 있으며, 국방조직을 설계하기 위해 국가의 위협인식, 분쟁의 수준, 전쟁수행 경험, 군에 대한 정치적 통제 필요성, 군사적 전통 그리고 정부의 구조 등과 같은 여러 복합요소들을 고려해 적합한 국방조직을 유지하고 있다.[21]

국방조직 설계는 그 나라의 인구와 국내총생산(GDP), 국방비, 적대국가 군사

21 오관치, 〈미래지향적 국방조직의 기본 구상〉, 《국방논집》 제23호, 2000, pp. 102-103.

력 등을 고려해 군사력 규모를 설정하고, 지정학적 위치에 따른 주변국가 안보상황과 안보협력에 의한 국가방위조약에 따른 적정 군사조직을 유지한다.

또한 국가의 전략추구에 따른 군사력 운용 등 여러 가지 요소를 종합적으로 고려해 자국의 능력과 국력에 기초해 적합한 국방조직을 설정해 운용하고 있다. 현대국가에서 국방조직은 각국의 국력, 정치체제, 안보상황, 국가전략 및 지정학적 위치, 사회 · 문화적 전통성에 따라서 서로 다른 국방조직 유형을 갖게 된다.

국방조직의 유형은 일반적으로 군종체제에 의한 분류와 군사지휘체제에 의한 분류로 구분할 수 있다. 군종체제란 군사력 유형을 작전공간별로 분류한 육 · 해 · 공군의 조직적 유형을 말하며, 군사지휘체제란 군 통수권자가 군을 통수함에 있어서 헌법 및 기타 법률이 정한 내용에 따라 권한과 책임을 위임받은 조직, 제도 및 절차를 통한 체제를 의미한다.

(1) 군종체제에 의한 유형

군종체제에 의한 국방조직의 유형은 3군 병립제, 합동군제, 통합군제, 단일군제의 네 가지 형태가 있다.

① 3군 병립제

3군 병립제는 국방장관이 군정 · 군령을 통할하고 합참의장이 군사자문 역할(비통제형 합참의장제)이나, 군령권의 일부를 위임받아서 시행하는 통제형 합참의장제가 있다(그림 2-2).

3군(육 · 해 · 공군)은 각 군 본부와 참모총장이 존재하며 군정 · 군령은 각 군 참모총장이 통합하거나, 군정기능만 수행하기도 한다. 3군의 균형 발전으로 각 군의 자율성을 보장하면서 각 군의 전통과 특성을 유지해 권한의 집중을 방지하고 유연성 있는 정책을 산출할 수 있는 제도이다. 그러나 작전지휘 일원화가 곤란해 합동작전이 제한될 수 있고, 각 군 간의 지나친 경쟁과 교리 및 훈련기준의 차이 등으로 조정 통제에 어려움이 있다. 3군 병립제는 인도, 브라질 등에서 채택하고 있다.

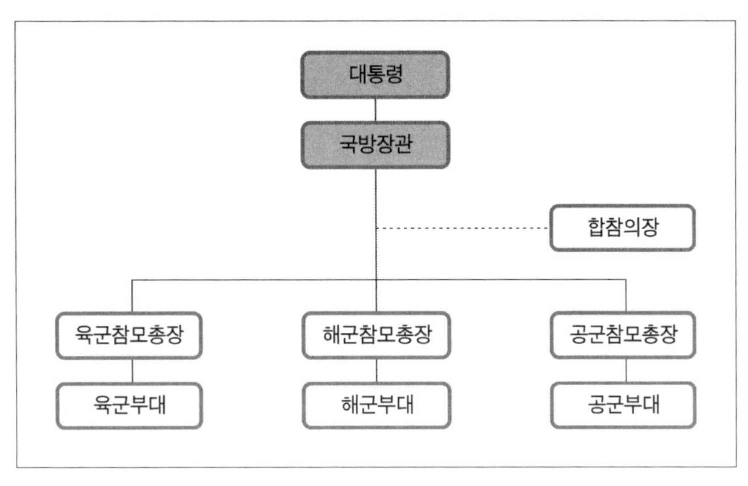

〈그림 2-2〉 3군 병립제

2 합동군제

합동군제는 국방장관이 군정 · 군령을 통할하며 3군(육 · 해 · 공군)은 각 군 본부와 참모총장이 존재한다(그림 2-3). 행정(양병, 작전지원)인 군정권은 각 군 참모총장이 담당해 시행하고, 작전(용병, 작전지휘)인 군령권은 합동참모본부의 합동참모의장을 경유해 행사하거나 단일 지휘관(통합군사령관)에 의해 통합되어 작전지휘를 한다.

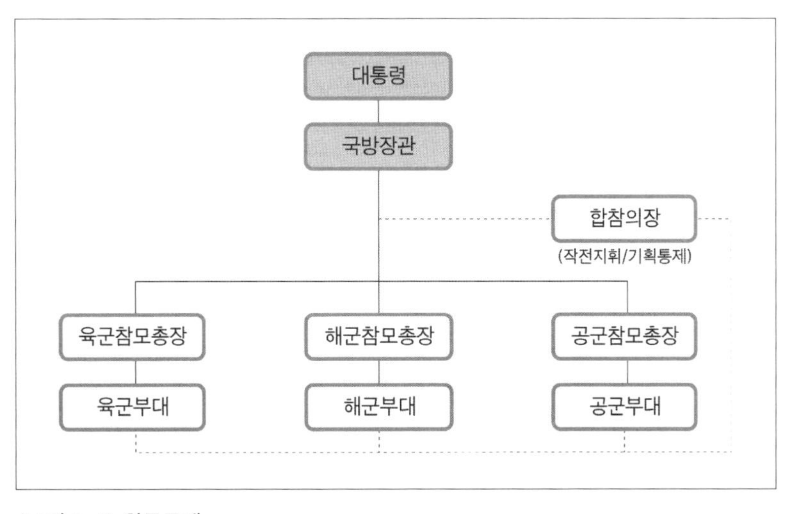

〈그림 2-3〉 합동군제

각 군의 자율성을 보장하면서 각 군의 전통과 특성을 유지하며, 권한의 집중을 방지하고 유연성 있는 정책을 산출할 수 있는 3군 병립제의 장점을 유지하면서 작전지휘 일원화로 합동작전이 용이하지만 강력한 지휘권 발휘에는 제한이 있는 조직이다. 합동군제는 미국, 영국, 프랑스, 한국 등 선진 민주국가에서 채택하고 있다.

3 통합군제

통합군제는 국방장관이 군정 · 군령을 통할하며, 통합군사령관이 전 부대에 대한 지휘권을 행사한다(그림 2-4). 3군(육 · 해 · 공군)은 존재하나 각 군 본부 및 참모총장이 없고, 각 군 고유의 지원기능을 제외한 전군 지원기능은 통합해 운영한다.

전 · 평시 작전 지휘일원화로 군사력 통합운영과 상부의 신속한 의사결정이 용이한 조직이다. 그러나 3군의 균형발전과 전통 및 전문성을 저해하는 요소가 있어서 특정군으로의 구조적인 편중 가능성과 통합군사령관에게 과도한 권한 집중으로 문민통제원칙에 위배요소가 될 수 있으며, 각 군 사령관은 통합군사령관의 지휘계선 상에서 각 군을 지휘하며 각 군을 대표한다. 통합군제는 러시아, 중국, 이스라엘, 북한 등에서 채택하고 있다.

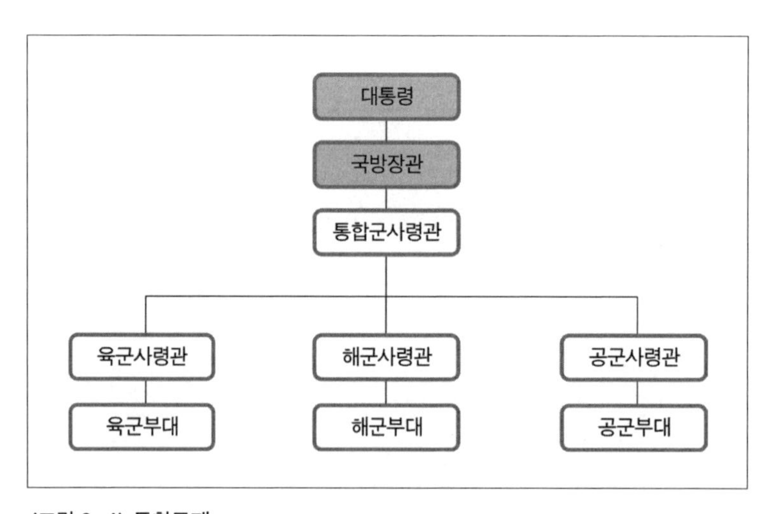

〈그림 2-4〉 통합군제

④ 단일군제

단일군제는 국방장관이 군정 · 군령을 통할하며, 국방참모총장이 전 작전부대를 지휘한다(그림 2-5). 3군(육 · 해 · 공군)을 구분하지 않고 임무에 따라 부대를 구분하며, 지휘일원화로 군사력 통합운용과 상부의 신속한 의사결정이 용이한 조직으로써 비교적 작은 국가에서 채택한다.

그러나 3군의 균형발전과 전통 및 전문성을 보장할 수 없으며 국방참모총장에게 과도한 권한이 집중되어 문민통제원칙에 위배요소가 될 수 있고, 또한 국가간 연합작전이나 다국적 작전이 곤란하다.

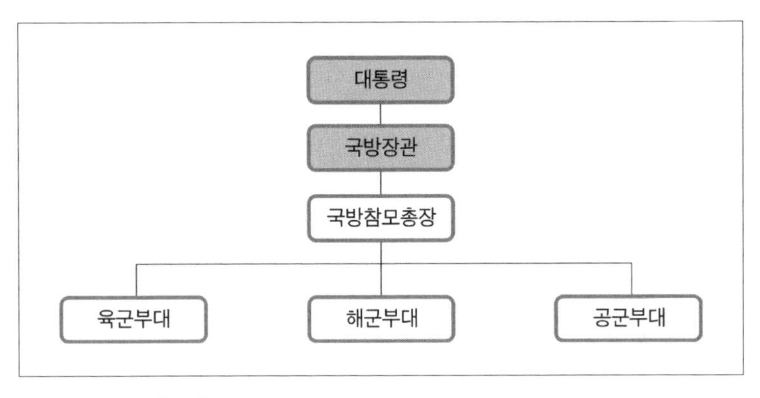

〈그림 2-5〉 단일군제

(2) 군사지휘체제에 의한 유형

군사지휘체제에 의한 국방조직의 유형은 군종체제를 기반으로 하여 문민통제원칙을 고려한 비통제형 합참의장제, 통제형 합참의장제, 합동참모총장제, 단일참모총장제의 네 가지 형태가 있다.[22]

예컨대 ① 3군 병립제를 기초로 문민통제에 중점을 둔 자문 형태의 비통제형 합참의장제, ② 합동군제를 기초로 문민통제 원칙을 준수하면서 합동작전 수행이

22 민진 외, 《국방행정》, 서울: 대명출판사, 2005, pp. 135-146.

가능한 통제형 합참의장제, ③ 통합군제를 기초로 문민통제 원칙과 합동작전수행 및 경제적 군 운용이 가능한 합동참모총장제, ④ 단일군제를 기초로 문민통제 원칙과 통합지휘 및 경제적 군 운용에 역점을 둔 단일참모총장제 등이 있다.

이와 같은 국방조직의 유형은 국력, 정치체제, 지리적 위치, 위협 및 안보환경, 민군관계 설정 등 다양한 요인들에 의해 그 형태가 결정된다.

3 한국의 안보정책 · 국방정책 · 군사전략 발전과정

1. 개요

한반도에서 고대국가는 고조선 → 고구려 · 신라 · 백제의 3국 시대 → 고려 → 조선 → 대한민국으로 발전되어왔으며, 각 시대는 그 시대에 특정한 안보정책 · 국방정책 · 군사전략을 펼쳐서 국가와 민족을 보호하고 독립국가를 지켜왔다.

2. 한국 고대국가의 안보정책 · 국방정책 · 군사전략 정립

1) 고조선 시대

한반도 고대국가는 국가안전과 국민번영을 위해 그 시대에 적용할 수 있는 특정한 안보정책 · 국방정책 · 군사전략을 실시해왔다(표 2-6). 고조선은 기원전 2333년에 한민족이 세운 최초의 한국 고대국가로써 단군왕검의 통치부터 시작하였다.

고조선은 정치와 군사가 통합된 인본주의적인 홍익인간(널리 인간을 이롭게 한다는 이념)을 국가안보정책의 기본으로 하고, 칼이나 활을 잘 써서 싸움에서 이기고 돌

〈표 2-6〉 고대국가의 안보정책 · 국방정책 · 군사전략

구분		안보정책	국방정책	군사전략	비고
고조선		홍익인간	선사정신	- 평시: 제재적 억제전략 - 전시: 수세 · 공세적 방위전략	
삼국시대	고구려	북수남공	상무정신	- 평시: 거부적 억제전략 - 전시: 공세적 방위전략	
	백제	부국강병	자위정신	- 평시: 총합적 억제전략 - 전시: 공세적 방위전략	
	신라	삼국통일	화랑정신	- 평시: 총합적 억제전략 - 전시: 공세적 방위전략	
고려		고구려 영토회복	북진정책	- 평시: 총합적 억제전략 - 전시: 수세적 방위전략	
조선		민본 · 부국 · 강병	사대교린정책	- 평시: 총합적 억제전략 - 전시: 수세적 방위전략	

* 고대국가에서는 안보정책 · 국방정책 · 군사전략 이론이 발전하지 못하고 정치와 군사가 통합된 개념으로써 건국이념, 국민정신 혹은 군사사상 등으로 표현하고 있음. 여기에서는 고대국가의 건국과 흥망과정을 종합하고, 현대적 의미로 재해석해 안보정책 · 국방정책 · 군사전략으로 정립했음.

아온다는 선사정신(善射/旋師精神)을 국방정책 기조로 하여 국가를 건설해나갔다.[23] 또한 고조선은 국왕을 정점으로 한 중앙집권적 정치권력과 가축사육 및 농업경작의 발달로 인접한 나라들과 활발한 무역을 전개해 경제적 부를 축적할 수 있었다.[24]

이와 같은 국가안보 상황에서 고조선은 중국 대륙의 강대국가였던 연나라와 최초로 충돌하게 되었고, 그 후에 중국 대륙을 통일한 한나라와 치열한 전쟁을 수행하면서, 평시에는 제재적 억제전략, 전시에는 수세 · 공세적 방위전략을 전개했다.

첫째, 고조선은 적대 국가들에게 평시에 일면은 외교, 일면에서는 군사에 의한 강온양면전략, 즉 만일 침략을 해온다면 견딜 수 없을 정도의 제재를 가할 수 있다는 위협으로 전쟁을 억제하는 제재적 억제전략을 전개했다. 그러나 고조선은 평시의 제재적 억제전략에도 불구하고 중국의 연나라, 그 후 한나라의 세력 확장정책으

23 이희승, 《국어대사전》, 서울: 민중서관, 2014, p. 2011.

24 《한국고대국가 군사전략》(국방부 군사편찬연구소, 2006) 참조.

로 인한 대외관계 악화는 무력충돌을 피할 수 없게 되었다.

둘째, 고조선은 막강한 중국 대륙의 연나라와 한나라의 군사력에 대한 전쟁수행 능력의 한계로 인한 수세 · 공세적 방위전략을 구사했다. 고조선은 요하 유역의 수도가 침략세력의 영향권에 근접하는 상황에 놓이게 됨으로써 한반도 내륙지역의 왕검성으로 수도를 이전해 침략국가인 연나라와 그 후 한나라의 공간적 이격을 통해 공격을 차단하고, 또한 적이 공격할 때는 고조선지역으로 끌어들여 전쟁을 치루는 수세 · 공세적 방위전략을 수행했으나 고조선의 국력의 한계와 국가지도자들의 위기관리 능력부족으로 B.C. 108년 중국 한나라에 멸망하였다.

2) 삼국시대

(1) 고구려

고구려는 압록강 중류지역의 작은 성읍국가들을 통합해 졸본성과 국내성을 수도로 세운 중앙집권적 정치체제 국가로써 정치적 · 문화적으로 한반도를 보호하는 방파제적인 구실을 할 수 있어 한반도 내의 고대국가의 성장을 도울 수 있었다. 특히 고구려는 고대국가의 기틀을 마련하고 소수림왕-광개토왕-장수왕 시대에 전방위적인 강력한 영토팽창정책으로 중국 대륙의 광대한 지역을 점령하고, 한반도 지역 일부를 통합함으로써 동북아시아의 강대국가로 발전하였다.[25]

고구려는 일단 영토팽창정책을 성공시킨 후에 수도를 국내성에서 다시 평양성으로 이전하고, 북방(중국 대륙) 국가들과는 적극적인 교류로 선린관계를 유지해 이미 확보된 북방의 국토안전을 확고히 하고, 남방(한반도) 국가 지역으로는 영토를 확장하려는 북수남공(北守南攻)을 국가안보정책의 기본으로 하였다. 또한 싸워 반드시 이긴다는 무예를 숭상하는 상무정신(尙武精神)을 국방정책 기조로 영토를 지키고 확장하는 과정에서 중국 대륙 국가들과 한반도 신라 및 백제와 충돌은 불가피한 상황이었다.

---

25 위의 책 참조.

> 고구려는 건국 이후로 생존의 터전이었던 지역이 비교적 농업환경이 열악한 산악지역이 많았다. 따라서 남방지역의 비옥한 토지에 비해 척박한 땅에서 농업과 수렵을 병행하면서 강인한 정신력과 체력으로 삶을 영위하지 않을 수 없었다. 고구려인에게 있어서 기마와 궁시는 생활의 중요한 일부였으며, 수렵행동은 곧 전투행위와 같은 것이었다.
>
> 이와 같은 일상생활의 정신과 행동은 북수남공의 국가안보정책을 갖게 했고, 국방정책의 기조가 되는 상무정신은 강력한 군사집단으로 쉽게 전환해 사용할 수 있는 힘이 될 수 있었기 때문에 강대국이 될 수 있었다.

고구려는 북방(중국 대륙지역)의 수나라 그 후의 당나라, 그리고 남방(한반도 지역)의 신라 및 백제의 관계에서 평시는 거부적 억제전략, 전시에는 공세적 방위전략을 구사했다.

첫째, 고구려는 평시에 중국 대륙의 수나라 · 당나라에게 외교력과 군사력을 바탕으로 억제력을 확보하고, 만약에 고구려가 침공 당했을 때는 강력한 거부적 행사 의지를 공공연히 밝히면서도, 상대국가가 신뢰할 수 있는 의사소통(정치 · 외교적 활동 및 심리전 실시) 등으로 확인토록 했다. 한반도의 신라 · 백제와는 불요불급한 갈등과 충돌을 최소화하고 상호견제(상황에 따라 고구려와 신라 동맹, 고구려와 백제 동맹)하면서도 필요시에는 정치적 · 군사적으로 강력히 응징하는 거부적 억제전략을 추구했다.

둘째, 고구려는 공세적 방위전략 추구로 영토를 지키고 확장하는 과정에서 북방의 국가 및 남방의 국가들과의 충돌은 회피할 수 없는 결과였다. 그러나 일정한 영토가 확보된 후에는 그 영토를 계속 지키기 위한 군사력의 한계를 갖게 되었다. 고구려는 중국 대륙국가들보다 상대적으로 열세한 인적 · 물적 동원능력에 따라 군사력을 운용하고 유지를 위해 전시에는 수세 · 공세적 방위전략도 일부 적용했다.

고구려는 이러한 군사적 한계를 극복하기 위해서 수나라 군대를 고구려 영토로 깊숙이 기만하고 유인해 섬멸하는 살수대첩(을지문덕의 전략)을 실시해 승리했다. 또한 당나라 군대를 고구려 영토인 안시성(양만춘의 전략)에서 지구전과 유격전으로 피로하게 만든 다음 심리전을 실시해 적의 정신전력 마저 약화시키고, 철수하는 적을 격멸해 승리할 수 있었다.

다른 한편으로 고구려는 국가안보 정세에 따라 신라 혹은 백제와 동맹관계를 유지하고 군사적 · 비군사적인 유화책으로 한강 지역을 점령해 영토를 확장하기도 하였으나 고구려의 남진정책에 대응하기 위한 백제와 신라 동맹관계 원인을 제공했고, 그 후에는 신라와 당나라 동맹관계를 공고하게 하여 북방에서 당나라와 남방에서 신라의 연합공격을 초래하게 했다.

결과적으로 고구려는 평시의 거부적 억제전략과 전시의 공세적 방위전략(영토 확장기에는 공세적 방위전략, 영토 보존기에는 수세 · 공세적 방위전략)으로 동북아시아에서 광대한 영토를 지배하던 강대국가가 될 수 있었다.

그러나 고구려는 수나라와의 전쟁에 이어서 당나라와의 전쟁을 장기간 지속하면서 백제 및 신라와 대립관계 악화로 외교적 고립을 초래하고, 북방과 남방에서 양면전쟁 확대로 국력의 한계를 갖게 되었으며, 국내적으로는 대막리지 연개소문이 사망한 후에 정치적 내분(연개소문의 아들인 남생, 남건, 남산의 권력투쟁)과 경제적 파탄, 국민들의 전쟁 피로증 심화 및 염전사상 등으로 멸망하게 되었다.

(2) 백제

백제는 마한을 구성했던 하나의 성읍국가였으나 국왕 중심의 정치체제를 기반으로 마한을 통합하면서 하남위례성(한성: 서울)을 수도로 하여 영토를 확장해나갔다.[26] 백제는 부국강병을 국가안보정책의 기본으로 하고, 스스로 방위한다는 자위정신을 국방정책 기조로 하여 국가를 발전시켰다.

그러나 백제는 고구려의 남진정책과 신라의 통일정책 한계를 극복하고, 자국의 부국강병정책과 자위적 방위 실현을 위해서는 주변국가들과 유연한 외교관계를 위한 동맹관계 유지는 매우 절실한 것이었다. 다른 한편으로는 직접적인 위협국가에 대해서는 독자적 혹은 동맹관계를 통한 연합체제의 적극적인 군사적 대응이

26 앞의 책, pp. 197-247.

필요하였다. 따라서 백제는 평시에는 총합적 억제전략을 전개했고, 전시에는 공세적 방위전략을 실시했다.

첫째, 평시는 전략적 안보환경변화에 따라 주변국가와 정치 · 외교적, 경제적, 문화적, 군사적으로 신뢰 구축과 동맹관계를 유지해 연합체제로 적 위협을 억제하려는 총합적 억제전략을 구사했다. 따라서 백제는 국제적인 외교관계에 중점을 두고 중국 대륙 국가들과 외교 및 무역을 하고, 일본에게는 백제문화를 전파하는 등 국제적 관계를 이용해 국가성장을 추구하려고 노력했다. 또한 백제는 고구려의 남진정책에 대항해 적대적 공존관계를 유지하고, 신라와는 동맹적 공존관계를 발전시켜 국가안보를 보장받으려고 노력했으나 실질적인 실효를 거두지는 못했다.

둘째, 전시에는 공세적 방위전략으로 영토보존 및 영토확장을 추진했다. 백제는 고구려의 남진정책에 쐐기를 박기 위해 한성-평산-서흥-황주-평양성을 선제공격해 고구려 고국원왕을 전사시켜서 전략적 목적이 달성되었다고 생각하고 회군하였다. 또한 백제와 신라 동맹관계는 백제 · 신라 연합군을 편성해 고구려가 점령한 한강 유역 일대를 재탈환해 국토를 확장시켜나갔다. 그러나 고구려의 지속적인 남진정책 추진과 신라의 통일정책에 따라 한강 유역 일대를 동맹국이었던 신라에게 다시 빼앗기고 백제 · 신라 동맹체제는 와해되었다. 따라서 백제는 한강 유역 일대를 포기하고 수도를 웅진성(공주), 그 후에는 사비성(부여)으로 천도하면서 백제는 쇠퇴하기 시작했다.

이와 같은 전략적 안보환경 변화에서도 백제는 새로운 적대국가인 신라에 대한 보복전을 전개하기 위해 신라 침공전략을 수립하지 않을 수 없었다. 백제는 그동안 적대관계였던 고구려와 관계개선을 하게 되고, 그 결과 고구려 · 백제 연합군을 편성해, 혹은 백제군 단독으로 신라를 수차에 걸쳐 침공하였으나 준비되지 않은 공세적 방위전략은 실패하고, 오히려 신라와 당나라의 동맹관계 만을 촉진시켜 신라 · 당 연합군을 편성해 공격함으로써 백제(계백의 황산벌전쟁 패배와 국왕의 항복)와 고구려(대막리지 연개소문사망과 대막리지 승계 권력투쟁, 국왕의 항복)를 멸망케 했다.

한반도의 삼국시대는 국가 간에 상호 화해와 협력보다는 공세적 방위전략 추구로 대립과 충돌의 시대라고 할 수 있다. 백제는 평시의 총합적 억제전략과 전시의 공세적 방위전략 실패, 고구려의 남진정책에 대한 압박과 신라에 대한 계속된 침공으로 국가재정이 고갈되고, 국가적 통합능력을 상실함에 따라 스스로 자국의 국력을 소진시킨 결과를 가져왔으며, 그 결과는 백제를 조기에 멸망케 한 중요한 요인이 되었다.

(3) 신라

신라는 진한을 구성했던 하나의 성읍국가이었으나 서라벌(경주)을 수도로 하여 한민족을 통일한 최초의 나라가 되었다.[27] 신라는 고구려와 백제에 비해 중앙집권적 국가체제 정립은 늦었지만 삼국통일을 국가안보정책의 기본으로 하고, 호국불교사상과 충효사상이 통합된 화랑정신을 국방정책 기조로 하여 한민족의 정통적인 통일국가를 이룩해 고려-조선-대한민국으로 발전하였다.

신라는 고구려의 남진정책과 이에 맞선 백제의 대응전략이 충돌하는 과정에서 평시는 종합적 억제전략으로 동조하면서도 전시에는 공세적 방위전략을 적극적으로 추구해 국가생존과 민족번영을 실천했다.

첫째, 평시는 정치 · 외교적, 사회 · 심리적, 군사적인 노력이 통합된 종합적 억제전략을 구사했다. 신라는 먼저 고구려의 남진정책을 저지하기 위해 공세적 외교전략을 성공시켜 백제 · 신라 동맹관계를 유지하였고, 다음에는 국력이 커지고 삼국통일의 기회가 왔을 때는 신라는 당나라와 동맹관계를 발전(김춘추의 당나라 외교전략)시키고, 화랑정신으로 국가결속력을 강화시켜 삼국을 통일하였다. 그리고 마지막에는 당나라가 한반도 지배야욕을 노골화함에 따라 신라는 백제인을 심리적으로 친(親)신라 여론화시키고, 군사적으로 협조토록 하여 백제 지역의 당나라 군대를 축출한 후에, 고구려인을 심리적으로 친 신라여론 조성과 군사적 지원으로 고구려 지역의 당나라 군대를 축출하는 화전 양면의 종합적 억제전략을 성공시켰다.

이와 같이 한반도에서 고대국가 간에 정치 · 외교적, 사회 · 심리적, 군사적 상황의 변화는 현대국제관계에서도 국가 간에는 영원한 우방도 영원한 적도 없다는

---

27 앞의 책, pp. 251-351.

논리가 적용된 사례가 된다.

둘째, 전시에는 공세적 방위전략을 구사했다. 신라는 백제와 동맹관계를 맺고 고구려의 남진정책을 저지 하면서 국민적 역량의 결집과 정치적 안정으로 국력이 커지고 영토확장정책이 본격화됨에 따라 신라는 공세적 방위전략을 적극 추진했다. 신라는 백제와 동맹관계로 신라 · 백제 연합군으로 고구려의 남진을 저지하고 한강 상류지역을 점령하였으나 다시 백제로부터 그 지역을 탈취함으로써 신라와 백제 동맹관계는 붕괴되고 적대관계가 되었다.

다른 한편으로 신라는 그동안 고구려와 백제에 의존해왔던 대중국 외교의 영향권을 벗어나 중국과 직접 교류함으로써 선진화된 정치적 · 경제적 · 문화적 · 군사적 요소들을 받아들일 수 있는 발전적인 전환점이 되었고, 또한 한강 유역의풍부한 경제력 확보는 삼국을 통일할 수 있는 국가적 능력이 되었는데 한강 유역을 차지한 나라가 삼국 간의 세력 다툼에서 주도권을 차지할 수밖에 없었다.

즉 신라는 한강 유역을 적극 활용해 통일전쟁을 수행해 승리하였는데, 제1단계는 나 · 당 연합군으로 백제를 멸망시켜 고구려를 고립시켰으며, 제2단계는 고구려를 공격해 멸망시켰으며, 제3단계는 한반도 지배야욕이 있는 당나라 군대를 지상에서의 매초성(경기 연천, 포천 지역)전투와 해상에서의 기벌포(금강 입구) 전투에서 결정적인 승리를 거둠으로써 축출하고, 삼국통일을 완성했다.

결과적으로 신라는 국가의 사활적 이익을 위해 평시에는 총합적 억제전략으로, 전시에는 공세적 방위전략을 적극적으로 실천해 삼국통일에 성공하였다.

그러나 신라는 삼국통일의 실현(국가의 이익과 목표)을 위해 중국 당나라를 끌어들임으로써 고구려 영토의 대부분을 중국의 영향권에 두는 결과를 갖게 하였는데, 이러한 역사적 사례는 한 시대의 국가정책과 국가전략이 얼마나 중요한 영향을 미치고 있는가를 알 수 있다.

3) 고려시대

고려는 개경(개성)을 수도로 하여 고구려의 정통 계승자로서 고구려 영토와 중

흥을 재현하겠다는 의지로 국호도 고려로 정하였다. 고려는 고구려 영토회복을 국가안보정책의 기본으로 하고, 북진정책을 국방정책 기조로 하였으나 국력의 제한으로 북진정책 실현은 어려웠기 때문에 한국 역사상 가장 많은 전쟁을 치른 국가가 되었다.[28] 즉 한반도는 통일신라가 지방에 대한 지배력을 상실하면서 신라 · 후백제 · 고려로 분열되었고, 후백제와 고려가 후삼국의 주도권을 잡기 위해 각축전을 벌였던 시기이었다.

중국 대륙에서는 요나라(거란) · 금나라(여진) · 몽골(원)이 있고, 바다 건너에는 일본(왜구) 등의 국가들이 고려의 북진정책에 장애적인 영향을 미쳤다. 따라서 고려는 평시에는 총합적 억제전략, 전시는 수세적 방위전략을 전개했다.

첫째, 고려는 고구려의 전통과 영토를 회복하기 위해 중국 대륙 지역에서 발해유민의 수용 및 전력화 활용과 요나라 · 금나라 · 몽골, 그리고 일본 등을 화전양면의 적절한 이용으로 포섭하거나 회유(요나라의 소손녕과 서희의 외교적 담판을 비롯해서 금나라 · 몽골 · 일본의 수차에 걸친 외교적 협상, 예물 · 식량 · 군마 등의 조공을 받치는 경제적 지원, 인질 및 정략적 결혼 등)해 선린관계를 유지하는 총합적 억제전략을 추구했으나 국력이 뒷받침되지 않은 총합적 억제전략은 한계를 가질 수밖에 없었다.

또한 고려는 한반도에 위치한 신라와 후백제에 대해서 적극적인 정치 · 외교전으로 친화정책을 펼치면서, 전쟁과 수탈로 피폐해진 국민경제를 복원하고 사회 · 심리적으로는 민심을 끌어들여서 한반도를 다시 통일했다.

둘째, 고려는 전시에 수세적 방위전략을 구사했다. 고려는 부분적으로 중국대륙 국가와 민족들을 포섭하거나 무력으로 토벌해 옛 고구려의 땅을 일부 확보하는 가시적 성과(강감찬의 귀주대첩 승리 등)도 있었으나 군사력의 열세로 인해서 끊임없는 침공을 받아 고려 영토 내에서 전쟁을 수행하는 수세적 방위전략을 채택할 수밖에 없었다. 예컨대 고려는 요나라(거란)-금나라(여진)-몽골(원)-일본(왜구)의 계속적인 침공을 받고 참혹한 약탈과 파괴로 인해 국가의 인내력이 고갈되고 군사력이 무력화됨으로써 고려는 국왕의 친조와 강화도 천도 등을 단행했다.

---

28 국방부 군사편찬연구소, 《고려시대 군사전략》(2006) 참조.

특히 고려가 몽골군은 해전에는 약하고 지상전에는 강하다는 이유 등으로 인한 수세적 방위전략으로 강화도로 천도한 이후 몽골전쟁은 전장이 전 국토로 확대되고 국가적 차원의 전쟁을 치를 수 없게 됨에 따라 몽골 침략을 받은 지방에서 국지적 전투를 수행할 수밖에 없었다.

> …… 13세기 몽골은 광대한 세계제국을 세우고 1231년부터 6차에 걸쳐 고려를 침략해왔다. 고려는 1232년 수도를 개경에서 강화도로 옮긴 이후 40여 년간 세계에서 유례가 없는 강력한 항전을 했으나 몽골군의 무지막지한 침략에 전 국토와 백성이 처참하게 유린당하자 더 이상 버티지 못하고 1270년(원종 11년) 6월에 몽골에게 항복하고 개경으로 환도했다.
>
> 이때 몽골에 항전하던 삼별초의 최고지휘관 배중손장군은 강화도에 남아 항전을 계속함에 따라 조정에서는 강제로 삼별초를 폐지하고 병적을 몰수하자 배중손 장군은 고려에 반기를 들고 왕족인 승화후(承化侯) 온(溫)을 추대해 왕으로 삼고 새 정부를 세웠다.
>
> 이후에 고려군과 몽골군이 여몽연합군을 편성해 삼별초 진압을 강화하자 배중손 장군은 진도로 본거지를 옮기고, 여몽연합군에게 장기 항전해 전주까지 진출하는 큰 승리를 거두기도 했다. 그러나 1271년 5월 진도를 3면으로 포위하고 공격해옴에 따라 치열한 격전에서 배중손 장군은 전사하고, 삼별초는 제주도로 본거지를 옮겨 항전을 계속했으나 1273년에 마침내 평정되고 말았다 …….

그렇지만 고려의 장기간의 몽골(원)에 대한 항쟁(삼별초의 항쟁 등)은 몽골군을 지치게 만들었고, 고려를 끝까지 지켜냈으며, 또한 고려의 항쟁정신은 조선시대의 의병활동, 일제시대의 항일정신으로 이어져 민족의 자랑스러운 전통이 되었다.

결과적으로 고려는 고구려 영토를 회복하기 위해 평시에 총체적 억제전략을 전개했지만 군사적 억제수단이 뒷받침이 되지 않은 비군사적(정치 · 외교적, 경제적, 사회 · 심리적) 수단만으로는 국제적 갈등이나 분쟁을 해결할 수 없다는 교훈을 얻게 되었다. 또한 고려는 중국 대륙 국가들과 일본의 많은 침공을 받고, 몇 차례는 일시적인 선제공격으로 예방전쟁도 실시하였으나 장기적인 효과를 얻지 못했고, 모든 전쟁이 적의 침공으로 고려 영토 내에서 전쟁을 수행하는 수세적 방위전략을 수행했다.

4) 조선시대

조선은 이성계의 군사쿠데타를 통해 수립한 국가로써, 고려 왕조의 모순을 청산하고, 국민에게 새로운 삶의 희망을 갖게 하는 개혁의지를 갖고 한성을 수도로 하여 발전했다.

조선은 민본(民本) · 부국(富國) · 강병(强兵)을 국가안보정책의 기본으로 하였는데, 민본이란 국민이 국가의 주인이며, 부국이란 경제력이 피폐해 있는 국민을 안정된 삶을 영위할 수 있도록 하는 것이며, 강병이란 민본과 부국을 안정적으로 추진할 수 있는 국가와 국민을 보호하는 정책인 것이다.[29]

국방정책은 사대교린정책으로써 조선은 명나라와 우호관계를 맺어 평시는 명의 선진 물질문명을 수입해 국가를 부흥시키는 것이고, 전시는 명의 군사력을 이용해 국가안보를 보장받기 위한 명나라에 대한 사대정책이며, 또한 북방에서 조선을 침공하는 후금(청) · 러시아의 위협이 있고, 남방에서는 일본(왜구)과 서구국가(프랑스 · 미국) 등의 무력침공을 견제하고 회유하는 교린정책을 구사했다.

조선은 사대교린정책으로 명나라, 후금(청), 일본, 서유럽 국가들과 평화관계를 유지하면서 고려가 추진하였던 북진정책을 계승해 영토확장을 하는 것이다. 따라서 세종대왕 시대는 후금 정벌로 북방을 개척(4군 6진 설치 운용)해 조선의 영토를 압록강과 두만강 유역까지 확대하고, 대마도 정벌은 강대국가인 명나라(명이 일본을 공격하겠다는 정왜론)의 대리전쟁 성격과 왜구의 약탈행위에 대한 응징의 복합적 조치로 자국민 보호를 위해 일정한 효과도 얻을 수 있었다.

그러나 조선은 북방과 남방의 국가들에 대해 사대교린 정책은 힘의 한계를 갖

29 국방부 군사편찬연구소, 《조선시대 군사전략》(2006) 참조.

게 됨에 따라 군사전략은 평시는 총합적 억제전략이었으며, 전시에는 수세적 방위전략을 구사했다.

첫째, 조선은 평시에 총합적 억제전략을 추구했다. 조선은 명나라와 사대관계를 맺어 조선 · 명 연합 방위전략을 구축해 정치 · 외교적, 경제적, 문화적, 사회 · 심리적, 군사적으로 국가의 안전을 보장 받으려고 노력하였으며, 후금 · 일본 · 서구국가(대원군의 쇄국정책)에 대해서는 회유 및 견제하는 교린정책으로 조선에 대한 침공을 방지하려고 노력했다.

그러나 총합적 억제전략은 조선의 군사력의 한계, 국가지도자들의 사색당파와 국가 위기관리 능력 부족, 국가 리더십 부재는 북방에서 대륙세력과 남방에서의 해양세력의 침략은 조선을 전쟁터화함으로써 실패하였다.

둘째, 조선은 전시에 수세적 방위전략을 전개했다. 조선은 사대교린의 국방정책에 따른 평시의 총합적 억제전략의 실패로 북방에서 대륙세력(명 · 후금 · 러시아 등)의 침략과 남방에서의 해양세력(일본 · 프랑스 · 미국 등)의 침공에 대해 수세적 방위전략을 구사했다.

특히 조선은 후금(청)의 침략(친명배금정책 철회요구, 정묘호란, 병자호란 등)과 일본의 침략(임진왜란 등)으로 조선왕은 수도를 버리고 파천 혹은 천도를 결행했는가 하면 국왕이 적장 앞에 나아가 항복(병자호란에서 조선의 인조가 청나라 태종 앞에 무릎을 꿇고 항복)하였지만, 조선 · 명나라의 연합군은 공동안보에 대해서 효과적인 연합작전 수행이 미흡했다.

그리고 서구국가들의 조선에 대한 침략으로써 프랑스 함대의 강화도 침공(병인양요), 미국 함대의 강화도 침공(신미양요), 일본 함대의 강화도 침공(운양호사건) 등으로 조선은 제국주의 열강들의 각축장화되고, 대원군의 쇄국정책으로 인한 국가 근대화는 더디게 되었다.

그 반면에 일본은 일찍이 서구국가들의 근대화를 받아들여 국가를 부강하게 하였다. 일본은 유학생들을 파견해 프랑스에서 군사학을 배우게 하면서 육군은 독일군, 해군은 영국군을 근대화모형으로 정하고, 각종 무기와 군함도 대부분 그 나라에서 구입하면서 군사력을 증강해 제국주의 국가로 성장하였다.

…… 조선은 일본의 침략에 대해 지상전위주의 수세적 방위전략을 중요시 했다. 일본은 섬나라이기 때문에 해전에는 강하고 지상전에는 약하다. 그 대신에 조선은 육지의 나라이므로 지상전에 강하고 해전에서는 약하다. 따라서 일본이 침략해오면 조선은 지상전에서 방어체제를 갖추고 일본군이 상륙하기를 기다려 지상에서 일본군을 제압해야 한다는 지상전위주의 수세적 방위전략을 구사했다.

이러한 국가적 차원에서 지상전 위주의 수세적 방위전략에도 불구하고, 일본군은 지상전에서 조선군이 결코 대응할 수 없는 전략과 전술로 공격해 승리할 수 있었으나, 해전에서는 이순신 장군에게 연전연패를 당하였다.

그 후에 한반도는 제국주의 열강의 각축장이 되어 청일전쟁 · 노일전쟁이 일어나고, 일본이 청나라와 러시아 전쟁에서 승리함으로써 조선을 독점적으로 식민 지배하게 되었고, 중국 대륙으로 진출하는 데 확고한 기틀을 마련하게 되었다.

이와 같은 과정에서 고종은 1897년 10월 12일 자주 독립국가 면모를 일신하기 위해 국호를 대한제국, 연호를 광무로 변경하고 황제즉위식을 거행했으나 국가 운명은 쇠퇴해 갔다.

예컨대 조선은 현실적인 국방정책과 군사력 건설보다는 사대주의적인 안보론(율곡선생의 10만 양병론 무시와 사대주의론) 등 이론적 · 당파적 논쟁으로 타 국가에 의존해 국방문제를 해결하려 했기 때문에 국방체제가 미약했다. 그동안 한반도 전쟁터화로 막심한 전쟁피해에도 불구하고, 국가지도층의 당파정쟁, 경제적 파탄, 국가결집력 부족 등으로 국가가 위기에 있었으나 국가지도자들은 국가위기를 위기로 인식하지 못했다.

그리고 일본의 식민지 국가로 민족의 시련이 시작되었으나 국가지도자들은 국가에 대한 비전과 리더십 결여, 국가이익에 대한 국가정책과 국가전략의 이해부족, 국민에 대한 선도 및 통합 능력 미흡, 국제정세 변화에 효과적으로 대응하지 못함으로써 1907년 8월 1일 대한제국군대가 해산되고, 1910년 8월 29일 한일합방이 발표되어 국가주권이 상실됨으로써, 대한제국이 일본의 식민지 국가로 전락한 이후부터 1945년 8월 15일 민족해방이 될 때까지 한민족은 일본의 식민지로써 국가가 없는 민족으로 살아가게 되었다.

3. 한국의 안보정책 · 국방정책 · 군사전략 변천과 특징

현대국가로서 한국의 발전과정을 정치적 · 경제적 · 군사적 · 통일적 변천과 특징을 고려해보면 3단계로 구분할 수 있다. 이승만 대통령은 신생독립국가인 한국을 민주주의 정치체제로 건국시켰으며, 박정희 대통령은 경제발전을 통한 국가근대화를 이룩해 국력을 신장시켰고, 김대중 대통령은 민주화 완성과 남북한의 대립과 갈등관계를 화해와 협력관계로 전환시켜 평화통일을 위한 주춧돌을 놓았다.

이와 같은 국가의 전환기적 발전과 군사적 변천에 대한 특징을 고려해 한국의 안보정책, 국방정책, 군사전략을 정립할 수 있다. 한국의 안보정책 · 국방정책과 군사전략 변천과정을 시기별로 구분하는 데는 여러 가지 고려요소가 있으나 일반적으로 ① 국제적 안보환경, ② 한반도 정세, ③ 각 정부의 안보정책, 국방정책, 군사전략의 대응내용 등을 고려하는 것이 중요하다.

한국의 안보정책 · 국방정책 · 군사전략 변천과정을 알아보면 〈표 2-7〉과 같다. 한국의 안보정책 · 국방정책 · 군사전략은 국제안보환경 및 남북한 간의 관계, 자

〈표 2-7〉 한국의 안보정책 · 국방정책 · 군사전략 변천과 특징

구분	안보정책	국방정책	군사전략	비교
국방체제 정립기 (1945~1961)	북진통일정책	의존적 자주국방	- 평시: 제재적 억제전략 - 전시: 수세적 방위전략	- 건군기/6 · 25전쟁기 - 전후복구기
자주국방 추진기 (1961~1998)	선건설 · 후통일 정책	독자적 자주국방	- 평시: 거부적 억제전략 - 전시: 공세적 방위전략	- 자주국방 기반 조성기 - 자주국방태세 강화기
자주국방 발전기 (1998~2000 년대 현재)	국가 번영과 평화통일정책	협력적 자주국방	- 평시: 총합적 억제전략 - 국지전시: 신축대응전략 - 전시: 수세 · 공세적 방위전략 또는 공세적 방위전략	- 자주국방 실천기 - 자주국방 완성기

주국방정책적 접근방법, 정치지도자의 특성과 정부정책의 지속성 등을 고려해 구분해보면, 국방체제 정립기(1945~1961)는 미국의 원조에 의존한 가운데 안보정책은 북진통일정책을 추진하였고 국방정책은 의존적 자주국방정책이었으며, 군사전략은 평시는 제재적 억제전략, 전시는 수세적 방위전략이었다.

자주국방 추진기(1961~1998)는 국제적 · 국가적 안보 환경 변화에 따라 안보정책은 선건설 · 후통일 정책이었으며, 국방정책은 독자적 자주국방정책이 추진되고, 군사전략은 평시는 거부적 억제전략, 전시는 공세적 방위전략이 수행되었다. 자주국방 발전기(1998~2000년대 현재)는 주변국가 및 동맹국가의 협력관계, 남북한의 화해협력 발전과 평화통일을 추구하고 있다. 이를 위해 안보정책은 남북한의 공동번영과 화해협력으로 평화통일을 추구하는 국가 번영과 평화통일정책(햇볕정책을 기조로 한 각 정부의 평화번영정책, 상생과 공영정책, 한반도 신뢰 프로세스 정책, 다양한 평화통일정책 등을 통합한 정책 명칭)을, 국방정책으로는 협력적 자주국방정책을 추구하며, 군사전략에 있어서 평시는 총합적 억제전략, 국지전시는 신축 대응전략, 전시는 수세 · 공세적 방위전략 또는 공세적 방위전략을 추구하는 것이다.

4 국방체제 정립기의 안보정책 · 국방정책 · 군사전략(1945~1961)

1. 개요

현대국가에서 국방체제는 국가생존을 위해 군사력을 중심으로 침략에 대응하는 활동 체제를 말하며, 체제란 분리된 개별집단이 아니라 상호관계와 상호의존성을 지닌 많은 하위체제가 통합된 포괄적 실체를 말한다.

국방체제는 조직의 체제적 속성에 맞추어 국가안보를 확고히 하기 위해 무력을 중심으로 하면서, 모든 국력을 종합해 총체적 국력으로 승화시키고, 계획의 수립에서 집행에 이르기까지 각 관계기구로 이루어진 종합적인 조직과 운용을 총칭하는 것이다.

현대전쟁에서 국방체제는 총력전을 수행하기 위해 국방의 2대 기능인 군정과 군령을 효과적으로 운용할 수 있는 구조, 기능 및 절차를 망라해 국가를 방위하고, 국가안보목표를 달성하기 위해 두 가지 기능이 통합된 개방체제란 틀 속에서 합동과 조화를 이루는 국방조직이 된다.

이 같은 의미에서 신생독립국가로 탄생한 제1공화국(이승만 정부) 및 제2공화국(윤보선 대통령/내각책임제로써 장면 총리) 시대는 한국의 국방체제 정립기(1945~1961)로서 안보정책 · 국방정책 · 군사전략이 필요했던 것이다(표 2-8).

그리고 분단된 한국의 상황에서 북한은 안보차원에서는 경계하고 대응해야 할 대상이 되지만 통일차원에서는 협력하고 포용해야 할 대상이 된다. 따라서 한국

〈표 2-8〉 국방체제 정립기(1945~1961)의 안보정책 · 국방정책 · 군사전략

구분	세부내용
안보환경	1. 국제정세 - 제2차 세계대전 종전과 미 · 구소 중심의 냉전체제 시작 - 구소련(러시아)의 팽창정책과 미국의 봉쇄 및 억제정책 충돌 2. 한반도의 정세 - 남북한의 미 · 구소 군정실시와 남한(민주국가) · 북한(공산국가)의 정부수립 - 남북한의 휴전과 38선 확정 - 6 · 25전쟁과 전후 복구
국가능력	1. 국가발전의 불균형 - 남한: 농업지대, 북한: 공업지대 2. 미국 원조에 의존해 국가정책 실현 노력 - 국가체제 정립, 국가재건 노력 - 건국 초기의 정치적 · 사회적 혼란 - 경제적으로 남한 GDP는 북한 GDP보다 열세 ※ 한국은 후진적인 농업사회 상황
안보정책 · 국방정책 · 군사전략의 실제	1. 국가안보정책: 북진통일정책 ※ 동맹국가에 의존한 절대안보 - 북한의 적화통일 기도와 오판 - 정치지도자 · 군사지휘자의 남한 군사능력 과신 - 미국은 남한의 북진우려로 소극적 지원(미국은 북진통일정책 통제) - 남북한 관계: 상호존재의 불인정 2. 국방정책: 의존적 자주국방정책 - 미국에 의존해 국방력건설 노력 - 국방조직 및 국방행정체제 정립(군사력 건설과 교육훈련 제도화) - 6 · 25전쟁 수행과 전후 복구 3. 군사전략 - 평시: 제재적 억제전략 - 전시: 수세적 방위전략 ※ 한국의 정치지도자와 군사지휘자들은 북진통일을 위한 준비 없는 공세적 방위전략을 일부 주장(선언적 의미)하였으나 실제는 수세적 방위전략 적용

* 구소련은 15개 국가로 해체된 현재 러시아 국가를 말함.

의 안보정책은 곧 통일정책이 되고, 통일정책은 곧 안보정책이 되어 안보통일정책이 된다.

2. 국제적 안보환경

제2차 세계대전이 연합국의 승리로 끝나게 됨으로써 세계질서는 미국과 구소련(현재 러시아 국가를 말함)을 중심으로 재편되었다. 국제사회에서 자유민주주의를 신봉한 국가들은 미국을 주축으로 자유진영을 형성하였고, 공산주의를 채택한 국가들은 구소련을 주축으로 공산진영을 형성함에 따라 국제관계는 이념적 대결구조인 양극체제로 냉전시대가 시작되었다. 세계의 모든 국가들이 자유진영 혹은 공산진영에 포함되고 극히 소수국가들만이 중립국가에 있었으나 국제정치에서 비중과 역할은 아주 미약한 것이었다.

냉전체제기의 국제 안보환경은 ① 국가들 간의 적대국가와 우방국가 관계는 국가이익보다 국가이념을 기반으로 이루어졌으며, ② 자유진영국가와 공산진영국가들은 개별적 국가이익보다 공식적으로는 자기진영의 공동이익 개념을 우선시하였으며, ③ 국제관계는 경제적 관계보다 정치적 · 군사적 관계가 중심이 되었으며, ④ 국가이념을 기반으로 하는 양 진영 간의 불신과 대립은 타협을 불가능하게 만드는 극한적인 대결현상으로 나타났었다.[30]

구소련을 중심으로 한 공산국가들은 지상에서 자본주의 국가들이 존재하는 한 세계의 항구적인 평화는 불가능하고 전 세계가 공산화되었을 때 비로소 세계의 항구적 평화가 가능하다고 주장하면서 세계 공산화를 위한 팽창정책을 펴나갔다. 반면에 미국을 중심으로 한 자유국가들은 자유민주주의를 선으로 공산주의를 악으로 규정하고, 공산주의와 대결은 타협할 수 없는 선과 악의 투쟁이라고 주장하면서 봉쇄와 억제 정책을 수행하였다.

이와 같은 국제적 안보환경은 한반도에 투영되어 38선을 중심으로 남북한 분단과 6 · 25전쟁이란 냉전시대가 전개되었다.

30 전정환, 《건군 50년 한국안보환경과 안보정책》, 서울: 국방대학교 안보문제연구소, 1998, pp. 14-16.

3. 한반도 정세

1) 북한의 정세

제2차 세계대전이 일본의 항복으로 끝나고 1945년 8월 15일 한반도는 해방을 맞이하였으나 미국, 구소련, 영국, 중국의 강대국가들에 의해 38선이 설정됨에 따라 북쪽은 구소련군이 남쪽은 미국군이 군정을 실시하였다.[31]

미국 트루먼(Harry S. Truman) 대통령은 1945년 8월 15일 미육군부 작전국 정책과장 본스틸(Charles H. Bonestill) 대령이 초안했었던 내용으로서 미군이 한국으로부터 멀리 떨어진 오키나와에 있는 상황에서, 이미 한반도를 향해 남진하기 시작한 구소련군을 고려해 한반도에 38선을 설정하고, 이북은 구소련군이 일본군의 무장을 해제하고, 그 이남은 미군이 일본군의 무장을 해제하는 일반명령 제1호를 재가해 마닐라에 있는 맥아더(Douglas MacArthur) 장군에게 지시했다. 그러나 구소련군은 이미 북한 지역에 도착해 공산정권 수립을 위해 준비하고 있었으나, 미군은 1945년 9월 7일에 남한 지역에 도착하였다.

1945년 8월 13일 구소련 치스차코프(Ivan M. Chistiakov) 대장의 지휘로 제25군은 청진 · 평양 · 개성에 진주하기 시작해 동년 8월 26일 평양에 구소련군사령부를 설치하고, 로마네코(A. A. Romanenko) 소장이 군정실시기관으로 민정관리총국의사령관으로 임명되면서 3년 동안 군정을 실시하였다.

그 과정에서 1946년 9월 구소련 군사고문단이 평양에 도착해 간부훈련단을 설치하고 군사교육지도사업과 더불어 인민군을 창설하였다. 1948년까지 구소련군이 북한으로부터 철수하면서 모든 중장비를 북한군에 이양하고, 6 · 25전쟁을 위한 무력증강에 군사지원정책을 적극화하였다. 그 후 구소련은 북한에 김일성을 앞세워 1948년 9월 9일에 조선민주주의 인민공화국 공산정권을 수립해 한반도 공산화와 위성국화를 위한 팽창주의 정책을 추진하였다.

---

31 조영갑, 《민군관계와 국가안보》, 서울: 북코리아, 2005, pp. 238-247.

1950년 6월 25일 새벽에 북한은 기습적인 전면 남침을 실시하고 낙동강 방어선까지 공격하였으나 미국을 비롯한 유엔 16개 참전국가의 지원으로 38선 이남 지역을 회복하고 1953년 7월 27일에는 6 · 25전쟁 휴전이 성립되었다. 그러나 북한은 휴전 이후부터 1960년대까지 전후복구의 노력과 함께 남한의 적화통일을 위해 계속해서 정치 · 외교적, 사회 · 심리적, 군사적으로 도발을 일으켰다.

2) 남한의 정세

미국은 구소련이 한반도를 분할해 김일성 공산정권을 수립하고 위성국화하려는 계산을 모르고 있다가 트루먼(H. S. Truman) 대통령은 1945년 8월 27일에서야 미군의 남한 지역 상륙일자를 9월 7일로 최종 결정하였다. 따라서 맥아더(Douglas Mac Arthur) 장군은 1945년 9월 2일 동경만의 미조리 함상에서 제2차 세계대전을 종결짓는 역사적인 일본의 항복문서 조인식을 거행하고, 이날 동경에 연합군 총사령부를 설치하면서 미 제24군단장 하지(John R. Hodge) 중장을 주한미군사령관에 임명하고 38선 이남 지역을 점령해 통치할 것을 명령하였다.[32]

미 제24군단 선발대가 1945년 9월 4일에 김포공항 도착에 이어서 동년 9월 7일에는 맥아더 장군 명의의 한국 국민들에게 군정을 선포하는 제1호 포고령을 발표하고, 동년 9월 8일에는 인천을 거쳐 서울에 진주한 미 제7사단이 중앙청에서 일장기를 끌어내리고 성조기를 게양하였다.

그리고 동년 9월 9일 16시 중앙청에서 주한미군사령관 하지 중장과 일본 측에서 아베노부유키(阿部信行) 총독과 고오즈키(上月良夫) 조선군관구사령관 등이 참석한 가운데 항복문서에 서명함으로써 일제 36년간 식민통치는 끝나게 되었다.

한국에 진주하게 된 미 제24군단의 사단들은 하지중장 지휘에 있는 제6사단, 제7사단, 제40사단으로 편성되었다. 주한 미군사령관 하지 중장은 미 제7사단장 아놀드(Archibald V. Arnold) 소장을 군정장관으로 임명해 남한에 군정을 실시하였으

---

32 국방군사연구소, 《건군 50년사》, 서울: 국방부, 1998, pp. 18-21.

나, 본국으로부터 뚜렷한 지침도 없었고, 또한 한국에 대해 무지했기 때문에 3년간의 군정은 커다란 어려움이 있었다.

1948년 8월 15일 대한민국 정부는 초대 대통령 이승만 박사를 선출하고, 이범석을 초대 국무총리 겸 국방장관으로 임명해 독립국가를 내외에 선포함으로써 3년간의 미 군정은 종결되고 신생독립국가로 출발하였다.[33] 그러나 1945년 해방에서 1960년대 초까지 남한 정세는 정치세력의 분열과 갈등이 심화되어 정치적 · 사회적 혼란이 가속화되었고, 전근대적인 저개발 농업사회적 상황에서 북한 지역의 공업지대와 남한 지역의 농업지대로 인한 국가발전 지역의 불균형 및 경제능력 부족 등의 현실 속에서도 국가통치체제를 확립하고 북진통일정책을 추진하였다.

이와 같은 국가적 상황은 1950년 6 · 25전쟁을 발발케 하였으며, 1960년 3 · 15부정선거로 촉발된 4 · 19학생혁명으로 제1공화국 이승만 정부가 물러나게 되고, 제2공화국 윤보선 대통령 · 장면 총리정부(내각책임제 정부)가 탄생하였으나 1961년 5 · 16군사정변으로 9개월 만에 막을 내리게 됨에 따라 장면 정부는 국가정책 및 국가전략을 제대로 펼쳐보지도 못하고 제1공화국의 연장선에서 끝나게 되었다. 그 반면에 북한은 구소련군에 의한 공산화 작업이 진행되어 무상몰수, 무상분배를 내용으로 하는 토지개혁을 단행하고, 철저한 탄압으로 정치 개혁을 실시함으로써 빠른 속도로 공산정권체제가 구축되었다.

특히 북한은 구소련의 적극적인 지원으로 1948년부터 군사력 증강을 추진해 인민군의 현대화를 모색하는 등 구소련식 공격 위주의 군사체제를 갖추기 시작하고 적화통일의 야욕을 준비하고 있었다. 또한 남한에 대한 교란공작을 위해 남로당 세력 확장을 전개하면서 남로당원과 대남공작원, 그리고 북한이 남파한 게릴라부대를 남한에 침투시켜 온갖 만행을 자행하였다.

대한민국 정부수립을 전후한 대남 교란작전 행위는 5 · 10선거 반대투쟁(1947. 11. 4)을 비롯해 남로당 지령에 의한 제주 4 · 3사건(1948. 4. 3)과 육군 내부의

33 국방군사연구소, 《국방사연표(1945~1990)》, 서울: 국방부, 2004, p. 749.

공산분자가 일으킨 여수 · 순천 반란사건(1948. 10. 19) 및 대구 반란사건(1948. 12. 2), 강태무 · 표무원의 2개 대대 월북사건(1949. 5. 5), 남침 무장공비 침투사건(1948. 11~1950. 3) 등을 들 수 있다.[34]

그 후 38선에 배치된 북한군은 전면 남침을 앞두고 대치된 국군의 전투력과 대응 경비상태를 탐색하기 위해 1950년 6 · 25전쟁, 그 직전까지 옹진, 개성, 춘천 등 지역에서 제한된 무력도발을 실시하다가 무력남침을 하였다.

이와 같은 상황에서 한국군은 국제적 안보환경과 북한의 정세변화에 대처해 1945년 건군 시부터 6 · 25전쟁 후의 1961년 정비시기까지는 정치 · 외교적, 경제적, 사회 · 심리적, 군사적인 어려운 혼란 속에서도 자유민주국가 정치체제 구축과 국방제도 및 국방정책 태동 등을 기반으로 한국의 국방체제 정립(1945~1961)을 위해 노력한 시기였다.

4. 한국의 안보정책 · 국방정책 · 군사전략 정립

1) 안보정책

제2차 세계대전 후에 신생독립국가로 탄생한 한국이 현대적 의미의 안보정책을 제도화하거나 정책기능을 실제화하는 데는 미흡했다고 볼 수 있다. 그 이유는 국가통치엘리트의 안보 분야 전문성 부족과 당시의 세계사적 안보정책 분야의 이론과 실제가 제대로 정립되지 못한 데 구조적 원인이 있었다.[35]

한국에서 국방체제 정립기(1945~1961)는 국가안보정책을 전담하는 기구나 제도가 따로 없었기 때문에 행정부 관련부서로서 군사안보 전담기구는 국방부가 주

34 국방군사연구소, 《국방정책변천사》, 서울: 국방부, 1995, pp. 12-15.

35 이민룡, 《한국안보정책론》, 서울: 진영사, 1996, pp. 26-37.

축이 되었고, 외교안보 분야에서는 외무부가 중심이 되어 정책이 추진되었다. 그러나 오늘날 이론적 · 실제적 차원에서 본다면 국방체제 정립기의 국가안보정책은 동맹국가에 의존한 절대안보의 이론적 바탕 위에서, 국가 최고정치지도자인 이승만 대통령이 지속적으로 주창하였던 무력에 의한 북진통일정책이었고 국방정책은 의존적 자주국방정책이었다.

1948년 8월 15일 남한 단독으로 대한민국 정부가 수립되고, 초대 대통령에 이승만 박사가 취임하면서 대한민국 정부는 남북통일과 산업재건을 2대 국가목표로 설정하고, 이 목표를 달성하기 위해 국방 · 치안 · 내무 · 산업 · 문교 · 사회 · 외교 · 식량, 대일 배상요구 등 9개 항목으로 구분된 당면 국가정책을 발표하였다.

> 한국은 정부수립과 더불어 안보정책의 기조는 헌법 전문에 명시되어 있는 것과 같이 "3 · 1독립정신으로 재건된 민주독립국가로서 항구적인 국제평화 유지와 자손만대의 자유행복을 확보하는 국제 간의 친선유지와 평화애호의 국시를 중심으로 모든 침략적 전쟁을 부인하며, 국군은 국토방위의 신성한 의무를 수행함을 사명으로 한다"는 것을 헌법에서 규정하고 있었으나 이승만 대통령은 북진통일정책을 주창하였다.
>
> 따라서 국방부는 북진통일정책 목표를 달성하기 위해 연합군에 의존해 북진통일을 달성하기 위한 연합국가에 의존한 연합국방을 시책의 기본으로 삼아 강력한 지상군 육성에 중점을 둘 것을 밝혔다.[36]

이승만 대통령은 유엔 감시 하에 남북한 동시선거가 불가능하다고 판단하고, 남북통일을 위해서는 신생국가로서 강력한 국방체제를 정립해 무력에 의한 북진통일정책을 주창하였다.

그러나 미국은 1948년 4월에 "한국의 방위나 안보에 관한 일체의 공략을 허용하지 않을 것이며, 한국에서 미국이 자동적으로 교전당사국이 되어야 할 정도

36 국방부, 《국방부사 제1집》, 1954. 12. 20, p. 161.

〈표 2-9〉 한국전쟁 이전 주한미군 철수현황(1946~1949)

구분		철수완료일
미 군정기	제40보병사단	1946. 3. 15
	제308항공폭격단	1946. 3. 15
정부수립 이후	제7보병사단	1948. 12. 29
	제6보병사단	1949. 1. 15
	제24군단	1949. 1. 15
	제5연대전투단	1949. 6. 29

로 한국 사태에 깊이 관여하지 않는다"는 아시아에서의 안보정책이 트루먼(H. S. Truman) 대통령에 의해 승인됨으로써, 1948년 9월부터 주한미군 철수가 개시되어 1949년 6월에는 495명의 미 군사 고문단만을 남기고 미군은 철수를 완료하였다(표 2-9).

> 미국은 한국의 북진통일정책이 무력을 획득하면 한반도에서 전쟁을 일으킬 지도 모른다는 우려감이 있었기 때문에 건국과 더불어 주한 미군을 철수시키고 공격용 무기지원을 거부하는 등 군사력 건설에 나쁜 영향을 미쳤다.

또한 미국 애치슨(Dean G. Acheson) 국무장관은 1949년 중국 대륙이 공산화가 된 후에 중국과 구소련 간의 이해대립을 촉진시키며 상호밀착을 방지하고, 일본을 전략적 거점으로 하여 공산세력의 팽창을 저지한다는 전략으로 알라스카-알류샨 열도-오키나와-류큐-필리핀을 연결하는 태평양 방위선 확보를 선언함으로써 한국은 1950년 1월 12일 애치슨 라인에서 제외되었다.

> 동아시아에 대한 미국의 안보(국방)정책이 고립주의로 돌아선 예는 1950년 1월 발표된 '애치슨 라인'이다. 미 국무장관 애치슨(Dean Acheson)은 내셔널 프레스 클럽 연설에서 미국의 태평양 방위선(defensive perimeter)은 알류샨 열도에서 일본과

류큐 열도(오키나와)를 거쳐 필리핀에 이른다고 하면서 한국과 대만을 미국의 방위선에서 제외시켰다. 이것은 해 · 공군을 중심으로 한 전형적인 도서방위전략으로서 반년전인 1949년 6월에 한국에서 미 지상군을 모두 철수시킨 조치와도 일맥상통하는 것이었다.

그러나 6 · 25전쟁이 발발하자 상황은 역전되었다. 미국은 구소련을 중심으로 한 공산세력의 봉쇄 및 억제를 위해 공세적 개입주의로 전환해 대규모 군대를 한국에 파견하고 전쟁에 개입하기 시작했다. 미국이 이렇게 개입주의로 돌아선 배경에는 한국을 잃을 경우 미국의 동아시아 정책의 중심축인 일본까지 위험해질 수 있다는 전략적 계산이 깔려 있었다. 이 전쟁을 계기로 한국은 아시아에서 냉전의 전초기지이자 일본을 지키기 위한 전진방어기지로서의 전략적 가치를 지니게 되었다. 따라서 미국은 정전 이후에도 동맹국에 대한 신뢰를 유지하고 동아시아에서 자신의 전략적 이해를 지키기 위해 한국에 지상군을 중심으로 한 2개 사단 규모의 미군을 주둔시키게 되었다.[37]

이와 같은 상황에서 이승만 대통령의 북진통일정책은 미국으로 하여금 한국이 무력을 획득하면 한반도에서 전쟁을 일으킬지도 모른다는 의구심을 갖게 해 한국에 대한 군사원조를 주저하게 만들었고, 1950년 6 · 25전쟁에 대한 북한의 북침설에 악용됨으로써 안보정책에 역효과를 가져왔다.[38]

그러나 이승만 대통령의 북진통일정책은 다음 세 가지 측면에서 분석해볼 수 있다. 첫째, 이승만 대통령은 국가안보정책을 북진통일정책으로 설정하였으나, 그 목표를 실현할 수 있는 수단 확보가 부족한 준비되지 않은 선언적 의미의 정책이라고 볼 수 있다. 둘째, 이승만 대통령은 북한에 대해 공갈협박정책을 취함으로써 북한의 있을지도 모를 군사적 도발을 억제하려는 안보적 목적을 달성하기 위한 제재적 억제전략이라고 생각할 수 있다. 셋째, 이승만 대통령은 북한기도를 오판하고

37 김영일, 《미국의 주한미군정책변화와 한국의 대응》, 서울: 국방대학교, 2005, pp. 3-4.

38 국방부 군사편찬연구소, 《한미군사관계사(1871~2002)》, 2002, p. 277.

한국군의 능력을 과신하였거나 또는 미군에 의존해 무력에 의한 북진통일정책을 주창하였다고 생각할 수 있다.

이상에서 여러 가지 견해를 생각해볼 수 있지만 이승만 대통령은 국가안보정책으로 무력에 의한 북진통일을 지속적으로 주창하였다.

그 예로서 6 · 25전쟁 중인 1950년 7월 14일부로 국군의 작전 지휘권을 맥아더 사령관에게 이양하면서 9월 19일에 한국 정부는 유엔군의 작전목표가 전쟁전의 상태회복, 즉 38선의 진격정지에 그쳐서는 안 되며, 만주국경을 목표로 진군해 북진통일을 완수해야 한다고 강조했다. 또한 1953년 4월 11일 포로 교환협정이 정식으로 조인되자, 이승만 대통령은 휴전반대와 함께 단독으로 북진통일하겠다는 성명을 발표하였고, 이에 부응해 국회도 북진통일을 결의하는 한편 북진통일특별위원회를 조직하였다. 그 가운데 유엔군은 4월 20일부터 양측의 상호포로 교환이 개시되면서, 그 며칠 후에는 중단되었던 휴전회담 본회의가 재개되었다. 이런 과정에서 5월 25일에는 유엔군 측이 공산군 측의 의견을 상당한 정도 수용해 포로송환을 위한 중립국감시단을 두기로 제의를하였고, 이에 대해 5월 28일 변영태 외무장관이 휴전조건을 수락할 수 없다고 밝힌 데 이어, 이승만 대통령은 포로관리를 위한 외국군이 올 경우 이를 격퇴할 것이라고 언명하기도 했다.

미국 측이 정전협정을 추진하면 모든 작전지휘권을 환수하고 한국군 단독으로 북진하겠다는 이승만 대통령의 최종 방침이 발표된 뒤인 1953년 6월 9일에 국회도 휴전 거부를 결의했으며, 그 행동의 일환으로 6월 18일에는 반공포로 석방을 단행했다.[39]

1953년 북진통일이 미국의 반대로 무산되자, 이승만 대통령이 6 · 25전쟁 당시 리처드 닉슨 미국 부통령 앞에서 눈물을 흘린 사실이 밝혀졌다. 미국이 자신

39 동아일보사, 《신동아》 2006년 4월호, 2006, pp. 195-197.

의 북진통일정책에 동조하지 않은 것이 그 이유였다.

2003년 5월 30일자로 비밀 해제된 미 국립문서보관소의 '닉슨-저우언라이 사이에 있었던 베이징 회담' 기록에 있다.

리처드 닉슨은 1972년 미국 대통령으로서는 최초로 중국을 방문해, 미·중 정상회담을 했다. 이때 중국 저우언라이 총리가 한반도 평화통일 방안을 물었고, 리처드 닉슨은 "부통령이었던 지난 1953년 이승만 대통령을 만나 미국은 한국의 북진통일정책에 동의하지 않으며 한국이 단독으로 북진을 고집한다면 이를 돕지 않겠다는 아이젠하워 대통령의 뜻을 전했다"고 말했다. 그는 또 "이에 이승만 대통령이 눈물을 흘린 것으로 기억한다. 한국인들은 남과 북 모두 감성적이고 충동적인 국민"이라고 덧붙였다. 닉슨은 "한반도가 또다시 분쟁지역이 된다면 어리석은 일이 될 것"이라며 "절대 같은 일이 재발되지 않도록 해야 한다"고 말했다. 이에 저우언라이는 "문제는 남북한이 상호 접촉하도록 하는 것"이라며 남북대화를 주장했다. 닉슨도 "적십자 회담이나 정치적 접촉 같은 것"이라며 맞장구를 쳤다.[40]

이와 같은 이승만 대통령의 북진통일정책을 위한 파상적 공세(휴전협정 반대와 반공포로 석방)에 대해 이승만 제거를 위한 에버 레디 오퍼레이션(Ever Ready Operation) 군사쿠데타 계획까지 준비했던 미국은 1953년 7월 27일 휴전협정에 동의하는 조건으로 1953년 8월 8일 이승만 대통령과 덜레스(J. F. Dolles) 미 국무장관과의 회담에서 한·미 상호방위조약을 가조인하게 되었다.

미국과 한국은 1953년 10월 1일 미국 워싱턴에서 변영태 외무장관과 포스터 덜레스(John F. Dulles) 국무장관에 의해 한·미 상호방위조약을 체결했다(표 2-10).[41] 이 조약에서는 국제적 분쟁이라도 국제연합 정신에 입각한 평화적 수단에 의한 해결과 외부로부터 무력공격이나 위협을 받고 있다고 인정될 때에는 언제든지 상호 협조하며 지원은 물론, 무력공격을 방지하기 위한 적절한 대책을 실행하는 조치를

---

40 2005년 7월 6일 미국 콜로라도대학에서 국제정치 박사학위를 받은 김태완 논문 '1972년 미·중 화해의 한국 아이러니'에서 소개됐다. 중앙일보, 2005년 7월 14일.

41 국방부군사편찬연구소, 앞의 책, p. 566.

〈표 2-10〉 한미상호방위조약 체결

일자	내용	장소	비고
1953. 8. 4	1953년 8월 4일 한미상호방위조약 체결 위해 덜레스 국무장관 등 8명 내한		
1953. 8. 8	한미상호방위조약 가조인	한국 서울	미국 대표: 덜레스 국무장관 한국 대표: 변영태 외무장관
1953. 10. 1	한미상호방위조약 체결	미국 워싱턴	
1954. 1. 15	대한민국 국회 한미상호방위조약 비준 동의		
1954. 1. 19	미국 상원 외교관계위원회 한미상호방위조약 승인		
1954. 1. 26	미국 상원 조약 비준 동의	미국 워싱턴	81대 6으로 가결되어 통과
1954. 11. 17	한미상호방위조약 비준서 교환, 한미군사동맹 법적 토대 형성 계기		

협의하도록 조약에 명기하였다.

특히 미국의 육 · 해 · 공군을 대한민국 영토 내와 그 주변에 배치하는 권리를 허락하고 미국은 이를 수락한다는 것을 명기하였으며, 조약 중에 원조의 개념은 외부로부터 공격이 있을 경우에만 국한하였다.

상호방위조약에는 유사시 "각자의 헌법상의 수속에 따라 행동"(제3조)한다고 되어 있지 자동 개입한다는 내용은 없었다. 이러한 조약의 약점을 보완하기 위해 휴전 이후 주한미군은 서울 북방의 서부전선에 집중 배치되었다.

그것은 북한이 서울을 겨냥해 기습 남침할 경우 미군을 공격할 수밖에 없게 만들어 미국으로 하여금 한국 문제에 자동 개입하도록 하기 위한 인계철선 기능을 수행하기 위해서였다. 아울러 주한미군은 서울 북방에 배치됨으로써 한국군이 북한에 대해 독자적인 군사적 행동을 감행(예컨대 이승만의 북진통일)하는 것도 막을 수 있게 되었다. 결국 미국은 주한미군에게 인계철선 역할을 맡김으로써 북한의 남진과 남한의 북진을 동시에 막고 한반도에서 현상을 유지할 수 있었다. 대북 인계철선 및 일본과 동아시아의 안정을 지키는 전진방어기지 역할을 하던 주한미군의 전력은 1957년 일본에 있던 전술핵무기가 한국으로 이동 · 전진 배치됨으로써 보다 강화되었다.

적어도 냉전 시기에는 한 · 미 · 일 3국 간에 주한미군의 이러한 역할에 관해

상당한 합의가 형성되어 있었다. 사실 이것은 1개 국가 차원에서 주한미군의 주둔과 역할에 국한된 것이라기보다는 냉전시대 주한미군과 주일미군, 한국군, 더 나아가 자위대까지를 연결하는 동아시아 지역 방위구상에 대한 한 · 미 · 일 3국의 합의였다. 그동안 한 · 미 · 일 3국은 주한미군에 관한 이러한 냉전적 합의에서 북한의 군사적 위협을 억제하고 동아시아에서 안정과 평화를 유지할 수 있었다.[42]

1959년 6월 6일 이승만 대통령은 특별성명을 통해 "우리는 기회만 주어진다면 미국 병력의 원조 없이도, 대전을 유발하지 않고 북한으로부터 공산주의를 몰아내고 통일을 할 수 있다. 한국을 통일할 수 있는 유일한 길은 무력행사뿐이다"[43]라고 다시 천명함으로써, 국가 최고정치지도자의 일관된 안보정책을 확인할 수 있으며, 이 안보정책은 제2공화국 장면 정부에서 그 강도가 약화되고, 유엔 감시 아래 남북한 동시선거가 강조되었으나, 큰 틀 속에서는 계속되었다.

그러나 북진통일정책은 정치 · 외교적, 경제적, 군사적으로 미국에 절대적인 의존관계에서는, 그 정책을 수행하기 위한 수단이 준비되지 않은 상황에서는 한계적인 안보정책일 수밖에 없었다.

> 한국의 안보통일정책은 제1공화국의 이승만 대통령이 그 정책적 기조를 다져놓은 셈이다. 안보통일정책의 기저에는 UN이 대한민국 정부를 유일한 합법정부로 인정한 것과 그 후 6 · 25전쟁으로 인한 남북한 상호적대와 불신이 깔려 있었던 것이다. UN총회 결의안에 따라서 한국 정부가 한반도 전역에서 유일한 합법정부라는 데 안보통일정책의 향방을 결정짓게 된다. 이 주장에 따라 이승만 대통령은 한국 정부의 법통성과 당위성에 기초해 북한과의 일체의 접촉이나 협상을 거부하고 한국에서 공석으로 남겨둔 국회의 1/3의석을 채우기 위해 북한은 UN 감독하에 자유선거를 실시할 것을 계속 촉구하였다.

---

42 이렇게 서울 북방에 전진배치 된 핵무기는 1975년에 보다 안전한 후방기지로 옮겨졌고, 1991년 12월 〈한반도 비핵화에 관한 공동선언〉으로 한반도에서 철수했다. 자세한 내용은 김일영 · 조성렬, 《주한미군 : 역사, 쟁점, 전망》(한울, 2003) 참조.

43 국방부 군사편찬 연구소, 《한미군사관계사(1871~2002)》, 2002, pp. 470-472.

이 제안에 대한 북한 측의 거부는 확고하였다. 이 제안이 거부되었기 때문에 이승만은 무력사용을 주장하고, 북진통일을 정당화하려고 노력하였다. 객관적인 입장에서 본다면 이승만의 북진통일정책은 비현실적이고 통일의 상대를 설득할 만한 근거가 미흡한 것이었다.

제2공화국의 장면 정부도 이승만 정부의 반공정책을 계승하였다는 점에서 차이가 없었다. 4 · 19학생혁명으로 인한 이승만 정부의 갑작스러운 붕괴는 국내 정치의 극심한 혼란을 초래하였다. 제2공화국은 민주화 정책을 추구하였으나 5 · 16군사정변으로 말미암아 단명으로 끝나게 되었다. 그렇기 때문에 국가이익이나 민족이익의 시작에서 안보정책의 핵심인 통일정책이나 국방정책 및 군사전략을 설정할 수 있는 기회도 갖지 못했던 것이다.

이와 같은 국방체제 정립기(1945~1961)는 제1공화국의 국가안보정책으로서 북진통일정책은 1961년 5 · 16군사정변으로 인해 9개월간의 단명으로 독자적 정책을 펴보지도 못하고 끝난 제2공화국 장면 정부까지 일관된 안보정책으로서 지속되었다.

2) 국방정책

한국은 자주적 안보역량을 갖추지 못한 신생국가로서 미국의 정치적 · 경제적 · 군사적 지원 없이는 국가 존립이 어려운 형편이었다.

한국은 국방비의 80% 이상을 미국에 의존하지 않을 수 없는 상황 속에서도 북진통일이란 안보정책을 수행하기 위해서 초대 국무총리겸 국방장관에 취임한 이범석은 미군에 의존한 연합국방(의존적 자주국방정책)을 통해 강력한 군사력 육성에 중점을 두겠다고 밝혔다. 즉 의존적 자주 국방정책은 국제정세 속에서 당면하고 있는 국제공산주의 세력의 팽창에 따른 대비와 북한 공산정권 위협에 대응하기 위해서는 미국을 중심으로 하는 민주진영의 국방 역량에 의존해 국가방위와 국방력을 건설해야 한다는 판단에서 나온 정책이었다.

군사력 건설에서도 독자적인 힘을 키우는 것이 중요했지만 국가형편이 미국에 의존하는 동시에 전쟁이 발생하는 경우에도 미군의 군사작전에 의존할 수밖에 없는 상황이었다.

미군에 의존한 연합국방의 내용은 1948년 8월 15일 정부수립 선포 당시 이승만 대통령이 밝힌 "우리는 남에게 배울 것도 많고 도움을 받을 것도 많다. …… 모든 우방들의 후의와 도움이 없다면 우리의 문제를 해결하기 어려울 것이다. …… 대소강약의 어떠한 국가를 막론하고 상호 간에 의지해야 생존할 수 있다. …… 모든 미국인과 모든 한국인 간에는 한층 더 친선을 새롭게 하는 것이 중요하다"라고 강조한 것은 의존적 자주국방정책 실현을 위한 지침이었다.

예컨대 육군 · 해군 · 공군 장병들이 먹는 식량을 비롯해서 전투복장(전투복, 철모 및 탄띠), 소총 및 실탄, 중요 전투 장비, 군사학교와 부대의 창설 및 교육, 대부대에서 소부대까지의 전술훈련 및 작전지도, 그리고 국방조직 및 국방행정 내용 등은 전적으로 미군에 의존 또는 지도로 국방력을 건설할 수밖에 없었다.

미군의 군사지도와 지원으로 ① 국방조직과 국방행정으로서 국방부, 합동참모본부, 육군 · 해군 · 공군본부, 각 군 작전부대 창설, ② 교육훈련체제로서 군 간부 양성학교 및 병사교육훈련을 비롯해서 제식훈련 · 분소대 및 대대훈련을 위한 교육지도 및 교범지원, ③ 군대정신교육 강화로서 국군맹세 제정 등이 있었다.

국군 3대 선서문

1. 우리는 선열의 혈적을 따라 죽음으로써 민족과 국가를 지키자.
2. 우리는 상관, 우리의 전우를 공산당이 죽인 것을 명기하자.
3. 우리 국군은 강철같이 단결하여 군기를 엄수하고 국군의 사명을 다하자.

이 국군 3대 선서문은 장병의 상징적 실천구호로서 공포되었으며, 1949년에 다시 국군맹서로 개정되었다.

국군 맹서

1. 우리는 대한민국 국군이다. 죽음으로써 나라를 지키자.
2. 우리는 강철같이 단결하여 공산침략자를 쳐부수자.
3. 우리는 백두산 영봉에 태극기를 날리고, 두만강수에 전승의 칼을 씻자.

그리고 ④ 군사외교로서 주한 미군철수 저지를 위한 활동과 미국을 비롯한 우방국가들의 군사원조획득을 위한 활동 등이 있으며, ⑤ 유엔군이 6 · 25전쟁에 참전하게 됨에 따라, 이승만 대통령은 1950년 7월 14일 맥아더 유엔군 총사령관에게 한국의 육 · 해 · 공군 3군의 작전지휘권을 이양한다는 다음과 같은 요지의 공식서한을 발송하였다(표 2-11).

대한민국을 위한 국제연합의 공동 군사노력에 있어 한국 내 또는 한국 근해에

〈표 2-11〉 한국군 작전 지휘권의 이양과정

구분	내용	비고
1950. 7. 7	유엔안보리, 유엔군 사령부 설치 결의안	미국이 작성, 영국과 프랑스가 제안
1950. 7. 13	미 제8군사령부를 대구에 설치	주한미지상군 지휘
1950. 7. 14	한국 육군본부 대구로 이동해 임무 개시	한 · 미 합동회의 개최
1950. 7. 14	이승만 대통령은 국군 작전지휘권을 주한미국대사를 통해 유엔군 사령관에게 이양 서신 전달	정일권 총사령관 사전 구두 지시
1950. 7. 17	맥아더는 미 제8군사령관에게 한국지상군 작전지휘권 재이양	한국의 해 · 공군 지휘권 → 미 극동군 해 · 공군사령관에게 재이양
1950. 7. 18	맥아더는 주한미군사령부를 통해, 작전지휘권에 관한 답신을 이승만 대통령에게 전달	주한미국대사 무초를 통해 전달
1950. 7. 25	맥아더 사령관 회신과 이승만 대통령 서신을 유엔사무총장에게 전달 및 안보리에 제출	

서 작전 중인 국제연합의 모든 육 · 해 · 공군부대는 귀하의 통제하에 있으며 또한 귀하는 최고사령관으로 임명되었음에 본인은 현 작전상태가 계속되는 동안 일체의 지휘권을 이양하게 된 것을 기쁘게 여기는 바이며, 한국군은 귀하의 예하에서 복무함을 영광으로 생각하는 바이다.[44]

이상과 같은 요지의 서한이 발송된 직후에 맥아더 유엔군 총사령관은 작전지휘권의 인수를 수락한다는 회신을 보내왔으며, 이로써 국군과 유엔군의 작전지휘체제는 일원화되었다.

이승만 대통령이 한국의 육 · 해 · 공군 3군의 작전지휘권을 맥아더 유엔군 총사령관에게 이양한 것은 한국군을 유엔군총사령관의 지휘에 두게 하여 총력체제를 일원화하고, 전쟁지도역량을 통합해 전쟁을 조속히 승리로 이끌게 함으로써 유엔군의 북한 점령이 국토통일로 실현되도록 하기 위한 의존적 자주국방정책의 조치였다.

다른 한편으로 국방체제 정립기의 의존적 자주국방정책은 국가 정치지도자의 북진통일이란 안보정책이 국방정책목표를 달성하는 데 오히려 제한적인 요소가 되기도 했으며, 연합방위체제 정립에 부정적 영향을 미칠 수밖에 없었다.[45]

예컨대 이승만 대통령의 북진통일정책에는 무력통일정책 구상이 표현된 것으로서[46] 평화적인 국토통일이 불가능할 때는 무력을 사용해 북한에 대한 주권을 회복해야 하고, 그러기 위해서는 국방역량을 육성 강화해 정부가 성취하고자 하는 목표 지향적인 국방정책을 수행해나가야 했지만 미국의 직간접적인 우려와 미군 철수 및 전투장비지원제한 등은 한국 군대의 전투력 건설에 악영향을 미쳤는데 이러한 국가적 제한사항은 그것을 실천하는 데 어려움이 되었다.[47]

---

44 서울신문사, 《주한미군 30년》, 행림출판사, 1979, p. 169.

45 국방군사연구소, 《국방정책변천사(1945~1994)》, 서울: 국방부, 1995, pp. 30-33.

46 이민룡, 앞의 책, pp. 27-28.

47 한용섭 · 유윤수 · 하대덕, 《건군 50년 한국안보환경과 국방정책》, 서울: 국방대학교, 안보문제연구소, 1998, pp. 112-113.

> …… 1950년 5월에 제2대 신성모국방장관은 "우리 국군은 실지회복을 위한 만반의 준비를 갖추고 명령만을 기다리고 있다고 했으며, 또한 국회 답변에서는 우리 국군은 아침밥은 개성에서 먹고, 점심은 평양에서, 저녁은 신의주에서 먹을 수 있다"고 호언장담했다. 그러나 이승만 대통령의 북진통일정책 목표를 달성하기 위해 미군에 의존한 북진통일은 가능했을지 모르지만, 국방장관의 단독 북진통일 주장은 준비되지 않은 한국 군대의 능력 과신이었으며, 그것은 상호 엇박자일 수밖에 없었다.

이와 같이 정치지도자의 북진통일정책 목표를 달성하기 위한 수단을 확보하기 위해서 자주 국방력을 건설하고 운용하는 것은 시급한 과제였으나, 그것은 미국에 의존해 달성할 수밖에 없었던 의존적 자주국방정책(1945~1961)이었다.

즉 한국은 신생독립국가로서 자주 국방력을 건설하는 것이 국방정책의 기본이었으나, 정치적 · 경제적 · 사회적 · 군사적인 국가역량 부족으로 군사력을 건설하고 운용하는 데 필요한 인적 · 물적 자원을 비롯해서 모든 군사적 제도화는 미국의 군사지도와 군사원조에 의존하지 않을 수 없는 불가피한 현실적 상황이었다.

3) 군사전략

(1) 평시: 제재적 억제 전략

군사전략은 국방목표를 달성하기 위한 국방정책에 바탕을 둔 계획된 전반적인 군사방책이 된다. 따라서 군사전략은 국방정책의 목표와 범위에 기초를 두고 형성되며, 국가안보전략에 적합하도록 구체화하고 군사운용 방침을 제시해 군사작전을 지도한다.

한국의 국방체제 정립기(1945~1961)의 군사전략은 평시는 제재적 억제전략이며, 전시는 수세적 방위전략이었다. 즉 평시에 국가 최고 정치지도자는 유엔 감시하의 남북한 총선거가 어렵게 되자 북진통일정책을 계속 주창했고 국방장관은 선제군사행동의 가능성을 뒷받침했다. 그러나 의존적 자주국방정책에서는 공세적 방위전략이 선언적 의미만 가질 뿐이며, 미국의 제재적 억제전략에 포함될 수밖에 없었다. 제재적 억제전략이란 잠재적 침략국가가 만일 침략행동을 시작한다면, 견딜 수 없을 정도의 제재로 응징 보복할 것이라는 위협에 의해 잠재적 침략국가에게 공포심을 일으키게 함으로써 침략을 자제시키는 전략 개념이다.

제2차 세계대전 종결로 탄생한 신생독립국가인 한국의 국방체제 정립기(1945~1961)의 군사전략은 미국의 국방정책과 군사전략에 의존적일 수밖에 없었다. 미국 트루먼(Harry S. Truman) 대통령은 1947년 3월 12일 의회에서 미국은 자유주의를 지키기 위해서 국제공산주의 팽창을 봉쇄하고 핵무기로 억제한다는 봉쇄정책 및 억제전략을 선언하였다. 이와 같은 미국의 구소련(러시아)을 비롯한 공산국가에 대한 봉쇄정책 및 억제전략은 미국이 핵무기를 이용해 재래전이나 핵전을 억제하기 위해 제재적 억제전략을 적용하였다. 한반도는 미국의 세계사적 차원에서 구소련 및 공산주의 팽창과 핵무기 억제를 위한 봉쇄정책 및 억제전략의 일선 상에서 다루어지게 됨에 따라 제재적 억제전략 범위에 있었다.

한국은 신생독립국가로 탄생된 지 얼마 되지 않아 냉전시대의 희생물로서 6 · 25전쟁까지 치른 약소국가로 미국에 의존해 근근이 국가를 방위해가는 의존적 자주국방정책이었다. 그리고 군사전략에 대한 학문적 · 실제적 정립이 되어 있지 않은 한국적 상황에서 한국의 군사전략은 미국의 군사전략인 제재적 억제전략에 포함될 수밖에 없었다. 또한 이승만 대통령이 북진통일정책을 수행할 수 있는 정책수단이 전혀 준비되지 않는 무력에 의한 남북통일을 주창한 이유는 공갈협박정책을 취함으로써 북한이 있을지도 모를 위협을 극복하는 데 효과적인 제재적 억제전략을 생각했을 것이란 점이다.

요컨대 북한이 침략행동을 한다면 견딜 수 없을 정도의 제재를 받을 것이라는 위협으로 공포심을 일으키게 해 북한의 침략을 자제시키기 위한 제재적 억제전략을 적용했던 것이다.

(2) 전시: 수세적 방위전략

한국군의 군사전략은 평시에 미국의 핵무기 사용을 전제로 한 제재적 억제전략을 수행하다가 전시에는 선언적 의미로는 한국군 단독으로 선제공격할 수 있다는 공세적 방위전략 주장도 있었으나 실제적으로는 적대국가의 침략을 방어하는 데 중점을 둔 수세적 방위전략을 적용했다.

한국군은 창군기(1945~1950)에는 미국군정의 차원에서 미국 군대식 군사구조와 교리적용으로 건군하고, 38선 일대 및 후방지역의 치안유지를 위한 공비토벌작전을 수행하였다.

6 · 25전쟁 시기(1950~1953)에는 한국군의 작전지휘권 이양과 더불어 미국의 방어 위주의 전략과 전술에 따라 남한 지역에서 선방어 개념의 축차적 지연전을 위한 참호진지전 수행으로 낙동강 방어선까지 후퇴하게 되었다. 그러나 한국 정부의 강력한 북진통일 주장이 있었지만 독자적 힘의 한계로 인해 미국 정부의 방어 위주 전략으로서 38선 원상회복이라는 수세적 방위전력이 적용되었다.

> 1950년 9월 15일 인천상륙작전 성공으로 38선을 돌파해 평양을 탈환하고 압록강, 두만강 지역까지 북진함으로써 남북통일을 눈앞에 두었다. 그러나 중국의 6 · 25전쟁 개입과 미국의 안보정책에 따라서 휴전협정론이 강력히 대두되었다. 결과적으로 한국의 휴전협정 반대에도 불구하고 미국을 비롯한 연합국가와 공산국가였던 중국 · 구소련은 자국의 국가이익에 따라 남북한의 경계선을 다시 38선으로 원상회복하고 휴전협정을 체결했다.

전력정비기(1953~1961)에는 38선을 연한 선방어 경계체제와 후방 안전 유지를 위한 공비토벌작전, 핵무기 살상지대 운용 등 수세적 방위전략에 의한 방어 위주 작전계획을 발전시켰다.

이와 같이 신생국가로 탄생한 한국의 국방체제 정립기(1945~1961)의 안보정책은 미국에 의존한 북진통일정책이었고, 국방정책도 의존적 자주국방정책이었다. 그리고 군사전략은 미국에 의존해 태동할 수밖에 없었기 때문에 독자적인 군사전략보다는 미군과 한국군이 공유할 수 있는 군사전략으로서 평시는 제재적 억제전략, 전시는 수세적 방위전략이 적용되었다.

5 자주국방 추진기의 안보정책 · 국방정책 · 군사전략(1961~1998)

1. 개요

국방체제 정립기(1945~1961)에는 한국의 국방비 80% 이상을 미국의 군사원조에 의존해 군사력을 건설하고 관리 · 유지해야 하는 신생독립국가로서 우선적으로 군사력을 건설하고, 이를 추진하기 위한 제도적 장치를 마련하는 정책을 펼쳐나갔다.[48]

그러나 한국은 국제적 안보환경과 국가적 상황 변화에 따른 자주국방 추진기(1961~1998)로써 새로운 안보정책 · 국방정책 · 군사전략이 요구되었다. 1961년 5 · 16군사정변으로 시작된 제3공화국과 제4공화국에서 박정희 대통령은 자주국방의 중요성을 인식하고 지금까지 미국 군사제도와 일본 군대식 관행의 준용으로 나타난 불합리성과 의존적 자주국방 관계로 나타난 문제점들을 개선하였다. 국제적 안보환경과 남북한 정세가 자주국방정책을 추진하지 않을 수 없는 현실적 상황이 됨에 따라 한국 군대의 한국화를 위한 국방정책의 제도화 및 군사전략을 정립하고 한국군의 현대화를 통해 자주국방 기반을 조성(1961~1981)하였다(표 2-12).

또한 박정희 정부의 자주국방 기반 조성을 위한 국방정책이 성과를 거둠으로써 제5공화국(전두환 정부) · 제6공화국(노태우 정부) 그리고 여당이었던 민정당을 중심으로 야당이었던 민주당 및 공화당의 3당 합당으로 탄생된 문민정부(김영삼 정부)

48 이민룡, 앞의 책, p. 36.

〈표 2-12〉 자주국방추진기(1961~1998)의 안보정책 · 국방정책 · 군사정책

구분	세부 내용
안보환경	1. 국제정세 - 미 · 소 중심의 냉전체제가 지속되다가 동구공산국가 붕괴와 구소련의 해체로 인한 러시아탄생으로 탈냉전시대 시작 - 베트남전쟁/쿠바위기 사태/걸프전쟁 등 국제긴장은 지속 2. 한반도의 정세 - 북한은 적화통일을 위한 전쟁준비 완료 • 김일성의 주체사상/4대군사노선의 독자적 군사정책추진으로 재남침 완비 • 다양한 수단인 무장공비침투/남한 내의 지지세력 확보 및 반정부 선동 - 남한은 근대화추진으로 자주국방능력 확보 후에 평화통일정책 추진 • 북한의 위협증대/닉슨 · 카터 독트린으로 독자적 자주국방정책 추진 • 근대화 추진으로 국력신장 후에 남북통일정책 접근 노력
국가능력	1. 안보태세 강화 및 경제발전 달성 - 미국의 무상군사원조 중단과 유상군사원조로 전환 - 경제개발 5개년 계획 추진으로 북한 GDP를 추월 2. 북한보다 우위의 국력신장 달성으로 남한은 북한에 대한 화해의 통일정책 노력들이 있었으나 실천은 실패 ※ 한국은 산업사회 상황
안보정책 · 국방정책 · 군사전략의 실제	1. 국가안보정책: 선건설 · 후통일 정책 ※ 자력방위에 의한 절대안보 - 조국 근대화를 위한 경제 건설로 안보정책 기반조성(1961~1981) 후에 통일 실현을 위한 남북대화 노력(1981~1998)들이 있었으나 선언적 의미로 끝나고 남북한 관계는 대결로 더욱 악화되었음 - 남북한 관계: 적대적 공존관계 2. 국방정책: 독자적 자주국방정책 - 북한의 다양한 위협증대 - 미국 닉슨 · 카터 독트린으로 주한 미군 감축 및 전술핵무기 철수 - 남북한은 국제정세의 탈냉전과는 무관하게 냉전체제 유지 ※ 고립적 자주국방정책이 아닌 독자적 자주국방정책 추진 3. 군사전략 - 평시: 거부적 억제전략 - 전시: 공세적 방위전략

는 동일 여당 내의 정부 탄생과 정책지속성으로 자주국방정책을 강화(1981~1998)시켰다.

이와 같이 자주국방 추진기(1961~1998)는 자주국방 조성기를 걸쳐 자주국방 강화기로 발전하였다.

2. 국제적 안보환경

자주국방 추진기(1961~1998)의 국제안보환경은 치열한 냉전체제가 계속되다가 동구공산권 붕괴와 구소련 해체(러시아로 탄생) 등으로 탈냉전화로 전환되는 시대가 된다. 미국과 구소련을 중심으로 한 자유진영과 공산진영으로 형성된 냉전체제는 동서 간의 핵전쟁 위협과 베를린 위기사태, 쿠바 위기사태, 베트남전쟁이 있었고, 탈냉전 이후에도 걸프전쟁 등 전쟁에 대한 불안요소는 제거되지 않았다.

예컨대 미 · 구소 간의 냉전적 대결에서 군사력 우위확보 경쟁전략을 지속해 오다가 1985년 구소련의 공산당 서기장 고르바초프(Mikhail Gorbachev) 등장으로 신사고에 의한 개혁과 개방정책을 추진함으로써, 구소련에서는 경제개혁의 추진과 공산당 일당 독제체제를 청산하는 정치적 민주화 개혁이 진행되었다. 국제관계에서는 화해와 협력체제가 구축되면서, 세계질서는 신데탕트 시대로 바뀌고, 전후냉전체제에 구조적 변화가 일어났다.

1988년 12월 몰타(Molta)에서 열린 미 · 구소 정상회담에서 과거 냉전체제의 대립과 갈등을 협력과 공존의 새로운 질서를 형성하자는 데 뜻을 같이 함으로써 변화를 가져왔다. 즉 미 · 구소의 상호대결 일변도 정책에서 동서 간의 냉전 종식과 더불어 군비통제를 주도함으로써 세계의 안보를 위협해온 군사적 긴장상태를 완화시키는 데 크게 작용하였다. 이러한 탈이념화, 탈군사화를 통한 탈냉전의 과정은 1990년 10월 독일의 통일과 더불어 동구 공산국가들의 탈공산주의 민주화혁명에 성공하였다.

또한 1990년 11월에는 냉전 종식을 선언하는 파리헌장이 채택하였으며, 1991년 12월 25일에는 구소련이 붕괴되어 15개 국가로 해체되고 구소련은 러시아로 다시 탄생하였다. 미국과 러시아의 협력과 병행해 중국 덩샤오핑의 등장과 더불어 개혁과 개방정책으로 국력이 신장됨으로써 중국과 러시아, 일본과 러시아, 중국과 일본 사이에 관계가 크게 개선되었다. 그리고 1990년 9월 30일 한국과 러시아의 국교수립, 1992년 8월 24일 한국과 중국의 국교수립 등으로 한반도 주변에도 새로운 질서가 형성되었다.

1997년 1월에는 유엔 제네바군축회의에서 핵실험 금지에 이은 핵물질 생산 금지를 통해 핵비확산체제 유지결의, 4월에는 미 · 영 · 러 · 프 · 중국의 5대 핵강대국가가 핵확산금지조약(NPT) 이행 공동성명 채택, 화학무기금지협정 발효선언, 9월에는 대인지뢰국제회의에서 모든 대인지뢰사용을 금지하는 내용의 협약을 합의하는 등 탈냉전화되었다.

그렇지만 한반도는 냉전화가 지속되었고 한 · 미동맹관계도 정치 · 군사 중심의 동맹이 계속되었다.

이와 같이 국제관계는 다양하고 복잡하게 탈냉전적 체제로 변화되었지만, 한반도는 이러한 국제안보환경 변화에 관계없이 남북한 관계는 더욱 분쟁적이고 냉전체제적인 적대상황(1961~1998)이 계속되었다.

3. 한반도 정세

1) 북한의 정세

북한은 1961년 7월 6일에 조선 · 구소련(러시아) 우호협력 및 상호원조조약, 동년 7월 11일에는 조선 · 중국 우호협력 및 상호원조조약을 체결하고, 국제적 지원세력을 더욱 공고히 했다.[49]

1962년 12월에는 북한 노동당 제4기 5차 중앙위원회에서 군사정책으로서 4대 군사노선을 채택해 군비증강에 주력하면서 독자적 자주국방노선을 표방하였다(표 2-13). 북한의 4대 군사노선은 전쟁준비를 위한 군사정책으로서, 전군의 간부화, 군장비의 현대화, 전인민의 무장화, 전 국토의 요새화 등으로 대남적화통일전략을 적극 추진하였다.

그리고 1965년 4월 15일 김일성 주석은 ① 북한의 혁명기지화, ② 남한 내의

49 국방부 전사편찬위원회, 《국방사》 제3집, 1992, pp. 367-385.

〈표 2-13〉 북한의 독자적 군사정책의 4대 군사노선

노선	정책목표
전군 간부화	군을 정치사상적, 군사기술적으로 단련해 유사시에 한 등급 이상의 높은 직무 수행
장비현대화	군대를 현대적 무기와 전투기술자재로 무장, 최신무기를 능숙하게 다루고 현대적 군사과학과 군사기술을 수행
전인민무장화	인민군대와 함께 노동자 · 농민을 비롯한 전체 근로자 계급을 정치사상적 · 군사기술적으로 무장
전국요새화	방방곡곡에 광대한 방위시설을 축성해 철벽의 군사요새로 건설

혁명역량 조성, ③ 국제정세의 유리한 여건 조성이라는 조국통일 3대 혁명론을 발표하고, 1968년에는 대남적화통일을 위한 전쟁준비를 완료했다고 선언했다.

1968년 2월 8일 김일성 주석은 한반도를 무력으로 통일해야 한다는 점을 분명히 하고, 이해를 전쟁준비의 완료해로 설정하였으며, "조국의 통일을 실현시키기 위해서는 남조선 인민들의 반미투쟁을 지원하며 혁명적 대사변을 주동적으로 대처할 수 있도록 튼튼히 준비할 것" 등을 지시하며 남한에서의 폭동을 지령하였다.

이와 같은 군사정책 실현은 같은 해인 1월 21일 청와대 기습사건, 1월 23일 푸에블로호 납치사건, 3월 16일 주문진 무장공비 침투, 10월에 120명의 울진 삼척지구 무장공비 침투 등으로 나타났다.

또 1969년 4월에는 미 해군의 EC-121기를 동해의 공해상에서 격추하였고, 1970년 6월 5일에는 서해 연평도 부근에서 어선단을 보호하던 해군 방송선을 납치하는 등 한국 방위태세를 시험해보고 또한 미국의 보복의지를 시험하였다.[50]

김일성 주석은 1970년 11월 노동당 제5차 전당대회에서 "남한에서 인민들이 요구할 때는 언제나 나가 싸울 수 있도록 항상 준비되어야 한다. 한반도의 지형 여건을 잘 이용해 산악전과 야간전투, 정규전과 비정규전을 배합한다면 비록 잘

50 국방군사연구소, 《1945~1994 국방정책변천사》, 서울: 군인공제회, 1995. pp. 173-190.

무장한 적이라도 격퇴해 승리할 수 있다"고 하였으며, 이와 같은 군사정책은 김일성 사망 후의 1998년까지 계속되었다.

이와 같은 과정에서 남북한 정부는 1972년 7월 4일 7 · 4남북공동성명에서 자주 · 통일 · 민족 대단결로 요약된 평화통일 3대 원칙을 발표하면서 남북한 화해 분위기를 조성하는 것처럼 보였으나 동년 11월 15일 고랑포 지역과 1973년 3월 19일 철원에서 남침용 땅굴이 발견되었다. 또한 7 · 4남북공동성명이 그들의 뜻대로 대남적화통일을 위한 기본전략에 도움이 되지 않자 1973년 8월 28일에는 남북대화를 일방적으로 중단하고 군사력을 대폭 증강하는 등 위장 평화공세를 전개하면서 내면적으로는 남한 혁명 유도 및 무력남침의 양면 전략을 구사하였다.

1976년 8월 18일 판문점 도끼만행사건으로 북한은 판문점에서 미루나무 절단작업을 지휘하던 미군 장교 2명을 도끼로 무참히 살해하는 만행을 저질렀는데, 이 같은 도발은 북한 주민에게 긴장감을 불러일으켜 내부적으로 일고 있는 불만감을 다른 데로 돌리고, 외부적으로는 미국 내에서 주한 미군 철수 여론을 불러일으키고 한국에 대한 지원을 포기케 하여 한 · 미 협력관계를 이간시키려는 전략을 폈다. 그리고 1978년 10월 17일에는 판문점 남방에서 세 번째 땅굴을 발견함으로써 북한의 무력통일정책을 입증하였다.

다른 한편으로 북한은 1980년 10월에 열린 제6차 당 대회에서 김일성의 후계자로 공식 표면화된 김정일의 권력세습체제를 공고화하는 데 주력하면서, 대남 침략도발을 계속했다. 1983년 10월 9일에는 전두환 대통령의 동남아 6개국 순방의 첫 방문국인 미얀마(버마)의 아웅산 묘소 폭파테러, 1987년 11월 29일 대한항공 858기 폭파테러 등의 만행을 자행함으로써 전 세계를 경악시켰다.

북한은 1989년부터 1991년까지 구소련(러시아)과 동구공산권 붕괴 및 독일통일에 자극을 받아 체제 유지를 위한 "우리식 사회주의의 필승불패"라는 구호 아래 주체사상에 입각한 고립정책과 김일성, 김정일 부자의 세습권력체제를 수호하는 데 총력을 기울였다.

북한은 독일 통일을 비롯한 동서 냉전체제 와해 이후 한 · 러 및 한 · 중 수교 등 주변 안보환경이 불리하게 작용함에 따라 체제존립의 불안, 경제난국, 국제적 고립 등 3중고의 총체적 위기상황을 타개하기 위해 핵개발을 더욱 추진하였다.[51] 국제원자력기구(IAEA)의 사찰을 통해 핵무기 개발 의도가 드러나면서, 이를 통제하려는 국제적 압력이 거세짐에 따라, 북한은 국제원자력기구의 불공정성을 주장하고, 1993년 3월 12일 핵확산금지조약(NPT: Nuclear Non-Proliferation Treaty)의 탈퇴(제1차 북핵위기)를 선언했다. 북한이 1993년 3월 12일 NPT를 탈퇴하고 1994년 5월 18일 영변 핵시설에서 플루토늄을 추출하였다.

미국 클린턴 대통령은 1994년 6월에 북한 영변 핵시설을 정밀 폭격할 것을 결정하고, 한국 정부에도 비밀리에 준비함으로써 한반도는 전쟁위기에 있었다. 김영삼 정부는 북한 핵 공격은 한반도에서 전쟁이 일어난다며 강력히 반대하였으며, 미국 카터 전 대통령이 방북 중재를 해 북한 핵 위기는 넘길 수 있었다.

북한은 핵문제와 관련해 국제적 제재 압력이 가시화되자 제재는 곧 선전포고라고 항변하는 한편, 1994년 6월 15일부터 6월 18일까지 카터 미국 전 대통령의 방북중재를 계기로 김일성이 남북정상회담의 조속하고도 무조건적인 개최를 제의하고, 미 · 북 고위급회담 재개 시 핵개발 동결의사를 표시하는 등 국제적 제재의 모면과 한 · 미 공조체제 약화를 겨냥한 평화공세를 다시 강화하였다.

북한의 남북정상회담 제의에 대해 한국 정부가 조건 없이 김영삼 대통령과 김일성 주석 간의 회담을 즉각 수락하고, 미국 또한 북한의 공식의사를 확인 후 회담을 수용함으로써 협상을 위한 준비를 하고 있던 중 1994년 7월 8일 김일성 주석의 돌연한 사망으로 남북정상회담은 성사 일보 직전에 수포로 돌아가고 말았다.

북한은 대내적으로 내부 결속을 위한 이념무장에 주력하면서 날로 피폐해져 가는 경제난을 해소하기 위해 1987년부터 제3차 7개년 경제계획(1987~1993)을 추진해나갔다.

그리고 북한은 남북한 간에 진행 중이던 각종 회담을 여러 번 중단하고 한국

---

51 국방군사연구소, 《건군 50년사》, pp. 349-351.

의 반정부 소요와 사회혼란을 책동하면서 제3국을 통한 간첩의 우회침투와 해외 친북단체를 이용한 대남 모략과 선전 · 선동, 그리고 땅굴 굴착 지속으로 1990년 3월 제4땅굴 발견과 SA-5 지대공미사일, 미그-29 및 SU-25기의 추가도입 및 배치로 기습적 전격전 수행능력을 크게 향상시키고 대남 위장 평화공세와 적화 혁명 여건 조성에 온갖 책략을 구사하고 결정적 시기에 대비한 군사적 공세준비에 총력을 경주하였다.

김일성 주석 사망 때에 김영삼 정부가 조문을 보내지 않은 문제와 북한의 핵문제 등으로 남북한 상호 비방이 격렬해지면서 갈등과 대립이 더욱 첨예화되었다. 김정일 국방위원장(1993년 4월 9일 취임)은 김일성 3년상의 관철과 유훈통치로 1997년 9월까지 비상통치를 하면서, 변함없는 적화통일을 위한 강성대국 및 선군정치에 의한 대남교란과 군사적 긴장을 조성하는 데 주력하면서 군사대국화를 위해 노동1호보다 성능이 우수한 대포동 미사일을 1998년 8월에 시험발사에 성공하였다.

선군정치와 강성대국이란 군대를 건설과 혁명의 주력군으로 하여 혁명대오를 튼튼히 하기 위한 이론, 전체 국민이 군대의 혁명적 군인정신을 따라 배워 강성대국 건설을 다그쳐나가기 위한 사상, 국방공업에 적극적인 힘을 넣어 경제 건설을 위한 노선인 것이다.

이와 같이 북한은 1998년까지 김일성 조문문제, 북한 특수부대원들의 침투사건 및 테러사건, 북한 핵문제 등으로 남한에 대한 적대적 관계를 더욱 노골화하고 남한을 주적화하여, 남북한 간에 군사적 긴장 및 대남혁명여건 조성에 주력하면서 적화통일의 일관된 정책을 추진했다.

2) 남한의 정세

1961년 5월 16일 박정희 소장을 비롯한 신직업주의 성향의 젊은 군부 엘리트들은 용공사상의 대두 및 경제적 위기, 그리고 고질화된 정치풍토와 사회혼란 등 이유를 국가적 위기로 보고, 제2공화국 장면 정부에 대해 군사쿠데타를 일으켜 정치일선에 등장하였다. 즉, 조국근대화의 필요성이 한층 요구되고 있을 때 신직업주의 군부 엘리트들은 국가안보와 국가발전의 추진세력이 될 수 있다는 군대조직의 특성과 역할인식의 변화에 따른 자신감으로 5 · 16군사정변을 일으켰다.[52]

박정희 최고회의의장은 1961년 6월 6일 헌법에 우선하는 효력을 갖는 국가재건비상조치법을 제정 공포해 혼란과 비능률에 빠져 있던 정국을 수습하면서 국가개혁을 단행하였다. 예컨대 박정희 대통령(1961~1979)은 제3공화국 및 제4공화국의 대통령으로서 국가안보 분야에서는 자주국방능력기반을 조성하고, 조국 근대화를 위한 경제발전으로 산업사회발전을 추진하면서 선건설 · 후통일이라는 국가안보정책을 추진하였다.

이 기간 중에 정치면에서는 한일회담, 국군 베트남전 파병, 3선 개헌 등 역사적 사건들이 추진됨으로써 정치적 갈등과 사회적 진통을 겪기도 하였으나, 경제면에서는 경제개발 5개년 계획의 성공적 추진으로 민족의 숙명으로 여겨졌던 보릿고개의 가난이 없어지고 고속도로 개통과 산업단지가 조성되는 등 국력신장이 되면서 북한의 국력을 추월하게 되었다.

남북한 관계는 냉전체제로서 1960년대는 물론 1990년대 후반까지 북한의 대남적화통일에 따른 무력도발의 증대와 일부 주한미군의 철수로 인해 국가안보에 문제점이 대두되면서 독자적 자주국방정책을 추진하게 되었다. 그러나 1979년 10월 26일 박정희 대통령 시해사건으로 그동안 박정희 대통령의 강력한 영도력으로 지속적인 경제성장과 국력신장, 또한 북한의 도발위협에 강력히 대처했었던 박정희 통치시대가 끝나게 되었다. 그 과정에서 1980년 8월 16일 위기관리 정부였던 최규하 대통령이 사임하고, 동년 8월 27일에는 12 · 12사태로 국가보위비상대책위원회의 위원장이었던 전두환 장군이 대통령에 취임함으로써 박정희 정부의 국가

52 조영갑, 《민군관계와 국가안보》, 서울: 북코리아, 2005, pp. 258-278.

정책과 국가전략은 제5공화국(1980~1988)에서도 계승되었다.[53]

제6공화국은 1987년 6월 10일 민주항쟁으로 이끌어낸 6 · 29민주화선언에 따라 대통령 직선제에 의한 5년 단임제를 특징으로 하는 헌법 개정으로 1988년 2월 25일 노태우 대통령(1988~1993)이 취임함으로써 출범하게 되었다. 그러나 민정당, 평민당, 민주당, 공화당의 4당 분할체제를 바꾸지 않으면 합리적이고 효율적인 국정운용이 불가능하다는 판단에 따라 제6공화국은 여당인 민정당과 두 야당(민주당, 공화당)을 흡수 통합해 민자당으로 지배연합을 구축하였다. 그 결과로 1993년 2월 25일 김영삼 대통령(1993~1998)이 취임해 문민통치시대를 열었으나, 그것은 12 · 12사태로 집권했던 여당인 민정당이 야당이었던 민주당, 공화당을 합당한 민자당 후보로 당선됨으로써 안보정책 · 국방정책 · 군사전략 분야에서는 정책의 지속성을 유지할 수가 있었다.

특히 대북한 정책 면에서 김영삼 정부는 제5공화국과 제6공화국의 안보통일 정책을 계승하면서 "어떤 동맹도 민족보다 우선할 수 없다"고 1993년 2월에 대통령 취임사에서 선언했다. 이를 위해 1994년 남북정상회담을 추진하였으나 같은 해 7월 8일 북한 김일성 주석의 사망으로 회담은 열리지 못하고, 김일성 사망의 조문파동과 북한 핵개발 문제 등으로 인해 모든 남북한 관계는 단절되고 더욱 적대화되어 적대적 공존관계가 지속될 수밖에 없었다.

북한은 1996년 9월 18일에 강릉 해안에 잠수함을 이용해 무장공비를 침투시켜 무력도발을 하였고, 1997년 3월 17일에는 조국 평화통일의 서기국보도를 통해 조선 반도에는 언제 전쟁이 터질지 예측할 수 없는 위험이 조성되어 있다고 주장하고, 서울을 불바다로 만들 수 있다는 등 군사적 긴장은 더욱 높아갔다.

---

53 12 · 12사태는 1979년 12월 12일 전두환 보안사령관(소장), 노태우 9사단장(소장) 등 신군부 세력이 최규하 대통령의 승인 없이 계엄사령관인 정승화 육군참모총장 등을 체포, 연행한 군사쿠데타 사건이다. 군내 사조직인 '하나회'가 중심이 된 신군부는 이 사건을 계기로 군부 권력을 거머쥐었으며, 1980년 5월 광주민주화운동을 무력으로 진압한 뒤에는 정치권력까지 완전히 장악했다. 당시 보안사 인사처장 허삼수 대령과 육군본부 범죄수사단장 우경윤 대령 등은 10 · 26 박정희 전 대통령 시해사건 합동수사본부장인 전두환 보안사령관의 지시로 서울 한남동 육군참모총장 공관에 난입해 정 총장을 체포하고 보안사 서빙고 분실로 연행했다. 신군부는 13년 동안 정권을 장악했지만 김영삼 정부에 의해 '하극상에 의한 쿠데타적 사건'으로 규정됐다. 이들은 군형법상 반란죄로 중형을 선고받았지만 1997년 사면을 받았다.

다른 한편으로 한국은 방만한 경제운영, 정경유착의 상존, 각종 대형 사고의 빈발, 고비용 저효율 현상의 만연 등으로 인해 1997년 11월 한국 경제가 파산되어 국제금융기구(IMF)에 구제금융을 신청하는 경제적 위기상황에 이르게 되었다.

이와 같은 국제적 안보상황 · 남북한 적대관계 · 국가적 경제파산은 1997년 12월 대통령 선거에서 한국 역사상 처음으로 여야 정권교체를 가능케 하는 요소로 작용해, 여당인 이회창 후보를 누르고 야당인 김대중 후보가 대통령에 당선되어 1998년 2월 25일 대통령에 취임하였다.

4. 한국의 안보정책 · 국방정책 · 군사전략 정립

1) 안보정책

자주국방 추진기(1961~1998)는 국제적 안보환경 변화와 남북한 정세 및 국내적 상황이 일면에는 건설 · 일면에는 국방이라는 힘겨운 국가안보정책을 추진할 수밖에 없었다.

제3공화국 · 제4공화국에서는 경제 · 안보 · 통일 등 세 가지의 목표 중에 어느 하나도 경시할 수 없는 상황적 요구였으나 박정희 대통령은 조국 근대화로 경제발전이 우선적으로 달성되지 못하면 안보와 통일이 이루어질 수 없다는 정책적 입장이었다.

박정희 대통령은 한국의 경제력과 군사력을 발전시켜 북한의 침략 의도를 포기토록 하고 통일의 기반을 완성하고자 했으며, 또한 김일성 주석이 살아있는 한 통일은 어렵다는 생각을 가지고 있었다.[54] 따라서 자주국방 추진기(1961~1998)의 안보정책은 자력방위에 의한 절대안보의 이론적 바탕 위에서, 선건설 · 후통일 정책이었고, 국방정책은 독자적 자주국방정책이 되었다. 즉 선건설로 경제를 발전시켜

54 김정렴, 《박정희》, 서울: 중앙일보사, 1997, pp. 146-163.

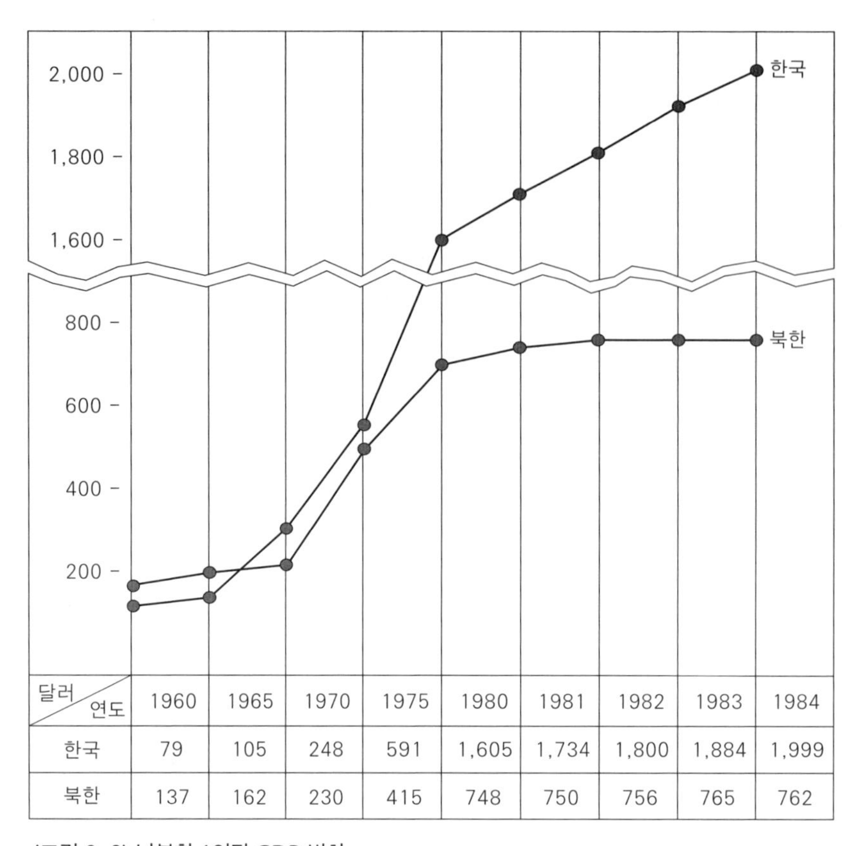

달러 / 연도	1960	1965	1970	1975	1980	1981	1982	1983	1984
한국	79	105	248	591	1,605	1,734	1,800	1,884	1,999
북한	137	162	230	415	748	750	756	765	762

〈그림 2-6〉 남북한 1인당 GDP 변화

자료: 국토통일원, 《남북한경제현황비교》, 1984, p.31.

독자적인 자주국방을 달성하고 후통일을 실현하겠다는 합리적인 안보정책을 제시하고 추진하였다.

예컨대 1960년 남북한 경제력을 비교해보면 남한의 1인당 GDP는 79달러인 반면에 북한 GDP는 137달러가 되었으며, 제2차 경제개발 5개년 계획기간이었던 1969년도를 분기점으로 남한 GDP가 북한 GDP를 추월하기 시작했다(그림 2-6).

이와 같은 선건설 · 후통일 안보정책은 경제개발 5개년 계획(1962~1981)이 성공한 후에 달성할 수 있었으며, 그 경제발전은 자주국방을 위한 가능성과 자신감을 갖게 했다. 자주국방 추진기의 안보정책으로서 선건설 · 후통일 정책은 쌍두마차적 관계로 경제발전은 국가안보와 연계된 가운데 총력안보체제를 추진하고 발전시켰다.

다른 한편으로 북한은 1968년 1월 21일 청와대 무장공비 기습사건, 그리고 이틀 후인 1월 23일 미 푸에블로호 납치사건, 그 후 1개월 동안이나 울진 · 삼척지역에 120명의 무장공비 침투사건을 계속 일으켰다.

1970년 2월 18일 닉슨 대통령은 닉슨독트린 발표를 통해 어떤 나라의 국방과 경제도 미국 혼자만이 떠맡을 수는 없다. 세계 각 국가들, 특히 아시아 및 중남미 국가들은 자국 국방의 책임을 져야 한다고 선언했다. 닉슨 대통령은 미국은 아시아에서 ① 우방국이 핵공격이 아닌 형태의 공격을 당할 경우 미국은 제한된 군사와 경제적 지원만 제공하며, ② 당사국은 미지상군병력지원을 기대하지 말고 제1차적 방위 책임을 져야 한다고 천명하였다. 다시 말해 이것은 미국이 다시는 아시아 대륙에 지상군을 투입하지 않겠다는 분명한 의사표시고 닉슨의 이 같은 발언은 주한미지상군이 철수나 감축될 것이라는 암시였다.

1970년 6월 5일에는 서해 휴전선 부근에서 어선단 보호임무를 수행하던 한국 해군 방송선의 피랍사건이 발생하였다.

그리고 같은 달 6월 22일에는 국립묘지 현충문 폭파사건이 발생하였다. 6월 22일 새벽 3시 50분에 특수훈련을 받은 북한 무장특공대 3명이 서울 동작동 국립묘지 안에 잠입, 추념제단 앞에 있는 현충문 지붕 위에 올라가 전자식 폭탄을 장치하려다 그들의 실수로 폭발하는 바람에 1명은 현충문에서 약 10m 떨어진 잔디밭에 피투성이 시체로 발견되었고, 잔당 2명은 군경 · 예비군의 추격전 끝에 계양산에서 사살되었다. 이들 무장특공대들은 6 · 25 기념식 때 정례적으로 참석하는 박 대통령을 비롯한 정부요인들을 암살 테러할 목적으로 현충문에 전자식 폭탄을 장치한 후 현장에서 200~300m 떨어진 곳에서 전자식으로 폭파시키려고 했던 것이다.

1970년 7월 5일 마닐라에서 열린 베트남전에 참전한 7개국 외상회의에 참석 중이던 최규하 외무장관에게 미국 로저스 국무장관은 주한미군 제7사단의 철수방침을 통고해왔고, 7월 6일에는 포터 주한미대사가 정일권 국무총리를 방문해 같은 내용을 통보해왔다. 이어 8월 24일에는 애그뉴 미국 부통령이 닉슨 대통령의 특사 자격으로 한국에 와서 박정희 대통령과 회담하고 1971년 3월에는 7사단을 철수했다. 한국은 닉슨 독트린의 거센 물결이 언제인가는 한국에도 밀어닥쳐올 것을 예견하지 못한 것은 아니었지만, 그 첫 적용이나 실천은 베트남 주둔 미군의 철수가 어느 정도 매듭지어진 뒤에 한국에서 논의될 것으로 보고 있었다.

특히 한국군의 남베트남 파병은 표면상으로는 남베트남 정부의 요청에 응한 것으로 되어 있으나 사실은 미국 측의 강력한 요청에 의해 남베트남에 맹호 · 백마의 2개 전투보병사단과 1개 해병여단인 청룡부대, 그리고 지원부대로서 비둘기부대를 파병, 미군과 더불어 남베트남 지원군의 주축을 이루면서 참전하였다.

2개 사단과 1개 여단, 그리고 지원부대라는 대병력을 파병한 것은 남베트남을 지원하는 목적도 있으나 6 · 25전쟁 시에 한국을 도와준 미국에 보답하기 위한 것이었으며, 특히 2개 사단의 미군이 한국에 주둔하고 있는 점에 비추어 주한미군에 버금가는 국군을 파병하지 않을 경우에는 주한미군의 일부가 전용될 지도 모르는 점을 예방하기 위해서였다. 즉 2개 사단 이상의 대병력을 남베트남에 파병하고 있는 이상, 주한미군의 감축은 있을 수 없을 것으로 판단하였다.[55]

그뿐만이 아니라 1974년부터 발견된 북한의 땅굴사건, 1975년 남베트남의 패망사건, 1976년 8 · 18 판문점 도끼만행사건 등 과거 어느 때보다도 한반도 안보가 위기에 놓이게 되었다. 그런가 하면 1977년 1월 20일 미국 지미 카터 대통령은 한국의 반정부적인 개인이나 단체들에 대한 탄압 및 인권문제와 미국의 정책변화를 이유로 1978년부터 1982년까지 5년 이내에 주한 미군을 점진적으로 철수할 것임을 일방적으로 한국에 통고한 카터독트린을 다시 발표했다.

주한미군 철수에 관한 미국의 일방적 정책결정방식은 이번에도 마찬가지였다. 어떤 경로를 통해서도 카터 행정부는 한국 정부와 주한미군 철수문제를 협의한 일이 없이 다만 미국의 철군결정만을 통고한 것이다.

55 김정겸, 《한국경제정책 30년사》, 서울: 중앙일보사, 1995, pp. 314-370.

이 같은 카터 정부의 주한미지상군 철수계획은 완전히 정치적 동기에서 결정된 것으로서 군사적 정보나 한반도의 군사적 현실에 입각한 것이 아니었기 때문에 미 군부의 강한 반발을 사지 않을 수 없었다. 1977년 5월 19일 〈워싱턴 포스트〉지는 "전쟁 위험을 안은 주한미군 철수"라는 제목의 특파원 현지 기사를 게재하면서 주한 미 장성들이 카터 대통령의 철군계획을 신랄히 비판하고 있다고 보도했다.

> "…… 만약 그 계획대로 4~5년 내에 주한미군을 철수시킨다면 그것은 곧 전쟁의 길로 가는 것"이라고 주한 미 8군 참모장 싱글로브 소장은 말했다. 주한미군 서열 3위인 싱글로브 소장은 자기뿐 아니라 많은 군 관계자들이 카터 대통령의 철군정책에 반대하고 있다고 밝히고 미 2사단 철수는 남한의 전력을 약화시켜 김일성의 남침을 유발할 것이라고 주장했다. 싱글로브 소장은 다음과 같이 결론을 내렸다. "지난 12개월간 철저한 정보수집 결과 북한 전력이 부쩍 증가되었음이 드러났다. 내가 깊은 관심을 쏟고 있는 것은 정책입안자들이 3년 전의 낡은 정보 속에 파묻혀 있다는 것이다."

미 군부에서 최초로 대통령의 철군정책을 공공연히 비판한 싱글로브 소장의 발언은 워싱턴에 큰 파문을 일으켰다. 백악관 대변인은 이 발언을 불쾌하게 여긴 카터 대통령이 싱글로브 소장에게 소환명령을 내려 진상 해명을 요구했다고 발표했다. 5월 21일 카터 대통령은 싱글로브 소장을 접견해서 의견을 청취한 다음 주한 미 8군 참모장직에서 해임함으로써, 군 최고통수권자인 대통령의 문민통제 원칙을 재확인하고 군부의 철군반대론에 쐐기를 박았다. 그러나 5월 25일 미 하원 군사위원회에 출석한 싱글로브 소장은 "철군이 전쟁을 유발할 것이라고 보는 자신의 소신에는 변함이 없다"고 다시 주장하고, 카터 행정부는 주한미군 사령부에 철군의 파급효과에 관해 물어온 적이 없으며 합참본부는 철군의 타당성을 해명해달라는 미 8군의 요청을 묵살했다고 증언했다.

이와 같은 국가적 상황에서 제3공화국과 제4공화국의 박정희 대통령은 통일을 경제 건설과 군사적 우위 확립 이후로 미루는 선건설 · 후통일 안보정책을 더욱 강력하게 추진했다. 그 결과로 한국은 1960년대에는 경제적으로나 군사적으로 북한에 비해 열세에 있었으나 1970년대부터는 조국 근대화라는 경제 건설과 군사력 건설의 성공으로 체제경쟁을 통한 우월한 위치를 확보할 수 있었기 때문에 승공통일을 달성할 수 있는 자신감을 갖게 되었다.

이러한 배경에서 지금까지 북한의 존재를 철저히 인정하지 않았던 불인정 관계가 이산가족의 재회를 추진하기 위한 남북한 적십자회담과 남북한 고위 당국자의 비밀협상, 남북조절위원회 등의 회담으로 북한을 인정하는 적대적 공존관계로 발전된 새로운 유형의 남북한 관계가 시작되었던 것이다. 그러나 남북한은 각기 독립주권 국가로 철저한 자신의 이념을 추구하였기 때문에 통일에 접근하기에는 너무나 큰 간격이 있었던 것이다.

남북한이 처음 합의하였던 1972년 7 · 4공동성명의 평화통일 3대 원칙은 획기적인 관계개선의 전기로 보였으나, 곧 남북한의 합의에 대한 해석의 차이점과 감정대립으로 불신이나 적대관계의 청산이 불가능하다는 것을 확인하였다.

남북한 관계는 계속되는 회담의 결렬로 7 · 4공동성명 이전의 상태로 회귀해 버렸던 것이다.

1960년대 박정희 대통령은 선건설 · 후통일 정책에 따라 구체화된 통일방안이 없이 경제 건설에 매진하였다. 그러나 1970년대 초부터 미국과 중국의 수교 등 국제정세의 변화와 선건설 · 후통일 정책에 대한 대북한의 자신감 때문에 1970년 8월 15일 광복절 기념식에서 평화통일구상 선언을 발표하였다. 이어서 1972년 역사적인 7 · 4남북공동성명을 발표하고, 자주 · 평화 · 민족대단결의 3대 원칙에 합의하였다.

그 후 정부당국 간의 남북조절회의와 민간 차원의 남북적십자회담이 서울과 평양을 오가며 동시에 진행되었다. 1974년 8월 15일 박정희 대통령은 한반도 평화 정착 → 상호 문호개방과 신뢰회복 → 남북한 자유총선거라는 평화통일 3단계 기본원칙을 발표하였다. 그러나 1975년 3월 이후 남북대화는 사실상 중단되었다.

이와 같이 제3공화국과 제4공화국에서 이루어 놓은 선건설에 의한 국력의 자신감을 기반으로 제5공화국, 제6공화국, 문민정부에서는 후통일 정책 실현을 위해 노력할 수 있는 계기가 되었다.

이러한 선건설 · 후통일 정책을 계승한 제5공화국(1980~1988)의 전두환 대통령은 1982년 1월 22일 국정연설을 통해 처음으로 민족화합 민주통일방안을 구체적으로 제안했다. 그 주요 내용은 남북한 간의 민족적 화합에 기반해 통일헌법을 제정한 후 통일국회와 단일정부를 수립함으로써, 통일민주공화국을 완성시키자는 것으로 1민족 1체제를 지향하는 체제통일론이었다.

1984년 9월 29일 북한은 한국의 수재민을 돕기 위해 수해구호품을 판문점 군사분계선을 넘어 보내옴으로써 6 · 25전쟁 종전 이후 최초로 남북한 물자교류 물꼬를 텄으며, 1985년 5월 남북적십자회담이 재개되었다.

1985년 9월 20일 분단 후 처음으로 이산가족 고향방문과 예술공연단 교환방문이라는 민간교류가 이루어졌으나, 정부 차원에서는 큰 진전이 없었다. 그리고 제6공화국에서 노태우 대통령은 1988년 2월 25일 취임사에서 북방정책을 선언했다. 북방정책이란 중국, 구소련, 동유럽 국가, 기타 사회주의 국가 및 북한을 대상으로 하는 외교정책으로서 중국 · 구소련과의 관계개선을 도모해 한반도의 평화와 안정을 유지하고, 사회주의 국가와의 경제협력을 통한 경제이익의 증진과 남북한 교류 · 협력관계의 발전을 추구하며, 궁극적으로는 사회주의 국가와의 외교 정상화와 남북한 통일의 실현을 목적으로 한 것이다.

한국 정부는 1989년 2월 헝가리와의 수교가 이루어졌고, 1990년 9월 러시아와 수교하였으며, 1991년 9월 남북한이 국제연합에 동시 가입하였다. 1992년 1월 20일 한반도 비핵화 공동선언[56]과 더불어 미국의 전술핵 재배치 계획에 따라 주한미군의 전술핵을 철수했다. 1992년 8월 중국과의 수교가 이루어지는 등의 외교적

56 1992년 1월 20일 남북한이 함께 한반도의 비핵화를 약속한 공동선언이다. 그 주요 내용은, 핵무기의 실험 · 제조 · 생산 · 보유 등의 금지, 핵에너지의 평화적 이용, 핵 재처리시설 및 우라늄 농축시설 보유금지, 비핵화 검증을 위한 상호사찰 등이다.

성과를 거두었다. 한국 정부는 북방정책을 통해 안보와 통일을 위한 분위기를 조성하고, 한국 경제의 활로를 개척하는 한편, 한국의 국제적 위상을 제고시키는 등의 성과가 있었다.

특히 노태우 대통령은 1989년 9월 11일 국회 연설에서 한민족공동체 통일방안을 제안하였다. 주요 내용은 자주 · 평화 · 민주의 3대 원칙 아래 공존공영 → 남북연합 → 단일민족국가라는 3단계를 거쳐 통일을 실현하자는 것이다. 전두환 정부의 통일방안과 마찬가지로 1민족 1체제를 목표로 하지만, 남북연합이라는 과도체제를 설정한 점에서 다소 진전된 내용을 담고 있다.

1990년 9월 4일 제1차 남북고위급회담이 서울에서 개최된 이래 1년 반의 회담을 거쳐 1992년 2월 18일 평양 제6차 회담에서 남북한 화해 및 불가침과 교류협력에 관한 남북기본합의서가 채택되었으나 실천되지 못했다.

그 후 문민정부(1993~1998)에서 김영삼 대통령은 1993년 7월 6일 평화통일정책자문회의에서 민족공동체 통일방안으로 3단계 통일을 다시 제안하였다. 그 내용은 민주적 절차의 존중, 공존공영의 정신, 민족 전체의 복리라는 세 가지를 기조로 해서 화해 · 협력의 단계 → 남북연합의 단계 → 1개 국가라는 3단계 통일을 이룬다는 것이다. 이 방안은 한민족공동체 통일방안 내용 일부를 수정 보완해 1민족 1체제의 완전통일을 지향한 것이다.

다른 한편으로 김영삼 정부는 김일성 주석 사망 및 식량위기를 비롯한 내부적인 요소와 북한 핵개발의 국제적 제재 및 공산권 해체 등의 외부적 요소에 의해 북한이 붕괴되면 최소의 충격으로 사뿐히 흡수 통일할 수 있다는 통일방안을 추진하기도 했다. 그러나 김영삼 정부의 화해 · 협력을 통한 안보통일정책은 김일성 주석 조문파동, 북핵문제, 북한 붕괴에 따른 통일방안(흡수통일) 등의 대립으로 남북한 관계가 최악 상태가 됨에 따라 실패하고 말았다.

북한 조국평화통일위원회는 1996년 7월 15일 성명서에서 남한의 김영삼 정부는 한국의 역대 집권자 가운데 유일하게 북한과 마주 앉아 보지도 못하고 실적도 없는 집권자로 민족의 버림을 받게 되었다고 비판했으며, 남북한의 관계는 더욱 악화되었다.

요컨대 한국의 자주국방 추진기(1961~1998)의 국가안보정책은 선건설 · 후통일 정책으로서 제3공화국과 제4공화국에서는 국가통일을 위한 국력(안보능력)을 키우는 데 성공하였으나, 제5공화국 · 제6공화국 · 문민정부에서는 그 기반 위에서 통일정책을 추진했지만 실천되지 못하고 실패로 끝나고 말았다.

즉 국제안보환경은 냉전체제에서 탈냉전화되어 화해 · 협력체제로 변환되었으나 남북한은 적대적 공존관계로 냉전체제가 계속된 상황에서 한국은 선건설에 의한 국력을 바탕으로 후통일 정책을 추진하였으나 성과 없이 선언적 의미로서, 행사적 의미로서 끝나게 되었다.

2) 국방정책

자주국방 추진기(1961~1998)에는 한국적 국방체제를 정립하고, 한국군의 현대화 촉진으로 독자적 자주국방정책을 추진하였다.

첫째, 국가의 국가적 · 군사적 상황이 독자적 자주국방정책을 추진하게 했다. 박정희 대통령은 1961년부터 경제발전 추진과 더불어 한국 상황에 적용할 수 있는 국방체제와 군장비 현대화를 비롯해 군사전략 및 작전술, 교육훈련제도, 인사운용 개선, 민 · 관 · 군의 총력안보태세를 강화해나갔다.

1968년 1 · 21청와대습격사건, 1 · 23미국정보수집함인 푸에블로호 납치사건, 10 · 30울진 삼척지구무장공비 120명 침투사건, 그리고 1969년 4월 15일 청진 앞바다 공해상에서 미해군정찰 EC-121기 격추사건 등 도발사건이 계속되었으나, 미국 정부는 군사적 보복조치를 취하지 않고 미온적인 대처로 일관하게 되자 강력한 제재를 기대했던 한국 정부는 불만과 불안감이 고조되었다.

이러한 가운데 1969년 7월 25일 괌도를 방문한 미국 닉슨 대통령은 아시아에서 재래식 전쟁이 발발했을 경우에 그 방위의 1차적 책임은 당사국이 져야 하며, 미국은 선택적이고 제한적으로 지원할 것을 선언하였다.[57] 이에 대해 박정희 대통

57 국방군사연구소, 《건군 50년사》, 서울: 국방부, 1998, pp. 281-283.

령은 동년 9월 23일 제2군사령부에서 행한 연설에서 “언제나 미군이 한국에 주둔하는 것을 바랄 수는 없다. 우리는 언젠가 미군 철수에 대비해 독자적 자주국방을 위한 장기대책을 세워야 할 것”이라고 말했다.[58]

> …… 지금부터 독자적으로 조국을 방위할 수 있는 필요한 무기를 개발하고 생산할 수 있는 태세를 갖추어야 한다. 왜냐하면 아무리 우방국가라 할지라도 외국에 의존한다는 것은 일단 국가안보문제를 다룰 때는 결코 신뢰할 수 없기 때문이다.

또한 미국 정부는 1971년 3월 서부전선에서 휴전선 방위를 담당했던 미 제2사단을 동두천으로 이동시키고, 이곳에 있던 미 제7사단을 본국으로 철수시킴으로써 한국 군대가 휴전선 방위를 전담하게 되었다(표 2-14).

반면에 북한은 속전속결을 위한 기습남침 공격을 목적으로 그동안 휴전선의 비무장지대를 통과하는 지하땅굴을 파기 시작해 1974년부터 1990년까지 4개의 땅굴이 발견되었으며, 1976년 8월 18일에는 판문점 도끼만행사건을 일으켰다(표 2-15).

그리고 2009년 2월 11일 한국외교통상부가 공개한 1978년 비밀외교문서에서 보면 미국 지미 카터 정부가 1978년부터 1982년까지 주한 미군을 전면 철수하겠다는 것을 발표하였다.

이 같은 대외적 · 대내적 안보상황 변화에 따라 박정희 정부는 이미 1976년 11월부터 한국군이 미군으로부터 작전통제권을 환수하는 방안을 고려하는 등 독자적 자주국방을 실현해나갔다. 1978년에는 카터 정부의 주한 미군 철수대책으로 한국 정부는 미국 정부에 작전통제권 환수교섭을 요청하면서, 핵우산에 의한 방위보장은 계속할 것을 강조하였다.

58 위의 책, p. 246.

〈표 2-14〉 주한미군 내한 및 철수 현황(1945~2000년대 현재)

구분		내한일자	이한일자	철수근거
제1차 철수 (1946~49)	미 제40사단	1945. 9. 23	1946. 3. 15	NSC-8, NSC-8/2에 의거 주한미군 철수
	미 제7사단	1945. 9. 8	1948. 12. 29	
	미 제6사단	1945. 10. 10	1949. 1. 15	
	미 제24사단	1945. 9. 8	1949. 1. 15	
전쟁 시 철수 (1951~52)	미 제1기병사단	1950. 7. 18	1951. 12. 7	부대 교대 지시에 의거
	미 제24사단	1950. 7. 1	1952. 1	
제2차 철수 (1954~65)	미 제45사단	1952. 12. 1	1954. 3. 14	미국 국방비 감축 및 한국군 증강계획에 따른 미군 철군 계획
	미 제40사단	1952. 1. 11	1954. 6. 2	
	미 제25사단	1950. 7. 10	1954. 9. 2	
	미 제2사단	1950. 7. 31	1954. 9. 21	
	미 제3사단	1950. 9. 22	1954. 10. 29	
	미 제24사단	1953. 7. 3	1954. 11. 20	
	미 제1해병사단	1950. 9. 15	1955. 3	
	미 제1기병사단	1957. 10. 15	1965. 6. 30	
제3차 철수 (1969~71)	미 제7사단	1950. 9. 17	1971. 3. 27	닉슨 독트린
제4차 철수 (1977~78)	미 제2사단 일부 (3,400명)	1965. 7. 1	1977. 6~ 1978. 12	카터 독트린
제5차 철수 (1990~ 2000년대 현재)	미 제2사단 일부 및 주한공군	1965. 7. 1	1992. 12~ 2000년대 현재	- 동아시아 전략구상계획 - 전략적 유연성 확보

〈표 2-15〉 남침용 땅굴

구분	제1땅굴	제2땅굴	제3땅굴	제4땅굴
발견일자	1974. 11. 15	1975. 3. 19	1978. 10. 17	1990. 3. 3
위치	고량포 동북방 8km	철원 북방 13km	판문점 남방 4km	양구 26km
총길이	3,500m	3,500m	1,635m	2,052m
예상기습방향	고량포 - 의정부 - 서울	철원 - 포천 - 서울	문산 - 서울	서화 - 원통

…… 박정희 대통령은 주한 미군 철수에 따른 전투력 공백을 메우려고 최첨단 무기구매를 추진했고 방위산업 육성에 심혈을 기울였다. 그러나 박정희 대통령의 시해사건과 주한미군의 철수계획 축소로 인해 자연스레 물밑으로 가라앉았다가 다시 노태우 정부에서 작전통제권 환수 논의와 김영삼 정부에서 평시 · 전시 작전통제권으로 구분하고 평시 작전통제권을 환수하게 되어 독자적 자주국방 정책 노력은 지속되었다 …….

이와 같은 국가적 위기상황을 극복하기 위해 박정희 대통령은 국군을 정예화하고 향토예비군을 전력화하며, 방위산업 육성, 군편제 개편, 동원체제 정비, 국군장비 현대화 등으로 독자적 자주국방정책을 더욱 절실한 정책으로 추진했다.[59]

한국은 경제개발 5개년 계획에 따라 ① 자조정신, ② 자립경제, ③ 자주국방을 국정목표로 하였다. 그중 독자적 자주국방에 있어서는 국가안보태세 강화에 중점을 두고 안보외교와 관련해 대미외교를 적극 추진해 보장 없는 주한미군의 감축을 반대하고, 1970년대 중반까지 독자적 자주국방태세를 완비한다는 방침 아래, 국방정책의 기본 방향을 군의 경제적이고 효율적인 운영으로 독자적 자주국방정책을 강화해 북한보다 우위의 국방력을 유지하고, 완벽한 임전태세를 갖추는 것이다.

이렇게 하여 북한의 침략야욕을 분쇄하고 전쟁도발 시에는 이를 단호히 섬멸하기 위해 독자적 자주국방능력을 완성하는 정책을 추진하였다.

즉, 이미 앞에서 알아보았지만 한국은 고립적 자주국방정책이 아닌 독자적 자주국방정책을 추진했다.

둘째, 미국의 한국에 대한 군사원조 이관의 대두가 독자적 자주국방의 필요성을 증대시켰다.

---

59 앞의 책, p. 283.

미국은 그동안 한국에 무상군사원조를 실시해왔으나, 1958년부터 미국이 자국의 국제수지를 개선하기 위한 조치의 일환으로 대외원조에 있어 유상 개념을 도입하고 무상원조를 점차 축소시킴으로써 한국에 대한 무상 군사원조는 감소되기 시작하였다. 1959년에는 미국 측의 제의로 1960년도부터 적용되는 최초의 유상 군사원조 계획이 수립됨으로써 한국은 일대 시련기를 맞게 되었다.

유상 군사원조는 미국의 대한군원계획의 군 유지비에 속하는 물자 중에서, 국내 생산이 가능하거나 통상적인 국제무역으로 획득 가능한 물자는 자국의 부담으로 전환시키는 것이었다. 이는 곧 미국의 군사원조가 감소되는 반면에 한국의 국방비 부담이 대폭 증가되면서, 스스로 존재하고 스스로 해결할 수 있는 능력을 갖추기 위해서는 독자적 자주국방정책의 필요성이 더욱 절실하였다.

셋째, 한반도에서 안보상황은 한국으로 하여금 자주국방 역량을 키워 독자적인 힘으로 국가를 방위할 수 있도록 독자적 전쟁대비계획을 수립하였다.

1971년 9월에 육군본부 작전참모부에 전쟁기획위원회가 발족되고 1972년 1월까지 연구되어 독자적 자주국방 실현을 위한 독자적 전쟁대비계획 작성을 끝내면서 상설기구에 의한 구체적인 연구의 필요성을 건의한 후 해산하였다.[60] 이 독자적 전쟁대비계획에 따라 1972년 2월 육군본부 작전참모부에 전쟁기획실을 창설하고 연구한 결과 태극72계획이라고 명명된 한국방어계획과 반격계획을 실전화하였다.

1973년 4월 을지연습에서 태극72계획을 대통령에게 보고하였다. 대통령은 군 주요지휘관 및 참모들에게 태극72계획을 알리고, 더욱 보완해 발전시킬 것을 지시하면서 최종 토의 시에는 자신도 참가하겠다고 말했다. 이리하여 1973년부터 독자적 전쟁기획서로서, 즉 태극72계획 토의가 대통령 하사금으로 준공(1973. 3. 31)된 육군대학 통일관(진해 소재)에서 육군의 사단장급 이상 지휘관 및 참모를 대상으로 실시되었다. 이 토의는 불편한 대미관계로 인해 대미 보안상 극비사항이므로 위장적인 가칭으로 나라꽃 이름을 인용한 무궁화회의로 명명되었다.

1974년 무궁화회의는 군 고위간부들이 집단사고 과정을 통해 주요 작전계획을

60 합동참모본부, 〈무궁화회의 약사〉, 1984, p. 3; 국방부군사편찬연구소, 《건군 50년사》, 1998, pp. 283-284.

검토 발전시키고, 전략 전술지식을 함양하며, 한국 고유의 군사교리 발전에 기여했다.

특히 1974년도 무궁화회의 기간 중에 박정희 대통령은 문세광의 8 · 15저격 사건으로 인해 육영수 여사를 잃은 충격과 비탄에도 불구하고 무궁화회의에 참가한 장군들의 토의를 직접 참관하기 위해 장마철의 폭우를 무릅쓰고 승용차편으로 진해에 도착하였다.

다음날 회의장인 육군대학 통일관에서 무궁화회의 개요, 반격계획과 우발계획, 전쟁사를 통해 고립작전을 분석한 결과 등을 보고받은 후 전체토의에 참가해 태극 72계획 중 반격계획에 대한 주요 지휘관 및 참모들의 열띤 토의를 듣고 직접 의견도 피력하는 등 독자적 자주국방에 대한 실천을 보였다.

그 후 무궁화회의는 중요 국방정책과 군사전략을 논의하는 육 · 해 · 공군의 주요지휘관 및 참모들의 토론장으로 확대되었다.[61]

이와 같이 한국적 상황에 맞는 독자적 자주국방 실현을 위해 전쟁계획을 발전시켰다.

넷째, 독자적 자주국방의 실현노력으로 핵무기 개발에 착수했다. 주한미군이 감축 · 재배치되자 박정희 정부는 독자적 자주국방 노력으로 한국군의 현대화뿐만 아니라 핵무기 개발까지 포함하게 되었다.

박정희 정부의 자주국방정책에서 가장 야심에 찬 것은 독자적 핵무기 개발정책 추진이었다. 1971년 닉슨 대통령이 주한미군을 감축하고, 중국과 관계를 개선하는 것을 지켜보면서 한국 국민들의 국가안보에 대한 불안감은 고조되었다. 따라서 박정희 대통령은 사태의 진전에 따라서 남한이 홀로 북한과 대결해야 할지도 모른다는 생각을 갖게 되었다. 이러한 안보적 불안감은 국가 최고정치지도자로 하여금 핵무기 개발에 대한 유혹을 느끼게 되었으며, 군사적 자립은 핵무기 자립을

61 육군 주관으로 매년 사단장급 이상 주요지휘관 및 참모를 대상으로 실시하던 무궁화회의는 1984년도부터 합참주관으로 육 · 해 · 공군 3군의 전장성으로 확대되었으며, 육군사관학교에서 실시하는 것으로 변경되었다.

포함하는 것이었다. 그는 미국의 핵우산을 신뢰하지 못하게 되었고, 남한 내에 수백 개의 전술 핵무기가 있음에도 불구하고 스스로의 핵무기를 개발하기 시작하게 하는 요인이 되었다.

이를 위해 대통령의 직속기관으로 국방과학연구소를 설립했고, 그 산하에 무기개발위원회라는 비밀기관도 두었다. 한국은 우선 프랑스와 접촉해 핵무기의 원료인 플루토늄 제조용 재처리시설 확보에 주력했다. 또한 미국과 캐나다에서 활동 중인 한국인 핵과학자들을 은밀히 포섭하는 한편 핵무기 개발에 필요한 장비와 소재들을 비밀리에 구입하기 시작했다.

1974년 인도의 핵실험 성공에 미국은 경악했다. 이후 미국의 정보 분석가들은 핵확산을 막기 위해 전 세계에서 이루어진 핵무기 관련 부품들의 거래내역을 면밀히 조사하기 시작했다. 이 과정에서 한국의 핵개발이 포착되었고, 이때부터 한국의 핵개발을 막기 위한 미국의 집요한 방해공작과 압력이 시작되었다. 미국은 한국과 같은 약소국이 핵무기를 지님으로써 미국의 주도권을 지탱해주고 있는 전 세계적 핵확산 금지체제에 도전하는 것을 허락할 수 없었다. 아울러 미국은 한국이 핵무기를 지닐 경우 이웃나라들, 특히 북한, 일본, 대만 등에 미칠 영향과 그로 인한 동북아시아 지역 안정의 파괴에 대해 우려했다.

주한 미대사 스나이더(Richard Sneider), 국무부 동아시아 · 태평양 담당 차관보 하비브(Philip Habib), 미 국방장관 슐레진저(James Schlesinger)와 후임 국방장관인 럼스펠드(Donald Rumsfeld) 등 많은 미국 관리들이 나서서 한국 정부를 회유하고 압박했다. 핵무기 개발을 강행할 경우 안보 및 경제협력관계를 포함해 "한국과의 모든 관계를 재검토할 것"이라는 미국의 최후통첩을 받고서야 한국은 핵무기 개발정책을 중단했다. 결국 핵확산을 막으려는 미국의 무차별 공세 앞에 1978년 한국의 핵개발정책(핵무기 개발 코드명칭: 890계획)은 끝나게 되었고, 1992년 1월 20일 남북한은 한반도 비핵화 공동선언을 하였으나 그 외의 독자적 자주국방정책적 노력들은 계속되었다.[62]

62 Don Oberdorfer, *Two Koreas : A Contemporary History*, revised edition, Indianapolis: Basic Books,

다섯째, 독자적으로 미사일을 개발했다. 박정희 대통령은 1971년 12월 26일 국방과학연구소(ADD)에 유도미사일 개발을 지시했다. 국방과학연구소의 발주장비 내용과 미사일을 개발한다는 정보가 미국에 알려지자 미국은 즉각적으로 강력히 반대하였다. 미국의 미사일 개발 반대에 대해 박정희 대통령은 "북한에는 프로그미사일 등 서울을 공격할 수 있는 무기가 많은데 우리는 평양을 공격할 수 있는 무기가 아무것도 없지 않느냐? 북한이 미사일로 서울을 공격한다면 우리도 대응할 수 있는 무기를 갖고 있어야 한다는 것은 군사적으로 상식 아니냐"라고 대응했다.

한국의 유도미사일 개발은 많은 반대와 장애에도 불구하고 1978년 9월 26일 발사에 성공함으로써 서울에서 평양까지 도달하는 미사일을 가지게 되었으며, 이로써 세계에서 7번째로 미사일을 자체 개발 보유한 나라가 된 것이다. 또한 이 미사일 시험발사 성공은 한국의 독자적인 무기체계를 이루는 획기적인 계기가 되었을 뿐만 아니라 비로소 방위산업이 고도의 정밀과학 병기까지도 만들어낼 수 있는 수준에 도달했다. 이에 관련해 박정희 대통령은 ① 대전차로켓, ② 다련장로켓, ③ 중거리로켓, ④ 장거리미사일을 개발한 과학 · 기술자들을 칭찬했다. 즉, 박정희 대통령은 1 · 21청와대기습사건, 푸에블로호 납치사건, 현충문 폭파사건 등과 같은 북한의 도발이 있을 때 즉각 보복 응징할 수 있는 수단을 가지게 되어 북한의 도발을 억제할 수 있게 되었다고 강조했다.[63]

이와 같은 결과는 1970년대부터 1998년까지 단거리미사일(천마미사일 등)과 장거리미사일(현무미사일 등)을 개발하고 배치함으로써 독자적 자주국방 발전에 크게 기여했다.

여섯째, 독자적 자주국방을 위해 국방체제 및 방위산업을 발전시켰다. 독자적 자주국방을 추진하기 위해 1968년 4월 1일 온 국민이 경제 건설과 국토방위를 병행해 향토예비군을 창설하고 1971년에는 M16 자동소총 공장을 건설했다.

특히 박정희 대통령은 중화학공업과 방위산업을 동시에 건설해 유사시에는

2001, pp. 68-74; 김재홍, 《군: 핵개발 극비작전》, 서울: 동아일보, 1994, pp. 91-104.

63 김정렴, 《박정희》, 서울: 중앙일보사, 1997, pp. 295-302. 김정렴은 박정희 대통령의 비서실장으로 그의 회고록 《박정희》와 《한국경제정책 30년사》에서 증언하였다.

민간 부문의 전용으로 병기 생산능력을 극대화하는 민군 겸용 기술전략으로 방위산업을 추진했다.

즉 방위산업은 ① 중화학 및 기계공업육성의 일환으로 건설하되 다수의 민간 공장에 의한 분업생산과 조립방식이라는 한국 특유의 독창적 방법으로 건설하였으며, ② 방위산업에 밀접한 관계 분야를 창원 기계공업 단지화하였으며, ③ 방위산업제품의 철저한 품질관리와 보증체제 구축, ④ 국산병기를 한미연합작전에 충족되고, 품질은 미제품과 동일하거나 그 이상이어야 하며, ⑤ 방위산업을 수출산업화해 발전시켰다.

박정희 대통령은 독자적 자주국방만이 우리의 살 길이다. 1980년 말까지 방위산업의 국산화와 양산화를 완비하라는 지시와 중화학공업의 완공을 골자로 한제4차 경제개발 5개년 계획을 목표기간인 1981년까지 기필코 완공하라는 지시를 했는데, 그것은 1982년 말까지 주한 미지상군을 완전 철수시키겠다는 미국 카터 대통령의 정책결정에 대비하기 위한 박정희 대통령의 절박한 독자적 자주국방정책이었던 것이다.[64] 이와 같은 정책적 실현 노력들은 1990년대에도 계속되었다.

일곱째, 국가목표와 국방목표를 제정했다. 1961년 5 · 16군사정변으로 군이 정치의 주역으로 등장하면서, 이미 군대 내에 보편화된 선진 행정관리의 내용과 기술이 정부 민간행정체계 전반에 도입되기 시작하였으며, 이에 따라 행정기구는 정부정책에 부합하도록 기구가 통폐합 또는 개설되어 인사행정제도, 기획제도 그리고 법 및 규정 제도 등에 적용되었다.[65]

이러한 인사행정 및 기획제도의 발전에 따라 국방부는 1966년 국가목표 달성을 뒷받침하기 위해 체계적인 국방정책 추진에 필요한 연도별 국방 기본 정책서를 작성하였다. 이 국방 기본정책서는 국방정책 수행을 위해 건국 이래 최초로 체계화시킨 것으로 제1장 총론(국가목표, 국방정책 방향, 국방정책 중점)과 제2장 국방 목표 및

64 김정렴, 《한국경제정책 30년사》, 서울: 중앙일보사, 1995, pp. 315-320.

65 화랑대연구소, 《한국군과 국가발전》, 1992. 11, pp. 108-111.

방침으로 구성되었다.[66]

그 후 국가목표는 1973년 2월 16일 국무회의 의결로 부분 개정되어 2000년대 현재에도 국가목표가 되고 있다.

국가목표

1. 자유민주주의 이념 하에 국가를 보위하고 조국을 평화적으로 통일하여 영구적 독립을 보전한다.
2. 국민의 자유와 권리를 보장하고 국민생활의 균등한 향상을 기하여 복지사회를 실현한다.
3. 국제적인 지위를 향상시켜 국위를 선양하고 항구적인 세계평화유지에 이바지한다.

그러나 독자적 자주국방이 절실해지면서 국가목표 달성을 효율적으로 뒷받침하고, 국군의 베트남 파병과 주한미군 감축에 따른 선행조치로 한 · 미 양국 간에 합의된 한국군 현대화 5개년 계획(1971~1975)을 일관성 있게 추진할 수 있도록 1972년 12월 29일 국방목표를 처음으로 제정하였다. 이 국방목표는 국가목표 달성을 위한 군의 역할과 국가안보를 위한 군사력 운용 개념, 그리고 전 · 평시 군사력의 사용에 대한 근거를 밝힘으로써 독자적 자주국방정책 방향과 군사전략 목표 설정의 기초가 되게 하였다.

1990년대 국방부는 탈냉전시대를 맞아 한국이 유엔회원국이 되고, 중국 및 러시아와 수교 등 안보환경이 크게 변화되고, 위협의 범위 및 성격이 다양화됨에 따라 능동적 대응과 통일시대를 맞이할 시대적 요구에 부응하기 위해 1981년 11월 28일 개정에 이어 1994년 3월 10일 국방목표를 다시 개정하였다(표 2-16).

---

66 국가목표는 1966년도 국방부 기본정책서에 처음 제시되어 있으나 언제 설정되었는지 근거가 없으며, 그 후 1970년 안보회의 사무국에서 "국가안전보장 기본정책서" 작성 시 대통령의 재가를 받아 설정된 후 1972년 2월 8일 국무회의에서 의결되었으나 1973년 2월 16일 부분 수정되어 국무회의에서 의결된 후 오늘에 이르고 있다.

국방목표

1. 국방력을 정비 강화하여 평화통일을 뒷받침하고 국토와 민족을 수호한다.
2. 적정군사력을 유지하고 군의 정예화를 기한다.
3. 방위산업을 육성하여 자주국방체제를 확립한다.

즉 개정된 내용은 '적의 무력침공'을 외부의 군사적 위협과 침략으로 변경한 것으로서, 이는 지금까지 단순히 북한의 군사적 무력침공만을 국가위협의 대상으로 해왔으나, 현대 국가안보 개념이 군사 위주의 개념에서 정치 · 외교, 경제, 사회 · 심리, 과학기술, 군사 등을 포함한 총체적 안보 개념으로 변화됨에 따라 예상할 수 있는 모든 형태의 위협에 대처한다는 포괄적 안보 개념으로 안보 대상의 범위를 확대한 것이다.

그리고 '지역적인 안정과 평화에 기여한다'를 '지역의 안정과 세계평화에 기여한다'로 수정한 것은 한국의 국가위상과 안보역량을 바탕으로 주변국가들과의 군사적 우호협력을 더욱 증진시키고, 지역의 안정과 유엔을 중심으로 한 국제평화유지에 적극 참여해 유엔 회원국으로서의 의무와 책임을 다해 국가위신을 높인다는 의지를 반영한 것이다.

여덟째, 독자적 자주국방을 위한 정신전력 강화이다. 전쟁에서 승리는 무기와 장비도 중요하지만 인간의 전쟁의지가 승패를 좌우하는 결정적인 요소가 되기 때문에 정신전력의 중요성이 강조되었다. 건군 초기부터 장병의 정신무장을 강화하기 위해 국방부에 정훈국을 설치해 장병의 사상무장, 정신무장, 교육업무를 관장하

〈표 2-16〉 국방목표

개정 전(1981. 11. 28)	개정 후(1994. 3. 10)
적의 무력침공으로부터 국가를 보위하고 평화통일을 뒷받침하며 지역적인 안정과 평화에 기여한다.	외부의 군사적 위협과 침략으로부터 국가를 보위하고 평화통일을 뒷받침하며 지역의 안정과 세계평화에 기여한다.

도록 하였으며, 장병들의 애국애족 사상과 반공정신의 토착화에 심혈을 기울였다.

그러나 1960년대 중반 이후 격화되기 시작한 북한의 노골적인 도발책동과 주한 미 제7사단의 철수로 인해 독자적 자주국방의 필요성이 제기됨에 따라 국방부는 '내 나라는 내가 지킨다'는 국방에 관한 자주적 신념을 장병들에게 심어주기 위해 대공방위태세의 제1요소가 되는 정신무장 강화에 중점을 둔 정책을 수립 시행하였다.

> 1972년 7 · 4남북공동성명으로 긴장완화가 조성되는 듯하던 남북 관계가 1974년부터 땅굴이 발견되고, 동년 4월 인도 지나 반도의 남베트남과 크메르가 공산화됨으로써 한반도 안보정세는 더욱 불안한 상황에 놓이게 되었다. 이에 따라 정부는 민족생존을 위한 안보 제1주의의 목표 아래 전력증강계획과 방위산업의 육성, 그리고 정신무장 강화 등 독자적 자주국방력 강화에 전력을 투구하였다.

또한 군인의 길 개정과 함께 군인복무규율의 강령 중 국군의 이념과 국군의 사명도 수정해 1976년 10월 13일, 대통령령으로 개정 공포하였는데, 개정된 국군의 이념과 사명은 〈표 2-17〉과 같다.

군인복무규율 중에 국군이념과 국군사명을 개정함으로써 이해가 쉽고 국군의 지향점을 명확하게 함으로써 정예국군 양성에 기여할 수 있게 되었다. 이때부터 무형의 전력 분야가 유형의 군사력과 쌍벽을 이루는 전력 개념으로 등장하게 되었고,

〈표 2-17〉 국군이념과 국군사명

구분	개정 전(1966. 3. 15)	개정 후(1976. 10. 13)
국군이념	대한민국 국군은 민주주의를 수호하며 평화를 유지하고 국가를 방위하기 위해 국민의 자제로서 이루어진 국민의 군대이다.	대한민국 국군은 국가와 민족사의 정통성을 수호하기 위한 국민의 군대이다.
국군사명	국군은 대한민국의 헌법을 수호하고 자유와 독립을 보전해 국가를 방위하고 국민의 생명과 재산을 보호하며 나아가 국제평화 유지에 공헌함을 사명으로 한다.	대한민국 국군은 국가와 민족을 위해 충성을 다하며 국토를 방위하고 국민의 생명과 재산을 보호함을 그 사명으로 한다.

정신전력이란 용어가 탄생됨은 물론 정신전력 육성 강화를 위한 국군정신전력학교(국방정신교육원으로 개칭)가 창설되어 이론적 · 실천적 활동이 활발히 이루어지게 되었다.[67] 이와 같은 독자적 자주국방을 위한 정신전력향상 노력들은 1977년 1월 1일부터 정신교육의 날을 제정해 2000년대 현재도 시행하고 있다.

아홉째, 한국군의 독자적 군사력 건설을 추진했다. 박정희 대통령은 1968년 2월 7일 자주국방정책을 다음과 같이 천명하였다. 국가생존과 발전을 위해 종래의 미군을 비롯한 유엔군 중심의 국방태세에서 한국군 중심의 자주적 국방태세로 전환하고, 향토예비군 250만 명의 무장화, 학생호국단 창설, 무기 공장을 건설하였다. 지금까지 미군 중심의 의존적 자주국방에서 독자적 자주국방으로 개념전환을 위한 정책의 출발이었다.

> 1968년 4월 5일 국방부는 고교와 대학에서 군사훈련을 실시하기로 결정했다. 한국정부는 1968년 1 · 21사태를 비롯한 미국의 한반도정책 변화에 따라 북한의 위협에 대한 독자적 자주국방 실현이 절실했다. 따라서 정부는 제식훈련 · 총검술 · 각개전투 · 응급처치 등 군사훈련을 공동필수과목으로 하였고, 1976년부터는 대학생들을 문무대로 소집하는 병영집체교육을 추가했다. 그리고 학생자치회를 군사조직화해 학생회장을 연대장 · 대대장으로 명칭하였다. 또한 학교에서 군사훈련의 활성화를 위해 3년간 군사훈련을 이수하면 현역복무기간을 단축시켜주기도 했으나 1989년에 폐지했다. 이와 같이 우리 국가는 우리가 지켜야 한다는 독자적 자주국방을 위한 노력을 다하였다.

한국은 1950년대까지는 국방비 총액 60~80%를 미국에 의존하였기 때문에 국군의 장비는 물론이고, 운영유지비까지도 전적으로 미국의 군사원조로 충당하였고, 한국의 예산은 겨우 병력 유지를 위한 급식과 급여 정도를 감당할 수 있었을 뿐이었다.

---

67 육군본부 정훈감실, 《정훈 50년사》, 1991, p. 714.

〈표 2-18〉 주요 방위력 개선 추진 성과

구분	1차 율곡(1974~1981)	2차 율곡(1982~1986)	방위력 개선(1987~1996)
투자비 (국방비 대비)	3조 1,402억 원 (31.2%)	5조 3,280억 원 (30.5%)	26조 105억 원 (32.0%)
추진내용	- 노후장비 교체 - 전방지역 진지축성 - 고속정 건조 - 항공기(F-4) 구매	- 자주포, 한국형 전차, 장갑차 개발 - 주요 전투함정 건조 - F-5 전투기 기술도입 생산	- 전차, 장갑차, 자주포 양산 - 헬기, 잠수함, F-16 전투기 기술도입 생산

그러나 경제개발 5개년 계획에 의해 경제가 급속도로 발전함에 따라 국방비의 독자적 부담비율이 점차 늘어나 1971년에는 국방비의 91%를 한국이 담당하게 됨으로써, 한국군의 독자적 군사력 건설 계획에 따라 장비증강과 군현대화를 추진할 수 있었다. 1974년부터 추진된 제1차 방위력개선사업에 필요한 재원 마련을 위해 1975년 정부는 '방위세'라는 목적세를 신설해 1990년까지 존속시켰다. 한국군은 방위력 개선사업(율곡사업)이 시작된 이래 1996년까지 23년 동안 군사력 건설에 투자하였다. 이 기간 중에 추진한 방위력개선사업의 주요 내용을 보면 〈표 2-18〉과 같다.[68]

방위력개선사업(1974~1996)의 성과로 육군은 가장 중요한 사단전력이 전투사단 · 예비사단 개념에서 상비사단 · 동원사단 · 향토사단의 개념으로 발전되었다. 해군은 구형구축함이 도태되고 한국형 구축함 및 경비함 그리고 각종 대 · 중 · 소형 미사일 고속정이 증강되었으며, 대잠초계기, 대잠헬기와 이에 따른 국산잠수함의 확보로 주요 해역의 수중감시체계 강화 및 대잠수함 공격능력이 강화되었다.

그 외에도 해상수송능력과 소해능력을 향상시켰으며, 북한의 대상륙전에 대비해 서해 5개 도서 및 수도권 서부축선 방어를 더욱 공고히 하고, 유사시 다양한 상륙작전 수행을 위한 해병사단 및 여단이 증 · 창설되었다. 공군은 F-4D/E의 도입 및 F-5E/F의 국내 조립생산으로 구형 전투기인 F-86을 도태시키고 신형 항공기로 대체시키는 한편, 1995년부터 1998년까지 최신예기인 F-16(C/D, 국내 조립생

68 국방군사연구소, 《건군 50년사》, 1998, pp. 425-428.

산)을 확보하였다. 이와 같이 방위력개선사업은 고기술 무기체계 및 장비를 확보함으로써 양적 · 질적 향상을 이룩해 한국의 독자적 군사력 건설에 크게 기여했다.

열 번째, 평시 작전통제권 환수이다. 한국은 6 · 25전쟁에서 독자적인 지휘체계를 유지하면서 북한군과 맞서 싸운다는 것은 사실상 불가능했기 때문에 이승만 대통령은 맥아더 유엔군 총사령관에게 공한을 보내어 국군의 작전지휘권을 이양하게 되었다. 그 공한에는 ① 북한의 적대행위가 계속되는 한 모든 한국군의 지휘권을 이양하고, ② 그 지휘군은 한국 영토 및 영해 내에서 행사해야 한다는 조건을 달고 있다.

1953년 7월 27일 유엔군 측과 북한 측 간에 정전협정이 체결되고, 같은 해 10월 한 · 미 양국은 상호방위조약을 체결하였다. 상호 방위조약에 의해 1954년 11월 17일에는 한국에 대한 군사 및 경제원조에 관한 한국과 미국 간의 합의의사록에 유엔군 사령부가 한국의 방위를 위한 책임을 부담하는 동안 한국군을 유엔군 사령부의 작전지휘권 하에 둔다고 명시함으로써 휴전 후에도 한국군에 대한 작전통제권을 유엔군 사령관이 계속 행사하였다. 그러나 1970년대에 와서 유엔에서 제3세계 국가들의 영향력 증대, 6 · 25전쟁 참전국의 철수에 따른 유엔군 사령부의 권위 저하 등을 고려해 1978년 한 · 미 연합사령부를 창설하게 되었고, 한 · 미 연합사령부가 한국 방위를 전담하게 된 것이다.

그 후 1980년대 말부터 한 · 미 간에는 주한미군의 역할조정 논의가 시작되었고, 1992년에 한 · 미 연합사령부에서 한국군에 대한 평시 작전통제권은 늦어도 1994년 말 이전까지 한국군에 전환한다고 합의하기에 이르렀다. 이에 따라 국방부는 다양한 의견수렴과 연구검토를 거쳐 1993년 6월 평시 작전통제권 환수기본계획을 수립하고, 미국 측과 협의해 1994년 12월 1일로 확정하였다(표 2-19).

국방부는 평시 작전통제권 환수를 추진함에 있어서 다음 두 가지 요소를 고려하였다. 먼저, 지금까지는 한국의 국력과 방위역량의 제한으로 불가피하게 대미 의존적인 국방체제를 유지할 수밖에 없었으나 이제는 한국의 국력이 실질적인 국가안보를 상당부분 감당할 수 있을 만큼 신장되었다. 미국도 탈냉전 이후의 새로운 동아시아 · 태평양 전략구상에 의거 이 지역에서의 미군 주둔 규모를 적정 수준으

〈표 2-19〉 평시 작전통제권 환수(1950~1994)

일자	내용	작전통제권
1950. 7. 14	1950년 7월 14일 이승만 대통령은 맥아더 유엔군 사령관에게 한국군 작전지휘권 이양 발표	한국군 총사령관
1950. 7. 18	유엔군 사령관이 국군 작전지휘권에 대해 공식적으로 권한 행사	유엔군 사령관
1954. 11. 17	한미합의 의사록 의거 한국군 작전통제권이 유엔군 사령부로 이양	유엔군 사령관
1961. 5. 26	1961년 5월 26일 '국가재건최고회의와 유엔군 사령부 간 작전지휘권의 유엔군 사령관 복귀에 관한 공동 성명'에 의거 작전통제권 유엔군 사령관에 귀속	유엔군 사령관
1978. 11. 7	1978년 11월 7일 한미연합사 창설로 작전통제권 연합사령관에 귀속	한미연합 사령관
1991. 11. 22	제23차 SCM에서 넌-워너 2단계 기간인 1993~1995년에 정전 시 작전통제권 한국 이양 합의	
1993. 11. 4	1993년 제15차 MCM/25차 SCM에서 정전 시 작전통제권을 1994년 12월 1일부로 한국 합참의장에게 이양하기로 합의	
1994. 4. 17	1994년 4월 7일 연합사 기획참모부장과 합참 작전기획부장 간 평시 작전통제권 환수 기본합의사항 합의	
1994. 11. 30	1994년 11월 30일 한국 외무장관과 주한미대사 간 '평시 작전통제권 환수 관련 교환각서' 체결	
1994. 12. 1	평시 작전통제권 한국 합참의장에게 이양	한국 합참의장

자료: 국방부군사편찬연구소, 앞의 책, p. 635.

로 감축하면서, 그 역할도 역내 국가들과 적절히 분담한다는 방침을 설정함에 따라 2000년대의 한국방위의 한국화 체계를 구축하면서 평시 작전통제권 환수를 한·미간의 역할 조정을 위한 중간단계로 고려하였다.

다음은 북한의 대남 적화전략이 전혀 변화되지 않았고, 사태 진전에 따라서는 무모한 대남도발을 감행할 수 있는 가능성이 상존하고 있음을 고려해, 현재의 한·미 연합방위체제의 기조를 변함없이 유지하고, 이를 위해 한·미 연합군사령부가 평시에 전쟁을 억제하고 유사시 한국방위 임무를 효율적으로 수행할 수 있는 여건을 충분히 보장하는 데 있다.

국방부는 1994년 1월에는 한·미 공동추진위원회를 공식 발족시켜 평시 작전통제권 환수에 따른 세부 사안별 구체적인 쟁점사항들을 긴밀한 협의를 통해 해결한 후, 마침내 동년 4월 17일 양측 추진위원장 간에 기본합의서를 체결하였다.

> 특히 북한은 1992년에 한반도 비핵화 공동선언에도 불구하고 핵개발을 지속적으로 추진하였으며, 또한 한국은 남북한의 화해 · 협력 증진으로 평화통일을 위해 한미연합 군사훈련으로 매년 실시해오던 팀스피리트 훈련을 1994년부터 중단하였으나 북한은 여전히 무력에 의한 적화통일 노선을 포기하지 않고 있음을 고려해, 국방부는 전시에 대비한 한 · 미 연합방위체제는 조금도 약화됨이 없도록 충분한 보완조치를 강구하였다.

한 · 미 양국은 1994년 11월 30일 평시 작전통제권 환수관련 각서를 체결하고, 이에 따라 1994년 12월 1일부로 그동안 연합군사령관이 행사하였던 한국군에 대한 평시 작전통제권을 한국 합동참모의장이 가지게 되었다.

> 1994년 12월 1일 낮 김영삼 대통령은 청와대에서 육 · 해 · 공군 작전지휘관들이 참석한 가운데 이양호 합참의장으로부터 평시 작전통제권을 환수했다는 신고를 받는 자리에서 평시 작전통제권을 환수하는 것은 국군 작전권을 6 · 25 당시 유엔군에게 이양한 지 44년만의 역사적 일로서 국군은 이를 계기로 한국군 주도로 방위태세를 갖추는 등 독자적 자주국방을 지속적으로 발전시켜나가야 한다고 강조했다.

즉, 종전에는 전 · 평시 모두 한 · 미 연합사령관이 한국군에 대한 작전통제를 하였으나, 이제는 평시에는 합참의장이, 전시에는 연합사령관이 작전통제권을 행사하게 됨으로써 평상시의 경계임무 및 해 · 공군의 초계활동 등 일상적인 작전활동은 합참의장의 지시에 의해 이루어지게 되었다. 그러나 연합사령부가 전 · 평시의 일관성을 유지할 수 있도록 하기 위해 연합사에도 동일한 내용을 참조 보고하도록 하였다. 또한 종전에는 합동참모본부가 연합사와 협조해 시행했던 군사대비태세 강화, 작전부대의 합동전술훈련 시행, 전투준비태세 유지 및 검열, 작전부대의 이동 등 작전적 조치들을 협조 절차 없이 독자적으로 시행할 수 있게 되었다.

한국 함대가 제3국과의 군사교류를 하거나 해양지원 및 어로보호 활동을 위해 연합사의 작전구역을 이탈할 때에도 별도의 협조절차가 필요 없게 되었으며, 아울러 제3국의 항공기 및 함정이 적법한 절차 없이 한국 영역을 침범할 때에도 합동참모본부에서 독자적인 대응조치를 취할 수 있게 되었다. 비록 전시가 아닌 평시에만 국한된 작전통제권의 환수이기는 하지만 주권국가로서의 위상과 국민적 자긍심을 어느 정도 회복하게 되었으며, 장차 한반도 국방은 한국군이 주도적 역할을 수행하게 되는 새로운 전기를 맞이하게 되었다.[69]

1995년 3월에는 영해를 12해리로 확대 발표하고 1997년에는 북한 미사일 · 장사정포의 탐지 및 요격을 위한 입체적 대비책을 발표했다. 그리고 국제적 국가위신 향상을 위한 유엔 평화유지활동(PKO)을 비롯해서 적극적인 군사외교활동, 국방부의 1997~1998년 〈국방백서〉에 독도가 한국 영토임을 명시하였다.

이와 같이 자주국방 추진기(1961~1998)는 자력방위를 위한 선건설 · 후통일 안보정책에 따라 독자적 자주국방을 위한 기반조성기(1961~1981)를 거쳐 강화기(1981~1998)로 발전하였다.

3) 군사전략

(1) 평시: 거부적 억제전략

독자적 자주국방 추진기(1961~1998)의 군사전략은 평시는 거부적 억제전략, 전시는 공세적 방위전략이었다. 평시는 거부적 억제전략으로 침략국가의 특정한 전략목적(목표) 달성을 거부하는 능력을 가짐으로써 침략국가에게 침략을 기도하지 않도록 하는 것이다. 따라서 거부적 억제전략의 주안은 침략국가의 목적달성을 거부할 수 있는 거부능력을 가져야 하고, 충분한 거부능력이 결핍되었을 때는 자국의

69 국방군사연구소, 앞의 책, pp. 449-452.

거부능력과 동맹국가의 거부능력을 결합시켜 제재능력을 인식시키는 것이다.

이미 앞장에서 알아본 독자적 자주국방의 필요성과 노력의 결과로, 한국은 국제적 안보환경, 한반도 정세 그리고 북한 국력에 대비해 한국 국력의 우위를 달성함에 따라 독자적 자주국방을 추진할 수 있었다. 독자적 자주국방정책 추진으로 한국군의 재래식 군사력은 북한군에 비해 양적으로는 미흡하였으나, 질적인 향상과 주한미군 전력은 북한의 침략을 거부할 수 있는 능력을 갖게 되었다. 또한 한반도 비핵화 선언과 미군의 전술핵무기 철수로 인한 핵공백 상태가 있었으나 핵무기에 대한 억제능력은 미국의 충분한 전략핵 확보에 의한 거부적 억제전략에 의존할 수 있었다.

> 그동안 크고 작은 많은 위기적인 갈등과 분쟁 사건들이 있었지만 북한으로 하여금 결코 전쟁으로 확대하지 못하게 했던 것은 한국의 거부적 억제전략을 수행할 수 있는 능력이 있었기 때문에 성공할 수 있었다.

이와 같이 한국군의 군사력 건설은 북한군의 단독 침공에 대해 그것을 충분히 거부할 수 있는 능력을 갖춤으로써 결코 북한이 침략을 하지 못하도록 억제하였다.

(2) 전시: 공세적 방위전략

전면전 시의 공세적 방위전략은 적대국가의 명확한 전쟁징후가 포착되면 적극방위로 전장을 적 지역으로 확대하는 것이다. 즉 자국의 국경선 밖에서 또 주변지역을 전장화해 자국의 인적 · 물적 손실을 최소화하는 전략이다. 공세적 방위전략을 수행하기 위해서는 선제공격 능력이나 즉응적으로 공세 이전할 수 있는 작전능력을 갖추고 있어야 한다.

전면전 시 북한군의 전략목표는 한국의 군사력을 조기 격멸해, 수도 서울의 조기점령, 전영토의 조기석권이며, 이를 달성하기 위한 군사전략 개념은 ① 선제기습공격, ② 전후방 동시전장화, ③ 단기속전 속결전으로 전 국토를 공산화함으로써 외부세력의 지원 또는 개입 이전에 전쟁을 종결하는 것이다.

이처럼 북한은 한반도의 적화통일을 위해서 군사력을 대폭 증강하는 한편, 지상군 부대들을 38선 부근으로 재배치하는 등 전쟁준비를 완전히 끝내고 언제든지 명령만 떨어지면 지상 · 해상 · 공중에서 남침할 수 있는 태세를 갖추고 있어 한국의 철저한 안보태세 확립이 요구되었다.

만약 거부적 억제전략이 실패하고, 전면전 시는 공세적 방위전략을 적용해 현 전선에서 적의 주력을 격멸하고 수도권의 안전을 보장하기 위한 공간 확보를 주안으로 하는 임진강선 및 수도권 고수, 휴전선 이북 결전방어 및 반격을 위한 독자적인 전역계획을 발전시켰다.

성공적인 공세적 방위전략을 위해서는 적 기습을 방지해 피해를 최소화하고 수도권의 안전을 확보하기 위해 감시권 · 방위권 · 결정권이 있어야 한다. 이를 위해 한 · 미 군사협력 체제를 유지하면서 조기경보체제를 강화하고 한국군에게는 높은 수준의 준비태세를 유지하는 동시에 예비전력을 무장화하고, 동원속도의 단축 및 동원의 효율화를 촉진해 공세 이전을 발전시켜 한국군 단독으로 북한군을격멸할 수 있는 국민총력 방위태세를 강화하였다.

그 사례로, 한미 제1군단장 홀링스 워드(James F. Hollingworth) 중장은 한미 연례안보협의회의에 참석하기 위해 한국에 온 슐레진저 미 국방장관에게 수도권 방위를 위한 '9일작전'을 보고했다. 이 '9일작전'은 수도 서울이 적의 장거리 포병 사정권 내에 들어 있으며 전체 인구의 4분의 1이 수도권에 집중되어 있기 때문에 휴전선 이북지역에서 단기적이고 섬멸적인 전투로써만 수호될 수 있다는 점에서 한미 연합군은 B-52 폭격기를 포함한 항공기를 출격시켜 적의 공세를 선제제압 한다는 것이다.

4~5일 동안 공중에서 집중적으로 화력을 퍼부어 적의 공격을 제압한 후 나머지 3~4일 동안은 지상군으로 하여금 북한군을 격멸하고 승리한다는 '9일작전'은 이미 박 대통령이 한미 제1군단을 방문했을 때 홀링스 워드 장군이 직접 보고해 박 대통령의 재가를 받은 작전계획이었다. 홀링스 워드 장군은 1976년 1월 1일 시카고 〈데일리 뉴스〉지와의 회견에서 북한이 남침할 때는 '9일전쟁'으로 선제격멸하고 승리할 수 있다고 말했다.

1973년에 홀링스 워드 중장이 한미 제1군단장으로 부임했다. 그는 부임 1년 만에 주한미군의 기본적인 작전 개념을 바꾸어버렸다. 6 · 25전쟁 이후에도 북한에 대한 유엔군의 작전계획은 기본적으로 방어적인 것이었다. 그것은 북한이 남침할 경우 한 · 미연합군은 남한 지역에 준비된 축차진지 전투를 통해 격퇴하고 휴전선을 다시 회복한다는 제한적 목표를 지닌 수세적 방위전략이었다. 그러나 1974년 홀링스 워드는 공세적 방위전략을 도입했다. 그는 대규모 야포 부대를 비무장지대 남쪽 최전방까지 북상시킴으로써 언제든지 북한 영토를 공격할 수 있는 태세를 갖추었다. 미 제2보병사단 소속의 2개 여단은 북한의 공격이 있을 경우 개성을 장악하는 임무를 맡았다. 이러한 공세적 방위전략은 북한군의 서울 진입을 저지하고 9일 이내에 전쟁을 승리로 이끌기 위해 24시간 동안 막강한 공격을 퍼부을 수 있는 B-52 폭격기의 지원을 비롯해 한미 양국군의 엄청난 화력 동원을 전재로 한 것이다. 홀링스 워드의 공세적 방위전략은 상당한 심리적 효과를 발휘해 당시 불안에 떨던 한국 국민을 안심시키는 성과도 가져왔다.[70] 이와 같은 공세적 방위전략에 의한 작전계획은 그 후에도 계속해서 발전시켜왔다.

홀링스 워드 장군은 6 · 25전쟁 시 연합군은 북한군에 비해 상대적 전투력이 우세함에도 불구하고 수세적 방위전략에 따라 축차진지에서 수세적 방어는 낙동강 방어선까지 이르게 했다고 분석했다. 따라서 6 · 25전쟁 시 낙동강 방어작전의 재연을 방지하기 위해서는 최전방에서의 공세적 방위전략으로 작전지역을 전단전방지역으로 확대하는 전 전장 동시전투 개념인 공지협동작전술을 발전시켜 작전계획에 반영하였다.

박정희 대통령은 탁월한 전략가인 스틸웰 유엔군 사령관과 용맹한 홀링스 워드 한미 제1군단장을 특히 신임하였으며 대단히 호감을 가지고 있었다. 1급 군사기밀인 수도권 방위 9일작전을 감히 홀링스 워드 중장으로 하여금 발표하게 한 미

70 Don Oberdorfer, *Two Koreas*, pp. 61-62. 북한은 한미 연합군의 이러한 공세적 방위전략에 같은 방법으로 대응했다. 북한 역시 야포를 비롯한 주요 군사력을 비무장지대까지 전진 배치시켰다. 그 결과 서울은 북한군의 대포와 로켓의 사정거리 안에 들어가게 되었고, 한반도의 긴장은 더욱 고조되었다.

국 측의 숨은 목적은 남베트남 패망 하루 전날 박 대통령이 발표한 '서울 사수 선언'이 한낱 선언이 아니라 군사적인 작전계획의 뒷받침이었다는 것을 국민들에게 알림으로써 민심의 동요를 진정시키고, 특히 김일성의 남침재개 오판을 방지하려는 데 있었을 것이라는 것은 짐작하고도 남음이 있다.

박정희 대통령은 한국군 단독으로 북한을 공격하겠다는 공세적 방위전략에 의한 선제 공격론까지 말했다. 따라서 미국은 혹시 있을지도 모를 한국군의 단독행동을 막기 위한 사전 견제조치로서 주한 유엔군 사령관은 한국군에 대한 유류공급을 제한하였는데, 전방부대 지휘관들의 지휘용 차량까지도 운행의 제한을 받는 뼈아픈 곤욕을 치르면서, 한국 측은 장차 발생할지도 모를 국가위기 사태에 미국이 무조건 지원하지 않을 것이라는 의심을 갖게 되기에 이르자, 박정희 대통령은 한국군에게 독자적 자주국방정책에 따른 공세적 방위전략 실천을 위한 독자적 작전계획 수립을 지시했다.

> 이와 같이 독자적 자주국방정책의 필요성이 절박하게 제기되던 중에 박정희 대통령은 1973년 4월 19일 을지연습 '73상황을 순시하는 데서 독자적 자주국방을 위한 독자적 전쟁대비계획을 더욱 발전시켜 공세적 방위전략을 수행하고 군사력을 건설하라고 지시하였다. 그러므로 합동참모본부는 1973년 4월부터 7월 사이에 합동기본군사전략(태극72/74계획)을 작성하고, 합동기본 군사훈련을 구현하기 위한 군장비 현대화계획으로 국방8개년계획(1974~1981)이 1974년 2월 25일 대통령 재가를 얻어 확정하였다.

1976년 8월 18일 판문점 공동경비구역에서 북한군은 일대 도발을 자행하였다. 미루나무 가지치기 작업반을 경비하는 미군 장교를 북한 병사들이 도끼로 집단 살해하는 등의 만행을 저지른 것이다. 이와 함께 김일성은 전 인민군에 전투태세 돌입명령을 내렸고, 미국 측도 주한미군과 한국군의 비상경계태세 돌입에 이어 오키나와와 미국 본토에 있는 전폭기 · 항공모함 · 해병대 등을 증파함으로써 한반도는 일촉즉발의 위기에 휩싸였다.

미국은 1976년 8월 18일 밤 주한 미 공군을 보강하기 위해 일본 오키나와에 기지를 둔 F-4 전폭기 1개 대대, 미 본토 아이다호 주에 기지를 둔 최신예 F-111 전폭기 1개 대대를 한국 기지에 배치시켰으며 20일에는 미 7함대에 경계령을 내렸고 항모 레인저 호를 한국 해역으로 이동시키는 한편 오키나와 주둔 미 해병대 1천8백 명이 한국에 파견되었고, 일본 요코스카 항에서 항모 미드웨이 호가 한국 해역으로 출동하는 등 미국의 대북한 자세가 강경하다는 것을 보여주었다.

한편 한국에서는 박 대통령이 8월 19일 제3사관학교 졸업식 훈시를 통해 북한이 재도발해올 때에는 즉각 응징할 것이라고 다음과 같이 단호한 결의를 표명했다.

"우리가 참는 데도 한계가 있다. 언제나 그들로부터 일방적으로 도발을 당하고 있어야 할 아무런 이유도 없다. 이제부터는 또다시 불법적으로 도발을 감행할 경우 크고 작고를 막론하고 즉각적으로 응징조치를 취할 것이며 이에 대한 모든 책임은 전적으로 그들 스스로 져야 할 것이다. …… 미친개한테는 몽둥이가 필요하다."

또 정부대변인은 김일성의 전투태세 돌입명령을 비롯한 전쟁 도발을 즉각 철회하라고 경고했고 8월 20일에는 스틸웰 대장이 박 대통령에게 미루나무 절단작전계획을 보고했다.

스틸웰 대장에 의하면 미국은 도끼만행사건으로 중단되었던 미루나무 절단작전을 재개해 여하한 방해가 있더라도 이를 배제, 절단해버리고, 만일 북한 측이 무력으로 대응할 때에는 즉각 무력으로 대응해 판문점 군사분계선을 넘어 개성을 탈환하고 정백 평야 깊숙이 진출해 수도 서울에 대한 서부전선의 지리상의 근접에 따른 위협을 완화할 작전계획을 세웠다.

미루나무 절단작전은 판문점 경비를 미군이 담당하고 있는 만큼 미군 측이 절단작전, 경호 및 유사시의 근접지원을 담당하고 작전개시는 오전 7시라는 내용이었다. 이번이야말로 북한이 무력으로 방해하면 청와대 습격사건 등 그동안 무력도발에 소극적이었던 미군 측이 공세적 작전으로 당당히 응징할 뿐 아니라 정백 평야까지 진출하는 일대 결단으로서 스틸웰 대장의 작전계획이었다.

1976년 8월 21일 유엔군 사령부는 문제의 미루나무를 절단하는 폴번연작전을 감행하면서 테프콘-II를 발령하고 한 · 미 양국군은 전시체제로 들어갔다. 테프콘-II는 지금까지 한반도에서 처음으로 발령되었다.

북한은 약 2시간 동안의 작전시간 중 방해나 저항은 전혀 없었고 평양-원산선 이남에서 북쪽의 항공기는 한 대도 뜨지 않았다. 만일 무력 도발해온다면 개성을 탈환하고 정백 평야까지 공격할 각오로 임한 한미 양국의 작전은 한미 양국의 결연한 자세에 짓눌린 북한의 위축으로 대결 없이 끝났다.

김일성 주석은 작전이 끝난 8월 21일 오후 인민군사령관 자격으로 "이러한 일이 일어난 것을 유감으로 생각한다. 쌍방은 앞으로 이런 일이 다시 일어나지 않도록 노력해야 할 것이다"는 내용의 메시지를 스틸웰 유엔군 사령관에게 보내왔다. 김일성은 한미 양국군의 막강한 힘과 응징태세 앞에 23년 휴전사상 처음으로 유감표명의 굴욕적 자세를 취하지 않을 수 없었다. 그 후 5일간의 양측 비서장회의를 통해 재발방지를 위한 판문점 공동경비구역 분할경비에 합의하고 사건발생 19일 만인 1976년 9월 6일 도끼만행사건은 일단락되었다.[71]

그리고 1985년에는 통일한국의 대주변국가에 대한 방위전략구상(백두산계획)까지 하였는데, 이와 같은 전략 개념들은 1990년대 후반에 더욱 발전시켜 공세적 방위전략을 강화하였다. 즉, 한국군은 1961년부터 1998년까지는 평시에 거부적 억제전략을 통해, 북한이 만일 침략행동을 한다면 한국군 전력 혹은 미군 전력의 연합으로 충분히 방어할 수 있는 억제능력을 가지고 있다고 인식케 하여 침략을 억제시켰다.

전면전 시에는 북한이 공격하려는 의도가 있을 때는 공세적 방위전략을 추구하였다. 한국군은 공세적 방위전략 실천을 위해 한미연합의 공세적 연합작전계획과 독자적 합동작전계획을 발전시켜 적용할 수 있게 했다.

---

71 앞의 책, pp. 350-351.

지금까지 남한 지역에서 축차진지방어 개념을 수정해 현 휴전선 이북에서 선제결전을 치루고 계속 적 방향으로 공격하는 공세적 방위전략에 의한 전쟁계획을 발전시켰다.

이와 같이 자주국방 추진기(1961~1998)의 안보정책은 독자적 자력방위를 위한 선건설 · 후통일 정책이었으며, 국방정책은 독자적 자주국방이었다. 그리고 군사전략도 크게 변화되었다. 즉 한국군은 의존적 자주국방 시기까지만 하더라도 국력이나 군사능력 부족으로 미국에 의존해 수세적 방위전략을 수행할 수밖에 없었다.

그러나 독자적 자주국방 시기부터는 한국군은 거부적 억제전략을 수행하다가 실패하고, 만약 적이 전면전으로 공격한다면 긴밀한 한미연합작전 발휘 속에서도 적의 침략을 독자적으로 선제제압하고 계속 공격할 수 있는 공세적 방위전략을 발전시켰다.

6 자주국방 발전기의 안보정책 · 국방정책 · 군사전략(1998~2000년대 현재)

1. 개요

한국은 1998년부터 새로운 국가정책과 국가전략 방향에서 중요한 전환기를 맞이하였다. 한국이 1945년 일제로부터 해방되어 3년간 미 군정이 실시되고 1948년 남한만으로 단독정부 수립을 선포한 후 50주년을 맞이하는 동시에 건군 50주년을 맞는 해가 된다.

또한 1998년 2월 25일에는 건국 이후 최초로 여야가 정권을 교체해 제15대 김대중 대통령이 취임하고 국민의 정부가 시작되면서 경제위기(IMF) 극복과 남북한 간에 화해 협력을 바탕으로 한 포용정책인 햇볕정책을 추진했다. 2000년 6월 15일 평양에서 남한 김대중 대통령과 북한 김정일 국방위원장의 남북정상회담과 6 · 15남북공동선언이 실현됨으로써, 평화적인 통일한국을 위한 새로운 방향의 국가안보정책 접근이 요구되었고, 국방정책에서도 자주국방 발전기(1998~2000년대 현재)로의 변환을 갖게 되었다(표 2-20).

그리고 노무현 정부가 김대중 정부의 화해 · 협력 · 변화 · 평화통일의 햇볕정책 계승으로 평화번영정책을 추진하였다. 또한 이명박 정부도 앞 정부가 추진해왔던 남북한의 화해협력으로 평화통일을 추구하는 상생과 공영정책을 추진했으며, 박근혜 정부의 한반도 신뢰 프로세스 정책, 문재인 정부의 화해협력 평화통일정책도 같은 원칙 및 방향으로 추진되고 있다.

〈표 2-20〉 자주국방 발전기(1998~2000년대 현재)의 안보정책 · 국방정책 · 군사전략

구분	세부 내용
안보환경	1. 국제정세 - 세계는 강대국가중심의 질서재편과 국가이념 · 국가동맹보다는 자국 이익중심의 시대로 전환 - 전통적 전쟁 이외의 테러 · 대량살상무기 · 재해 및 재난 · 마약 및 범죄 · 인권탄압 등 초국가적 · 비군사적 위협 확산으로 포괄적 안보 개념으로 발전 - 9 · 11테러, 아프가니스탄전쟁, 이라크전쟁, 중동 지역의 갈등분쟁, 테러 등 국제긴장은 계속됨 2. 한반도의 정세 - 남한은 평화적 민주 통일 국가 건설 노력/북한은 적화통일 및 체제 보존 노력 - 북한은 강성대국을 위한 선군사상과 경제 건설 추진 • 북한은 핵실험/미사일 대량살상무기 등으로 위협 및 체제 보존 • 북한은 정치적 · 경제적 · 사회적 · 문화적인 일부분의 개방 · 개혁 변화 - 남한은 절대우위의 국력 및 자신감으로 북한의 교류 · 협력을 통해 국제사회로 유도와 개방 · 개혁정책 지원으로 평화통일 달성
국가능력	1. 굳건한 안보태세기반에서 국가 번영과 평화통일 추진 - 국제적 · 지역적 안보체제 협력증진과 국가위상 신장 - 선진국가 및 국가 번영 달성 2. 교류 · 협력을 통한 북한의 평화통일 실천을 유도/지원 ※한국은 지식정보화 사회 상황
안보정책 · 국방정책 · 군사전략의 실제	1. 국가안보정책: 국가 번영과 평화통일정책 ※ 안보이익 공유에 의한 협력안보 - 남북한 관계: 교류 · 협력 · 변화로 협력적 공존/변화 · 통일로 국가통합을 완성하는 햇볕정책 기조 위에 각 정부의 평화번영정책 · 상생과 공영정책, 한반도 신뢰 프로세스 등의 포괄 개념 - 힘에 의한 평화의 보장과 제도적 장치에 의한 평화의 제도화를 달성할 수 있도록 남북한의 상생 및 공동번영과 평화통일 추진 2. 국방정책: 협력적 자주국방 전통적 동맹국가를 비롯해서 주변국가, 북한과 교류 및 협력으로 공동안보 목표를 달성할 수 있는 협력적 자주국방정책 추진 3. 군사전략 - 평시: 총합적 억제전략 - 국지전시: 신축대응전략 - 전시: 수세 · 공세적 방위전략 또는 공세적 방위전략

이 같은 내용을 종합하면 남북한 관계는 튼튼한 국가안보 기초 위에 화해 · 협력을 통한 평화통일을 추구하는 햇볕정책이었으며, 이것은 곧 평화를 지키면서 평

화통일을 만들어가는 국가안보정책인 것이다.

이 책에서는 남북한 관계를 화해 · 협력 · 교류 · 변화로 관리해 평화통일을 지향하는 햇볕정책 기조 위에 합의에 의한 합병통일과 북한의 붕괴를 고려한 흡수통일 등 각 정부의 평화통일정책의 원칙 및 방향을 포괄한 국가안보정책을 국가 번영과 평화통일정책이라고 명칭하였다.

> …… 예컨대 독일 통일은 서독이 20년간에 화해 · 협력 · 변화를 추구하는 안보통일정책인 동방정책(햇볕정책)을 지속시켜 동독을 협력에 의한 흡수통일로 완성할 수 있었다.
>
> 북한은 안보적 차원에서는 경계의 대상이지만 통일적 차원에서는 포용하고 협력의 대상이 된다. 따라서 한국에서 안보정책은 곧 통일정책이 되어 안보통일정책(통일안보정책)이 된다. 북한에 대한 강한 안보 기반 위에서 대화 · 교류 · 화해 · 협력 · 변화를 주도적으로 이끌어 평화통일을 달성하는 햇볕정책을 기조로 한 다양한 안보통일정책들을 포괄한 국가 번영과 평화통일정책을 추구해나가야 한다.
>
> 이 과정에서 남북한 관계발전에 효율성을 증대시키기 위한 세부 실천방법에서는 일방주의 및 상호주의 원칙, 지원(당근)과 압박(채찍) 원칙, 협조의 이익과 비협조의 불이익 원칙 등이 적절히 적용될 수 있지만, 결코 평화지향적인 대화와 협력의 끈을 포기해서는 안 된다.

현재 정부에서도 국가안보정책 개념은 국제관계 변화와 남북한의 관계 발전, 평화통일정책을 포괄한 국가 번영과 평화통일정책이 계속되고 있다.

21세기 다음 정부들도 남북한 관계가 전쟁적이고 파괴적 적대관계로 회귀를 바라지 않고, 평화적이고 협력적 공존관계로 발전시켜 굳건한 안보 바탕 위에서 국가 번영을 추구하고, 평화통일을 달성하기 위해서는 정치외교적 · 통일적 수사용어가 어떻게 표현되든 상관없이 혹은 세부적 실천방법에서 차이점이 있더라도 대화 · 화해 · 협력을 통한 국가 번영과 평화통일이라는 그 기본적 정책 개념 틀은 변화하지 않고 지속될 것이다.

2. 국제적 안보환경

국제적 안보환경은 탈냉전 후에 화해 분위기 확산 및 협력 증진이라는 안정지향적 측면과 새로운 분쟁요소들의 등장으로 세계안보를 계속 위협하고 있다. 예컨대 전통적 안보위협을 비롯해서 민족, 영토, 종교, 자원 등으로 인한 분쟁이 빈발하고, 테러, 핵 및 화생무기 등 대량살상무기를 비롯해서 재해 · 재난, 마약 · 범죄, 인권침해 · 난민문제 등 다양한 초국가적 위협들이 국제사회의 안정과 국가 간 평화에 심각한 위협으로 등장했다.

특히 2001년 9 · 11테러 사건 이후로 아프가니스탄전쟁, 이라크전쟁, 이스라엘의 레바논 침공전쟁과 팔레스타인 가자지구 침공전쟁 등 전통적 전쟁을 비롯해서 다양한 군사적 · 비군사적 위협 확산에 대처하기 위해 세계적 차원에서 보다 긴밀한 국제공조가 요구되고, 국제평화 유지와 분쟁 해결을 위한 국제적 노력이 적극 전개되고 있다.

북한의 핵무장화 및 탄도미사일 실험에 따른 한반도 위기는 국제화되었다. 한반도 위기를 평화로 전환시키기 위해 2018년 4월 27일 한반도 분단지역 판문점에서 남한 문재인 대통령과 북한 김정은 국무위원장의 정상회담에서 평화통일과 북한의 비핵화를 선언했다. 이어 2018년 6월 12일 미국 트럼프 대통령과 북한 김정은 국무위원장은 싱가포르 정상회담에서 북한의 완전 비핵화 선언과 북한의 안전보장 제공 등을 확인했다.

2021년 2월 20일 조 바이든 대통령도 비핵화한 북한과 통일된 한반도를 위해 정책은 계속될 것이며, 한국계 미국인들도 북한에 있는 가족과 재회할 수 있도록 노력할 것이라고 했다.[72]

그리고 3월 18일 미국 국무장관 및 국방장관이 한국을 방문하여 한국 외교부장관 및 국방부장관이 장관회의(2+2)를 열고 한 · 미동맹 강화를 위한 협력 및 발전 방안을 논의했다.[73]

---

72 중앙일보. 2021년 2월 26일.

73 국방일보. 2021년 3월 19일.

특히 2021년 5월 21일 한국 문재인 대통령과 미국 조 바이든 대통령은 워싱턴 DC에서 정상회담을 갖고 지금까지 정치 · 군사적 동맹관계를 경제적 · 과학기술적인 비군사적 동맹관계로 확대 · 발전시킬것을 발표했다.

21세기 국제적 안보환경은 전통적 전쟁 이외에도 군사적 · 비군사적 문제 등으로 분쟁요소가 다양화되고, 경제와 과학기술의 중요성이 더욱 부각됨에 따라 국가이익 추구 및 국제경쟁력 확보가 민족 생존을 보존하고 국가 번영을 달성하는 핵심요소가 되었다. 즉 현대국가는 정치 · 군사 위주의 전통적 안보 개념에서 비군사적 안보 개념을 포함하는 포괄적 안보 개념으로 확대되었고, 그 대응책의 중요성이 절실하게 되었다.

3. 한반도 정세

1) 북한의 정세

북한은 1998년 9월 헌법 개정을 통해 김일성 주석 사망에 따른 김일성 유훈을 법제화하고 김일성을 영원한 주석으로 추대하면서, 김정일 국방위원장을 정점으로 한 군부중심체제를 구축해 통치하였다. 김정일 국방위원장은 나라는 작아도 사상과 총대가 강하면 세계적인 강대한 나라가 될 수 있다면서 강성대국론을 주창하였는데, 강성대국 건설은 선군사상과 군사 건설로 경제를 건설하는 것이다.

> 즉 김정일 국방위원장의 주체적인 강성대국 건설 방식은 사상의 강국을 만드는 것부터 시작해서 혁명의 기둥으로서 군대를 튼튼히 세우고, 그 위력을 바탕으로 해서 경제 건설을 추진하는 것이다.

북한은 2000년 1월 1일 신년당보에서 사상 · 총대 · 과학기술을 강성대국 건설의 3대 기둥으로 강조하였는데, 이는 인민군대를 중심으로 사회주의를 건설하고, 경제난이 사회주의 건설 및 국가안보에 최대 장애임을 인식해 모든 국가역량을 경제회생에 두겠다고 강조하였다. 또한 북한은 2000년 6 · 15남북공동선언 후부터 실용주의를 통해 국제사회 진출로 개방 · 개혁정책을 추진하면서도 다른 한편으로는 다양한 무기체계를 증강하면서 무력도발을 하였다.

> 예컨대 북한은 연평도 근해 북방한계선(NLL)에서 1999년 6월 15일 제1연평해전과 2002년 6월 29일 제2연평해전(서해교전)을 도발했으나 한국은 정치 · 외교적, 군사적으로 완전하게 승리했다.

그리고 2003년 1월 10일에는 핵확산금지조약(NPT)을 탈퇴를 선언하고 2005년 2월 10일에는 핵무기의 개발 및 보유를 선언하며, 군사적 위협을 과시하였다.[74] 다른 한편으로 북한은 2005년 8월 15일 광복 60주년을 맞이해 8 · 15 민족대축전에 참가한 북한 대표단이 서울에 있는 국립 현충원을 방문해 참배했다.

북한 대표단의 현충원 참배는 불행했던 과거를 정리하기 위해서는 희생자에 대한 추모와 애도에서 시작한다는 점에서 남북한 간의 화해와 협력의 새로운 미래를 위한 결단이었다고 했다.

이와 같은 과정에서 북한은 2006년부터 2009년 사이에 한편에서는 대화, 다른 한편에서는 핵실험 및 미사일 발사로 한반도와 세계에 위기를 다시 조성했다. 북한은 핵실험과 강원도 안병군 깃대령과 함경북도 화대군 무수단리에서 단거리 스커드미사일, 중거리 노동미사일, 장거리 대포동미사일 등을 실험 발사했다. 북한은 성공적인 미사일 발사 및 핵실험 성공은 미국이 북한에 대한 체제붕괴 및 경제제재 등의 위협공갈에 대해 자위적 국방력 강화를 위한 정당한 것이라고 주장하면서, 북한과 미국 간의 직접 평화협상을 제안했다.

이러한 북한의 핵무기 및 미사일 위협에 대해서 미국과 일본은 선제공격해 파괴시켜야 한다는 주장을 비롯해서 세계적인 비난과 우려가 있었다. 그 과정에서

---

74 조영갑, 《테러와 전쟁》, 서울: 북코리아, 2005, p. 216.

2006년 10월 31일 중국의 중재로 북한 핵문제 해결을 위해 6자회담(한국 · 북한 · 미국 · 중국 · 일본 · 러시아)에서 대화와 협상을 계속했다. 2009년 1월 22일 김정일 국방위원장은 북핵 문제의 평화적 해결과 남북한 관계의 긴장을 원하지 않는다는 등 화전양면전략을 구사했다.

그러나 2010년 3월 26일 북한은 서해상의 백령도 영해에서 초계임무를 수행하고 있던 한국 해군 천안함을 수중 어뢰로 공격해 폭침시키고, 다시 11월 23일에는 옹진반도에 배치된 해안포와 방사포로 한국 영토인 연평도를 포격으로 공격해 군인 및 군사시설과 민간인 및 민간시설을 살상하고 파괴함으로써, 한반도는 6 · 25전쟁 이후 최대 위기상황이 되었으나 한국은 정치 · 외교적으로나 군사적으로 효과적인 대응도 응징도 하지 못하고 실패했다.

2011년 12월 17일 김정일 국방위원장이 사망하고, 김정은 국무위원장(김정일의 3남)은 2013년 핵무기와 경제발전을 위한 병진정책으로서 선군정치(안보능력) 바탕 위에서 선경정치(경제발전)를 계승해 추진한 것이다. 그리고 김정은 국무위원장은 2013년 12월 12일 권력서열 2인자인 장성택 국방위원회 부위원장(김정은 고모부)을 처형하고 1인 독제체제를 더욱 강화했다.[75]

북한은 2008년 7월 금강산에서 남한 관광객을 총격으로 사망시켜 금강산 관광이 중단되고, 2010년 5월 서해안에서 천안함 폭침사건으로 남북한 교역중단(5 · 24조치) 및 핵 · 탄도미사일 실험을 계속함에 따라 2016년 2월 개성공단 가동까지 폐쇄 · 철수함에 따라 모든 남북한관계가 단절되었다.

미국은 북한의 비핵화를 위한 강력한 군사적 · 비군사적 압박정책으로 북한과 미국관계도 더욱 어려워졌다. 이 과정에서 북한은 2018년 강원도 평창 동계올림픽(2.9~2.25)에 선수단 및 응원단과 예술단을 참가시키면서, 북한 노동당 중앙위원회 제1부부장 김여정(김정은 친여동생)은 김정은 국무위원장 특사로 문재인 대통령에게 친

75 장성택(1946. 1. 22~2013. 12. 12)은 조선민주주의인민공화국의 정치인이자, 김정일의 매제(김경희의 남편)이며 김정은의 고모부이다. 조선로동당 중앙정치국 위원이며 국방위원회 부위원장이자, 최고인민회의 제12기 대의원이었으나, 2013년 12월 3일 모든 직위에서 배제당하고 출당 조치되었으며, 12월 12일 특별군사재판 후에 사형되어 사망했다. 한국일보, 2013년 12월 12일.

서를 전달하면서 다시 남북한관계가 열렸다. 2018년 3월 25일 북한 김정은 위원장은 중국 베이징에서 시진핑 주석과 정상회담을 갖고 북한과 중국 동맹관계의 협력 및 단결을 다지며, 북한과 러시아 관계도 강화하면서 국제적 위상을 개선해 나갔다.

특히 김정은 국무위원장은 정전협정 65년 만에 처음으로 남한지역에 위치한 판문점 평화의 집에서 2018년 4월 27일 문재인 대통령과 정상회담을 갖고, "한반도의 평화와 번영, 통일을 위한 판문점 선언"을 하고 남북관계 개선으로 한반도 평화통일과 북한의 핵무기 폐기로 한반도 완전한 비핵화에 서명했다.

그리고 2018년 6월 12일 싱가포르에서 북한 김정은 국무위원장과 미국 도널드 트럼프 대통령은 역사적인 북미 정상회담을 갖고 "6 · 12 북미 정상회담 합의문"을 발표했다. 6 · 12 북미 정상회담 합의문은 "① 미국과 북한은 평화와 번영을 위한 양국 국민의 열망에 따라 새로운 미국과 북한관계를 수립할 것을 약속한다. ② 두 나라는 한반도에 항구적이고 안정적인 평화체제를 구축하기 위한 노력에 동참한다. ③ 북한은 2018년 4월 27일 판문점선언을 재확인하고 한반도 비핵화를 위해 노력할 것을 약속한다. ④ 북미는 이미 확인된 유해의 즉각 송환을 포함, 전쟁포로 유해발굴을 약속한다."를 선언하고, 미국은 북한의 안전보장을 제공하고, 북한은 한반도의 완전한 비핵화를 약속했다.[76]

다시 남한 문재인 대통령은 평양을 방문(2018. 9. 18.~9. 20.)하여 북한 김정은 국무위원장과 회담하고 한반도 전쟁위협 제거와 한반도 비핵화, 남북경제협력 등 9 · 19 평양공동선언을 발표했다. 그러나 북한은 2021년에는 미국이나 남한이 북한에 적대시 정책 철회를 안 하면 접촉이나 대화할 수 없다고 발표하기도 했다.

북한은 대화와 대결의 예측할 수 없는 국가정책 및 군사전략으로 계속 국제안보환경을 긴장시키고 남북한 관계를 어렵게 할 수 있다. 21세기 북한은 통일이 될 때까지 모든 분야에서 적대적 관계에서 갈등과 분쟁을 일으킬 수 있고, 다른 한편으로는 협력적 관계에서 화해와 협력을 통해 자국의 이익을 위해 노력하는 이중적 접근상황을 계속하게 될 것이다.

---

76 중앙일보, 2018년 6월 12일.

2) 남한의 정세

1998년 2월 25일 김대중 대통령(1998~2003)이 취임하면서 국민의 정부가 출범하였다. 1948년 대한민국이 수립된 지 50년 만에 처음으로 여야 간 정권교체가 이루어졌으나 1997년 12월 3일 외환위기와 경제파탄으로 IMF 관리체제 극복과 경제회생이라는 국가적 과제를 안고 출범하였다.

김대중 정부는 경제위기를 극복하고, 북한에 대한 화해와 협력을 통해 평화통일을 이룩해야 한다는 햇볕정책을 적극 추진하였다. 햇볕정책은 갈등과 대립으로 얼룩져 있는 한반도 분단사에 한 획을 긋는 새로운 방향에서 접근정책이 되었으며, 그 시작은 한반도 분단 이후 최초로 남북한 최고정치지도자가 만난 남북정상회담으로써 2000년 6월 13일부터 6월 15일까지 평양에서 갖게 되었다.

제1차 남북정상회담은 그동안의 불신과 반목을 청산하고 화해와 협력의 시대를 본격적으로 여는 역사적 전환점이 되었다. 2000년 6월 15일 남북 정상은 한반도 평화적 통일을 위하여 남북한 관계 정상화의 기틀을 마련하는 6 · 15남북공동선언을 발표하였다. 남한 김대중 대통령과 북한 김정일 국방위원장이 합의한 6 · 15남북공동선언은 ① 통일의 자주적 해결, ② 연합-연방제 공통성인정, ③ 친척방문단 교환, ④ 경제협력확대, ⑤ 당국 간 대화재개 등 한반도에 새로운 통일역사를 시작하게 하였다.

그리고 대북정책의 3대 원칙은 무력도발의 불용, 흡수통일의 배제, 교류를 통한 화해 · 협력의 추진을 선언했다. 첫째, 평화를 파괴하는 일체의 무력도발을 허용하지 않는 것으로서, 이는 북한의 도발을 사전에 억제하기 위해 동맹국가와 긴밀한 안보협력을 바탕으로 확고한 안보태세를 유지하고, 북한의 무력도발에 대해서는 단호히 대응해나가는 것이다.

둘째, 흡수통일을 배제한 것으로서, 북한을 해칠 의사가 전혀 없으며 어떠한 경우에도 일방적인 흡수통일을 추진하지 않는 것이다. 즉 통일을 서두르기보다는 우선 남북한 평화공존관계를 정착시키고, 교류와 협력을 통해 민족의 동질성을 회복하는 데 주력하겠다는 의지의 표명인 것이다.

6 · 15 남북 공동 선언문 합의와 내용

2000년 6월 15일 남북 정상은 한반도 평화적 통일을 위하여 다음과 같이 합의하였다.

남북공동선언문

조국의 평화적 통일을 염원하는 온 겨레의 숭고한 뜻에 따라 대한민국 김대중 대통령과 조선민주주의 인민공화국 김정일 국방위원장은 2000년 6월 13일부터 6월 15일까지 평양에서 역사적인 상봉을 하였으며 정상회담을 가졌다.

남북정상들은 분단 역사상 처음으로 열린 이번 상봉과 회담이 서로 이해를 증진시키고 남북 관계를 발전시키며 평화통일을 실현하는 데 중대한 의의를 가진다고 평가하고 다음과 같이 선언한다.

1. 남과 북은 나라의 통일 문제를 그 주인인 우리 민족끼리 서로 힘을 합쳐 자주적으로 해결해나가도록 하였다.
2. 남과 북은 나라의 통일을 위한 남측의 연합제안과 북측의 낮은 단계의 연방제 안이 서로 공통성이 있다고 인정하고 앞으로 이 방향에서 통일을 지향시켜나가기로 하였다.
3. 남과 북은 올해 8 · 15에 즈음하여 흩어진 가족, 친척 방문단을 교환하며 비전향 장기수 문제를 해결하는 등 인도적 문제를 조속히 풀어나가기로 하였다.
4. 남과 북은 경제협력을 통하여 민족경제를 균형적으로 발전시키고 사회 · 문화 · 체육 · 보건 · 환경 등 제반 분야의 협력과 교류를 활성화하여 서로의 신뢰를 다져 나가기로 하였다.
5. 남과 북은 이상과 같은 합의사항을 조속히 실천에 옮기기 위하여 빠른 시일 안에 당국 사이의 대화를 개최하기로 하였다.

김대중 대통령은 김정일 국방위원장이 서울을 방문하도록 정중히 초청하였으며 김정일 국방위원장은 앞으로 적절한 시기에 서울을 방문하기로 하였다.

2000년 6월 15일

대 한 민 국	조선민주주의 인민공화국
대 통 령	국방위원장
김 대 중	김 정 일

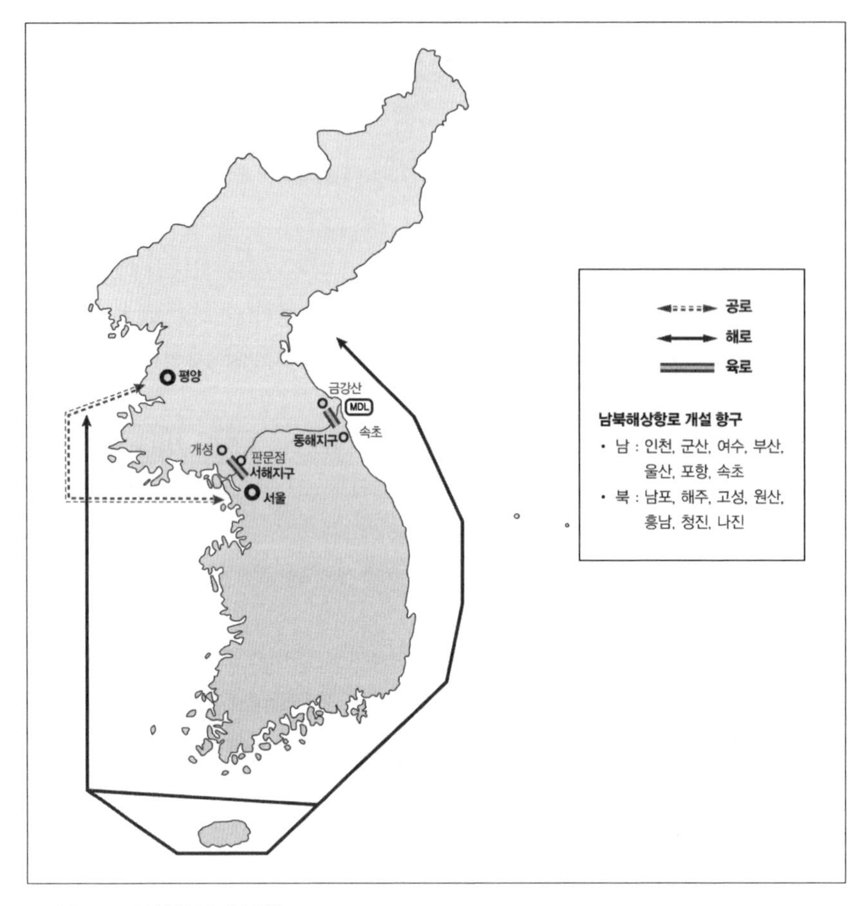

〈그림 2-7〉 남북한 간의 통행

자료: 국방부, 《국방백서(2010~2011)》, p.98

셋째, 화해 · 협력을 적극적으로 추진한 것으로서, 남북한 쌍방이 파급효과가 큰 비군사 분야부터 교류를 활성화시켜 남북한 간의 냉전적 대결관계를 화해 · 협력관계로 바꾸겠다는 것이다. 즉, 남북한 간의 대화 · 교류 · 화해 · 협력 · 변화를 통해 상호 이익과 민족의 복리를 도모할 수 있음은 물론 남북한 간에 호혜적인 관계를 형성해 평화통일의 길잡이가 되게 하는 것이다.

그 결과로 남한과 북한은 2002년 9월 17일 체결한 "동해 · 서해지구 남북한 공동관리구역 설정과 남과 북을 연결하는 철도 · 도로의 군사적 보장을 위한 협약서"에 따라 통신선을 설치하고, 경의선 · 동해선의 육로 개설, 평양과 서울 간에 공로가 열렸다. 그리고 2004년 5월 28일 남북해운합의서 서명과 2005년 8월 1일 협정이 발효되어 해로가 확립됨으로써, 남북한 간은 육로 · 해로 · 공로에서 통행 · 통신 · 통항의 길을 열었다(그림 2-7). 그리고 화해 · 협력을 통한 평화통일을 달성하기 위해 국가안보회의 기구를 상설화 및 사무처 신설로 기능과 역할을 정립하고 강화하였다.

노무현 정부는 햇볕정책의 연속선상에서 평화번영정책을 지속해 2007년 10월 4일 노무현 대통령과 김정일 국방위원장의 제2차 남북정상회담을 열고 10 · 4 정상선언으로 서해평화협력 특별지대조성 합의 등 남북한 관계를 발전시키고 제도화를 위해 노력하였다. 그리고 이명박 정부의 상생과 공영정책도, 박근혜 정부의 한반도 신뢰 프로세스 정책과 현재 정부정책 방향도 남북한 간에 교류와 협력으로 평화통일을 달성한다는 햇볕정책의 기본원칙과 방향이 같은 것이다. 다만 실천방법에서, 북한에 지원을 통한 선 지원 · 후 변화 유도이냐, 혹은 북한이 개혁 개방으로 변화를 해야만 지원하느냐의 선 변화 · 후 지원으로 압박을 강화하는 차이가 있다. 예컨대 이명박 정부의 선 변화 · 후 지원 실천방법에서 파생된 남북한 의 갈등적 · 대결적 요소에 의해 2010년에 천안함 폭침사건과 연평도 포격사건, 개성공단 운용 중단, 금강산 관광 중단 등 모든 남북한 관계가 단절되었고, 그 단절은 박근혜 정부까지 계속되었다.

특히 박근혜 대통령이 대통령의 지위와 권한을 남용하여 국정을 농단했다면서 대통령 퇴진을 촉구하는 촛불 시민혁명이 일어났다. 헌법재판소는 2017년 3월 10일 대통령이 공정한 직무수행을 할 수 없다면서 "대통령 박근혜를 파면한다"고 판결하였다.

곧이어 대통령 탄핵으로 인한 조기선거 결과로 2017년 5월 10일 제19대 문재인 대통령이 취임했으며, 2018년 4월 27일 남측 판문점 평화의 집에서 문재인 대통령과 김정은 국무위원장의 제3차 정상회담이 열렸다. 이명박 정부와 박근혜 정부에서 단절되었던 남북한 관계가 다시 복원되어 국가 번영과 평화통일정책을 추진하게 된 것이다.

2000년 제1차 남북정상회담, 2007년 제2차 남북정상회담이 열린 이후 11년

만에 성사된 2018년 제3차 남북정상회담에서는 '한반도의 평화와 번영, 통일을 위한 판문점 선언'을 하기도 했다. 이 판문점 선언의 주요 내용은 ① 남북 공동연락사무소 개성 설치, ② 8 · 15 광복절 이산가족 · 친족 상봉, ③ 종전을 선언하고 정전협정을 평화협정으로 전환, ④ 완전한 비핵화를 통한 핵 없는 한반도의 실현, ⑤ NLL 일대의 평화수역화 등이다. 아울러 제1차 및 제2차 남북정상회담에서 채택된 남북선언들과 모든 합의를 철저히 이행해 나가자고 밝혔다.[77]

그리고 문재인 대통령은 다시 평양을 방문(2018. 9. 18.~9. 20.)하여 북한 김정은 국무위원장과 제4차 남북한 정상회담을 갖고 9 · 19 평양공동선언을 발표하였다. 그뿐 아니라 문재인 대통령과 김정은 국무위원장은 백두산 천지를 함께 등반하고 평양 능라도 5 · 1경기장에서 15만 평양 시민에게 한반도 평화와 공동번영을 위한 대중연설을 했다.[78]

9 · 19 평양공동선언 주요 내용

1. 한반도 전쟁위험 제거: 남북군사공동위 가동 무력충돌 방지
2. 남북경제협력: 연내 동 · 서해선 철도 및 도로 연결 착공, 개성공단, 금강산 관광 정상화
3. 이산가족 문제 해결: 금강산 상설면회소 이른 시일 내 개소
4. 다양한 분야 교류협력: 2032년 여름올림픽 공동개최 유치 협력, 10월 중 평양예술단 서울 공연
5. 한반도 비핵화 방안: 북 동창리 엔진시험장 영구 폐기, 미 상응조치 따라 영변 핵시설 영구 폐기
6. 김정은 위원장 서울 방문: 특별한 사정 없을 경우 연내 추진

현재 정부도 대화 · 교류 · 화해 · 협력 · 변화라는 기본 정책과 지원 및 변화를 유도한 실천 방법을 복원하고 다시 국가 번영과 평화통일정책을 발전시켜 나가고

77 중앙일보, 2018년 4월 27일.

78 중앙일보, 2018년 9월 20일.

있다.

이와 같이 한국은 북한에 대해 지금까지의 적대적인 냉전적 정책을 1998년부터는 협력적인 탈냉전적 정책으로 변환시키는 역사적 전환점이 되었다. 한국은 북한에 대해 다양한 접근을 통한 교류와 협력을 증진시키고, 교류와 협력을 바탕으로 협력과 변화를 유도하며, 협력 및 변화를 바탕으로 변화와 통일을 단계적 실천으로 발전시켜 국가 번영과 평화통일정책을 완성하는 것이다.

21세기 한국은 국제적 안보환경 변화, 남북한의 관계발전, 평화통일 등을 고려해 두 가지 정책적 접근 방법 중에서 하나의 접근방법을 선택해야 할 것이다. 먼저 하나는 한반도가 분단된 후에 남북한 관계가 ① 전쟁적이고 파괴적인 적대관계로 군사적 대결을 통한 각각의 단결과 발전을 추구하는 냉전적 접근 방법(1945~1998)이며, 다른 하나는 ② 2000년 6 · 15남북공동선언 이후의 남북한 관계처럼 평화적이고 협력적인 공존 관계로서, 교류와 협력을 통해 남북한 내부와 민족 전체의 발전을 추구해 미래의 평화통일을 달성하기 위한 탈냉전적 접근 방법(1998~2000년 현재)이 있다.

한국은 평화 통일국가를 건설해가는 과정에서 남북한 간에 길고 험한 장해적인 걸림돌도 있겠지만, 그때마다 평화지향적 · 번영지향적 · 통일지향적인 선택과 결단으로 탈냉전적 접근을 통한 국가 번영과 평화통일정책을 계속 추진해나가야 한다. 만약 남북한의 모든 관계를 단절시키고 전쟁지향적 · 파괴지향적 · 분단지향적인 선택과 결단으로 냉전적 접근을 통해 분쟁이나 전쟁이 일어난다면, 한반도에서 진정한 승자는 아무도 없게 된다. 즉 나쁜 평화가 좋은 전쟁보다 낫다는 명언에서처럼 한반도에서는 반드시 탈냉전적 접근으로 국가 번영과 평화통일정책을 인내하고, 노력해 달성해나가야 한다.

4. 한국의 안보정책 · 국방정책 · 군사전략 정립

1) 안보정책

대한민국 헌법에 반영된 국가이익은 ① 국민의 안전보장, 영토보전 및 주권보호를 통해서 독립국가로서 생존하는 것이며, ② 국민생활의 균등한 향상과 복지증진을 실현할 수 있도록 국가발전과 번영을 도모하는 것이고, ③ 자유와 평등, 인간의 존엄성 등 기본적 가치를 지키고 자유민주주의 체제를 유지 · 발전시켜나가는 것이고, ④ 남북한 간의 냉전적 대결관계를 탈냉전적 평화공존관계로 변화시키고 궁극적으로 통일국가를 건설하는 것이며, ⑤ 인류의 보편적 가치를 존중하고 세계평화와 인류공영에 기여하는 것이다.

국가안보회의(NSC)의 변천과정

국가안보를 위해 대통령 자문기구인 국가안보회의(NSC)의 역할과 기능은 대단히 중요하다. 박정희 정부에서 최초로 국가안보회의 제도가 비상설 기구로 도입되어 그 후 정부에서도 계속 운영되어 왔다.

그러나 김대중 정부는 국가안보회의를 상설화하고 사무처를 신설하여 외교 · 국방 · 통일 · 위기관리 · 경제 등이 통합된 국가안보총괄조정체제(국가안보 컨트롤 타워)로 정립 및 강화하고, 노무현 정부에서는 국가안보총괄체제의 기능과 역할을 더욱 확대하고 발전시켰다. 그 결과로 제1연평해전과 제2연평해전을 승리할 수 있었다.

그 반대로 이명박 정부에서는 국가안보회의를 다시 비상설기구로 전환하고 사무처도 폐지시켜 국가안보총괄조정체제의 역할과 기능을 크게 후퇴시킴으로써, 북한의 천안함 폭침사건과 연평도 포격사건 도발에 효과적으로 대응하지 못하고 실패했다.

박근혜 정부는 한반도의 안보위협이 고도화되고 복잡화되는 상황에서 국가안보역량을 강화하기 위해 다시 국가안보회의(NSC)를 상설화하고 사무처를 복원하여 역할과 기능을 강화함으로써 국가안보총괄조정체제를 정상화시켰다.

이 중에 독립국가로서의 생존과 주권을 수호하는 것이 최상위로 지켜야 할 국가이익이며, 이는 완벽한 국가안보에 의해서 보장된다. 국가이익을 위한 국가목표와 국가안보정책은 중요하며, 또한 국방정책을 수립하는 데 주요 지침이 되는 것이다.

김대중 대통령은 취임사에서 "분단 반세기가 넘도록 대화와 교류는 고사하고 이산가족이 서로 부모형제의 생사조차 알지 못하는 냉전적 남북한 관계는 하루 빨리 청산되어야 하며, 남북한 관계는 화해와 협력 그리고 평화정착에 토대를 두고 발전시켜나가야 한다"고 강조하고, 1998년 3월 19일 국가안보정책을 "확고한 국가안보 바탕 위에 포용정책의 추진"이란 햇볕정책을 발표하였다.

> 햇볕정책은 튼튼한 안보를 바탕으로 남북한 간의 화해와 교류, 협력을 통해 북한을 개혁 개방으로 유도해 평화 통일을 달성하는 정책으로써, 국가번영과 평화통일정책의 기조가 된다. 햇볕정책이란 말은 김대중 대통령이 1998년 4월 3일 영국을 방문했을 때 런던대학교에서 연설할 때 사용하였고, 그때부터 정착된 용어이다. 겨울 나그네의 외투를 벗게 만드는 것은 강한 바람(강경정책)이 아니라, 따뜻한 햇볕정책(포용정책, 화해협력정책)이란 이솝우화에서 인용한 말이며, 그 내용은 독일 브란트 수상의 동방정책과 같은 개념이라고 할 수 있다.
>
> …… 국제안보환경은 탈냉전시대에도 불구하고 한반도는 여전히 대결과 갈등관계에서 벗어나지 못하고 가장 첨예한 냉전적 대치상태에 있다. 지난날의 정권은 북한과 대결하면서 여러 가지 강경정책을 써왔지만 북한을 변화시킬 수 없었다. 오랜 동안 북한은 과도한 군비지출과 경제위기에 몰려 있었고, 김일성 주석의 사망과 식량위기에 몰려 있으면서도 체제는 바뀌지 않았다. 따라서 대북한 강경정책으로부터 햇볕정책으로 바꾼 것이다. 한국은 정경분리원칙을 적용해 대북한 투자규모의 제한을 완전히 폐지하고 투자제한 업종의 최소화를 골자로 하는 경제협력 활성화조치를 취하였다. 북한과의 주된 교류협력을 들면 남북한 비료협상, 현대그룹 정주영 명예회장의 북한 방문, 개성공단 및 금강산 관광개발사업 등이다. ……

이와 같이 자주국방 발전기(1998~2000년대 현재)의 안보통일정책은 동맹국가, 주변국가, 적대국가와의 안보이익 공유를 위한 협력안보의 이론적 바탕 위에서 햇볕정책이 추진되었다. 그리고 김대중 정부 이후에 각 정부들도 햇볕정책을 기조로 한 국가 번영과 평화통일정책이며, 국방정책은 협력적 자주국방의 실현이다.

이를 위해 확고한 국가안보 바탕 위에서 국가안보정책 목표를 제시하고 다음과 같이 세 가지 기본방향으로 추진하였다.

첫째, 확고한 안보태세를 유지하는 것이다. 북한을 흡수하거나 무력으로 위협하지는 않을 것이지만, 북한의 무력도발에는 단호히 대처할 것이며, 이를 위해 민 · 관 · 군 통합방위체제를 포함한 위기대응능력과 체제를 강화하는 등 확고한 안보태세를 유지하며, 북한의 무력도발을 억제하고 남북한 화해협력을 촉진하는 것이다.

둘째, 남북한의 경제공동체를 건설하는 것이다. 정경분리원칙에 따라 민간경제협력을 확대하고 교류를 다변화함으로써 남북 간에 실질 협력관계를 증대시켜 나가는 것이며, 또한 한국의 기술과 자본을 북한의 천연자원과 노동력을 결합하는 상호보완적이고 호혜적인 협력관계로 발전시켜나가는 것이다.

셋째, 한반도 화해협력을 위한 통일외교정책을 강화해나가는 것이다. 북한의 핵 및 대량살상무기 위협제거를 포함한 상호위협감소를 실현하기 위해 군비통제를 위한 약속이 지켜지고 북한이 국제적 규범에 가입해, 이를 준수하도록 외교적 노력을 경주하는 것이며, 또한 북한이 책임 있는 국제사회의 일원으로 참여할 수 있도록 지원하는 것이다. 그리고 남북한의 통일정책에 대한 상호인식 변화 및 신뢰를 발전시켜나가야 한다.

김대중 대통령과 김정일 국방위원장은 2000년 6 · 15남북공동선언에서 남측의 연합제 안과 북측의 낮은 단계의 연방제 안이 서로 공통성이 있다고 최고정치 지도자들이 상호 인정한 사실이 중요한 변화인 것이다(표 2-21).

남북한의 공통성은 남한의 남북연합제와 북한의 낮은 단계의 연방제를 통합해 통일의 1단계로 남북한 정부가 정치 · 군사 · 외교권 등 현재의 기능과 권한을 그대로 보유한 상태에서 남북한이 공동으로 참여하는 기구를 만들어 남북통일의

〈표 2-21〉 남북한의 통일방안 비교

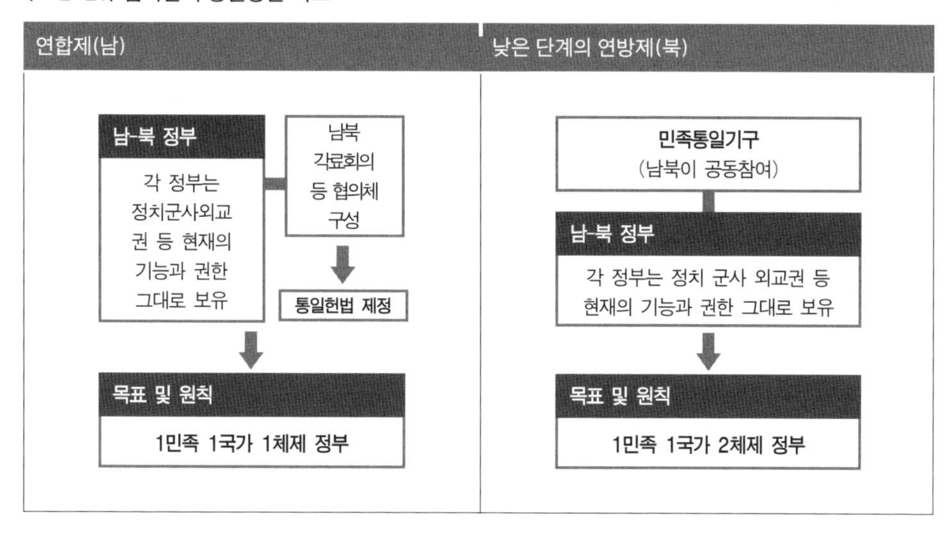

제도화를 논의하는 것이다.

즉 연방중앙정부는 정치 · 외교 · 국방을 담당하고 대외적으로 통일국가를 대표하며, 지역정부는 자치제로서 독자적인 제도와 사상을 갖도록 하자는 것이다. 그리고 2단계의 목표 및 원칙으로 남한의 1민족 1국가 1체제 1정부 방안과 북한의 1민족 1국가, 2체제 2정부 방안을 통합해 1국가 1체제 1정부로 통일국가를 달성하는 것이다.

또한 노무현 정부는 탈냉전의 세계사적 흐름과 6 · 15남북정상회담 이후 한반도의 평화 증진과 남북 공동번영을 추구함으로써 평화통일의 기반을 조성하고 나아가 동북아 공존 · 공영의 외교 토대를 마련하기 위한 평화번영정책을 구체화하였다.[79]

즉 2007년 10월 4일 노무현 대통령과 김정일 국방위원장이 평양에서 제2차 남북정상회담을 갖고 10 · 4정상선언을 발표했다. 6 · 15공동선언이 남북한의 평화와 공동번영의 총론이라면 10 · 4정상선언은 실천적 각론 방안이었다. 그리고 이명박 정부도 상생과 공영정책, 박근혜 정부의 한반도 신뢰 프로세스 정책, 문재

79 국가안전보장회의,《평화번영과 국가안보》, 2004, pp. 25-30.

인 정부의 평화통일정책, 현재정부에서도 남북한의 관계발전과 세부적 실천을 위한 평화지향적 안보통일정책과 실천방법에 대한 노력들이 계속되어야 한다.

> 그동안 한국은 남북한의 전쟁적이고 파괴적인 적대관계에서도 역대정부들은 평화통일을 위해 7 · 4 남북공동성명(1974), 남북기본합의서(1991) 및 부속합의서(1992), 노태우 정부의 북방정책, 김영삼 정부의 흡수통일이 있었으나 실패하였다. 그러나 2000년 6 · 15 남북공동선언으로 시작된 김대중 정부의 햇볕정책을 기조로 한 노무현 정부의 평화번영정책, 이명박 정부의 상생과 공영정책, 박근혜 정부의 한반도 신뢰 프로세스 정책, 문재인 정부의 평화통일정책과 안보통일정책에서도 교류 · 협력 · 변화를 통한 평화통일을 위해 같은 방향의 국가 번영과 평화통일정책 노력들이 계속되고 있다.

특히 2014년 1월 6일 박근혜대통령은 한반도 신뢰 프로세스 안보통일정책을 추진하면서 통일은 대박이라고 말했다. 지금 국민들 중에는 통일비용이 너무 많이 들지 않겠느냐, 그래서 굳이 통일을 할 필요가 있겠냐고 생각하는 사람들도 계신 것으로 알고 있다. 그러나 저는 남북한 통일은 한마디로 대박이다, 통일의 가치는 돈으로 계산할 수 없는 엄청난 것이라 생각한다고 밝혔다. 이 발언은 통일은 곧 비용이란 부정적 논란의 등식을 깨고 통일에 대한 꿈과 희망을 밝힌 내용으로써, 김대중 정부의 안보통일정책과 같은 원칙이고 방향인 것이다.[80]

그러나 이명박 정부와 박근혜 정부에서 북한의 군사적 도발과 계속된 핵실험 및 탄도미사일 발사 등으로 남북한 갈등은 냉전적 관계로 더욱 악화되고, 모든 화해 협력 교류가 단절되었다. 2018년 4월 24일 판문점 평화의 집에서 문재인 대통령과 김정은 국무위원장의 제3차 판문점 정상회담과 제4차 평양 정상회담이 열리고, 남북한 관계는 다시 복원되어 국가 번영과 평화통일정책이 지속되었다.

지금까지 구축해온 남북한 간의 정치적 · 경제적 · 사회적 · 문화적 · 과학기

80 한국일보, 2014년 1월 27일.

술적 · 군사적인 협력과 교류를 계승 및 확대하고, 종전선언을 넘어 평화통일을 달성하기 위해 변화시키거나 개선시켜야 할 부분은 보완 발전시켜야 한다.

> 그 과정은 남북한의 대치 속에서도 화해협력하는 공존기에는 한반도 평화정착과 통일을 위해 휴전협정체제에서 평화협정체제로의 전환, 군사적 신뢰구축을 바탕으로 한 실질적인 군비감축 등으로 북한 위협이 축소지향적으로 진행되고, 통일기에 이르면 북한의 위협은 소멸된 반면에 통일한국의 위협은 주변국가들의 한반도 영향력 확대를위한 갈등으로 새로운 위협에 도전받게 될 것이다.

한 · 미관계도 군사적 협력관계에서 군사적 · 비군사적 포괄적 안보관계로 전환되었다.

2021년 5월 21일 한국 문재인 대통령과 미국 조 바이든 대통령은 미국 워싱턴 DC에서 정상회담을 갖고 공동성명을 발표했다. 그 주요 내용은 한 · 미 동맹 강화, 대북 정책, 코로나19 전염병의 세계적 대유행에 따른 대응협력으로 코로나19

〈표 2-22〉 한 · 미 정상회담 주요 합의 내용

한 · 미 동맹	중국 관련	대북 정책	코로나19 백신	경제 협력
• 새로운 장을 여는 동맹 한 · 미 파트너십 • 최대 사거리 800km 제한 해제와 탄두 중량 제한 담은 '미사일지침' 42년 만에 종료 • 미국,한국군 55만 명에게 코로나19 백신 직접 지원(100만 명 분 지원)	• 대만해협에서의 평화와 안정 유지 중요 • 남중국해 항행 자유 등 국제법 존중 • WHO 강화하고 개혁하는 데 협력 • 코로나19 발병 기원에 대한 투명하고 독립적 평가 · 분석	• 판문점 선언과 싱가포르 공동 성명 등 기존 남북,북 · 미 약속에 기초한 외교 · 대화 필수적 • 한반도의 완전한 비핵화 목표	• 미국 개발 능력과 한국 생산 능력을 결합해 포괄적 백신 파트너십 구축,백신 생산량확대 • 한국이 인도 · 태평양 지역 백신 공급의 거점 역할	• 반도체, 전기차 배터리, 의약품의 안정적 공급망 구축 • 신흥 기술 분야 파트너십 강화 • 5G-6G 네트워크 기술, 바이오, 우주 기술 분야에서 협력 확대 • 해외 원전사업 공동 참여 등 협력 강화

자료: 중앙일보, 2021년 5월 24일.

백신, 한국기업(삼성 · LG · SK · 현대차)의 44조원을 미국에 투자하는경제협력 등으로서, 정치군사협력에서 경제협력 및 과학 신기술 협력으로 확대했다.

…… 특히 2021년 5월 21일 문재인 대통령과 조 바이든 대통령은 공동선언에서 1979년 10월에 제정된 미사일 지침을 종료한다고 밝혔다.

한국은 42년 만에 미사일 주권이 회복되어 탄두 중량 규제가 해소되고 우주발사체에 대한 고체 사용도 가능해진데 이어 사정거리(800km) 제한까지 사라진 것이다.

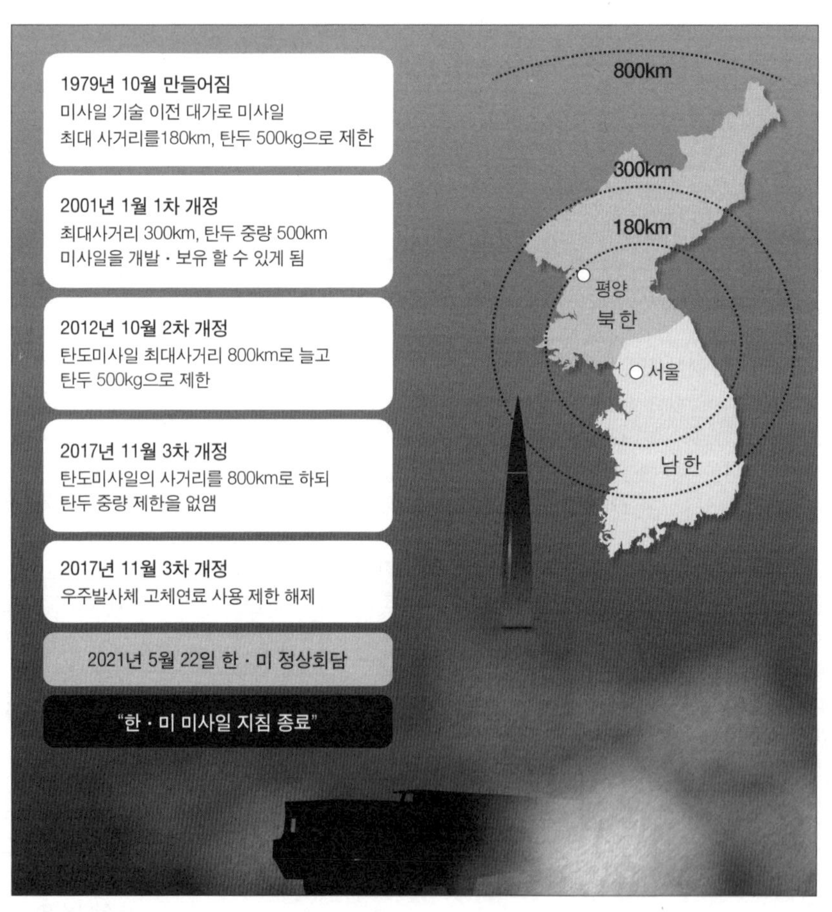

〈그림 2-8〉 한 · 미 미사일 지침 약사

자료: 중앙일보, 2021년 6월 1일.

이것은 곧 대륙간탄도미사일(ICBM) 개발이 가능하게 되었고, 우주 로켓 개발은 물론 강력한 고체연료 우주발 발사체를 통한 군사 · 정찰 유성도 독자적으로 발사할 수 있게 되었다. ……

한국은 세계평화에 기여와 국가이익을 위해 해외에 평화유지군을 파병하고 있다. 특히 아프리카 아데만 해역에 파병되어 평화임무를 수행하다가 코로나19 전염병의 집단감염으로 작전을 중단하고 조기 귀국 조치했다.

청해부대인 문무대왕함의 장병 301명 중에 270명이 코로나19 전염병에 감염되어 2021년 7월 20일에 공군 수송기(KC-330) 2대로 전원 귀국시켜 치료를 받게 했다. 해외파병부대 장병들의 백신 사각지대에 대한 안전대책과 장병의 안전은 곧 국가안보라는 중요성이다.

그뿐만 아니라 국군의료지원단은 2020년에 발생되어 전 세계를 덮친 코로나19 전염병의 세계적 대유행에 따른 전국적인 감염예방을 위해 의료진, 지정 병원, 생활치료센터 등으로 국가방역 대응을 적극 지원함으로서 군사적 안보뿐만 아니라 비군사적 안보에도 적극 기여하고 있다.[81]

21세기 한국은 국가헌법에 명시된 국가이익과 국가목표 그리고 평화통일 및 세계평화에 기여한다는 내용이 변화하지 않는 한 남북한 관계에서 갈등적 · 대결적 구도를 화해 · 협력 · 변화의 관계로 발전시키고, 동맹국가 및 주변국가와 선린외교관계를 증진시켜 통일과 번영을 추구해나가기 위해서는 국가 번영과 평화통일정책을 지속적으로 발전시켜나가야 한다.

2) 국방정책

자주국방 발전기(1998~2000년대 현재)의 국방정책은 협력적 자주국방정책으로 추진하는 것이다. 협력적 자주국방은 국제적 · 지역적 안보체제협력을 비롯해서

81 중앙일보, 2021년 7월 21일.

동맹국가와 동맹관계를 발전시키고, 주변국가와의 군사협력 등을 능동적으로 활용하면서, 적대국가와도 적극적인 화해와 협력을 통해 전쟁을 억제하고 공동안보를 위해 공존공영의 목표를 달성하는 것이다. 그리고 만약 적대국가가 전쟁을 일으켰을 때는 이를 격퇴하기 위해 동맹국가 및 협력국가와 긴밀한 협력 속에서도 한국군이 주도적인 역할을 수행하는 능력과 체제를 구비하는 것이다.[82] 따라서 협력적 자주국방은 자위적 방위역량을 기반으로 동맹국가 · 주변국가 · 적대국가 관계를 상호보완적으로 협력 발전시켜나가야 한다.

첫째, 협력적 자주국방을 위한 노력으로 주적 개념을 개정했다.

1972년에 국무회의에서 최초로 국방 목표를 제정할 당시에는 국방 목표에 적 또는 주적이라는 용어가 사용되지 않았으나 1981년 국방 목표를 개정하면서 적의 무력 침공으로부터 국가를 보위한다고 설정하면서 주적 개념이 국방 목표에 포함되었다. 그러나 1990년대에 들어 세계적 탈냉전으로 위협 영역이 확대되고 포괄적 안보 개념이 대두되면서 북한의 군사적 위협뿐만 아니라 모든 위협으로부터 국가를 보위한다는 의미로 국방 목표를 확대할 필요성이 대두되었다.

국방부는 1994년에 국방 목표를 외부의 군사적 위협과 침략으로부터 국가를 보위한다로 개정하고 1995년 국방백서에 이를 공표했으나 당시 북한의 서울 불바다 발언 등으로 남북 관계가 악화되고 국민감정이 격앙된 분위기 속에서 국회와 언론은 북한에 대한 주적 개념이 없어진 것으로 이해하고 강력히 이의를 제기했다. 이에 국방부는 국방 목표에 대한 오해를 불식시키려는 의도에서 1996년 국방백서부터 국방목표 해설을 추가하고 여기에 주적은 북한이라고 명시하게 되었다.

그러나 2000년 6 · 15 남북정상회담 이후 남북 관계 변화가 진행되는 가운데 북한은 국방백서의 주적 표현을 구실로 남북한 간의 군사 회담을 거부함으로써 주적 문제가 사회적 · 정치적으로 쟁점화됐으며, 지금까지 소모적으로 논쟁이 계속돼 왔다. 즉, 특정 세력을 적 또는 주적으로 규정하는 것은 각종 정책 · 전략 기획문서나 작전 계획과 같은 내부 문서에 기술돼야 할 사항이지 대외적으로 공개된 문

82 국방부, 《국방백서》, 2004, pp. 80-87.

〈표 2-23〉 국방백서의 국방목표 해설과 비교

구분	내용
2000년	외부의 군사적 위협과 침략으로부터 국가를 보위한다 함은 주적인 북한의 현실적인 군사위협뿐만 아니라 우리의 생존권을 위협하는 모든 외부의 군사적 위협으로부터 국가를 보위하는 것을 말한다.
2004년~ 2000년대 현재	- 외부의 군사적 위협과 침략으로부터 국가를 보위한다 함은 북한의 재래식 군사력, 대량살상무기, 군사력의 전방 배치 등 직접적 군사 위협뿐만 아니라, 우리의 생존권을 위협하는 모든 외부의 군사적 위협으로부터 국가를 보위하는 것을 말한다. - 2008년부터 국방백서의 국방목표는 북한 위협을 직접적이고 심각한 위협으로 강조하였고, 2010년부터는 북한정권과 북한군을 적이라고 명시했다.

서인 국방백서에 기술할 내용은 아니라는 의견이 지배적이었다.

또한 일국의 적을 공개적으로 명시하는 문제는 국방 차원의 영역을 넘어 국가 안보 차원에서 검토돼야 할 필요가 있다는 요구에 따라 2004년 국방백서부터 주적 표현을 삭제하고 직접적 군사위협이라 표현하고, 2008년에는 직접적이고 심각한 위협이라고 표기했고, 2010년부터는 북한위협을 북한정권과 북한군으로 제한해 명시했다(표 2-23).[83]

이와 같이 북한을 주적으로 명시하지 않은 것은 한반도에 평화를 정착시키고 남북한 공동 번영을 추구함으로써 평화 통일의 기반을 조성하고 동북아 공존 · 공영의 토대를 마련하고자 하는 한국 정부의 안보정책 구상을 구현하기 위해 협력적 자주국방을 위한 노력인 것이다.

둘째, 남북한의 협력적 공존과 국가이익을 위해 2000년 9월 26일 한반도 분단 이후 최초로 제주도에서 남북한 국방장관 회담, 2007년 11월 27일 평양에서 제2차 국방장관회담을 갖고, 국방 분야에서 상호 적극 협력하기로 합의하였다. 그리고 2018년 9월 19일 남북한 국방장관은 한반도에서 무력충돌 방지와 평화 정착을 위한 9 · 19 군사합의를 했다.

셋째, 남북 장성급 회담과 남북 실무장교급 회담을 통해 지상 · 해상 · 공중에서 충돌방지, 비무장지대에서 상호 비방금지 및 방송시설 철거와 평화적 이용, 서

83 국방부, 《국방백서》(2010~2011), 2010. 12. 31.

〈표 2-24〉 남북철도 · 도로 연결구간

노선	종류	규모	구간	총거리(km)
경의선	철도	단선	문산(남)~개성(북)	27.3
	도로	4차선	통일촌(남)~개성공단(북)	10
동해선	철도	단선	사천리(남)~온정리(북)	25
	도로	3차선	사천리(남)~온정리(북)	23.7
	도로	2차선	통일전망대~군사분계선	6.6

해 및 동해에서 공동어로 수역설정 그리고 상호통신망 연결 및 통화 등의 노력을 통해 공동안보에 기여한 것이다.

넷째, 남북한 간의 교류협력 사업을 위한 군사적 지원이다. 남북한의 군대는 남북한 간에 교류 협력 사업을 군사 분야에서 적극 지원하는 것이다. 비무장지대를 통과하는 경의선과 동해선의 철도 · 도로 연결사업은 민족의 대동맥을 잇는 상징성과 함께 남북한의 교류 · 협력을 본격적으로 추진해 통일 기반을 구축한다는 데 큰 의미가 있다(표 2-24).

이를 위해 한국군은 비무장지대를 포함한 민통선 지역의 지뢰제거와 노반공사를 담당해 2000년 9월에 경의선 지역에서 군 공사를 시작하였으며, 2002년 9월에는 정부 차원의 경의선 및 동해선 철도 · 도로연결공사를 북측과 동시에 착수하였다. 남북 군사당국은 공사 진행과 안전보장을 협의하기 위해 공사상황실 간에 군 직통전화를 개설하였으며, 이를 통해 공사 간에 상호 우발적인 군사충돌을 예방하기 위한 노력도 병행하였다.

2003년에는 경의선 및 동해선 도로가 연결되고, 개성공단 및 금강산 육로관광이 시작되었다. 그리고 2005년 이후부터는 개성공단확장, 경의선 및 동해선 철도 개통, 북한 지역 관광사업 등과 같은 각종 교류 협력사업을 추진하는 데 군사적 안전보장문제를 비롯한 관련조치 사항들을 적극 지원한 것이다.

이와 같은 군사적 지원들은 첨예한 군사적 대결과 갈등구도를 청산하고 화해와 협력으로 평화를 위한 새로운 군사적 신뢰구축을 위해 필요한 노력이며, 남북한 간의 교류 협력사업에 협력적 자주국방정책이 기여한 것이다.

다섯째, 새로운 방향에서 한 · 미 동맹관계와 전시 작전통제권 전환을 발전시켜나가는 것이다. 미국은 새로운 위협에 대처하기 위해 동맹과 군대를 변환시켰는데, 그 핵심은 양적 수준이 아니라 질적 수준이며, 머물며 싸우는 것이 아니라 싸우기 위해 움직이는 신속기동군 배치, 그리고 그것을 위한 동맹관계를 재조정한 것이다. 미국은 전세계의 미군기지를 전력투사거점(PPH: Power Projection Hub), 주요작전기지(MOB: Main Operating Bases), 전진작전거점(FOS: Forward Operating Site), 안보협력대상 지역(CSL: Cooperative Security Locations) 형태로 재배치했다. 미군은 기존의 여단-사단-군단-군으로 이어지는 군의 조직체계를 작전부대(UA: Unit of Action)-작전사령부(UEx: Unit of Employment-x)-작전지원사령부(UEy: Unit of Employment-y)라는 새로운 체계로 개편했으며, 2005년에 주한 미 2사단도 신속기동군화로 재편했다.

미국의 주된 위협은 전통적 전쟁 이외에 테러공격 및 대량살상무기의 확산, 그리고 잠재적 적대국가의 부상이다. 미국은 이러한 위협에 효율적으로 대처하기 위해 군 구조를 신속화 · 경량화 · 첨단화의 방향으로 개편한 것이다.

그리고 미군은 ① 유사시 신속한 지뢰살포작전, ② 북한 특수작전부대의 해상침투 저지, ③ 주야간 탐색 구조작전, ④ 근접항공지원 통제, ⑤ 후방지역 화생방 오염제거, ⑥ 공대지 사격장 관리, ⑦ 주보급로 통제임무, ⑧ 작전기상 임무, ⑨ 북한 장사정포 대응 화력전, ⑩ 판문점 공동경비구역 경비책임 등 10대 군사 임무를 2004~2008까지 한국군에게 조기 이양하였다. 또한 미군은 동두천 · 의정부지역에서 주둔하면서 수행했던 대북인계철선 역할을 한국군에 인계하고 지역방위군 역할 및 신속기동군화하기 위해 오산 · 평택지역으로 기지를 재배치 임무를 수행하게 되었다. 이와 같은 미국의 군사변환 과정에서 한미상호방위조약을 유지한 상태로 전시 작전통제권을 한국군에게 인계하는 계기가 되었다.

예컨대 1950년 6 · 25전쟁 초기에 유엔군 사령관에게 양도된 한국군에 대한 작전통제권은 1978년 한미연합사가 창설되면서 다시 주한미군사령관과 유엔군 사령관을 겸임하고 있는 연합군사령관에게 위임되는 형식절차를 거쳤다. 그 후 1994년에 평시의 한국군 작전통제권 환수로 한국 정부가 단독으로 행사하고, 대북방어태세인 데프콘(DEFCON) 5단계 중에 데프콘 3단계(적의 공격징후가 농후할 때)

이상의 전시에는 한미연합사령관이 행사하는 것으로 조정하였다.

작전통제권 환수 및 한미연합사 용산기지 이전은 1987년 노태우 대통령 후보의 대선공약에서 처음 언급된 후에 노태우 정부는 민족자존을 국정목표로 내걸고 1988년부터 미국과 계속 협의(당시는 전 · 평시 작전권 구분이 없었음)를 시작한 이래로 1994년 문민정부에서 평시 작전권만 환수하고, 다시 2000년 전후에 전시 작전권 환수를 추진한다는 계획이었다. 그 후 2003년 노무현 정부에서 한미 국방장관은 미래지향적인 지휘관계 발전방향 연구에 합의하였고, 2004년 한국 합동참모본부와 한미연합사령부 간에 한미지휘관계에 대한 공동연구추진을 합의하고, 2005년 9월 안보정책구상회의(SPI)에서 전시 작전권환수에 대한 협의가 적극 실시되었다.[84]

2006년 6월 15일 버웰 벨 한미연합군사령관 겸 주한미군사령관은 한국의 전시 작전권 환수는 미군이 지원역할로 전환하게 됨에 따라 주한미군의 지상 · 해상 · 공중전력의 구성비율과 전쟁 및 급변사태발생 등의 한반도 위기관리대응책에서 깊은 협력관계가 필요하다고 했다.

그리고 2006년 8월 27일 도널드 럼스펠드 미국국방장관은 "한국은 굉장히 많은 군사능력을 갖고 있고 그 능력은 계속 증가하고 있다. 솔직히 말해서 북한의 재래식 군사력은 한국에 군사적 위협이 되지 않는다. 북한이 당면한 미래에 제기하는 위협은 한국에 대한 군사적 위협보다는 다른 국가 및 테러분자들에게 대량살상무기(WMD)를 확산하는 점"이라고 강조했다.[85] 이것은 한국이 북한의 남침억제에 주도적 역할을 하고, 미국은 대량살상무기 확산을 저지하고 지원적 역할을 하겠다는 것이다.

이와 같은 한국과 미국의 전시 작전통제권 전환 협상과정에서 2006년 9월 14일

84 대통령비서실 통일외교안보정책실, 〈전시 작전통제권 환수문제의 이해〉, 2006, p. 308.

85 동아일보, 2006년 8월 29일.

한국 노무현 대통령과 미국 W. 부시 대통령은 한국의 전시 작전통제권 전환원칙에 합의했다. 또한 2006년 10월 21일 한국 윤광웅 국방장관과 미국 도널드 럼스펠드 국방장관은 제38차 한미안보협의회의(SCM)에서 2009년 10월 15일부터 2012년 4월 17일까지 한국으로 전시 작전통제권 전환을 완료하기로 합의하였다.[86]

그 주요 내용은 ① 전시 작전통제권 전환은 한국이 충분한 독자적 방위력을 갖출 때까지 미국의 지원 전력을 적극 제공할 것이며, ② 북한 핵위협(핵실험 및 미사일 발사)은 상호방위조약에 의거해 핵우산제공을 통한 확장된 억제력의 지속 보장이며, ③ 한 · 미동맹은 양국가의 공통가치를 바탕으로 국가이익에 중요하고, 앞으로도 확고한 협력으로 연합방위 태세가 유지돼야 한다는 데 동의하였다.

2009년 1월 30일 월터 샤프 주한미군사령관은 전시 작전권 전환에 따라 주한미군을 지상군 중심의 한반도 억지군에서 국제적 신속대응군 역할로 변환하는 전략적 유연성의 실현이라고 말했다. 주한미군은 지상군을 줄이는 대신에 해군 · 공군 전력을 늘려 주한미군이 세계 각 지역으로 즉각 투입할 수 있도록 하는 것이다.

그러나 이명박 대통령과 버락 오바마 대통령은 2010년 6월 26일 한반도 안보상황을 고려해 한 · 미 간에 전시 작전통제권을 2015년 12월 1일로 연기했다가 2020년대 이후로 다시 연기했으며, 그 실천내용은 변화가 없이 추진된 것이다. 한국군의 평시 · 전시의 작전통제권 행사는 미군의 한국방위의 주도적 역할에서 지원적 역할로 전환하고, 한국군이 대신 주도적 역할로 변환에 따라 연합방위체제에서 공동방위체제로 지휘체계가 구축된 것이다.

그리고 전시 작전통제권이 이뤄지면 효과적인 전방작전 일원화와 연합사 지상군사령부 역할을 위해 2019년 1월 9일 1군사령부와 3군사령부를 통합하여 지상작전사령부를 용인에 창설했다.[87]

이와 같은 변환에 따라서 한국은 동맹국가 및 주변국가들과 어떤 분야에서 협력하고 지원할 것인가를 구체적으로 발전시켜야 한다.

---

86 국방일보, 2006년 10월 23일.

87 국방일보, 2019년 1월 10일.

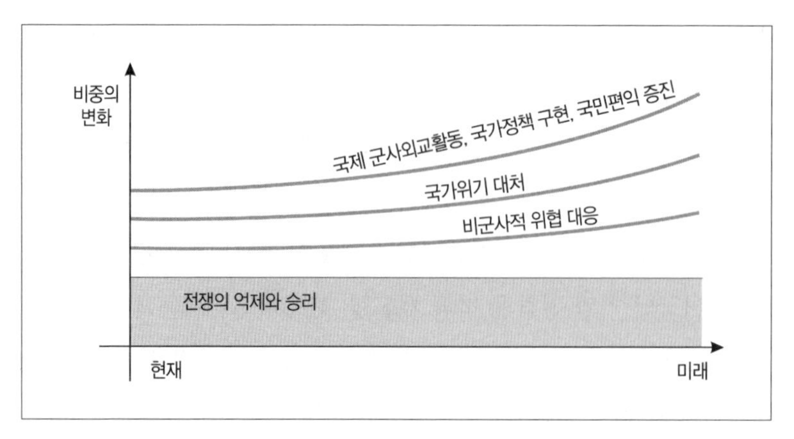

〈그림 2-9〉 한국군의 역할 확대

여섯째, 한국군은 전쟁의 억제와 승리를 기반으로 비군사적 위협 대응, 국가위기대처, 국제군사외교활동, 국가정책구현, 유엔평화유지활동(PKO) 참여, 국민편익 증진 등의 역할을 확대해나가야 한다(그림 2-9).

협력적 자주국방정책은 국가 번영과 평화통일이란 국가안보정책을 지원하기 위해 튼튼한 국방태세를 완비하고, 테러 · 대량살상무기 · 마약 및 범죄 · 재해 및 재난 등의 초국가적 위협, 미래의 전쟁 양상 변화와 군비통제 실현 노력, 그리고 통일한국 이후의 불특정국가 위협에 대비할 수 있는 안보상황 변화에 능동적으로 대처하고, 미래를 효율적으로 관리할 수 있는 역할을 할 수 있어야 한다.

일곱째, 한반도 급변사태(북한의 체재 붕괴, 정권 교체, 재해 및 재난 발생, 피난민 발생 등)에 주변국가들과 협력을 통해 혹은 한국군의 단독으로 효율적인 대응 계획을 수행한 것이다. 북한이 붕괴되어 핵 · 생화학무기, 미사일 등 대량살상무기에 대한 통제력을 잃어 반란군이 대량살상무기를 탈취하거나 북한 외부로 반출할 경우, 쿠데타 및 주민폭동으로 인한 북한 내전사태, 중국군의 북한 지역 선제점령, 북한주민 대량탈북사태, 홍수, 지진 등 대규모 자연재해에 대한 인도주의적 지원, 정치적 이유 등으로 인한 북한 내의 한국인 인질사태 등에 대한 계획을 발전시킨 것이다.

여덟째, 선진군대의 군 복지 향상 및 병영문화를 발전시켜나가야 한다.

결과적으로 21세기 협력적 자주국방은 한국군이 주도할 수 있는 자위적 방위역량 확보와 국제적 · 지역적 안보체제 협력, 동맹국가의 군사동맹 이용, 주변국가와 군사협력유지, 적대국가와도 교류와 협력을 발전시켜 전쟁을 억제하고, 평화적인 통일을 지원해나가는 것이다.

3) 군사전략

(1) 평시: 총합적 억제전략

한국의 국방목표는 "외부의 군사적 위협과 침략으로부터 국가를 보위하고 평화통일을 뒷받침하며 지역안정과 세계평화에 기여한다"라고 했다. 따라서 한국의 군사전략은 국방목표달성을 위해 평시에는 전쟁억제이며 유사시에는 적의 도발에 유형별로 대응해 승리하는 것이다. 특히 외부의 군사적 위협과 침략이라고 하는 것은 북한은 물론 통일 이후에 주변국가에 의한 군사적 위협을 의미하는 것이다.

한국의 협력적 자주국방(1998~2000년대 현재)에서 군사전략은 평시는 총합적 억제전략, 국지전은 신축대응전략, 전면전 시에는 수세 · 공세적 방위전략이나 공세적 방위전략이어야 한다.

평시의 총합적 억제전략은 북한에 대해 국가적 차원에서 군사적 수단뿐만이 아니라 이용 가능한 모든 비군사적 수단까지 동원해 비적대적 억제 · 보상적 억제 · 상황적 억제 방법 중에 선택 적용해 안정적 관리로 전쟁도발을 억제하는 전략이다. 따라서 총합적 억제전략의 수단에는 군사적 수단을 포함해서 정치 · 외교적 활동, 국제안보환경의 이용, 경제력 활용, 사회 · 심리적 이용, 과학기술적 우위, 국내안정 유지 등 제반요소가 포함된다.

그리고 주변국가 위협은 통일한국 이후에 한반도 주변 안보환경의 불확실성이 증대되고 국가 간의 갈등요소가 잠재하고 있기 때문에 영토 및 주권문제에 따른 군사적 위협을 비롯해서 비군사적 위협까지 다양하게 나타날 것이다. 주변국가와의 갈등 및 분쟁은 영토영유권 분쟁, 배타적 경제수역 및 대륙붕 개발, 어업분쟁, 해상교통로 위협, 자연환경오염, 자본과 기술, 역사왜곡문제 등에 대한 도발적 행동을 억제하기 위해서는 총합적 억제전략을 더욱 발전시켜나가야 한다.

(2) 국지전시: 신축대응전략

국지전시의 신축대응전략은 적이 도발 수단(군사적 · 비군사적)과 규모에 따라 상응한 대응방법으로 격퇴해 도발이전의 상태로 원상회복하는 전략인 것이다. 그러나 신축 대응전략은 전쟁으로 확대되는 것을 방지하는 노력이 있어야 한다. 국지전 시 신축대응전략은 한국군위주의 전력으로 지상 · 해상 · 공중의 국지도발지역에서 도발장소, 도발양상 및 규모에 따라 그에 상응한 수단과 방법을 사용해 즉각 응징함으로써 확전을 방지하고 적의 재도발의지를 말살하는 것이다.

> …… 북한은 2010년 3월 26일 옹진반도에 배치된 해군의 수중어뢰공격으로 백령도 해상에서 초계임무를 수행한 한국 해군 천안함을 폭침시키고, 46명의 사망자를 발생시켰다.
>
> 또한 북한은 11월 23일 옹진반도 개머리지역의 해안포와 방사포로 연평도를 포격해 해병대원과 민간인 4명이 사망하고 많은 군사시설 및 민간가옥 등이 파괴되었다.
>
> 북한의 천안함 폭침사건과 연평도 포격사건은 한국의 영해 · 영토를 직접 공격한 전쟁행위이고, 공격대상이 군인 및 군사시설뿐만 아니라 민간인 및 민간시설을 무차별 공격했고, 실제 전쟁 상황에서 발생할 수 있는 연평도민이 인천으로 피난을 했다. 그러나 한국은 정치 · 외교적, 군사적으로 효과적인 대응을 못함으로써 위기관리에 실패했고, 신축대응도 하지 못했다.
>
> …… 이명박 대통령은 11월 29일 연평도 포격사건에 대해 무고한 우리 국민이 목숨을 잃었고, 우리의 영토가 파괴된 것에 대해 참으로 죄송하고, 국가안보에 책임을 통감한다고 대국민사과를 했다. …… 이번 사건들로 인해 남북한 간에는 6 · 25전쟁 이후 최대 위기상황이 되었지만 위기관리에도, 군사적 신축대응전략에도 실패했다.

그러나 응징보복으로 전쟁을 확대할 때 군사목표는 정치적 목적, 국내외 안보적 상황, 전략적 제한사항 등을 고려해 달성 가능한 목표를 선정하고, 상황에 따라서는 비군사적 수단을 비롯해서 한국군 단독 또는 동맹국가 및 국제적 · 지역적 안보체제 협력을 이용해 선별적으로 시행할 수 있어야 한다.

(3) 전시: 수세 · 공세적 방위전략 또는 공세적 방위전략

전면전 시의 수세 · 공세적 방위전략은 선수세를 취하다가 즉시 공세이전하고, 공세적 방위전략은 선제공격 및 예방공격을 실시해 적 지역으로 전장을 확대함으로써 피해를 최소화하며 승리하는 전략인 것이다.

오늘날 세계에서 미국을 비롯한 강대국가들은 독자적 자주국방정책을 추구해 공세적 방위전략을 구사하고 있다. 그러나 독자적 자주국방정책과 공세적 방위전략은 보통국가로서는 실현이 제한될 수 있는 국방정책이고 군사전략일 수도 있다. 보통국가로서 한국은 협력적 자주국방정책을 구현하기 위해서는 수세 · 공세적 방위전략이 국제적인 지지획득과 협력으로 전쟁의 정당성 확보 및 국가적인 실현가능성을 높일 수 있는 군사전략이지만, 상황발전에 따라서 공세적 방위전략도 실현할 수 있어야 한다.

이와 같이 한국적 특성에 맞는 수세 · 공세적 방위전략 또는 공세적 방위전략을 발전시켜야 한다. 첫째, 현대전쟁 특성으로 축차진지전 위주의 방어에 중점을 둔 수세적 방위전략 개념은 좁은 전장공간 때문에 파멸을 초래할 수 있기 때문에 한국군도 적의 공격을 사전에 예방하거나 저지하기 위해 적의 공격 직전이나 동시

〈표 2-25〉 한국군의 군사전략 방향

기존 전략	발전 전략
양적 · 대군주의 · 병력 중심	질적 · 정예주의 · 기술 중심
지상군 중심 전력	첨단기술/정보 전력
좁은 영역, 근거리 작전수단 및 전장 운용	넓은 영역, 원거리 작전수단 및 전장 운용
위협에 기초한 전략	능력에 기초한 전략
미국 주도의 북한 위협 대비 방위전략	한국 주도의 다양한 위협 대비 방위전략
※ 수세적 방위전략	※ 공세적 방위전략, 또는 수세 · 공세적 방위전략

에 반격하는 수세 · 공세적 방위전략이나 공세적 방위전략을 발전시켜야 한다(표 2-25).

둘째, 한국군은 한국의 전장환경을 고려해 병력 중심의 전력구조에서 정보 · 지식중심과 능력 · 기술 중심의 첨단정보과학군 전력구조로 발전시켜야 한다.

예컨대 한국군의 군 구조를 현대과학기술의 발전추세에 맞게 개편해, 다양한 안보위협에 능동적으로 대응할 수 있는 정보과학기술군으로 육성하는 것이다.

> …… 지상 · 해상 · 공중 · 우주 · 사이버의 5차원 전쟁을 수행하기 위해 한국군은 병력집약형 전력구조에서 기술집약형 전력구조의 정보기술과학군으로 변화해야 한다.

병력구조는 병력집약형에서 기술집약형으로 전환하기 위해 현재 68만 명의 병력을 50만 명 수준으로 정예화하고, 전력구조는 모든 전력을 효과적으로 통합하고 신속히 발휘할 수 있도록 정보 · 감시능력, 지휘 · 통제능력, 기동 · 정밀타격능력을 첨단화하는 것이다. 지휘 및 부대구조는 합동참모본부의 작전기획 및 수행체제를 강화하고 부대 수는 축소하면서 전투력이 강한 부대로 전환하고, 군 구조 개편과 병행해 병영문화 개선 등을 통해 국민과 함께 하는 군을 육성하는 것이다. 즉 한국군은 국방개혁을 통해 병력은 줄지만 실질적인 전력은 오히려 증강되는 기술집약형의 군구조로 전환시켜나가는 것이다.

이러한 전력의 변화는 한국의 전시 작전권 환수로 인한 한국군의 독자적 군사작전과 미군의 지원군 역할로의 변환에 따른 첨단기술과학군으로 발전시키는 것은 더욱 중요한 과제이다.

> 한반도에서 남북한 간 화해협력관계가 발전하는 가운데 북한의 군사적 위협이 상존하는 이중적 안보상황과 미국의 범세계적 방위태세 검토에 따른 주한미군의 전략적 유연성 확보 및 의정부 · 동두천 지역에서 평택 지역으로의 이전 등 한국의 안보환경이 변화하는 것이다. 이와 같은 변화는 전략환경에 능동적으로

대처하고 현존하는 위협을 효과적으로 억제하며, 통일 한국 이후의 주변 국가에 자위적 방위를 할 수 있는 군사력 건설이 요구되는 것이다. 현대전쟁은 과학기술이 획기적으로 발전하면서 과거 영토 확보나 대량살상을 추구하던 전쟁형태가 적의 정보능력을 마비시키고 중심을 타격하는 새로운 전쟁형태로 변화되었다. 이러한 전쟁을 수행하기 위해서는 적보다 우세한 감시 · 정찰능력, 지휘 · 통제 · 통신 자동화체계, 종심표적에 대한 장거리 정밀타격능력과 신속한 기동성 등이 필수적인 요소가 되었다.

현존하는 한국의 안보현실을 감안해 우선적으로 이를 억제할 수 있는 군사적 능력을 조기에 확충하며, 동시에 미래 주변 국가 위협에 대비한 핵심전력을 점진적으로 확보해나가는 것이다. 이를 위한 군사력 건설방향은 미래 전쟁양상에 부합되도록 탐지에서 타격 체계를 구축하고, 한반도 전 지역을 통제할 수 있는 독자적 감시 · 정찰능력 확보, 전술 · 작전 · 전략 제대에 걸친 실시간 지휘통제 · 통신체계 구축, 그리고 종심표적에 대한 정밀타격 능력을 전력화하는 것이다.

지금까지 중무장 지상군 중심의 수세적 방위전략에서 군구조를 경량화 · 기동화 · 첨단화시켜 신속 대응군 중심의 수세 · 공세적 방위전략, 또는 더 나아가서 공세적 방위전략으로 발전시켜나가야 한다.

셋째, 전시 작전통제권 전환은 한미연합방위체제에서 한국군 주도의 공동 방위체제로 전환한 것이다. 한반도 방위를 위해 한국군 주도와 미군 지원의 새로운 협력체제를 구축하지만 한미안보협의체는 지속 유지해 정보관리 · 위기관리 · 연합연습과 훈련 · 전시 작전수행 등 모든 분야에서 긴밀한 군사협조체제를 유지함으로써, 한반도 전쟁억제와 방위역량 면에서 연합방위체제보다 더욱 효율적인 공동방위체제로 발전시켜나가는 것이다.

넷째, 통일 한국 이후의 주변국가 위협에 대비할 수 있는 방위체계 및 전략을 발전시켜나가야 한다. 즉, 수세 · 공세적 방위전략 또는 공세적 방위전략을 적극적으로 수행해 자국의 영토 밖에서 적의 공격을 조기에 차단하기 위해서는 ① 적위협의 전략적 · 작전적 중심과 핵심요소를 감시 · 정찰할 수 있는 감시권, ② 국지분쟁시나 전쟁 시에 적의 침략을 차단하고 격퇴해 국토의 전장화 방지 또는 최소화하기 위한 방위권, ③ 어떤 경우에도 국력을 총동원해 국가와 국민을 보호하고 승리할 수 있는 결전권, ④ 지식정보화 시대 전쟁에서 합동전장운영 지원을 위한 사이버 · 우주권 등의 군사력 운용 개념과 능력을 구축하는 것이다. 특히 인류문명의 발달로 인간 활동영역이 우주로까지 확장되어 현대국가들은 우주의 활용 없이 전쟁을 수행할 수 없게 됨에 따라 군사에서의 우주와 위성의 활용은 더 이상 선택이 아니라 필수가 되었다.

우주력을 '가진 자'와 '가지지 않은 자' 간의 전쟁수행능력 차이가 극명해지는 시대이며, 주요 군사강대국일수록 우주를 활용하는 능력은 두드러지고 있다. 따라서 한국군도 한반도 정세 변화에 대비하고, 주변국가 정세에 기여하기 위해 우주력을 확보해나가야 한다. 이러한 군위성통신체계 확보는 수세 · 공세적 방위전략 또는 공세적 방위전략을 위한 신속결정적 기동작전, 효과기반작전, 네트워크중심작전 등을 수행할 수 있는 기반이 된다. 예컨대 현대전은 기동수단의 발달 · 무기체계의 사거리와 정확도 · 파괴력 증대 · 지휘통제 자동화체계의 발전에 따라 전장의 범위가 날로 확장되어왔으며 공수의 반응도 무섭게 빨라지고 있다.

이에 따라 실시간 정보유통에 의한 지휘통제가 현대전 승리에 필수적 요소로 작용하고 있다. 따라서 지형과 기상장애를 극복할 수 있고, 기동성과 광역성을 제공할 수 있는 전략 · 전술 지휘통신 정보유통체계 구축은 전쟁 승리를 위한 필수불가결한 요소가 되었다. 한반도의 70% 이상이 산악지형이고 한반도 내 전장은 이 같은 산악 지형을 근간으로 형성될 가능성이 높다는 점을 감안할 때 한국군의 지휘통신체계는 지형장애에 의한 가시선 확보문제를 극복할 수 있게 한다.

다섯째, 한국은 핵 대비태세를 갖추어야 한다. 한국은 1958년부터 1991년까지 33년간 950기의 전술핵무기가 배치되어 보호받았으나 1992년 한반도 비핵화 선언에 따라 철수되었다. 한국은 주한 미군의 전술핵무기 철수 후에 핵무기와 재래식 무기로 타격하는 핵우산과 확장억제를 제공받아왔다. 한반도 주변국가와 북한은 핵무기를 보유했거나 또는 그러한 능력을 갖고 있다. 한국은 대량살상무기를 겨냥한 정밀타격 전력 확보, 미사일방어체제(MD) 및 핵대비 태세를 보완하고 발전시

〈그림 2-10〉 한반도 유사시 적용되는 작전계획

자료: 한국일보, 2018년 10월 6일.

켜나가야 한다.

여섯째, 민군 작전으로써 북한 지역 및 국제사회에서 평화유지활동(PKO)를 적극 수행하는 것이다. 한국군은 북한 지역에서 민군합동으로 실시할 민군 작전(안전확보 작전단계 · 안정화 작전단계 · 권한전환 작전단계)을 위해서, 또한 국제평화 유지활동을 위해 적극 노력해야 한다. 특히 한국군은 군인 · 경찰관 · 필요한 전문가를 운용해 예방외교, 평화조성, 평화유지, 평화건설, 평화강제 등의 국제 평화유지활동을 실시해 국가품격을 높이고, 국민의 자긍심 회복, 국민통합효과 및 새로운 정체성을 창출할 수 있어야 한다.

이와 같이 21세기 자주국방 발전기(1998~2000년대 현재)의 안보정책은 안보이익 공유에 의한 협력안보의 이론적 바탕 위에 국가 번영과 평화통일정책(햇볕정책을 기조로 한 다양한 각 정부의 안보통일정책을 포괄함)이고, 국방정책은 협력적 자주국방이다. 그리고 군사전략도 변화하였다. 즉 한국군의 군사전략과 작전술도 정보화 · 과학화된 군대를 통해 현재와 미래에 대한 구상 및 실천을 위해서, 평시는 총합적 억제전략, 국지전시는 신축대응 전략, 전면전 시는 수세 · 공세적 방위전략 또는 공세적 방위전략으로 발전시켜나가야 한다.

7 결론

오늘날 국제사회는 탈냉전 후에 외형적으로는 미국, 일본, 러시아, 중국 등 주변 4강대국가 간에 화해와 협력관계를 유지해나가고 있으나, 내면적으로는 국가 간의 이익과 이해가 상충되고 있는 가운데 국가의 주도권 추구와 영향력을 확대하기 위한 경쟁적 공존관계로 불안정성과 불확실성이 계속되고 있다.

또한 남북한은 그동안 국제적 탈냉전의 환경에도 불구하고 계속 전쟁적이고 파괴적인 적대관계가 지속되어오다가 2000년 6월 15일 남북정상회담과 6 · 15 남북공동선언으로 화해와 협력의 탈냉전의 전환기를 맞이해 협력적 공존관계를 발전시키면서 평화통일을 위해 노력하고 있다.

21세기 국제안보환경은 변화하고, 한반도 상황도 한편에서는 협력과 통일지향의 긍정적인 방향으로, 다른 한편에서는 위협과 분쟁지향의 부정적인 방향으로 이중적 상황이 전개될 수 있다. 이런 가운데 현실적 · 잠재적인 국가들의 군사적 위협은 상존할 것이며, 테러, 대량살상무기, 마약 및 범죄, 자연환경파괴, 재해 및 재난 등 새로운 비군사적 위협도 더욱 증대될 것이다. 또한 통일한국 이후에도 주변국가들은 자국의 이익과 영향력 확대로 다양한 위협은 계속될 것이다. 이와 같은 전환기적 안보환경 속에서 한국군은 확고한 국방태세를 바탕으로 위험과 도전을 국가 번영과 평화통일의 기회로 바꿀 수 있도록 안보정책 · 국방정책 · 군사전략으로 뒷받침할 수 있어야 한다.

한국은 변화하는 안보환경 속에서 현존의 위협과 미래의 주변국가 위협으로부터 국가와 민족의 생존권을 보장하고, 국가이익을 보호해 국가 번영을 달성해야 한다. 또한 다양한 안보환경 변화에 능동적으로 대비할 수 있는 창조적인 안보정책, 국방정책, 군사전략, 동원정책, 군비통제정책, 통일정책, 전쟁기획, 위기관리능력 등을 지속적으로 발전시켜 자유민주주의체제 및 자유시장 경제체제에서의 평화통일을 이룩해나가야 한다. 왜냐하면 그것은 오늘을 살아가고 있는 우리들의 생존적 책임이고, 미래의 후손들에게 번영된 조국을 물려주어야 할 사명이기 때문이다.

제3장

군비통제정책

1 서론

인류는 평화와 질서 속에 진행되고 있는 지구의 자전에 마찰하고 충돌함으로써 새로운 분열을 일으키고, 새로운 충돌의 선이 그어짐에 따라 미래에도 새로운 전쟁의 불씨를 안고 살아가고 있다.

특히 지구촌 속에 한반도를 중심으로 한 전환기의 안보환경 변화는 창의적인 사고를 통해 능동적으로 대처하고 미래를 효과적으로 준비하는 대응책이 요구되고 있는데, 그 대응책은 군사력 건설을 통한 군비증강이 되며, 다른 한편으로는 군사력 감축을 통한 군비통제가 있다.

오늘날 한국은 평화통일과정이나 통일한국 이후에 국가안보를 위해서 군비증강과 상호보완적 관계인 군비통제에 대한 이론 및 실제를 연구하고 발전시키는 새로운 접근이 있어야 한다.

2 군비통제의 이론

1. 군비

1) 군비의 개념

인류의 역사는 전쟁의 역사라고 말할 수 있다. 이러한 전쟁은 끊임없는 전쟁을 위한 무기의 준비에 의해서 이루어져왔기 때문에 먼저 군비에 대해서 알아보고자 한다.

후버 전쟁혁명평화연구소(The Hoover Institution on War, Revolution and Peace)는 군비(Military Preparedness)란 상대방에게 어떤 물리적 손상을 주기 위해 사용되는 모든 형태의 폭력 도구라고 정의하고 있다.[1] 군비(軍備)는 국가목적과 국가이익을 지키기 위한 군사설비로 군대의 병력 · 무기 · 장비 · 시설 등을 총칭해 말한 것이다. 이와 같이 군비는 전쟁준비를 위한 폭력도구의 무기체계로서 발전해왔다(표 3-1).

원시전쟁시대는 개인 간 또는 집단 간에 손으로 때리고, 발로 차고, 머리로 박고, 이빨로 물어뜯는 육체적 힘을 이용한 싸움을 하였다. 고대전쟁시대는 창, 칼, 화살, 방패 등을 이용하였고, 중세전쟁시대는 화약의 발명으로 화승포, 화포를 사

1 The Hoover Institution on War. *Revolution and Peace, Arms Control Arrangements for the Far East*, Stanford, CA: Stanford Univ. Press, 1967, p. 1.

〈표 3-1〉 무기체계와 전술변천과정

구분	무기체계	전술
원시전쟁	손, 발, 머리. 이빨 등 육체적 힘 이용	개인 힘의 싸움
고대전쟁	- 공격용: 창, 칼, 화살, 투석 등 - 방어용: 갑주, 방패 등	집단전투, 종대대형
중세전쟁	화승포, 화포	선전투, 횡대대형, 3병전술(보, 포, 기병의 협동작전)
근대전쟁	총검, 기관총, 야포	3차원 전쟁, 후티어 돌파전술, 구로우 종심방어
현대전쟁	전차, 항공기, 잠수함, 핵무기, 정밀유도무기, 컴퓨터, 우주무기	3차원/5차원 전쟁(지상, 해상, 공중, 우주, 사이버 전쟁)

용하였으며, 근대전쟁시대에서는 총검, 기관총, 야포가 포함되었다.[2]

현대전쟁시대에서 제1차 세계대전 · 제2차 세계대전까지는 전차, 항공기, 잠수함, 핵무기 및 생화학 무기 등이 등장해 3차원 전쟁이 수행되었으나, 오늘날 전쟁에서는 인공위성 및 컴퓨터 등장으로 정밀 유도 무기체계가 발달해 지상, 해상, 공중, 우주, 사이버 공간을 이용한 5차원 전쟁으로 발전하였다.

이러한 발전과정에서 변화하고 있는 무기체계는 오늘날에 와서 단순히 전쟁을 위한 도구적인 의미를 벗어나 무서울 정도의 정밀성과 가공할 대량살상무기들로 인해 통제할 수 없도록 그 개념이 어렵고 복잡해졌다.

2) 군비의 결정요소

국가가 자국의 이익을 지키고 생존하기 위해서는 어떠한 군비를 갖추어야 할 것인가는 대단히 중요한 과제가 된다. 군비를 결정하는 중요한 요소는 학자에 따라 여러 가지 주장이 있으나, 그 내용을 종합해보면 지리적인 요소, 자연자원의 요소,

2 김철환 · 이흥주, 《무기체계》, 서울: 청문각, 2005, pp. 10-13.

〈표 3-2〉 군비의 결정요소

결정요소	내용
지리적 요소	- 대륙국가, 해양국가, 반도국가 - 열대국가와 한대국가 - 기타
자연자원의 요소	- 식량(자급자족 여부) - 지하자원(석유, 광석, 우라늄 등) - 지상자원(무역상품 등) - 기타
산업능력 및 기술의 요소	- 산업능력 - 정보 · 과학기술 능력 - 기타
군대의 수와 질의 요소	- 군대의 수(육군, 해군, 공군, 특수부대) - 군대의질(정신전력, 교육 및 훈련, 전투능력 등)
군 간부 지휘 능력의 요소	- 지휘통솔 능력 - 전략적 · 작전적 · 전술적 능력 등
국민의 수와 질의 요소	- 인구(인구의 수, 인구의 질) - 국민성과 국민정신 - 국가동원능력(인적 · 물적 · 기타) 등

산업능력 및 과학기술의 요소, 군대의 수와 질의 요소, 군 간부 지휘능력의 요소, 국민의 수와 질의 요소 등 여섯 가지 요소를 고려할 수 있다(표 3-2).[3]

이와 같은 군비의 결정요소는 국가목표(목적)를 달성하기 위해 군비를 갖추는 데 중요한 요소들이 되고 있으나, 다른 한편으로는 군비통제의 대상 분야로서 국가 간의 군비통제정책에 결정적인 영향을 미치게 된다.

3 송대성, 《한반도 군비통제》, 서울: 신태양사, 2005, pp. 4-13.

2. 군비경쟁

1) 군비경쟁의 개념

헌팅턴(Samuel P. Huntington)은 군비경쟁이란 두 개의 국가 혹은 국가군이 갈등적 목표추구나 상호 공포로 인해 평화 시에 군사력을 점진적이고 경쟁적으로 증강시키는 것이라고 정의하였으며, 스미스(Theresa C. Smith)도 군비경쟁을 군비의 양적 혹은 질적 증가로 정의하고 있다.[4]

이상의 주장들을 종합해볼 때 군비경쟁이란 2개 국가 또는 그 이상의 적대적인 관계에 있는 국가들이 국가안보를 보장할 수 있는 방법이 군사력이라는 믿음으로 군사비를 증대시키면서 군대를 증강하거나 무기의 파괴력을 향상시키고, 무기의 양을 경쟁적으로 증가시키는 일련의 군비증강 행위라고 정의할 수 있다.

예컨대 군비경쟁이란 A국가와 B국가가 내적요소와 외적요소에 의해 상호반응에 군비를 상호 경쟁적으로 증가시키는 행위이다(그림 3-1).[5]

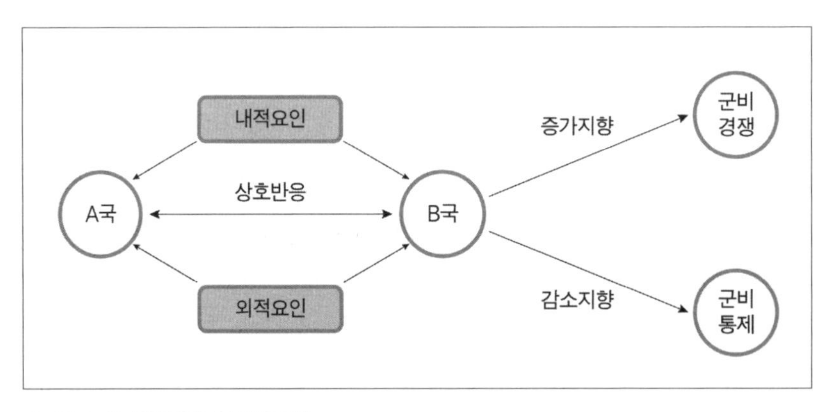

〈그림 3-1〉 군비경쟁과 군비통제

4 한용섭, 《한반도 평화와 군비통제》, 서울: 박영사, 2004, pp. 213-220.

5 Michael D. wallace, "Arms Races and Escalation: Some New Evidence," *Journal of Conflict Resolution*, 23(March 1977), pp. 3-16.

두 적대국가 간의 군비보유에 있어 상호반응에 의해 나타나는 현상은 크게 두 가지로 분류할 수 있다. 하나는 두 나라 사이에 상호 반응 현상으로 나타나는 결과가 A국가와 B국가가 함께 군비증강 방향으로 전개되는 경우이고, 다른 하나는 이와 반대로 군비감소 방향으로 전개되는 경우이다. A국가와 B국가 간의 상호반응에 의해 군비증강 방향으로 전개되는 경우를 군비경쟁이라고 하고, 반대로 군비감소 혹은 군비동결 방향으로 전개되는 경우를 군비통제라고 한다.

이와 같은 군비경쟁이 성립되기 위해서는 한국가가 상대국가로부터 두려움을 느끼고, 이 두려움에 대처하기 위한 상호작용에 의해 군비를 증강하게 되는 것이다.

2) 군비경쟁의 결정요소

군비경쟁은 두 개 또는 그 이상의 국가가 상호작용의 원인으로 군비증강을 향해 경주하는 것으로서, 경쟁국가들은 같은 목적을 가지고 같은 길을 달리게 되지만 내적 요소와 외적 요소에 따라 영향을 받게 된다(표 3-3).

군비경쟁요소는 내적 요소로서 정치체제 및 정치지도자의 리더십 특성, 경제적 요소, 사회 · 심리적 요소, 과학기술적 요소 등이 있으며, 외적 요소는 국제적 안

〈표 3-3〉 군비경쟁의 요소

경쟁요소	내용
내적인 요소	- 정치적 요소 - 경제적 요소 - 사회 · 심리적 요소 - 과학기술적 요소 - 군사적 요소
외적인 요소	- 적대국가와 관계 - 주변국가와 관계 - 국제적 안보환경 - 기타

보환경 및 적대국가와의 관계 등이 있다.[6]

1970년대 말 미국 경제는 침체기에서 벗어나지 못하고 어려움을 겪고 있었다. 당시 강력한 미국을 주창한 레이건(Ronald. W. Reagan) 대통령은 구소련(러시아)을 이 지구상에서 가장 사악한 존재로 간주하였다. 그리고 구소련의 팽창주의와 계속적인 군비증강으로 인해, 구소련이 미국을 곧 괴멸시킬지도 모른다고 구소련에 대한 두려움을 미국인들에게 호소하였다. 그는 이러한 두려움을 제거하기 위해 미국이 계속 군비를 증강해야 된다고 주장하였다. 그 결과 미국과 구소련은 더욱 치열한 군비경쟁을 벌이게 되었으며, 1980년도에 미국의 국방비는 전체 예산의 23.4%였는데, 1986년도에는 29%로 증액되었고, 계속해서 군비를 증강할 수 있는 국민들의 여론적인 뒷받침을 받을 수 있었다.[7] 이와 같이 외적요소와 내적요소가 군비경쟁에 크게 영향을 미치게 됨을 알 수 있다.

이와 같은 군비경쟁요소들은 군비경쟁의 상호적인 반응으로 일어난 경우가 대부분이지만 군비경쟁에서 희망이 없다고 인식한 국가는 상대국가의 군비증강에 대해 군비를 일방적으로 축소하는 경우도 있고, 상대방의 군비축소에 대해 축소하지 않고 오히려 증강하는 경우도 있다.

따라서 국가는 안보정책과 국방정책 및 군사전략 선택과정에서 군비경쟁을 지향할 수도 있고 안할 수도 있는 것이다.[8]

---

6 송대성, 위의 책, pp. 14-24.

7 Karl W. Deutsch, *The Analysis of International Politics Today : A World View*, 2nd ed., Boston: Brown and Company, 2001, pp. 87-97.

8 한용섭, 앞의 책, p. 217.

3. 군비통제

1) 군비통제의 정의

군비통제(Arms Control)란 군비경쟁의 상대적인 개념으로서, 군비경쟁을 안정화 또는 제도화시킴으로써 군비경쟁에서 일어날 수 있는 위험 및 부담을 감소 · 제거하거나 최소화하려는 모든 노력이라고 정의한다.

즉 국가 간의 합의에 특정 군사력의 건설, 배치, 이전, 운용, 사용에 대해 확인, 제한, 금지 등의 조치를 취함으로써 군사력의 구조와 운용을 통제해 군사적 투명성을 확보하고 군사적 안정성을 제고해 궁극적으로 국가안보를 달성하려는 안보협력 활동을 의미한다.

군비통제는 국가 안보목표를 달성하기 위해 적대국가 또는 잠재적 적대국가의 정치적 · 군사적 협의를 통해 근본적으로 군사적 불안정성으로부터 발생하는 위협을 제거하려는 국가안보정책의 일부로 추진하는 것이며, 군비경쟁과는 상호보완적인 개념이다(그림 3-2).

군비경쟁이란 위협 대응전력의 확보를 통해 전쟁을 억제함으로써 평화를 보장하는 수단으로 평화를 지키는 정책(Peace Keeping)이라면, 군비통제는 위협 감소조치를 통해 전쟁의 유발 요인을 사전에 제거하거나 최소화시켜 전쟁을 예방하는 수단으로서 평화를 만드는 정책(Peace Making)이라고 할 수 있다. 군비통제는 적대국가가 도발할 경우 승리를 보장하는 군사력을 갖추는 데 중점을 두기보다는 신뢰구축을 통해 적대국가의 도발 동기를 사전에 제거하고 보다 낮은 수준에서 군사력 균형을 달성해 상호 공격능력을 제한하는 데 중점을 둔다.

현대국가의 안보위협 범위가 군사적 요인에서 비군사적 범위로까지 확대됨으로써 국가 · 국민의 총체적 안보를 확보하는 데 목표를 둔 포괄적 안보 개념으로 전환되었다. 또한 군사적 수단보다는 평화적 수단을 통한 안보를 염원하게 됨에 따라 힘의 우위에 기초한 절대 안보보다는 상호보장조치를 기초로 범세계적 협력 · 비제도적 접근 · 비정부간 대화 · 다자안보의 구현 및 군비통제 등에 주목하는 협

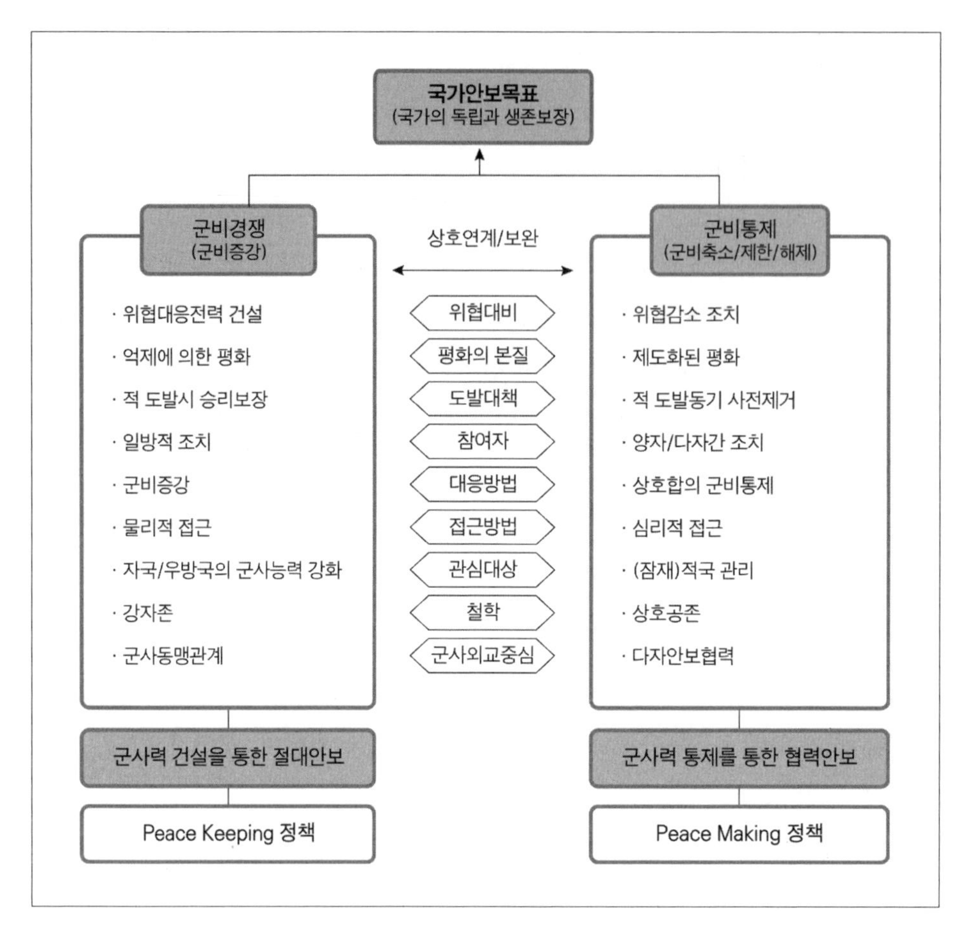

〈그림 3-2〉 군비경쟁과 군비통제의 구조

력안보를 중시하게 되었다.

군비통제는 군비축소(Arms Reduction), 군비제한(Arms Limitation), 무장해제(Disarma-ment), 신뢰구축(Confidence Building Measures), 군비동결(Arms Freeze) 등을 포함하는 포괄적인 개념으로 사용하고 있다.[9] 이와 같은 군비통제 용어의 변천과정에 대해서 알아보면 1960년대 이전에는 군비증강 또는 군비확산에 대한 상대적 용어로서 군비축소로 통용되어왔으나, 1960년대 이후부터는 미국과 구소련 간의 군비

9 국방부, 《군비통제》, 1996, p. 6.

경쟁에 대한 우려가 점증됨에 따라 군비경쟁에 대한 상대적 의미로 군비통제라는 용어를 포괄적 의미로 사용하기 시작하였다.

군비통제 개념 속에 포함된 용어의 정의는 ① 군비축소란 이미 건설된 군사력으로 보유중인 병력이나 무기의 수량적 감축을 의미하고, ② 군비제한이란 군사력의 수준을 양적 또는 질적으로 일정하게 제한한 것이며, ③ 군비동결이란 군사력을 현 수준으로 묶어 두는 것을 말하며, ④ 무장해제란 군사력의 해체를 의미하는 것으로 패전국가의 무장해제가 이에 해당되고, ⑤ 신뢰구축이란 상대국가 군사행동의 예측 가능성을 높임으로써 위험을 감소시키고, 위기관리를 용이하게 하려는 제반조치를 의미하는 것이다.

2) 군비통제의 기능

허만 칸(Herman Kahn)은 군비통제 기능은 전쟁을 초래할 수 있는 국제적 긴장과 위기의 발생확률을 감소시키고, 특정무기의 사용을 제한해 사전에 전쟁을 예방할 수 있는 제도적 장치를 마련함으로써, 전쟁으로 인한 피해를 최소화시키는 데 있다고 하였으며, 그 내용은 다음과 같다.[10]

(1) 군사적 안정화 및 전쟁방지로 평화유지

군사적 긴장상태를 증대시키는 군비경쟁을 규제하고 대규모 기습공격능력을 제한함으로써 군사적 안정성을 달성하고, 정치적 · 군사적 합의를 통한 공동협력 안보를 추구함으로써 전쟁을 방지해 세계 및 자국의 평화유지에 기여한다.

(2) 전쟁발발 시 피해 최소화

상호합의에 의해 사전에 군사력의 사용 범위 및 사용 방법을 통제함으로써, 전쟁의 억제에 실패할 경우라도 전쟁의 확산 범위와 파괴력을 최소화한다.

---

10 Herman Kahn, *On thermonuclear War*, 2nd ed, New York: The Free Press, 2001, pp. 226-227.

(3) 국방비용 절감으로 경제발전에 기여

군비경쟁을 규제함으로써 국방의 경제적 부담을 경감시킴과 동시에 제한된 국가자원을 효율적으로 전용함으로써 국가 경제발전 및 사회복지발전에 기여한다.

(4) 새로운 무기 발전을 둔화시키는 데 기여

인간을 살상하는 새로운 병기 개발을 금지 및 제한할 수 있고 새로운 병기 반입과 기술이전을 방지할 수 있다. 그 반면에 군비통제의 기능인 군사적 안정화에 실패하고 국가 간의 군사적 불안정성을 초래할 수 있는 요인으로는 ① 군사력 규모의 차이가 클 때는 군사력 우위의 국가가 선제공격가능, ② 공세적 전력위주의 군사력을 보유할 때도 선제공격 가능, ③ 전방위주의 군사력 배치는 기습공격 가능, ④ 대규모 군사연습 및 부대이동시도 기습공격 가능, ⑤ 공세적인 국방정책과 군사전략을 유지할 때도 선제공격을 할 수 있는 위협 등이 있다.

3) 군비통제의 성립조건

군비통제가 어느 한편에서 일방적으로 이루어질 수도 있겠으나, 그것은 군사전력이 상대국가보다 월등하거나 혹은 자국의 필요성에 의해 이루어지게 된다.

군비통제가 성립되기 위해서는 다섯 가지 성립조건이 있어야 한다. 첫째, 군비통제에 대한 국제적 요인으로는 국가들 간에 ① 정치적 관계 개선, ② 군사력 균형 존재, ③ 경제적 상호 의존성 증대, ④ 군비통제 기구 역할 증대가 있다.

둘째, 자국의 안보에 대한 자신감이 있어야 한다. 군사력을 감축하더라도 상대국가의 기습공격이나 어떠한 도발도 격퇴시킬 수 있는 힘이 보존된다는 것을 전제로 하고 있는 것이다.

셋째, 군비통제에 대한 필요성에 같은 인식을 가져야 한다. 군비경쟁에서 유발되는 경제적 어려움과 정치적 부담 등에 대한 것과 무한한 군비경쟁에서 오는 국민적 피로감 등에 대한 거부감을 해소하고자 하는 데 일치된 공감이 군비통제에 같은 인식을 갖도록 한다.

넷째, 군비통제를 통해 당사국가 모두에게 이익이 있어야 한다. 군비통제에서 가져오는 이익으로는 전쟁위험 감소, 긴장완화, 경제적 이익, 사회복지 증진, 개인 행복의 추구, 그리고 국가안보에 손상이 없다는 등의 여러 가지 상호이익이 있어야 한다.

다섯째, 군비통제를 준비하고 협상하며, 실천과정에 이르기까지 상호 간에 신뢰구축이 있을 때 군비통제가 가능하다. 군비통제의 역사를 더듬어 보면 상호신뢰가 없이는 합의도 어려울 뿐만 아니라, 합의가 되었더라도 실천되지 않았다.

이와 같이 군비통제의 다섯 가지 성립조건 중 어느 한 가지라도 충족되지 않을 때는 군비통제가 불가능하고, 군비통제를 하더라도 그 실효성도 보장하기 어렵다. 따라서 군비통제는 궁극적으로 국가안보에 전혀 손상이 미치지 않은 범위 내에서만이 추진 가능함을 알 수 있다.

4) 군비통제의 유형

군비통제의 유형은 참가국가의 수, 대상무기, 규제기법 등에 따라 구분할 수 있다.

(1) 참가국가 수에 따른 분류

군비통제를 위한 참가국가의 수에 따라 분류한다.

예컨대 분쟁당사국가 중에 한 국가가 일방적으로 군비통제를 실시하는 일방적 군비통제, 군비경쟁 상대국가와 상호협상을 통해 군비통제를 실시하는 쌍무적 군비통제, 3개국 이상의 국가들이 지역적 · 국제적 군비통제를 실시하는 다자적 군비통제방법 등이 있다(표 3-4).[11]

11 김점곤, 《세계군축》, 서울: 박영사, 1991, p. 36.

〈표 3-4〉 참가국가 수에 따른 분류

방법	일방적 군비통제	쌍무적 군비통제	다자적 군비통제
수의 제한	쓸모없는 무기의 제거	- SALT I, II - START I, II	상호 균형 군사력 감축현상
채택의 결정/합의	위성요격무기(ASAT)의 억제	탄도탄요격미사일(ABM) 조약	핵확산금지조약(NPT)
유형상, 또는 기지 배치상의 변화	강화된 격납고에 잠수함의 배치	새로운 체제변화로서 START 등	지역적 · 국제적 군비통제조약 등
실험의 제한	일방적 감시	실험금지 제한	전면적 무기실험 금지조약

(2) 대상무기 형태에 따른 분류

대상무기 형태에 따른 군비통제는 재래무기를 중심으로 이루어지는 재래무기 군비통제와 핵무기를 통제하기 위해 실시되는 핵 군비통제 등으로 구분한다.

오늘날 국제사회에서는 핵무기 및 생화학무기의 가공할 만한 살상력과 무기 통제에 대한 기술적 어려움 때문에 핵 군비통제 또는 대량살상무기 군비통제에 더 많은 관심을 갖고 있다.

(3) 대상국가 범위에 따른 분류

군비통제는 참여하는 대상국가의 수와 범위가 지역차원과 국제차원에 따라서 국제군비통제와 지역군비통제로 구분한다.

(4) 참여방법에 따른 분류

군비통제에 참여하는 국가들이 강제적 힘에 의한 참여와 자발적 의사에 의한 참여에 따라서 강제적 군비통제와 자발적 군비통제로 구분한다.[12]

---

12 남만권, 《군비통제 이론과 실제》, 서울: 한국국방연구원, 2004, pp. 59-67.

(5) 규제기법에 따른 분류

군비통제는 통제하는 대상에 대한 규제기법에 따라 운용적 군비통제(Operational Arms Control)와 구조적 군비통제(Structural Arms Control)로 구분한다(그림 3-3).[13]

첫째, 운용적 군비통제란 군사력의 배치와 운용을 통제해 투명성을 제고하고 상호확인 및 감시로 기습공격과 전쟁발발의 위험성을 감소·방지하는 형태로서, 전쟁의 원인을 인간의 마음에서 찾고 있는 군비통제이다. 이를 구현하기 위해서는 신뢰구축, 특정군사행위금지, 완충지대 및 안전지대 설치, 공세적 부대배치 해제 등 군사력의 배치 및 운용 분야를 통제하는 것이다.

둘째, 구조적 군비통제란 실질적인 병력과 무기체계 등 군사력의 규모와 구조를 조정해 군사력의 불균형, 공세적 전력구조의 제거 등을 통해 군사력의 균형과 안정을 유지해 전쟁발발을 방지하고 평화를 구축하는 형태로서, 전쟁의 원인을 무

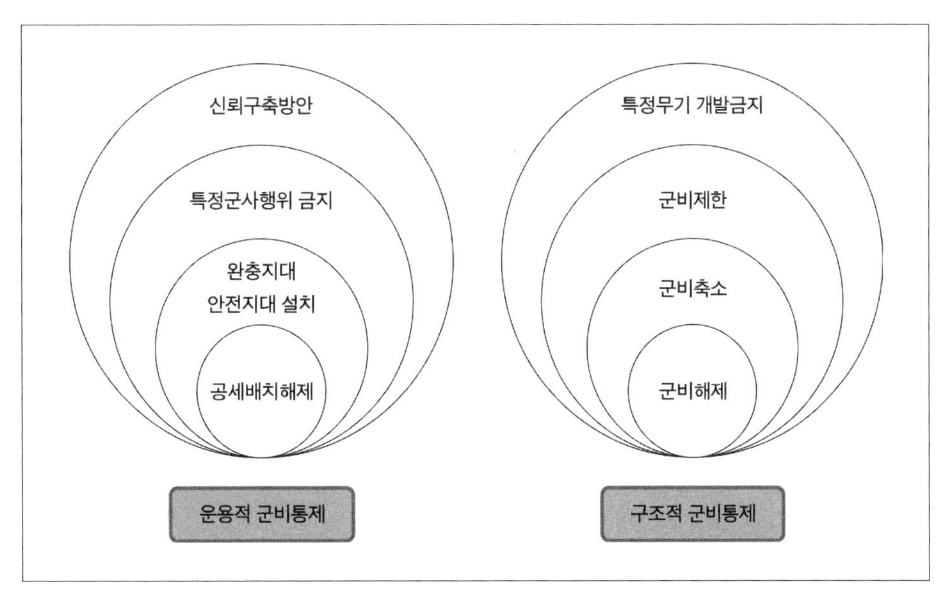

〈그림 3-3〉 규제기법에 따른 분류

13 Richard Darilek, "The Future of Conventional Arms Control in Europe: A Tale of Two Cities, Stockholm, Vienna," *Survival*, 29(1)(January/ February 1987), pp. 5-6.

〈표 3-5〉 운용적 군비통제와 구조적 군비통제 비교

구분	운용적 군비통제	구조적 군비통제
개념	-군사력의 운용을 통제	군사력의 구조(병력, 부대/장비)를 통제
방법	- 군사력 운용의 공개로 군사적 투명성 제고 - 상호 감시 · 확인제도로 기습공격 방지 효과	- 군사력의 규모와 구조를 통제 - 군사력의 상호 상한선 설정, 제한 및 감축
종류	- 상호 간의 의사소통 증대 - 대규모 군사훈련 사전통보 - 군사정보 및 자료의 교환 - 군 인사 교환방문 - 군사훈련 시 참관인 초청 - 부대배치 제한지대 설정 등	- 재래식 무기감축 - 핵 · 생화학무기 개발 및 사용금지 - 미사일 사거리 · 중량 통제 - 상호 부대/병력감축 - 정밀유도무기 개발 및 사용통제 - 기타 특정 무기
사례	- 1975년 CSCE(헬싱키 최종의정서)에서 채택한 신뢰구축 조치(CBMs) - 1986년(스톡호롬 조약)에서 합의된 신뢰구축 조치(CBMs) - 1990, 1992, 1994년 비엔나 CBMs ※ 2000년대 현재 CBMs 등	- 상호균형 감군협상(MBFR) - 유럽재래전력감축조약(CFE) - 전략무기제한협정(SALT-I, II) - 전략무기감축협정(START-I, II) - 새로운 전략무기감축협정(START) ※ 2000년대 현재 감축/제한협정 등

기에서 찾고 있다. 이를 구현하기 위해서는 핵무기, 생화학 무기 등 특정무기개발 금지, 군비제한, 군비축소, 군비해제로 그 통제의 대상과 성격의 수준이 높아진다.

운용적 군비통제 및 구조적 군비통제의 차이점을 방법과 종류를 세부내용으로 구분하고 있다(표 3-5).

5) 군비통제의 단계 및 절차

군비통제의 단계 및 절차는 일반적으로 준비단계, 협상단계, 실천 및 감시단계 등 3단계로 이루어진다(그림 3-4).

(1) 준비단계

준비단계는 상호국가 간의 정치적, 경제적, 사회적, 군사적, 지리적인 군비통제의 여건을 정책적 · 전략적 차원에서 평가해 안보이익을 증진할 수 있는 군비통

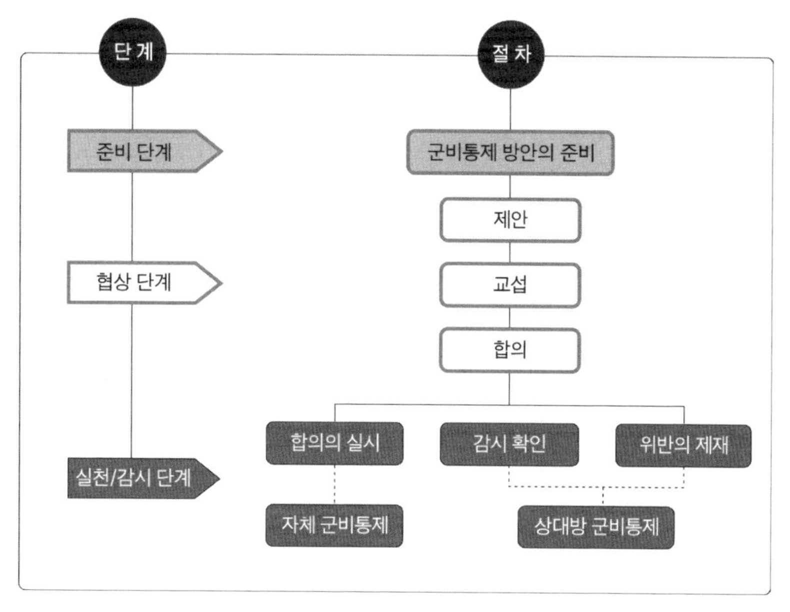

〈그림 3-4〉 군비통제의 단계 및 절차

제 방안을 준비하는 단계이다.

(2) 협상단계

협상단계는 상호국가 간에 준비된 군비통제 방안에서 얻을 수 있는 공동이익을 찾아내고 의견을 합치시키는 노력을 하는 단계로서 제안, 교섭, 합의의 과정을 거치는 단계이다. 이 협상단계는 군비통제의 시작이며 가장 어려운 단계이다. 젠센(Lioyd Jensen)은 군비통제를 위한 회담에서의 성공은 장기간 끈기 있게 협상에 임함으로써 가능하다고 말함으로써 군비통제 협상의 어려움을 말하였다.[14]

협상단계에서는 이해의 충돌이 있는 두 당사자가 공동이익을 실현하기 위해 상충하는 이익을 조정하게 되는데, 이때는 협상조건을 결정하고 협상전략을 수립해 협상진행과정의 효율성, 협상을 통한 상호 이익교환의 공평성, 협상결과 이행상

14 Lioyd Jensen, 국방대학교 안보문제연구소 역, 〈국가안보의 협상전략: 전후 군비통제 협상〉, 《안보총서》 제59호, 1996, pp. 22-26.

태의 검증가능성의 원칙이 적용되어야 한다.[15]

(3) 실천 및 감시단계

실천 및 감시단계에서는 합의된 군비통제방안을 실행하면서 상대방의 실시여부를 감시, 확인하고 위반 시 규제를 가해 그 실효성을 보장하는 단계이다. 특히 실천단계에서 정규적 · 수시적 검증은 상대국가의 조약준수 여부에 대한 신뢰확신을 주고, 조약이행을 보장하는 군비통제과정의 필수적인 요인이 된다.

이와 같이 군비통제단계는 어려운 과정을 거쳐서 이루어지기 때문에 관계국가 상호 간의 신뢰구축이 그 무엇보다도 중요한 요소가 된다.

4. 군비통제의 검증활동

1) 검증의 정의

군비통제 검증은 군비통제의 성공과 실패를 가늠한 중요한 활동이다. 군비통제 검증이란 상호신뢰구축 및 투명성을 확보하고 군사적 안정성을 보장할 수 있는 제도적 장치라고 정의할 수 있다. 따라서 군비통제 합의 내용에 대한 위반사항을 조기에 탐지 및 경고함으로써 군사적 의도에 대한 잘못된 인식과 판단에 의한 무력충돌을 예방하는 것이다.

2) 검증대상

군비통제 검증 대상은 상호 제공한 정보를 기초로 해서 ① 병력, ② 지상무기 · 해상무기 · 공중무기 · 생화학무기 · 핵무기 등의 기술을 비롯해서 무기와 관

---

15 이달곤, 〈협상이론의 연구와 원칙에 준거한 협상전략〉, 《행정논총》 제27권 1호, 서울대학교, 2000, pp. 302-327.

련 장비 및 시설, ③ 병력이동 및 군사훈련 등의 기타 군사 활동을 중점 실시하는 것이다.

3) 검증수단

군비통제 검증수단은 ① 세부적 · 입체적인 정밀검증을 실시하기 위한 과학적 검증 기술수단 및 기구 확보, ② 합의사항 이행 실태를 조사하기 위한 현장사찰로서 정기사찰 · 임시사찰 · 강제사찰 등을 실시, ③ 전략적 무기와 주요시설에 대한 상주감시, ④ 영공사찰, ⑤ 공동검증을 위한 군비통제 검증기관, ⑥ 다국적 감시활동을 실시하고 있는 국제 검증기구와 긴밀한 협조체제를 통해서 군비통제 검증을 실시할 수 있다.

5. 군비통제를 위한 신뢰구축

1) 신뢰구축의 정의

신뢰란 상대방의 의도나 어떠한 현실의 진실성에 대한 믿음과 확신을 가진 상태를 의미한다. 군비통제에서 신뢰구축이란 군사적 위협을 발생시키는 객관적 요인뿐만 아니라 주관적 요인도 감소시킬 수 있는 믿음과 확신을 가진 상태라고 정의할 수 있다.

신뢰구축방안의 목적은 두려움을 느끼는 위협의 부재에 관한 믿을 수 있는 증거를 전달하며, 불확실성을 감소시킴으로써 재확신시키고, 군사활동을 통한 압력행사의 기회를 자제하는 데 있다. 군비통제에 대한 신뢰구축은 군사적 행동에 대한 예측가능성을 높임으로써 전쟁 가능성을 줄이고 위기를 방지할 수 있다. 또한 전쟁으로 몰고 가려는 유인요인을 줄임으로써 위기를 안정시킬 수 있다.

2) 신뢰구축방안

(1) 고전적 신뢰구축방안

고전적 신뢰구축은 주요훈련, 부대이동 및 군사작전 등을 사전에 통보하거나 군인사 사절단을 상호 초청 방문해 상호 간의 이해와 우의를 도모하고, 오해를 불식시키고 불확실성을 감소시켜 예측가능성을 증대하는 방안이다.

(2) 정보와 통신 신뢰구축방안

정보 · 통신 신뢰구축은 군편제, 장비, 국방예산 등의 정보를 공개하고, 군사교범, 훈련교재, 신무기 연구개발 및 획득을 공개하거나 부대의 명칭, 위치, 인원, 장비, 지휘계통 등과 국방정책, 군사전략 토의 및 논의의 공개, 위기감소센터 설치 이외에도 쌍방 간에 직통선 설치, 사전 군사활동 통보와 훈련참관 초빙 등을 통해 신뢰를 증진하는 방안이다.

(3) 검증적 신뢰구축방안

① 능동적 협력 검증 방안

상대방이 긍정적으로 무기 및 군사정보를 스스로 공개하거나 소개하는 것으로서 군사시설물, 부대위치와 기능 등을 식별이 용이하게 하거나 노출시키는 방안이다.

② 수동적 협력 검증 방안

상대국가에 직접 입국해 현장검사를 실시해 검증하는 것으로서, 육안 · 사진 · 기계, 기타 직접적인 현장 검증 행위를 통해 신뢰를 검증하는 것을 말한다.

③ 자문적 협력 검증 방안

관련 당사국가 간에 합동으로 군비통제 상설위원회를 설치하거나 특별검증단을 구성해 공동으로 관련국가를 사찰 검증하는 것을 말한다.

(4) 대 기습공격적 신뢰구축방안

공세적인 군사력의 배치지역을 제한하고 통제해 공격할 의사가 없음을 보여주거나, 또는 기동훈련, 부대이동 등 훈련의 규모와 범위를 제한해 상대국가에게 주는 위협요소를 감소시키거나 혹은 일정지역의 병력 제한 및 부대행동반경을 통제해 위반 시에는 조기경보가 용이하도록 조치하는 것을 의미한다. 예컨대 미국 부시(George W. Bush) 대통령은 2001년 1월 29일 한반도에서 북한의 핵무기 군비통제와 재래식 무기 군비통제의 중요성을 강조하였다. 북한이 기습공격할 수 있도록 전방배치된 재래식 무기의 군비통제가 충족되어야 한반도 평화가 유지될 수 있고 미국과 관계개선도 할 수 있다는 것이었다.[16]

미국은 북한이 휴전선에 배치한 장거리포를 후방으로 이동시킬 것을 제기했다. 미국은 그동안 북한의 핵과 미사일 등 대량살상무기에 대해 그 전면적 제거를 요구해왔으나 재래식 무기의 감축을 능동적으로 거론한 것은 드문 일이다. 전임 클린턴 대통령과 달리 부시 대통령이 북한의 재래식 군사력에 이처럼 적극적 관심을 보이는 이유는 파월 국무장관이 상원 인준 청문회에서 밝혔듯이 '북한이 통상적인 자위의 개념에서 정당화될 수 있는 것보다 훨씬 많은 재래식 군사력을 보유하고 또 그 군사력을 휴전선 전방에 배치하고 있다'고 보기 때문이다.

북한이 휴전선에 배치한 재래식 군사력은 '자위'를 위한 것이라기보다 '침략'을 위한 것이며, 대량살상무기 규제와 동시에 재래식 군사력을 감축해야 한반도에 안정과 평화가 지속될 수 있다는 인식이다. 실제 휴전선에 배치된 북한의 화력은 막강하다. 한국 국방부 평가에 의하면 북한 지상군의 60%가 평양~원산선 이남에 배치되어 있으며, 공군력의 40%, 해군력의 60%가 전방기지에 배치되어 있다. 특히 휴전선 일대에 배치한 장거리 자주포(170mm)와 방사포(240mm) 약

16 조선일보, 2001년 1월 29일.

1,000문은 서울을 직접 공격할 수 있어 미사일이나 핵무기에 못지않은 가공할 위력을 갖고 있다. 따라서 그것의 제거나 후방 재배치 없이 남북 간의 화해와 안정을 논의한다는 것은 무의미하다는 생각이다.

21세기 한국은 대화나 협력 과정에서 한반도의 평화정착과 통일한국을 위한 실질적 군비통제 문제를 병행해 발전시켜나가야 한다.

(5) 선언적 신뢰구축방안

특정행위나 특정무기 또는 장비를 소유하거나 배치 및 사용을 하지 않겠다고 독자적으로나 공동으로 선언을 하는 행위로서, 한반도 비핵화 선언, 무력의 선제사용금지, 불가침 선언 등이 포함된다.

3) 신뢰구축단계

신뢰구축단계는 정치적 신뢰구축, 경제적 신뢰구축, 사회 · 문화적 신뢰구축, 군사적 신뢰구축 등으로 구분할 수 있다.

(1) 정치적 신뢰구축

정치적 신뢰구축단계는 휴전협정, 평화협정, 불가침 협정체결, 고위정치인사의회담, 인적교류 등 상호신뢰의 정치적 기반을 다지는 작업을 의미한다.

(2) 경제적 신뢰구축

경제적 신뢰구축단계는 관세 및 비관세 장벽의 철폐, 무역교류증진, 특정지역에 공동 산업공단건설운용 등의 교류를 통해 점차 신뢰구축의 기반을 다지는 것을 의미한다.

(3) 사회 · 문화적 신뢰구축

사회 · 문화적 신뢰구축단계는 사회단체의 상호방문, 예술단의 상호방문, 인적 교류, 관광교류, 이산가족 방문, 상호 종교인 방문, 스포츠 교환, 전화 · 우편교환, 역사공동연구, 민족문화 공동연구 등 사회 분야와 문화 분야에서 교류를 증진하는 행위이다. 이상의 세 가지 신뢰구축 방안은 군사적 신뢰구축을 위한 예비단계라고 할 수 있다. 그러나 이 과정이 군사적 신뢰구축의 전제조건으로서 반드시 이 순서대로 진행되는 것은 아니므로 신뢰를 쌓기 위한 다양한 노력들이 순차적으로 혹은 동시적으로 실시되어야 한다.

(4) 군사적 신뢰구축

군사적 신뢰구축단계는 군사행위에 대한 투명성을 향상시켜 예측 가능성을 높임으로써 위험을 감소시키고, 위기관리를 용이하게 하며, 군비경쟁을 완화해 안보증진을 도모하는 것이다. 이와 같은 군사적 신뢰구축은 운용적 신뢰구축과 구조적 신뢰구축을 비롯해서 여러 가지 방법으로 이루어진다.

요컨대 신뢰구축단계는 어떤 일정한 순서나 절차를 밟는 것이 아니라고 할 수 있다. 다만 국가안보를 손상시키지 않는 범위에서 실질적인 군비통제를 추구하는 것이기 때문에 앞으로의 군비통제를 위해 어떻게 신뢰를 쌓아 관련국가 상호간에 서로 믿고, 긴장을 완화하며 위협을 덜 느끼도록 할 것인가를 추구하는 차원에서 신뢰구축조치가 이루어져야 한다.

4) 신뢰구축의 한계와 문제점

신뢰란 인간의 마음속에 있는 것으로서 외형상으로 표현하기도 어렵지만 표현한다고 해서 상대방이 그대로 느끼리라고 생각할 수 없는 한계와 문제점을 갖고 있다.

첫째, 신뢰구축은 전쟁상황이 고조될수록 가장 필요한데, 그런 때에는 신뢰구축방안을 더욱 믿지 않아 실패할 가능성이 높아진다는 것이다.

둘째, 신뢰구축의 약점은 상대방의 편견이다. 편견이란 합리적, 논리적, 현실적인 것에 대해 부정적인 사고로서, 이를 수용하지 못하는 사고방식이다. 이는 오해와 착각을 유발해 상호 간의 관계를 악화시켜 위기감을 조성할 수 있다.

셋째, 신뢰구축은 위기의 근본을 치유하기 위한 것이지만, 국가마다 가치와 이익이 다르고, 종교, 이념, 전통, 관습 등이 다르기 때문에 신뢰구축방안의 제시만으로는 성과를 기대하기 곤란하다. 따라서 군비통제의 핵심은 진심(진실)이 된다. 군비통제에 대한 상대방의 진심을 어떻게 그대로를 알 수 있는가? 그것은 인적 교류, 정보교환, 통신, 선언, 검증 등 가용한 모든 방법과 수단, 그리고 시간을 가지고 확인하게 된다. 이 모든 조치로 인간의 진심을 알아볼 수 있을 것인지가 군비통제의 한계이며 문제점이라고 할 수 있다.

6. 군비통제의 저해요인

군비통제의 저해요인은 내부적 요인과 외부적 요인으로 구분할 수 있다. 첫째, 당사국가의 내부적 저해요인이다. 예를 들면 군비감축의 범위와 내용의 결정곤란, 군비감축비율의 합의 곤란, 감시 및 검증의 곤란, 위반 시 제재 곤란 등을 들 수 있으며, 국가 간의 군비통제 개념의 이율성으로 비진실성, 비신뢰성, 국가이익위주 등으로 각기 해석을 달리해 합의의 추진이 어렵게 된다. 둘째, 외부적 요인으로 군부의 저항이나 거부, 군수업자의 방해, 제3국의 개입과 훼방이 있을 수 있다.

결론적으로 군비통제를 효과적으로 추진하기 위해서는 저해요인이 되는 요소를 사전에 조정 제거하고, 군비통제에 대한 신뢰를 확대시켜 운용적 군비통제, 군비감축 순으로 이루어져야 한다.

3 군비통제와 국가전략

1. 고대국가시대의 군비통제

1) 개요

군비통제는 국가정책으로 발전되어왔다. 군비통제정책은 고대국가시대의 군비통제, 19세기 식민제국시대의 군비통제, 20세기 냉전시대의 군비통제, 21세기 탈냉전시대의 군비통제 등 시대별로 발전되었다.

2) 고대국가시대의 군비통제

국가라고 하는 조직도 가정이란 가장 원초적인 조직으로부터 출발하게 된다. 가정이란 조직이 커져서 씨족이 되고, 씨족이 모여서 부족이 되고, 부족이 다시 조직화되어 국가란 조직으로 발전한다. 국가는 국가이익을 보호하고 국민의 생존을 보장하기 위해 싸움을 하고, 혹은 국가 간의 협력을 통한 조약으로 평화를 유지하고 있다. 고대국가시대에도 전쟁보다는 군비통제를 통해 평화를 지키고 유지하려는 노력이 있어왔다. 군비통제의 가장 고전적 방법으로는 국가 간에 왕자, 대신 등 주요인물을 상호인질로 하거나, 또한 정략적 결혼제도를 통해 신뢰를 구축하고 국가 간에 협약을 지킬 것을 검증하는 제도를 활용해 전쟁을 예방하였다.

역사적 기록에 의하면 가장 오래된 제도적 군비통제의 사례로는 기원전 551년 양자강 주변의 고대 중국 제국들에 의한 군축협정이라고 해야 할 것이다. 중국 춘추전국시대에 14개 국가(송, 위, 노, 조, 진, 제, 초나라 등)는 군비감축을 위한 평화회의를 개최해 군축협정을 체결함으로써, 약 70년 동안 전쟁이 없는 평화를 지속시킬 수 있었다.

서양에서도 1139년에 로마 교황이 칙령을 내려서 기독교인 사이에는 장궁(Cross-bow) 사용을 금지시키고, 기독교인 외에는 그 무기사용을 허용한 역사적 사실이 있다. 이와 같이 고대국가에서도 폭력에 의한 전쟁보다는 군비통제에 의한 평화가 국가이익이 된다는 것을 인식하고, 영구 평화를 위해 고전적 군비통제정책을 제도화하고 발전시키기 위해 노력하였다.

2. 식민제국시대의 군비통제

1) 개요

19세기 식민제국시대의 성공적인 군비통제는 러시-바고트 군비협정(Rush-Bagot Agreement)이라고 할 수 있다.

19세기는 식민제국들이 자국의 발전과 번영을 위해 원료 공급지와 상품 판매시장 및 투자시장의 확대라는 경제적 이익을 목적으로 하고, 정치적 · 경제적 · 군사적 종속관계를 위한 식민지 획득 경쟁이 치열하게 전개된 시기였다.[17]

2) 식민제국시대의 군비통제와 러시-바고트 군비협정

유럽 국가들은 19세기에 국가의 부를 축적하기 위해 식민지 획득활동을 벌

17 정인흥 외, 《정치대사전》, 서울: 박영사, 2005, p. 24.

여서 세계 육지면적의 85%까지 지배하였으며, 그 중에 영국은 전 지구의 1/4, 전 세계 인구의 1/4을 통제해 자국이익을 추구하였다.[18] 영국의 식민지였던 미국은 1812년부터 1814년까지 영국과의 독립전쟁에서 승리함으로써 독립국가로 출발하였으나, 역시 영국의 식민지였던 캐나다 국경인 5대호 장악을 위해 영국과 치열한 해군력 경쟁을 하지 않을 수 없었다.

영국은 1815년 8월 미국과 캐나다 국경인 5대호 휴런 호(Huron Lake), 온타리오 호(Ontario Lake), 미시간 호(Michigan Lake), 이리 호(Erie Lake), 슈피리어 호(Superior Lake)의 주도권 확보를 위해 해군 전력을 증강하겠다고 발표하였는데, 신생독립국가인 미국은 영국을 상대로 한 해군력 증강 경쟁보다는 군비통제협상을 통한 평화적 방법으로 해결할 것을 제의하였다. 영국과 미국은 상호전쟁을 치룬 직후로서 정치적 · 경제적 · 군사적으로 어려운 상황이기 때문에 군비통제협상을 추진해 러시-바고트 협정에 합의할 수 있었다.[19] 즉, 영국과 미국은 동등한 톤수와 장비를 가진 2척의 함정으로 5대호의 해군력을 제한하고, 제한된 규모를 초과하는 함정은 배치할 수 없도록 규정하였다.

영국은 지리적으로 멀리 위치하고 있는 5대호에 사전에 강력한 해군력을 배치해둔 것이 군사적으로 유리하였고, 또한 캐나다가 5대호에 영국의 해군력 증강 요청이 있었으나, 영국은 5대호에서 해군력 유지를 위한 인적 · 물적 지원의 어려움 때문에 거부하고 군비경쟁이 아닌 군비제한 협정을 체결하였다. 그 반면에 미국은 건국초기로서 군비협정이 체결되지 않으면 군사력 건설을 위한 국방비 부담이 클 수 있었으나 군비협정이 타결됨으로써 국방예산 긴축정책을 유지할 수 있었고, 전쟁이 일어났을 때는 지리적 유리점을 갖게 되었다. 오늘날 5대 호수인 휴런호, 온타리오호, 슈피리어호, 미시간호, 이리호 중에 미시간호수 만이 미국이 전체를 차지하고 있고, 나머지 호수는 절반씩 미국과 캐나다가 소유하고 있다.

영국의 연방국으로 있는 캐나다와 미국은 세계에서 가장 긴 비무장국경선인

---

18 Michael Howard & W. Roger. Louis ed, *The Oxford History of the Twentieth Century*, London: Oxford University Press, 1998, pp. 157-160.

19 송대성, 앞의 책, pp. 58-60.

3,800마일을 유지하고 있으나 21세기에도 러시-바고트 협정의 효력은 계속 발휘되고 있다.

결과적으로 19세기 식민제국시대의 러시-바고트 군비통제협정이 성공할 수 있었던 것은 ① 미국과 영국이 군비통제를 통해 상호 공동의 국가이익을 공유할 수 있었으며, ② 미국과 영국은 역사적으로 깊은 신뢰구축 관계에 있고, ③ 미국과 영국은 체결된 협정을 적극적으로 실천하려는 노력을 계속했기 때문이다.

3. 냉전시대의 군비통제

1) 개요

20세기는 재래식 무기와 핵무기를 비롯한 생화학무기 등 대략살상 무기에 의해 서 치러진 제1차 세계대전(1914~1918)과 제2차 세계대전(1939~1945)을 경험한 시대였다. 두 번의 세계대전을 통한 피해를 경험한 많은 국가와 사람들은 다시는 이 같은 전쟁이 재발하지 않게 하기 위해서 재래식 무기에 대한 군비통제와 대량살상 무기에 대한 군비통제의 노력을 활발하게 전개하였다.

그러나 제2차 세계대전 이후 미국과 구소련을 축으로 한 냉전시대가 시작되면서 한반도에서 6 · 25전쟁(1950~1953), 인도지나반도에서 베트남전쟁(1954~1973), 중동지역에서 중동전쟁(1948~1973)과 걸프전쟁(1990~1991) 등이 일어남으로써, 재래식 무기 군비통제는 실패한 시대이었다면 대량살상무기 군비통제는 부분적으로 성공한 시대였다고 말할 수 있다.

요컨대 20세기는 군비증강과 군비통제의 갈림길에서 군비통제문제를 토론하고 전쟁방지를 위한 제도적 장치를 마련하는 데는 어느 정도 성과가 있었으나 확고히 정착시키는 데는 한계가 있었다. 따라서 여기에서는 냉전시대의 세계안보질서를 책임졌던 미국과 구소련의 핵무기 군비통제를 중심으로 알아보고자 한다.

2) 냉전시대의 군비통제와 상호확증 파괴전략

(1) 개념

제2차 세계대전 이후 세계는 미국과 구소련(러시아)을 중심으로 하여 두 이념 진영 간의 냉전이 세계안보질서를 지배하게 되었고, 그 통제는 상호확증 파괴전략에 의해서 이루어졌던 시기이었다.

1960년대 초에 핵을 보유하고 있는 국가는 미국, 구소련, 영국, 프랑스, 중국 등 5개국이었으나 이 국가 중에 미국과 구소련이 절대적인 핵무기를 보유하고 있었다. 이때 양국가가 소유하고 있었던 핵탄두 수는 총 6만 개에 달하였으며, 제2차 세계대전시 사용된 폭파력의 5천 배 수준으로서 핵 전쟁시는 8억 인구가 현장에서 사망할 수 있는 위력을 갖게 되었다.

구소련은 1962년 쿠바 미사일사건을 계기로 하여 핵무기 개발에 박차를 가하였으며, 그 결과는 1966년부터 모스코바 부근에 탄도탄 요격미사일(ABM) 설치와 핵무기를 증강 배치함으로써 1970년부터는 지금까지 미국의 압도적인 핵 우세는 위협을 받게 되었다. 이와 같은 미국과 구소련의 핵무기군비통제는 상호확증파괴전략(Mutual Assured Destruction Strategy)에 의해서 진행되었다. 상호확증파괴전략이란 적의 기습적인 1차공격을 감수한 후에도 잔존한 자국의 2격으로 적에게 치명적인 보복을 할 수 있다는 확신과 보복을 당할 수 있다는 공포가 선제공격을 억제할 수 있다는 보복형 억제전략인 것이다. 따라서 이성적인 국가지도자라면 상호 자살행위가 되는 핵공격을 감행할 수 없다는 신뢰성을 바탕에 둔 전략이다.

미국과 구소련은 상호확증파괴전략(MAD)에 입각한 핵 균형에서 상대국가의 핵 보복력을 인정하고, 핵 공격에 취약할수록 전략적 안정을 이룰 수 있다는 점에서 탄도탄요격미사일협정(ABM)과 전략핵무기제한협정(SALT) 및 전략핵무기감축협정(START)을 맺은 쌍무적 군비통제를 실시한 것이다.

(2) 군비통제와 상호확증 파괴전략

미국은 구소련(러시아)의 핵위협을 제한 할 필요성을 갖게 되어 1967년 미국 존슨 대통령은 전략핵무기와 탄도탄 요격미사일 제한을 위해 구소련에 협상을 제의해 협상을 진행하였으나, 구소련의 체코 침공으로 미국은 군비통제협상을 중단하였다.

미국은 닉슨 행정부가 들어선 후에 협상을 재개해 1972년 5월 26일 모스크바에서 닉슨(Richard M. Nixon) 대통령과 브레즈네프(Leonid P. Brezhnev) 수상이 탄도탄 요격미사일조약(ABM: Anti-Ballistic Missile)과 전략핵무기제한협정(SALT: Strategic Arms Limitation Talks)을 체결하였다.

예컨대 미국과 구소련의 탄도미사일 요격기술이 훨씬 더 정확해지면서 대두된 새로운 문제는 보다 정밀하고 정확한 요격미사일과 탐지망을 실전 배치할 경우, 그동안 상호간 동등하게 적용된 핵공격에 의한 취약성이 바뀔 수도 있다는 것이다. 또한 탄도미사일 공격을 부분적으로나마 방어할 수 있다면 1차 공격을 시도하고 상대방이 이에 따른 보복공격을 제기한다 해도 요격미사일 공격을 흡수하면서 2차 공격을 가할 수 있다는 것이다.

1960년대 중반부터 탄도미사일을 방어하기 위한 탄도탄요격미사일체계를 구축하기 시작하였으나 탄도탄요격미사일체계는 미국의 전 국토를 방어할 수 없을 뿐만 아니라 많은 국방예산을 투입해야 하는 고도의 기술체계로 미국과 구소련 간에 핵무기 경쟁만 부추긴다는 결정적인 반론이 제기되었다. 1967년 미국과 구소련 정상회담에서 미국 존슨 대통령이 구소련 코시킨 수상에게 미사일방어무기에 대한 제한을 제의하였으며, 그 후 1972년 5월 미국과 구소련은 핵무기 경쟁방지를 위한 탄도탄 요격미사일(ABM)조약(표 3-6)을 맺어 제한된 미사일 방어체제를 구축하였다(표 3-7).

탄도탄요격미사일조약(ABM)은 적대국가의 대륙간 탄도미사일(ICBM)과 잠수함발사 탄도미사일(SLBM), 중거리탄도미사일(IRBM) 등의 공격으로부터 도시와 탄도미사일 진지를 방어하는 방공시스템으로서, 미국과 구소련은 군비경쟁을 억제하기 위해 ① 양 국가에 한곳씩만 미사일 방어망을 구축하고, ② 국가전체방어망을 포기하며, ③ 만약 추가로 방어망을 구축할 경우에는 핵공격을 인정하기로 합의하였다. 또한 전략핵무기제한협정(SALT-I)은 미국과 구소련이 보유하고 있는 강력한

〈표 3-6〉 ABM조약 주요 내용

1. 미 · 구소련의 수도권 및 ICBM 미사일 진지를 포함하는 2곳에 각각 100기의 ABM 배치
   - 미국: ① 워싱턴, ② North Dakota 주 Grand Forks 공군기지 주변
     ※ 미사일 집중배치구역
   - 구소련: ① 모스크바, ② 바쿠유전 지역(현재: 아제르바이잔)
2. ABM 배치 지역 간 최소 1,300km이상 분리/전 국토 방어 개념 차단 목적
   ※ 국지방어만 허용
3. 지상배치 외의 체계개발 · 시험 · 배치 금지
4. 요격미사일 1기당 1개 이상의 다탄두 및 이동형 발사대 보유금지
5. 이후 매 5년마다 평가회의 개최합의
6. ABM 조약 의정서 서명/설치 가능한 ABM 체계를 2곳에서 1곳으로 다시 축소('74)
   ※ North Dakota Grand Forks(미), 모스크바(러)

〈표 3-7〉 ABM용 미사일방어체제 구축현황

국가	체계명	미사일형	비고
미국	Safeguard (Nike Zeus의 후속)	SPARTAN - 외기권 지역방어(핵탄두 사용) - 3단, 고체추진	- 배치지역: North Dakota Grant Forks, 100기 - 1976년 가동중지, 고비용, 제한된 능력
		SPRINT - 중 · 저고도 방어 - 2단, 고체추진, 극초음속 공격	
구소련 (러시아)	ABM-3 (Galosh 개량형)	SH-04 - 고고도(300-400km) 외기권 방어 - 3단, 고체추진	- 모스크바 주변 배치, 100기 - 1998년 가동중지
		SH-08 - 중 · 저고도(100km) 단거리 방어 - 2단, 고체추진	

공격무기인 지상발사 대륙간 탄도미사일(ICBM)과 잠수함발사 탄도미사일(SLBM)의 경쟁을 제한하기 위해 맺은 미국과 구소련의 쌍무적 군비통제 협정이었다. 그러나 SALT-I 협정은 핵무기의 양적 제한만을 강제해 추진하고, 질적 제한은 고려하지 않았기 때문에 추가적인 협상이 필요하였다. 따라서 미국과 구소련은 전략핵무기체제전반에 제한을 가하는 장기적 협정의 필요성으로 SALT-I 협정을 대체하기 위해 SALT-II 협정을 추진하였으나 1979년 12월 구소련의 아프가니스탄 침공

으로 미 상원에서 비준을 반대해 지연되어오다가, 레이건 대통령 취임 후에 새로운 전략핵무기 감축협정(START) 시작으로 소멸되었다.

미국은 1980년대 들어서 전략핵무기의 양적 동결을 원칙으로 한 전략핵무기 제한협정(SALT) 및 탄도탄요격미사일조약(ABM) 결과가 구소련에게 대륙간 탄도미사일(ICBM)의 우위를 허용함으로써 미국과 구소련 간의 전략적 핵 균형이 불리해졌으며, 이러한 군사적 불균형은 구소련으로 하여금 국제위기 상황에서 자제력을 행사하지 않고 보다 공격적으로 나올 가능성을 증대시킨다고 믿었다.

1982년 5월 9일 레이건 대통령은 미국이 구소련에 대한 핵전력의 압도적 우위유지와 핵전력 증강을 위한 예산확보의 어려움을 타게 하기 위해서 핵무기 보유량의 상한선만을 제한하는 형식적인 전략핵무기 제한협정(SALT) 방식을 거부하고, 보유 핵무기의 양적인 삭감과 질적 제한 내용이 구체화된 전략무기감축협정(START: Strategic Arms Reduction Talks)을 구소련에 제의하였다. 그러나 미국은 구소련에 비해서 잠수함발사탄도미사일(SLBM), 중폭격기 및 순항미사일에서 앞서 있었고, 구소련은 대륙간 탄도미사일(ICBM)에 있어 미국보다 우위에 있었기 때문에 대륙간 탄도미사일(ICBM)의 감축을 주장한 미국의 전략무기감축협상(START) 제안을 받아들일 수가 없었다. 또한 미국이 우월한 무기체계를 감축하라는 구소련의 제안을 찬성할 수 없었기 때문에 교착상태에 있었다. 그 후 1985년 구소련에 페레스트로이카와 신사고를 주창한 고르바초프(M. Gorbachev) 수상이 등장해 구소련이 해체되고, 러시아로 다시 탄생해 군비통제 문제에 있어 큰 변화가 시작되었다.

러시아는 미국의 군비경쟁정책들을 면밀히 검토한 결과 기술면이나 예산 면에서 미국을 추월할 수 없고, 미국의 군비경쟁을 이길 수 없을 바에야 군사비를 절감해 국가산업발전에 투자한 것이 현명한 결정이며, 또한 체르노빌 원자력 발전소의 폭발사고로 국내 핵무기를 제거하자는 주장이 확산됨으로써 새로운 군비통제 정책을 추진하게 되었다.

1991년 7월 2일 미국과 러시아는 핵무기의 1/3 감축을 내용으로 하는 전략무기감축협정(START-I)을 체결하였으며, 1993년 1월 3일에는 미국의 조지 H. 부시(George H. Bush) 대통령과 러시아의 옐친(Boris. Yeltsin) 대통령이 핵무기 2/3 감축을 내용으로 전략무기감축협정(START-II)을 다시 체결하였다. 이 과정에서 START-I은 발효되어 이행하였으나 START-II는 미국이 1996년 1월 26일에 비준하였고, 러시아는 푸틴(Vladimir Putin) 대통령에 의해 2000년 4월 14일에 비준됨으로써 그 협정이 발효되었다.

그 이행을 위해 2001년 11월 13일 조지 W. 부시 대통령과 블라디미르 푸틴(Valdimir Putin) 대통령은 미국 워싱턴 백악관에서 정상회담을 갖고 전략 핵탄두 3분의 2를 감축하기로 다시 확인하고, 양국의 새로운 동반자시대 개막을 선언했다.

> 부시 대통령은 오늘은 미 · 러 관계 역사에서 새로운 날이며 진보와 희망의 날이라면서 우리는 관계를 적대적이고 의심하는 관계에서 협력과 신뢰에 기초한 관계로 바꿔나가고 있다고 말했다. 푸틴 대통령은 오늘 실질적인 대화가 있었다면서 우리는 냉전시대의 유물을 종국적으로 탈피키로 했다고 말했다. 양국정상은 양국이 경쟁관계에서 동맹관계로 바뀌었음을 강조했으며, 경제협력을 더욱 발전시켜나갈 것을 합의했다. 푸틴 대통령은 특히 이날 저녁 주미 러시아 대사관에서 행한 연설을 통해 안보는 금속과 무기더미로 이뤄지는 것이 아니라 사람들과 국가 및 그 지도자들의 정치적 의지로 창출되는 것이라고 강조했다.

부시 대통령은 이날 회담에서 미국은 현재 7,000개인 전략 핵탄두를 향후 10년 내에 1,700~2,200개로 일방적으로 줄이겠다는 입장을 밝혔다. 푸틴 대통령도 러시아는 전략무기를 상당한 수준으로 감축하겠다고 선언하고 실천했다.

미국과 러시아는 전략무기감축협정(START-I · II) 기간이 2010년 12월 31일로 끝남에 따라 새로운 전략무기감축협정(START)이 요구되었다. 미국 버락 오바마 대통령과 러시아 드미트리 메드베테프 대통령은 2011년 2월 5일 새로운 전략무기감축협정을 조인하고 발효시켰다. 즉 기존의 핵탄두 2,200기에서 30%가 감축된 1,550기로 줄이고, 핵탄두를 탑재해 운반할 지상 및 해상 배치 미사일도 1,600기에서 800기로 50% 감축해 냉전시대 이전의 최저수준이 되게 했다. 또한 상호전략핵무기 감축을 감시하고 검증할 수 있는 방안을 구축해 실천적 효과를 확인토록 했으며, 이 협정은 효력이 10년간 지속되고, 양 국가 간에 합의가 있으면 기간 5년 연장이 가능하다.

그러나 양국정상은 미국이 새롭게 추진하고 있는 미사일방어체제(MD) 추진을 위한 탄도탄요격미사일조약(ABM) 폐기 문제와 관련해서는 절충점을 찾지 못했다. 예컨대 20세기 냉전시대의 군비통제는 미국과 러시아의 경쟁적 핵 확장으로 인해 초래된 과잉살상 상태의 핵전력을 제한 또는 삭감해 핵위협 공포로부터 벗어나고자하는 강대국 간의 쌍무적 군비통제였다.

이와 같은 강대국간 군비통제협정은 동서냉전시대의 정치적 데탕트 시작을 가져왔고, 또한 미국과 러시아가 보유하고 있는 핵무기 중에 상호확증파괴(MAD)를 하고도 남은 초과량에 대해서는 상호 공포의 균형을 유지하는 데 불필요한 부분이기 때문에 끊임없는 군비경쟁을 중지하고, 여기에서 남은 군사비와 자원을 다른 분야에 유익하게 사용해 국가를 발전시켜야겠다는 양 국가의 공동이익이 맞아떨어져서 성공한 냉전시대의 대표적 군비통제 사례이다.

4. 탈냉전시대의 군비통제

1) 개요

21세기 탈냉전시대는 이념보다는 정치적 · 경제적 · 문화적 · 군사적 문제를 비롯해서 인종적 · 종교적인 사회적 문제와 테러 · 대량살상무기 · 마약 및 범죄 · 재해 및 재난 등이 국가안보를 위협하는 요인으로 등장함으로써 새로운 불안정성과 불확실성을 증대시켜 주고 있다.

20세기는 희망과 두려움이 공존한 역설로 그 막을 내렸다. 희망이란 빈곤과 질병으로부터 해방되어 황금시대로 접어들게 할 것이란 기대였으며, 두려움이란 갈등과 분쟁으로 인한 전쟁으로 인류가 멸망할 수 있다는 것이었다. 그 속에서 미국과 구소련을 중심으로 한 냉전시대는 구소련이 1990년에 15개의 독립국가로 해체되어 러시아로 재탄생하고, 공산주의가 붕괴됨으로써 자유민주주의 승리로 끝난 탈냉전시대가 열렸다.

그것은 산업시대의 전통적 가치관과 국제질서가 붕괴되고, 지식정보화 시대의 새로운 가치관과 국제질서에서 화해와 협력이 중요시되는 가운데 가장 강한 국가와 가장 무자비한 자들만이 생존할 수 있는 세계가 됨에 따라 이에 대한 도전과 응전을 위한 새로운 군비통제에 대한 국가전략이 요구되었다.

2) 탈냉전시대의 군비통제와 상호확증 생존전략

(1) 개념

탈냉전시대는 미국이 세계 최강대국으로 남게 되었고, 러시아, 중국, 프랑스, 영국, 일본, 독일 등은 강대국으로서 국제질서는 재편되었다. 탈냉전시대의 핵통제는 핵무기 보유 및 미사일 기술 확산으로 미국과 러시아가 주도했던 냉전시대가 끝나게 되었다.

특히 미국은 세계 최강대국으로서 러시아와 중국의 핵위협은 물론 인도, 파키스탄, 이란, 북한 등 일부 국가들이 보유하고 있는 핵 및 미사일 위협에도 대비해 상호확증생존전략(MAS: Mutual Assured Survival Strategy)에 의한 새로운 국가안보전략을 추진하였다. 상호확증생존전략(MAS)이란, 적이 기습적인 선제공격을 한다면 상대국가는 전략적 보복을 할 수 있는 잔존되어야 할 제2격도 완전히 파괴될 수 있기 때문에 적 공격에 대한 취약성을 최소화해 생존성을 보장한 후 공격하기 위해서는 국가전체를 방어할 수 있는 완전한 방어무기체계를 갖게 됨으로써 전쟁을 억제할 수 있다는 거부형 억제전략인 것이다.

적 핵무기 공격에 대한 취약성을 최소화하기 위해서 적공격 무기가 자국에 피해를 주기 전에 단계적 공격으로 파괴해 생존성을 보장하겠다는 것이다. 따라서 상호확증생존전략(MAS)은 공격용 무기를 감축하고 방어용 무기의 역할이 커지는 거부적 억제력으로써 군비통제가 되는 것이다. 상호확증파괴전략(MAD)이 안전성의 조건으로 전략 핵무기에 대한 상호취약성을 전제로 하여 방어무기체계를 거부한 공세적 억제전략이라면, 상호확증생존전략(MAS)은 안전성의 조건으로 취약성을 최소화하기 위해 방어무기체계를 설치해 생존을 보장받을 수 있는 방어적 억제전략이다. 따라서 상호확증파괴전략(MAD)은 군비통제의 당위성이 인정되는 전략이라면 상호확증생존전략(MAS)은 새로운 군비경쟁의 가능성이 있는 전략이 될 수도 있다. 이와 같이 미국은 상호확신파괴전략(MAD)에서 SALT협정 및 ABM조약을 추진하였다면 전략방위구상(SDI: Strategic Defence Initiative) 및 미사일방어체제(MD)는 상호확신생존전략(MAS)으로 추진하게 된 것이다.

(2) 군비통제와 상호확증생존전략

제2차 세계대전 당시인 1944년과 1945년 독일에 의해서 개발된 V-1 및 V-2 로켓은 영국과 벨기에로 발사되었으나, 연합군에게 별다른 영향을 주지 못한 무기였다. 그 후 V-2 로켓 사업과 관련한 전문지식이 미국과 구소련으로 양분되면서 탄도미사일 기술이 파급된 이래 전 세계적으로 확산 추세에 있으며, 이렇게 개발되고 발전된 탄도미사일은 장거리 공격능력 자체만으로도 공포의 수단이 되었다.[20] 특히 핵 및 화생무기의 투발 수단으로서 가장 위협적인 전략무기로 대두되었다. 미사일 방어계획은 제2차 세계대전시 독일의 미사일 계획에 대응해 1946년 미국에서 연구를 하면서 시작되었다. 미국과 구소련은 핵무기 경쟁 중에도 날아오는 탄도미사일을 요격미사일로 격추하기 위해 꾸준히 연구를 계속하였다. 미국은 1960년대 초에 시험 ICBM 탄두를 방공 NIKE-Zeus 미사일로 요격하는 데 성공하였다.[21] 그러나 미국은 핵전쟁방어전략인 상호확증파괴전략(MAD)을 채택한 맥나마라 국방장관의 반대에 직면하였다.

---

20 탄도탄미사일은 사람이 타지 않은 탄도가 로켓 추진으로 운반하는 무기라고 정의할 수 있으며, 일단 발사 후에는 유도가 되지 않는다는 점에서 자체 항행능력이 있는 순항 미사일(Cruise Missile)이나 패트리어트와 같은 유도미사일(Guidance Missile)과는 구별된다. 〈전구미사일 방어〉, 공군대학, 1999. 4.

21 1950년대 나이키제우스(Nike-Zeus), 나이키-X, 세이프가드(Safeguard) 등과 같이 연구된 미사일 방어계획

〈표 3-8〉 MD 추진의 역사

구분	시기	무기체계	방어개념
방어계획 태동	1944~1983	- NIKE Zeus - Sentinel	- 핵으로 무장된 요격 - 미사일로 요격
SDI	1984~1990	- 우주설치 요격체계(SBI) - 지상설치 요격체계(GBI)	300여 개의 요격위성으로 완전방어
GPALS	1990~2000	- NMD - TMD	- SDI의 축소 개념/비핵 - 무기체계로 요격 - 제한공격에 대한 방어
MD	2001~현재	NMD와 TMD 체계 통합	- 비핵무기체계로 요격 - 제한공격에 대한 방어

그 반면에 1960년대 중반 구소련은 미사일방어망을 구축하기 시작했으며, 1967년 미 · 구소 정상회담에서 미국 존슨 대통령과 맥나마라 국방장관은 구소련의 미사일 방어망 구축 중지를 납득시키지 못함에 따라, 미국도 미사일 공격으로부터 방어하기 위한 미사일방어체제를 구축하게 되었다(표 3-8).[22]

이러한 새로운 군비경쟁은 소모적이라는 판단에서 1972년 5월 26일 탄도탄 요격미사일(ABM: Anti-Ballistic Missile) 조약을 체결하였으며,[23] 미국은 1976년에 한 개의 보호지대(SAFEGUARD)를 그랜드 포크(Grand Forks)에 위치한 노스 다코다(North Dakota)에 설치해 운용했으나 의회에 의해 운영이 중지되었다.[24]

그러나 이에 대한 연구는 계속되었으며, 1976년부터 1980년대 초까지 미사일 방어계획 발전의 주요 목표는 요격체에 핵을 사용하지 않는 것이었다. 이것은 1984년에 유도기술의 발달로 요격체가 탄두에 충돌함으로서 미사일을 파괴할

22 Donald R. Baucom, "National Missile Defense Overview", Ballistic Missile Defense Organization December 2000, http://www.acq.osd.mil/bmdo/bmdolink/html/nmdhist.html, 2001. 5. 16.

23 이때 체결된 ABM 조약은 각각 2개의 미사일 방어 기지를 설치할 수 있으며, 각각의 기지에는 100개 이하의 요격미사일을 설치하는 것으로 제한하였으며, 이것은 1974년에 1개의 기지로 제한되었다.

24 ABM 조약에 입각해 설치한 미국의 ABM 체제.

〈표 3-9〉 미사일 방어체제의 변화

구분	내용			
목적	구소련의 대규모 핵공격에 대한 방어	제한공격에 대한 지구 전역 보호		현실적인 탄도미사일 위협에 대처
연도	1983	1991	1993	1998~2000년대 현재
기구명	SDIO			BMDO
사업명	전략방어구상(SDI): 전략미사일에 대한 방어체계 구축	제한전략방어(GPALS): 전술· 전략적 방어체계 구축, TMD, NMD, ATP		탄도미사일방어(BMD): NMD/TMD를 통합해 MD체제로 탄도미사일 방어체제 구축
경위	1983년 레이건의 제안	- 걸프전 위협인식 - 1991년 1월 29일 부시 연두교서 - 1991년 미사일 방어법 제정		- 1993년 3월 31일 Aspin - BUR(Bottom Up Review) - 2001년 MD체제로 전환
비고	보복형 억제 → 거부형 억제로의 전환	전략방어 구상의 축소형		지구적 미사일방어 완성

※ 보복형 억제(상호확증 파괴전략) → 거부형 억제(상호확증 생존전략)

수 있는 기술이 개발되었으며, 구소련은 공격미사일 성능을 개선하는 데 노력했다. 따라서 1980년대에 전략가들은 구소련의 기습능력이 미국의 도시를 파괴하고 미국의 보복능력을 파괴할 수 있는 능력을 보유하고 있다고 판단했다.

이와 같은 상황에서 미 합참은 1983년 레이건 대통령(Ronald W. Reagan)에게 미사일 방어에 관해 보고함으로써 탄도미사일 방어개념에 대한 전환을 맞게 되는데, 이것이 1983년 3월 23일 레이건 대통령이 발표한 전략방위구상(SDI: Strategic Defense Initiative)이었다(표 3-9).

전략방위구상(SDI)은 구소련의 전략탄도미사일을 각종 첨단무기를 동원해 우주에서 격파한다는 구상으로 과거의 핵탄두를 탑재한 요격무기의 개념과는 달리 비핵무기요격체계를 구축하는 것으로 우주설치요격체계(SBI: Space-Based Interceptor), 지상설치요격체계(GBI: Ground-Based Interceptor), 두 개의 우주설치센서, 그리고 전장관리 시스템으로 구성하였다.

미국 레이건 대통령은 전략핵무기감축협정(START)을 추진하면서도 1983년 3월 보유하고 있는 핵미사일을 무력화시키거나 폐기하고, 2000년대의 새로운 국가안보정책을 실현하기 위해 전략방위구상(SDI)계획을 발표하였다. 레이건 대통령은 탄도탄요격미사일을 우주 또는 지상에 배치해 어느 비행단계에서 적의 미사일이나 핵탄두를 파괴하는 것을 목표로 연구하고 개발해 배치하는 구상이었다. 이렇게 하여 현재의 모든 탄도탄미사일을 시대에 뒤떨어진 무기가 되게 하여 핵무기를 무력화하고 폐기토록 하는 것이다.

그 주요 내용은 ① SDI의 대상은 적의 정치적, 경제적, 군사적 능력의 파괴를 위해 겨냥해 설계된 모든 탄도탄미사일이 되고, ② SDI의 활동무대는 우주가 되는데 그 전쟁양상이 조지 루카스 감독의 영화제목인 스타워즈와 비슷한 양상을 보일 것으로 상상해 SDI보다는 Star Wars로 더 잘 알려져 있으며, ③ SDI는 탄도미사일이 비행하는 단계별로 요격하는 계층방어 개념이다.

> 전략방위구상(SDI)은 우주공간에서 첨단기술로 개발된 무기를 사용해 전략핵무기의 공격을 가급적 추진단계에서부터 대기권돌입의 최종단계까지 막아낼 수 있는 계층방어시스템으로서, 핵무기의 무력화와 폐기를 도모해 핵전쟁의 위험을 피해보겠다는 미국의 거부적 억제전략이라고 할 수 있다.

그러나 전략방위구상(SDI)개발은 막대한 예산 확보문제, 고도의 정밀기술문제, 구소련의 우주 군사화 반대주장과 공산권의 해체에 따른 냉전체제의 붕괴 등으로 SDI는 축소되어 발전되었다.

1991년 조지 부시(George H. Bush) 대통령은 SDI계획의 축소판으로서 전 지구적 제한공격방위계획(GPALS: Global Protection Against Limited Strikes)을 발표하였는데, 그 내용은 대륙간 탄도미사일(ICBM)보다는 우발적 · 한정적인 단거리나 중거리탄도미사일을 요격하는 계획으로서 적의 미사일 공격을 인공위성으로 추적해 요격미사일로 격파하는 시스템으로 전략방위구상(SDI)과 비슷한 계획이다.

미국이 GPALS 체계를 구비함으로써 기대하였던 것은 탈냉전 이후 상실된 미국과 구소련 중심의 양극구도를 대체할 수 있는 미국 중심의 세계질서 확립에 있었다고 볼 수 있다. 특히 미 군사력의 감축추세 상황에서 우방국가에 대한 안보조약의 신뢰성을 유지하기 위해서라도 GPALS 체계를 우방국가에 배치해, 원거리 주둔의 효과를 창출하고 미군의 장기 해외주둔에 대한 미국 내 반대여론을 무마시키고, 주둔 국가 내에서 불필요한 문화적 마찰도 해소할 수 있는 등의 이점을 창출할 수 있다는 것이었으나 부시(George H. Bush) 대통령의 재선 실패와 미국 재정악화로 실행되지 못했다. 즉, 레이건 대통령의 SDI계획이 구소련의 핵공격에 대한 방위구상이라면 GPALS계획은 중국, 인도, 파키스탄, 이라크, 이란, 북한 등과 같은 국가들의 도발을 겨냥하고 있을 뿐만 아니라 중동 · 아프리카 · 아시아국가들의 중거리 · 단거리 탄도미사일 개발에 대응할 수 있는 지역분쟁 방위체제이다.

그 후 1993년 클린턴(Bill Clinton) 대통령은 SDI 및 GPALS 계획을 통합해 지속시키고, 그 계획을 구체화하여 국가미사일방어체계(NMD)와 전구미사일방어체계(TMD)로 구분해 계속 발전시켰다.

새로운 미사일 방어개념은 선진군사기술의 확산과 국지적 불안이 미국과 우방국가의 안보환경에 중대한 위협으로 대두됨에 따라 미국 본토에 대한 국가 미사일방어(NMD: National Missile Defence), 해외주둔군 및 우방국가에 대한 전구미사일방어(TMD: Theater Missile Defence)의 두 가지 체계로 구성해, 지상과 우주의 합동방어체계를 구축하는 것이었다.

클린턴정부의 미사일 방어전략 방향은 과거 SDI에서 설정한 것과 같은 불확실한 위협에 대해서가 아닌 현실적인 위협이 되는 대량파괴무기 확산에 대응할 수 있는 사업으로 전환하려는 데 그 목적이 있었다. 이를 위해 우선 SDI에서 GPALS를 거쳐 지속해온 미사일방어계획을 탄도미사일방어(BMD: Ballistic Missile Defense)로 바꾸고 SDI 기구의 이름도 탄도미사일방어본부(BMDO: Ballistic Missile Defense Office)로 변경하였다. 이러한 기구 명칭의 변경은 미국의 미사일 방어전략이 냉전논리에서 탈냉전 논리로 전환되었다는 것을 증명한 것이다.

탄도미사일방어(BMD)는 불량국가의 제한적 미사일 공격시(10기 수준) 주요지

〈표 3-10〉 TMD/NMD 체계의 비교

구분	TMD	NMD
목적	해외주둔 미군 및 우방국 보호	미 본토 방어
위협 대상 미사일	전구급 미사일(사거리 3,500km 이하)	대륙간 탄도미사일(ICBM, 사거리 5,500km 이상)
체계 특성	다층방어(지 · 해상 상/하층, 발사단계 요격)	단일체계(다중 탐지체계 구축)
개발동향	- 미국 주도하 공동연구 개발, 유럽, 일본, 이스라엘, 호주 참여 - 무기체계별 추진 상이	- 미 독자적 개발, 영국 · 일본 기술협조 - 요격시험: 1차 성공, 2 · 3차 실패
ABM과의 관계 (상치내용)	탄두속도를 3km/sec 이내로 제한 합의 - 저층방어체계는 범위 내 가능 - 고층방어체계는 범위 이상의 성능이 필요한 것으로 판단	ABM 조약은 전 국토(미 전역) 방위망 구축 금지(일정지역 1개소 설치)

역에 대한 방어를 목적으로 계층별 차단수단을 강구하는 구상으로서 전구미사일 방어체계(TMD), 국가미사일방어체계(NMD)로 구성한 것이다(표 3-10).

이와 같은 상호확증생존전략(MAS)을 수행하기 위해 2000년 7월 7일 빌 클린

TMD 체계

TMD 체계는 미군의 5대 지역 전투사령부가 담당하고 책임구역 내에 있는 해외주둔 미군 및 우방국을 방어하는 것이다. 이들 5개 전투사령부 책임구역으로 날아오는 적의 탄도미사일을 방어하기 위해서는 탄도미사일이 발사되면 비행하는 궤적[26]을 추적 미사일을 요격하게 된다. TMD체계의 단계별 요격이 기회와 확률을 높이기 위해 장거리 요격무기체계로 상층(Upper Tier)을 방어하고 단거리 무기체계로 하층(Lower Tier)을 방어한다.

NMD 체계

NMD 체계는 공격미사일이 발사되면 조기경보위성에 의해 탐지된 후 NMD 전투관리 센터로 송신되면, 요격미사일을 발사해 대기권 밖에서 요격체에 충돌해 파괴하는 체계로서 센서에 해당되는 지상설치 레이더 및 우주설치 적외선 감지체계와 전투관리 및 통신을 담당하는 통제체계 그리고 지상설치 요격체계로 구성된다.

턴 대통령은 태평양과 캘리포니아 공군기지에서 SDI에 뿌리를 둔 NMD · TMD 구축실험을 실시했다.[25]

클린턴(Bill Clinton) 정부에 이어 부시(George H. Bush) 전 대통령의 아들인 부시(George W. Bush) 정부가 탄생했다. 2001년 2월에 부시 대통령은 러시아와 중국의 대륙간탄도미사일(ICBM) 위협 외에도 불량국가들의 중거리 및 단거리 탄도미사일 방어가 포함된 미사일 방어체제(MD: Missile Defence) 추진을 선언하였다.

즉 부시 대통령은 2001년 5월 3일 미국방대학교 연설에서 냉전체제의 상호확증파괴전략(MAD)에서 미국과 구소련이 맺었던 ABM 조약의 무용론을 제기하면서 "오늘날의 위협은 강대국가들의 위협은 물론 불량국가들이 보유하고 있는 적은 수의 미사일로부터 나온다"라고 주장하고 ABM 조약 폐기와 미사일방어체제(MD)를 추진하는 대신에 공격용 핵무기를 감축하겠다는 새로운 미사일 방어계획을 발표하였다.[26]

> 탄도미사일이 공격 위협무기로 주목을 받기 시작한 것은 1991년 걸프전쟁 시에 이라크가 이스라엘에 미사일공격을 실시함으로써 그 미사일방어의 중요성을 갖게 하였으며, 이때 이라크는 이스라엘을 자극해 보복을 유도하기 위한 목적으로 미사일을 발사했다. 또한 2001년 9 · 11테러사건 등은 미국으로 하여금 MD체제의 필요성을 더욱 크게 했다.
>
> …… 북한의 대포동 미사일 발사 이전인 1998년 7월 미국은 의회와 중앙정보부가 위촉한 '미국에 대한 탄도미사일 평가위원회'는 탄도미사일 위협 평가에 관한 보고서에서 북한이 개발한 대포동 2호 미사일은 알라스카의 주요도시 및 군사기지를 공격할 수 있는 것으로 예상하였다.[27] 그 후 1998년 8월 31일 북한은 일본 열도 상공을 넘어가는 대포동 미사일을 시험 발사하였으며, 2006년 7월 5일

25 동아일보, 2000년 12월 28일.

26 조지 W. 부시(George W. Bush) 대통령은 클린턴(Bill Clinton) 대통령에게 2차 연임에 실패했었던 전임 조지 H. 부시(George H. Bush) 대통령의 아들이었다.

27 손영환, 〈미국의 국가미사일방어(NMD)에 관한 소고〉, 《주간국방논단》 제819호, 2000. 8. 14.

〈표 3-11〉 MD체제의 ABM조약 저촉 분야

항목	조약내용	저촉 분야
제1조	전 국토 방어망 구축금지(N. Dakota의 미사일기지만 방어)	Alaska를 비롯한 필요한 지역의 요격미사일 배치 및 레이더 기지건설
제5조	해상, 공중, 우주 및 지상 이동용 요격체계의 개발 · 시험 · 배치 금지	지상/해상배치 요격용 레이더의 함상 혹은 바지선상 설치
제6조	- ABM 능력을 비 ABM체계의 적용하는 것을 금지 - 전구방어(Theater Defense)체계를 장거리미사일방어용으로 개발 · 시험 및 배치 금지	- 이지스함 탑재 요격미사일 및 레이더를 장거리 미사일 방어에 활용 - ABM체계를 장거리 미사일 요격에 활용
제9조	동맹국가와의 ICBM 방어기술 공유 및 공동연구/작업 금지	동맹국가와의 ICBM방어기술 공유 및 공동연구

북한은 다시 단거리 스커드미사일, 중거리 노동미사일, 장거리 대포동미사일의 7기 미사일을 동해에 발사하고, 특히 동년 10월 9일 북한 핵실험은 미국과 일본에 의해 북한 미사일의 선제공격론과 UN의 강력한 제재 결의안을 채택하는 결과를 가져왔다. 이 사건은 북한이 미국과 일본을 공격할 수 있는 능력을 가졌다는 신호탄이기도 하였으며, 명목적으로는 미국과 일본으로 하여금 MD체제의 본격 구축 빌미를 제공한 위기사건이기도 하였다.

이와 같이 MD체제는 탈냉전시대에 새로운 위협과 핵무기 및 생화학무기를 탑재한 탄도미사일위협, 특히 불량국가들의 제한된 미사일공격과 착오에 의한 미사일발사, 테러전 등 다목적 활용으로부터 미국본토 및 우방국가을 보호하는 것을 목표로 하고 있다.

부시(George W. Bush) 정부는 NMD와 TMD체계를 통합해 MD체제를 구축하고 ABM 조약을 폐기하였다(표 3-11). 그 이유는 미국과 동맹국가 간의 차별성 논란을 방지하고 동맹국가들의 동참을 유도하기 위한 것이었다. 미국과 동맹국가를 동일시함으로써 ABM 폐기 문제에 대해 동맹국과 공동으로 대처하고 국제적 반대동향을 최소화함은 물론 기술적으로 가용한 방어체제 구축을 위해 TMD 및NMD체계의 기술통합이 필요하고, ABM 조약에 저촉되지 않는 TMD를 NMD체계와 혼용함으로써 러시아의 ABM 조약 위배 및 폐기 주장에 대한 반대논리를 펼칠 수 있었기 때문이다.

한편 NMD와 MD의 차이를 구분해보면 ① NMD체계는 미 본토 방위, 불량국가의 미사일 위협 또는 러시아의 실수 및 우발적 공격에 대비한 지상배치 미사일을 이용한 단일방어체제라고 할 수 있으며, ② MD체제는 미 본토는 물론 동맹국가 및 해외주둔 미군을 보호하려는 목적과 러시아와 중국에 대해 상대적 우위를 추구하고, 핵능력을 무력화하려는 것으로서, 지상 · 해상 · 우주배치 요격체제의 3단계 다층방어라고 할 수 있다. 그러나 MD는 러시아와 중국은 물론 유럽동맹국가와 국내의 거센 반발도 제기되었다.

특히 러시아, 중국은 ABM협정을 지속적으로 보완 및 발전시키면 군비통제는 충분히 될 수 있다고 주장하면서, MD체제가 방패보다는 자국에 대한 창으로 사용될 수 있고 미국이 대륙간 탄도탄미사일방어망을 갖게 될 경우에는 자국에 대한 결정적인 전략적 우위를 누리게 됨으로써, 새로운 군비경쟁을 갖게 되어 국제적 긴장관계를 일으키게 된다고 반대했다.

그렇다면 왜 미국은 많은 국가의 반대에도 불구하고 MD계획을 추진하는 것인가? 미국은 미래의 안보환경이 유동적이고 불확실하며, 잠재적인 위협과 도전이 치명적으로 성장해 자국의 이익에 반대하는 상황이 되지 않도록 노력한 것이다. 따라서 미국은 많은 국가의 반대에도 불구하고 고집스럽게 MD계획을 추진하였다.

첫째, 미국의 절대적 이익에 충실하기 위해서이다.

20세기 냉전시대가 미국의 핵우산과 군사력의 전진배치가 미국 주도의 동맹체제를 지배할 수 있는 상호확증파괴전략(MAD)의 요소였다면, 21세기 탈냉전시대는 상호확증생존전략(MAS)으로 미사일 방어체제(MD)라는 새로운 차원의 우산을 추가해 우방국가의 안보를 보장하고, 미국의 안보와 국가이익을 동시에 추구하려는 국가전략인 것이다. 2001년 2월 12일 딕 체니(Dick Cheney) 부통령은 세계는 현재 탄도탄미사일에 대한 위협증대에 직면해 있으며 대량살상무기를 탑재할 수 있는 능력도 늘어나고 있다. MD추진은 이 같은 미사일 위협에 대비하기 위한 필수 불가결한 조치라고 주장하였다.

이와 같은 주장은 미국 영토와 동맹국가 영토의 물리적 안보와 국민의 안전, 경제적 번영, 주요기간 시설의 보호 등 미국의 이익을 지키기 위한 것으로서 필요시에는 군사력을 독단적으로 사용할 수 있다.

> 현대 국제사회에서 탄도탄미사일은 특히 우주 발사체의 증가와 함께 많은 국가들이 탄도탄미사일과 관련한 첨단 기술을 획득하고 있고, 민간 부문에서 우주개발사업이 급진전되면서 관련 전문지식과 기술은 계속 확산되는 추세이다. 또한 순항미사일은 탄도탄미사일에 비해 확산 속도가 느린 편이었으나 탄도탄미사일에 비해 제조 단가가 낮기 때문에 양적으로 매우 큰 위험이 될 것으로 예상된다.
>
> 핵 또는 생화학무기들을 탑재한 탄도미사일의 획득에 대한 잠재 위협, 특히 이들 새로운 위협은 북한, 이란 등으로 이는 과거의 러시아와 중국에 국한되어 있던 미국에 대한 미사일 위협을 더한 것으로 바로 분쟁은 없지만 불특정위협으로 남아 있게 될 것이다. 이들의 탄도미사일들은 미국의 시스템처럼 정확성이나 신뢰성을 갖고 있지 못하기 때문에 미국에 위협을 줄 수 있는 능력을 갖게 될 수 있기 때문이다.
>
> 또한 현재 핵폭탄을 설계, 제조에 필요한 기술이 이제 세계에 넓게 퍼져있어서 핵탄두를 만들려는 의지만 있으며 국내 또는 해외에서 기술, 정보, 경험 등이 확산된 환경에서 탄도미사일과 대량살상무기들은 급속히 확산되고 있으며, 이것은 미국이 변화되는 국제안보환경에서 미국이 관심을 가져야 하는 사항이 명백해 진 것이다.

즉 탈냉전 이후 미국은 자국 중심의 국제체제를 유지 및 강화하기 위해 세력균형의 한 축에 있다기보다는 절대적인 군사적 우위에 서서 세력균형자 · 안정자로서의 역할을 계속적으로 자임하고자 하는 것이다.

둘째, 미국의 군산 복합체 이해와 국방예산확보의 관계이다.

1961년 1월 17일 미국 아이젠하워 대통령은 퇴임연설에서 군산복합체세력(military-industrial complex)의 대두에 의한 파괴적인 힘의 사용과 지속적인 영향력의 행사 위험성을 지적하면서 국가안보에 대한 요구 때문에 자유의 존재 자체를 위협하는 강력한 이익집단이 만들어지게 된 것을 경고하였다.[28] 즉 국가안보는 국가의 평화를 지키기 위한 안보이어야 하는데, 안보가 안보를 위하게 되면 단순한 자국의 이익추구나 군산복합체의 이익추구를 위한 것이 된다는 것이다. 미국 프랭크 코프스키(Frank Kofsy) 교수는 "미국이 미사일 방어체제(MD)를 추진하는 것은 미국의 안보위기를 명분으로 하여 군산복합체 기득권을 보장하기 위한 것"이라고 말함으로써 미국 군수산업의 이해가 깊숙이 반영되어 있다는 것을 강조했다.

> 미사일 방어체제(MD)는 미 국방산업에 새로운 젖줄로서 앞으로 방위산업체들의 재정상태를 확실하게 보장해줄 수 있는 사업인 것이다. 미 전략문제 연구소(CSIS)는 방위산업체 4개사로서 ① 보잉사가 공중발사시스팀을 개발한 것을 비롯해서, ② 레이시온과 TRW은 화학레이저빔 기술을 맡고, ③ 록히드마틴은 선박비치용 레이더 장비개발을 하는 등 미사일 방어 개발연구를 위해서 국방부로부터 지원을 받았고, 앞으로 완벽한 3차원 MD체제를 구축하기 위해서는 천문학적 예산이 들어갈 것으로 예상했다.[29]

또한 포화상태에 이른 핵미사일 증강을 명분으로 내세워서는 더 이상 미국의 납세자들을 납득시켜 막대한 국방예산을 확보할 수 없기 때문이다. 이 같은 새로운 방향에서의 MD계획은 군산복합체의 기득권 보장과 국방예산확보에 대한 미국의 정치적, 군사적 이익을 크게 확대할 수 있는 요인이 된 것이다.

셋째, 미국은 세계 최강대국가로서 국가위신을 계속 유지하기 위해 군비통제 및 군사 · 외교활동을 강화하고 있다.

---

28 국제언론문화사, 《시사정보용어사전》, 2001, p. 73.

29 조선일보, 2001년 2월 12일.

미국은 20세기까지 러시아와 유럽지역의 전쟁에 대비하는 것을 중점으로 짜였던 국가방위전략을 수정해, 21세기에는 핵무기 없는 세상을 만들기 위한 노력과 핵개발을 추진한 국가들에 감시 감독을 더욱 강화하고 있다. 예컨대 미국은 러시아와 함께 2011년 2월 5일 새로운 전략무기감축협정(START)을 조인하고 발효시켜 핵무기 감축을 선언했다.

미국과 러시아는 현재 보유량에서 전략핵탄두 30%(2,200기→1,550기)를 줄이고, 핵탄두 운반수단도 50%(1,600기→800기)를 감축해 냉전시대 이전의 최저 수준으로 감축하며, 상호감시를 위한 감시 및 검증기구도 구축하기로 했다. 또한 국제사회가 인정하지 않은 국가들의 핵개발을 제한 및 감시하도록 하였다. 그리고 미국은 국제사회에서 유리한 정치적 · 경제적 · 군사적 상황이 미래의 위협국가인 중국, 인도, 러시아 등이 유리해 질 것에 대비한 예방적 군사 · 외교정책을 수행하고 있다.

미국은 현재의 우세한 힘을 유리하게 이용해 미래에서도 군사적 주도권을 계속 장악하기 위한 장기적인 힘의 관계변화에 대한 냉정한 계산에 의한 것이다.

넷째, 과학기술력을 바탕으로 우주통제권 확보 및 첨단기술 응용력을 확보하는 데 있다.

우주관련 기술경쟁에서 타 국가에 대한 압도적 우위확보로 우주를 미국의 통제에 두려는 구상으로서 19세기는 제해권, 20세기는 제공권, 21세기는 우주통제권을 확보하고, 또한 MD체제 구축과정에서 얻을 수 있는 과학기술의 산물과 효과를 최대한 민간 응용 분야에 활용해 타 국가보다 한 세대 앞선 기술혁신의 목적을 달성하려는 것이다.

미국의 MD체제 구축은 새로운 공격용 전략무기의 탄생을 추진케 한 것이다. 왜냐하면 많은 국가들은 방어무기를 공격할 수 있는 공격무기를 개발할 것이고, 또는 완벽한 방어무기는 있을 수 없기 때문에 미국의 MD체제 추진은 새로운 군비경쟁이 되고 있다. 이와 같이 미국은 평화와 번영, 민주주의와 자유에 대한 보편적 가치의 위협을 해결하는 세계 유일의 최강대국으로 남아 앞으로도 국제적 지도력과 능력을 제공하면서 자국의 이익에 충실한 국가 역할을 계속 유지하기 위해 상호확증 생존전략(MAS)을 추구하고 있다.

21세기 한반도 주변 4강대국가들의 상황은 군비통제 면에서 자국의 이익을 위해 대립하고 갈등하면서도 조정해나가고 있다. 앞으로 한국의 군비통제도 한반도 주변 4강대국가의 이익과 영향력 변화에 효율적으로 대처해 국가이익과 국가통일을 달성할 수 있는 다양한 접근 전략으로 발전시켜나가야 한다.

4 한국의 군비통제정책

1. 개요

세계적 냉전 대결구조의 해체로 대규모 전면전쟁 발생 가능성은 희박해졌으나, 새로운 질서의 형성과정에서 경제, 환경, 민족, 종교, 영토, 자원문제 등 다양한 안보위협 요인이 대두되면서 국지분쟁 가능성이 증대되고 있다.

탈냉전 이후 안보위협 요인의 범위가 확대됨에 따라 정치 · 군사적 측면 외에 비정치적 · 비군사적 문제까지를 고려해 총체적 안보를 확보하는 데 목표를 둔 포괄적 안보(Comprehensive Security) 개념으로 전환되었다. 군사적 수단보다는 평화적 수단을 통한 안보를 염원하게 됨에 따라 힘의 우위에 기초한 억제보다는 상호보장 조치를 기초로 범국제적 협력, 비제도적 접근, 비정부 간 대화, 다자간 안보의 구현 및 군비통제 등으로 새로운 협력적 안보(Cooperative Security)를 중요시하게 되었다.

유엔을 비롯한 국제기구, 민간단체 등에 의해 다양한 형태의 군비통제에 대한 관심이 높아지고 그 활동이 크게 활성화되었다. 특히 핵 · 생화학무기, 탄도미사일 등 대량살상무기의 비확산을 위한 제도적 방안을 강구하는 노력들이 강화되고 있다. 강대국가들은 군비통제 활동을 경제안보 측면에서 활성화시키고 있으며 국가위상을 높이는 수단으로 활용하는 경향을 보이고 있다. 군사력의 양적 규모는 축소하면서 질적 능력을 향상시키는 방향으로 군사력 건설 개념이 변화하고 있다.

첨단군사기술을 이용한 새로운 방향의 접근으로 전력체계의 개발과 작전운용 개념 및 군사조직 편성의 혁신을 통해 전투효과를 증가시키는 군사혁신(RMA: Revolution in Military Affairs)이 추구되고 있다.

요컨대 탈냉전시대에서도 국가 간의 영토, 민족, 문화, 종교 등과 관련한 다양한 갈등 요인이 내재하고 있어 자국의 이익추구와 영향력 확대과정에서 언제든지 상호 경쟁과 갈등 관계가 표출되어 전쟁의 가능성이 잠재하고 있다. 그리고 경제발전과 과학기술 능력 향상에 힘입어 국가들 간에 첨단무기체계가 도입됨에 따라 새로운 군비경쟁이 진행되고 있다.

그러나 다른 한편으로 탈냉전시대에서도 잔존하고 있는 군사적 · 비군사적 위협요소에도 불구하고 군비통제를 위한 협력 분위기가 확산됨으로써 다자간 안보협력을 위한 노력들이 계속되고 있다.

2. 남북한의 군비통제정책

한반도 주변 4강대국인 미 · 일 · 중 · 러는 한반도 및 지역안정을 위해 한국의 대북 포용정책과 냉전구조 해체 노력을 지지하고 남북한 간의 대화와 신뢰구축 등 군비통제를 통한 한반도의 긴장완화 및 평화정착을 희망하고 있다. 이와 같은 한반도 주변국가들의 안보환경과 남북한의 정세변화에 따라 1992년 1월 20일 한반도 비핵화 공동선언문을 발표하였다.

2000년 6 · 15 남북정상회담과 남북공동선언으로 남북한은 교류와 협력의 관계가 증진되고 있으나, 군사적 대치관계는 지속되고 있다. 북한은 이 같은 협약에도 불구하고 2006년에는 플루토늄 핵무기 및 미사일 발사 실험과 2010년에는 고농축 우라늄 핵무기 개발, 2017년에는 대륙간탄도미사일(ICBM)에 탑재할 수 있는 소형 핵탄두 개발에 성공했다면서, 완전한 핵보유국임을 주장하였다.

2018년 북한의 비핵화를 위한 북한 김정은 국무위원장과 미국 도널드 트럼프 대통령의 정상회담 및 상응조치, 또한 남한 문재인 대통령과 북한 김정은 국무위원장의 정상회담을 통한 4 · 27 판문점 공동선언 및 9 · 19 평양 공동선언에서 한반

남북 한반도 비핵화 선언문

남과 북은 한반도를 비핵화함으로써 핵전쟁 위험을 제거하고 우리나라의 평화와 평화통일에 유리한 조건과 환경을 조성하며 아시아와 세계의 평화와 안전에 이바지하기 위하여 다음과 같이 선언한다.

1. 남과 북은 핵무기의 시험, 제조, 생산, 접수, 보유, 저장, 배비, 사용을 하지 아니한다.
2. 남과 북은 핵에너지를 오직 평화적 목적에만 이용한다.
3. 남과 북은 핵처리 시설과 우라늄 농축 시설을 보유하지 아니한다.
4. 남과 북은 한반도의 비핵화를 검증하기 위하여 상대측이 선정하고 쌍방이 합의하는 대상들에 대하여 남북핵통제공동위원회가 규정하는 절차와 방법으로 사찰을 실시한다.
5. 남과 북은 이 공동선언이 이행을 위하여 공동선언이 발효된 후 1개월 안에 남북 핵통제공동위원회를 구성·운영한다.
6. 이 공동선언은 남과 북이 각기 발효에 필요한 절차를 거쳐 그 문본을 교환한 날부터 효력을 발생한다.

1992년 1월 20일

남북고위급회담 남측대표단 수석대표, 대한민국 국무총리 정원식
북남고위급회담 북측대표단 단장, 조선민주주의 인민공화국 정무원 총리 연형묵

도 비핵화와 경제협력으로 종전선언을 넘어 평화통일을 선언했다.[30]

2020년대에 남북한은 평화통일을 위해 군비통제가 계속되어야 한다. 따라서 남북한은 재래식 군비통제뿐만이 아니라 핵군비통제에 의한 한반도 비핵화의 실

---

30 중앙일보, 2018. 9. 20.
▶ 4·27 판문점 공동선언: ① 개성에 남북공동연락사무소 설치, ② 이산가족 상봉 정예화, ③ 종전선언 후 정전협정을 평화협정으로 전환, ④ 한반도 완전 비핵화, ⑤ NLL 일대의 평화수역화
▶ 9·19 평양 공동선언: ① 한반도 전쟁위협 제거, ② 남북 경제협력, ③ 이산가족 문제 해결, ④ 다양한 분야 협력교류, ⑤ 한반도 비핵화, ⑥ 김정은 국무위원장 서울 방문

천적 노력이 더욱 중요하게 되었다.

21세기 한국은 냉전구조를 해체하고 항구적인 평화체제를 구축해 통일국가를 이룩하기 위해 확고한 안보태세 바탕 위에서 국가 번영과 평화통일정책으로 군비통제에 대한 새로운 접근노력이 있어야 한다.

1) 북한의 군비통제정책

북한은 한반도의 군사적 긴장과 정치적 목적에 따라 군비통제방안을 제안하면서도 주한미군 철수와 미·북간 평화협정 체결 주장, 북한체제보장 등에 초점을 둔 정치적 공세를 하고 있다.[31]

북한의 군비통제 원칙은 실현 가능성이 적은 선 군비축소·후 신뢰구축으로써 단기간 내의 급격한 병력감축 방안을 제시하는 등 선전적이고 정치적 목적에 치중한 군비통제정책을 제시하고 있다.

즉 북한은 교류협력을 통한 신뢰구축보다는 핵무기 및 재래식 무기의 정치·군사문제의 우선 해결을 주장하고, 단계적인 타결보다는 일괄타결을 주장하는 등 군비통제 추진의 일반적인 원칙과 절차를 무시하고 있다.

21세기 북한은 남북한의 교류 및 협력 증진과 평화통일을 위해 한반도 비핵화 실천 및 재래식 무기 감축 등 군비통제정책도 실용적 방향으로 변화되어야 하고, 한반도 주변국가들의 군사력의 평화 지향적 관리 등을 위해 공동 노력해야 한다.

2) 남한의 군비통제정책

2000년 6·15남북공동선언은 지금까지 남북한의 냉전과 분쟁적 관계를 화해와 협력적 관계로 전환시키면서 남북한이 주장하고 있는 국가연합과 낮은 단계 연

---

31 조영갑, 《테러와 전쟁》, 서울: 북코리아, 2005, pp. 215-217. 북한은 2005년 2월 10일 김정일 국방위원장과 외무성에 의해 핵무기 보유를 선언하고 미·북한 간에 또는 6자회담을 통해 해결할 것을 주장하였다. 또한 북한은 2006년 10월 9일 핵실험 성공을 선언하였다.

〈표 3-12〉 남북한 군비통제정책 비교

구분	북한	남한
기본원칙	- 전제조건: 주한미군철수, 팀스피리트 훈련 중지 - 선 군비축소, 후 신뢰구축 - 단계적 타결보다는 일괄타결 접근	- 전제조건: 없음 - 선 신뢰구축, 후 군비축소 - 신뢰구축 → 군비제한 → 군비축소의 순으로 점진적 · 단계적 접근
군사적 신뢰 구축	- 군사훈련의 제한 - 군사훈련의 사전통보 - DMZ 평화지대화 - 우발충돌 및 확대방지를 위한 직통전화 설치 - 군사공동위원회 설치	- 군사훈련 사전통보 및 참관 - DMZ 완충지대화, 평화적 이용 - 군인사 상호방문 - 군사정보 상호공개 및 교환 - 직통전화 설치 - 군사공동위원회 설치
군비제한	없음	- 주요 공격무기, 병력의 상호동수 배치 - 전력배치 제한구역 설치
군비축소	- 3~4년 기간 중 3단계 병력감축 (30만 → 20만 → 10만) - 핵무기 즉각 제거, 군사장비의 질적 갱신 금지 - 군축사항 통보, 검증	- 통일국가로서의 적정 군사력 수준으로 상호균형 감축 - 핵무기 및 대량살상무기 제거 - 방어형 전력으로 부대 개편 - 공동검증단과 상주감시단 운영
평화보장 방안	- 남북한 불가침 선언 - 북한의 체제 보장 - 미-북한 평화협정 체결 - 한반도 비핵화 공동선언 실천 ※ 6 · 15남북공동선언 실천(2000. 6. 15)	- 남북한 불가침 선언 - 남북한 평화협정 체결 - 한반도 비핵화 공동선언 실천 ※ 남북 기본합의서 및 부속합의서 실천 (1991~1992) ※ 6 · 15남북공동선언 실천(2000. 6. 15)

자료: 통일원, 〈남북한 군축제의 관련 자료집〉, 서울: 남북대화사무국, 2010.

방제의 공통성 인정 등 남북통일 방안논의의 큰 전환기가 되었다. 따라서 남북한이 정치적 · 경제적 · 사회적 · 문화적 · 군사적 교류와 협력이 확대되고, 평화적 통일의 방향으로 발전할수록 남북한 군비통제의 필요성은 증대되고 있다(표 3-12).

한국은 선 신뢰구축, 후 군비축소를 원칙으로 한 군비통제정책을 추진하고 있다. 왜냐하면 북한체제의 점진적 개방과 개혁을 촉진시키고 군비통제를 유도함으로써 평화통일기반을 조성한다는 목표에서 정치적 · 선전적 고려가 아닌 실현가능성을 중점으로 정책을 추진하고 있기 때문이다.

남북한의 군비통제 방안은 ① 남북한의 관계 발전상황과 통일단계별 내용의 동시 고려, ② 남북한 사이의 화해와 불가침 및 교류 · 협력에 관한 합의서(이하 남북기본합의서) 내용을 우선 고려, ③ 남북한 간에 합의가 용이하고, 실천이 가능한 방안을 제시, ④ 남북한이 중심이 된 재래식 군사력에 대한 군비통제, ⑤ 핵 및 대량살상무기는 남북한의 협력은 물론 국제적 · 지역적 군비통제체제를 통한 평화적 해결로 군비통제를 동시 추진하는 원칙 속에서 군비통제정책을 추진하는 것이다.

3) 남북한의 군비통제정책 목표

남북한 군비통제정책의 목표는 남북한 간의 군사적 긴장을 완화해 전쟁발생 위험을 감소시키고, 상호 군사력의 운용을 조정 통제해 남북한 간의 군사적 안정성을 제고시키며, 과다한 군사력을 통제해 적정수준을 유지함으로써 남북한의 평화체제를 정착시키고 나아가 평화통일 기반을 구축하는 것이다.

이러한 목표를 달성하기 위한 정책기조는 다음과 같다. 첫째, 남북한 상호 간의 안보위협을 최소화하기 위해 전반적인 남북한 관계의 진전을 고려해 비군사적 신뢰구축에서 군사적 신뢰구축으로 점진적 · 단계적으로 접근함으로써, 평화통일 정책과 연계해 탄력적으로 추진하는 것이다.

둘째, 남북한이 전쟁 종전을 선언하고, 한반도의 정전협정체제를 평화협정체제로 전환해 상호신뢰와 평화보장을 구축해 평화통일을 달성해나가는 것이다(표 3-13).

〈표 3-13〉 정전협정체제와 평화협정체제의 비교

정전협정	평화협정
1953년 7월 27일 판문점에서 유엔군 총사령관 마크 클라크, 북한군 최고사령관 김일성, 중국군 지원군 사령관 평더화이가 서명함으로써 체결된 군사정전에 관한 협정임. 이 협정으로 남북한의 적대행위는 일시적으로 정지되었고 남북한 사이에는 비무장지대와 군사분계선이 설치되었음.	군사적으로 대치하고 있는 나라나 지역에서 군사행동을 중지하고 평화 상태를 회복하거나 우호관계를 발전시키기 위해 맺는 협정으로서, 북한은 1974년부터 정전협정에 참가하지 않은 한국을 제외한 북 · 미 간 평화협정체결을 주장하고 있으며, 한국은 실질적 교전당사국가로서 협정체결에 참여해야 한다는 당사자 지위를 요구하고 있음.

셋째, 민족의 공동이익과 번영을 우선적으로 고려하고 남북한 상호 간의 형평성 및 균형성을 감안해 상호절충이 용이하도록 남북한 당사자 해결원칙에 입각해 쌍무협상으로 추진하는 것이다.

넷째, 남북한 군비통제문제의 특수성을 고려해 우선적으로 한반도 비핵화 실천 및 비군사적 협력증진으로 상호 간에 신뢰를 조성하고, 신뢰구축의 정도에 따라 상응한 군사력을 감축하되 남북한 평화공존과 나아가 통일 후 적정 군사력 규모를 고려해 추진하는 것이다.

다섯째, 동맹국가와 군사관계를 점진적으로 조정하고 동아시아 지역의 주변국가와도 군사관계의 협력 및 증진을 동시에 추진해 평화통일에 기여토록 하는 것이다.

4) 한국의 군비통제정책방향

(1) 군비통제의 단계적 실천

한반도 군비통제정책은 선 신뢰구축 · 후 군비축소를 기본방향으로 추진하는 것이다. 첫째, 신뢰구축 단계에서는 남북한 간에 군사적 긴장상태를 완화하고 상호 군사적 투명성을 향상시키며 불가침보장 체제를 확립함으로써, 군비제한 및 군비축소의 여건을 조성하는 데 목표를 두고, 이를 실현하기 위해 남북한 간에 합의된 기본합의서 및 불가침 부속합의서에 포함된 방안들을 우선적으로 추진하는 것을 기본 방향으로 하는 것이다.

이러한 방안으로서 남북한 군사당사자 간 군사직통전화의 설치, 군사공동위원회 및 군비통제 공동위원회 활성화 등 공동 위기관리체제의 구축, 정전협정 준수 등의 조치로 비무장지대의 긴장완화 및 평화적 이용의 보장, 남북 교류 협력사업의 적극 지원, 남북한이 중심이 된 평화협정체제 발전 등이 있다.

또한 대규모 부대이동과 군사연습의 사전통보 및 참관, 대량살상무기 및 공격무기 등에 관한 군사정보를 교환하고 군 인사교류를 추진함으로써 군사적 투명성을 증대시키며, 우발적 무력충동 방지대책을 제도화하고 분쟁의 평화적 해결대책을 강구함으로써 불가침 보장체제를 확립하는 방안들이 있다.

둘째, 군비제한 단계에서는 남북한 간의 무한정 군비경쟁을 중단해 군축기반을 조성하고, 대량파괴 및 공격용 무기를 통제해 기습공격능력을 제한하며, 특정 지역에 대한 상호 군사력 운용을 통제해 군사적 안정성을 증대시키는 것을 목표로 하는 것이다.

이를 실현하기 위한 방안으로서 상호 군비경쟁의 낭비성에 대한 공감대를 형성해, 이를 중단하기 위한 주요조치를 강구하고, 한반도 비핵화 공동선언의 이행, 생화학무기 및 장거리 유도무기의 통제와 공격용 무기의 제한조치 등을 통해 대량파괴 및 기습공격 능력을 제한하며, 대규모 부대이동 및 군사연습을 제한하고 수도권 안전보장조치 등이 있다.

셋째, 군비축소 단계에서는 상호 군비를 감축해 적정수준의 균형을 달성하고 군사력 배치를 조정해 남북한 평화공존체제를 정착시키는 데 목표를 두는 것이다. 이를 달성하기 위해 남북한이 상호 합의해 감축 대상무기와 보유수준을 상호 동수 보유원칙에 따라 결정해 점진적으로 감축하는 것이며, 병력도 상호 동수 보유원칙으로 상비병력과 동원병력을 병행 감축하면서 무기감축과 연계해 추진하고, 전방 배치병력을 우선적으로 감축하는 것이다. 또한 공격용 무기의 배치제한구역을 설정해 제한 구역 내 군사력 배치 및 운용을 통제하는 방안들이 있다.

이상과 같이 한반도 군비통제정책은 신뢰구축을 군비통제의 최우선 순위로 하여 군비제한이나 군비축소를 위한 선결조건으로 단계화해 실천하는 것이다.

(2) 다양한 군비통제 접근전략 개발

미국 헤리티지 연구소 에드윈 퓰너(Edwin Feulner)는 국가정책을 수행하는 과정에서 전략적 모호성(Strategic Ambiguity) 전략, 전략적 확실성(Strategic Certainty) 전략, 상호주의 전략을 국제적 상황과 국가이익에 따라 구사할 수 있어야 한다고 말했다.[32]

첫째, 전략적 확실성 전략이 필요하다.

---

32 조선일보, 2001년 5월 14일.

한반도 주변 4강대국은 한반도 문제를 남북한의 독립적인 문제이기보다는 동북아시아의 안보와 직결되는 국제적 문제로 보고 있는 반면에 남북한은 한반도 내부적, 민족적 자체문제로 보는 차이점이 있기 때문에 문제해결을 위해 접근하는 생각과 방법이 다를 수가 있다.

예컨대, 2001년 3월 23일 이정빈 외교통상부장관은 한국언론재단 정책포럼에서 2001년 2월 27일에 있었던 한국 김대중 대통령과 러시아 푸틴(Vladimir Putin) 대통령의 정상회담에서 미국의 MD체제에 대한 한국의 명시적 반대와 주한 미군 철수를 명시적 요구를 하였으나 거부하였으며, 또한 2001년 3월 9일 미국 부시 대통령과 김대중 대통령의 정상회담에서 MD체제에 대한 한국의 명시적 찬성을 요구하였으나 동의하지 않았다고 말했다.

> 그 후 한국의 MD체제 참여가능성에 대해 국방부는 2003년과 2013년에도 "우리의 기술과 능력으로 볼 때 참여할 수준이 못 된다"며 참여불가 방침을 다시 밝혔다. 그리고 MD체제 참여는 주변국가 상황 및 국내 반대여론과 한국의 독자적 MD체재 구축을 고려한 것이었다.

이것은 한반도 주변 강대국가들의 압력을 이겨내고 한국의 국가이익과 국가위신을 확보하기 위한 독자성을 확보하려는 전략적 확실성 전략이 되는 것이다.

다른 한편으로 한국은 북한의 미사일위협을 탐지(위성탐지)-경보(공중경보기 · 지상경보기 · 해상경보기)-요격(패트리어트 미사일 · 이지스함)하는 한국형 미사일 방어체제(MD)를 2020년대 현재 단계적으로 구축하는 전략적 확실성 전략을 구사하였다.[33] 전략적 확실성 전략은 한미동맹의 튼튼한 기조 위에서 한반도에 영향력을 미칠 수 있는 러시아, 중국, 일본 등의 관계를 고려한 한국의 입장이 되어야 하는데, 여기에서 한국의 이익만을 호소하거나 한국의 관점을 일방적으로 강요하기보다는 한국의 생각과 방향이 어떻게 관계국가의 이익에 부합되고 충족될 수 있는가를 설득하

33 중앙일보, 2009년 2월 16일.

고 이해시키는 것이 중요하다.

즉 강대국가들의 각축전에서 가능한 한반도 문제를 분리시키고 한미 간의 공조를 이룩하면서도 한국의 분명한 입장과 태도를 보여 일시적이고 작은 불이익보다는, 장기적이고 보다 큰 국가이익과 국가위신을 챙길 수 있는 전략적 확실성을 견지할 수 있어야 한다.

둘째, 전략적 모호성 전략도 필요하다.

냉전체제에서는 미국과 구소련(러시아)의 어느 한편에 서게 되면 두 초강대국들은 자국을 대신해서 어려운 문제를 해결해줄 수 있었다. 그러나 탈냉전시대에서는 동맹국가의 긴밀한 공조 위에서도 주변국가의 관계도 매우 중요한 요소로 작용하고 있다. 주변 강대국가들의 이익이 교차하는 전략적 다리에 위치한 한반도는 강대국가 간의 세력다툼에 말려드는 행동은 피하면서, 다른 한편으로는 지적학적 특성을 적극 이용해 국가이익을 창출하기 위해 시인도 부인도 하지 않은 모호성 전략이 필요한 것이다.

2001년 5월 9일부터 11일까지 한국을 방문한 미국 리처드 아미티지(Richard Armitage) 국방부 부장관은 김대중 대통령에게 자신의 방한 목적인 미사일 방어체제(MD)에 대해 깊이 있게 설명하고 동참을 요구하였다. 즉 미국은 21세기 들어 냉전시대와는 다른 불확실하고 예측하기 어려운 위협이 대두함에 따라 새로운 전략적 틀(strategic framework)을 구상했으며, 그것은 대량살상무기의 비확산 추구, 대량살상무기의 확산 저지, 미사일 방어(MD)체제 구축, 미국 핵무기는 최저수준으로 일방적 감축 등이라는 것이다. 그는 미국이 이 같은 구상에서 MD체제를 추구하고 있음을 성명하고 한국의 이해를 구하면서, 이번 방한은 미국 입장의 최종 통보가 아니라 협의의 시작이라고 말했다. 김대중 대통령은 충분한 이해를 표시하면서도 미국이 동맹국 · 관련국들과 긴밀히 협의하기 바란다는 원칙적 답변만을 했다. 즉, 한국 정부는 이해한다는 수준으로 표현함으로써 미국의 입장을 확실히 지지도 하지 않고, 반면에 반대도 하지 않는 전략적 모호성 전략을 구사하였다. 이는 MD체제를 구축한 미국의 입장과 이를 반대한 한반도 주변국가의 입장을 고려한 국가이익적 차원의 모호성 전략인 것이다.

한국이 강대국가들 사이에서 국가이익을 확보하기 위해서는 긴밀한 한미관계를 유지하는 틀 속에서도 동시에 한반도에 영향력을 미칠 수 있는 주변국가의 협조도 얻어내는 것이 필요하기 때문이다.

2005년 9월 19일 중국 베이징에서 북한의 핵문제를 해결하기 위해 6자회담(북한, 한국, 미국, 중국, 러시아, 일본)을 열었다. 9 · 19공동성명은 북한이 모든 핵무기와 현존하는 핵계획을 포기한다는 것을 전제로 미국이 대북한의 불가침의사를 표명하고, 궁극적인 관계정상화를 보장하며, 나머지 5개국가는 북한에게 에너지자원과 경수로 제공을 약속했다. 이 당시에 6자회담 타개를 위해 창조적 모호성(creative ambiguity)이란 전략식 수식으로 합의내용을 모호하게 처리하였던 것이다.

즉, 9 · 19공동성명에 경수로 제공과 핵폐기의 선후관계를 의도적으로 명시하지 않음으로써 우선 합의는 했지만 그것이 합의의 이행을 가로막는 요인이 되었다. 대북 경수로 제공이라는 합의에 대한 해석을 둘러싸고 미국은 북한이 핵을 폐기해야 경수로를 지어줄 수 있다는 뜻이라는 입장이지만 북한은 경수로를 제공해야 핵폐기가 가능하다며 팽팽히 맞섰던 것이다. 이와 같이 모호성 전략은 국가이익과 국제협상에 따라 곧잘 이용하고 있는 전략인 것이다.

셋째, 상호주의 전략은 자국이 타 국가에서 부여받고 있는 이익의 범위 내에서 타 국가에게도 같은 정도의 이익을 인정하고 줄 수 있는 전략이다.

상호주의 전략은 국제사회에서 자국의 이익과 권위를 보장하기 위해 상호 교환하는 것으로서 국가 간의 조약으로 정하는 경우, 국내법으로 정하는 경우, 기타 상황과 조건에 따라 상호주의 전략을 군비통제에서도 사용해야 한다.

21세기에도 국가생존과 국가이익에 직접적인 영향을 미치는 군비통제는 한국이 명확한 견해를 밝히지 않는 전략적 모호성 전략을 유지하고 있다가 대외적 환경과 대내적 환경의 변화, 그리고 국가이익을 고려해 적절한 시기에 전략적 확실성 전략이나 혹은 상호주의 전략을 이용할 수 있도록 융통성을 가져야 한다.

(3) 통일정책과 군비통제의 조화

한반도는 1945년 해방과 더불어 세계사 속의 냉전구조에서 1950년에 6 · 25 전쟁을 치르고 극한적 대립관계가 지속되어왔다. 그러나 2000년 6 · 15남북공동선언은 지금까지 남북한의 냉전과 분쟁적 관계를 교류와 협력적 관계로 전환시키면서 한반도 평화통일의 문을 열 수 있는 전환기가 되었다.

남북한이 정치적 · 경제적 · 사회적 · 문화적 · 군사적 교류와 협력이 확대되고 통일의 방향으로 발전할수록 군비통제의 필요성은 증대될 것이기 때문에 통일정책과 군비통제는 상호보완적인 조화를 이루면서 추진되어야 한다(표 3-14).

남북한이 정치적 · 군사적 대결구조인 정전체제를 평화체제로 전환하고 정착시켜 평화통일을 실현시키기 위해서는 남북한의 공통이익 창출과 통일한국을 위해 군비통제의 필요성 확대를 위해 노력해야 한다.

> 예컨대 북한군이 기습남침을 한다면 개성-문산-서울 연결지역은 제1접근로가 될 수 있다. 그러나 개성공단 개발로 인민군 6사단 · 64사단 · 62포병여단 등이 주둔하고 있던 개성-판문점 일대 평야지대에서, 개성공단이 개발됨에 따라 이들 부대가 송악산 이북과 개풍군 일대로 부대를 옮겼다. 또한 금강산 관광을 비롯한 철로 및 도로 연결 등은 총소리 한 번 없이 사실상의 휴전선 북상에 해당

〈표 3-14〉 통일정책과 군비통제 추진구도

구분	추진단계		
통일단계	화해 · 협력	남북연합	통일한국
남북 관계	교류 · 협력기	평화공존기	통일기
군비통제 추진중점	신뢰구축 군비제한 군비축소		군사통합

하는 변화로서, 한반도 안보상황에 긍정적이며, 전술적 의미보다는 정치적 의미가 크다고 볼 수 있다.

개성 및 금강산을 내주고도 아무 일이 없다면 북한이 남한을 더 신뢰하게 되고, 이런 신뢰감이 누적되면 긴장완화의 효과를 체험하게 되고, 군사적 신뢰구축으로 군비통제 및 평화통일로 발전할 수 있다.[34]

즉, 한반도 평화통일은 남북한 간의 긴장완화와 신뢰구축을 기반으로 군사적 투명성과 안정성의 확보를 통해 전쟁가능성이 제거된 후에 가능하기 때문에 군비통제는 평화통일을 위한 기본 조건이며 수단이 되는 것이다.

따라서 군비통제는 국가안보목표 달성을 위해 통일정책 · 안보정책과 연계해 상호보완적이면서도 단계적으로 추진해야 한다(표 3-15).

한국은 양적인 군사력 건설보다는 질적인 군사력 건설을 통해 대북 억제력을 유지해나감과 동시에 통일정책과 연계해 단계적 군비통제로 남북한 간에 긴장완화와 평화통일을 추구해나아가야 한다.

〈표 3-15〉 통일정책 · 안보정책 · 군비통제의 관계

구분	화해 · 협력 단계	남북연합 단계	통일한국 단계
통일정책	교류 · 협력 - 상호 실존인정/평화공존 - 분야별 교류/협력확대	평화공존/통일추구 - 민족공동체 형성/국가연합 - 평화의 제도적 보장	통일 완성 - 통일국가 완성 - 민족공동체 완성
안보정책	안보우선/평화추구 - 전쟁도발 억제 - 협력적 공존체제	평화공존 - 평화공존체제 - 협력안보발전	- 통일국가 방위체제 완성 - 주변국가 위협 대비
군비통제	군사적 신뢰구축 ※ 불가침보장 체제구축	군비제한/군비축소 ※ 군사통합 준비	군사통합 ※ 지역군비통제 주력

34 동아일보, 《신동아》 2004년 1월호, pp. 228-234.

(4) 군비통제의 세부적 조치 사항

남북한은 비군사적 신뢰구축단계와 군사적 군비통제단계의 세부적 조치사항을 발전시켜 한반도 긴장완화와 평화통일을 체계적으로 실천해나가야 한다(그림 3-5).

남북한은 화해협력을 통해 군사적 · 비군사적 신뢰 구축과 군비통제로 평화통일을 이룩해야 한다. 특히 2018년 4월 27일 문재인 대통령과 김정은 국무위원장의 판문점 공동선언과 9월 19일 평양 공동선언을 이행하여 한반도 비핵화로 평화통일을 달성해야 한다.

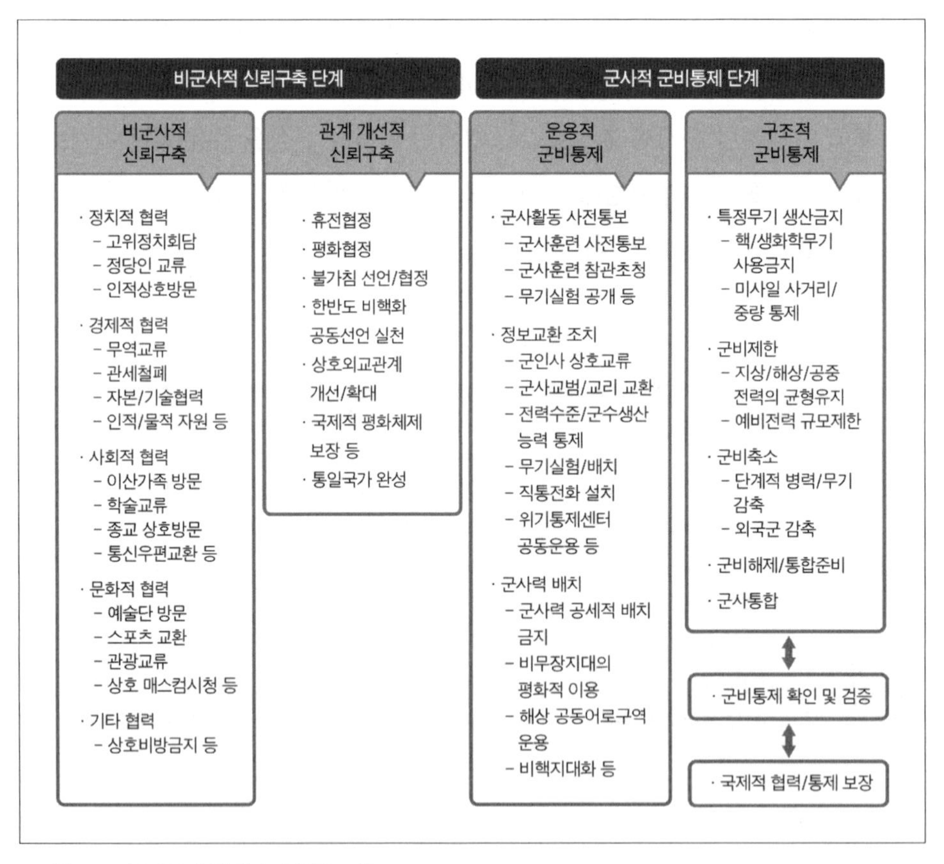

〈그림 3-5〉 군비통제 단계의 세부적 조치

(5) 핵 및 미사일 군비통제

북한은 1992년 1월 20일 한반도 비핵화 공동선언에 서명한 후에 1993년 3월 12일 핵확산금지조약(NPT)과 국제원자력기구(IAEA) 탈퇴 선언을 비롯해서, 2003년 1월 10일 또 다시 NPT 탈퇴를 선언함으로써 6자회담 국가(미국 · 북한 · 한국 · 중국 · 러시아 · 일본)들은 북핵문제의 평화적 해결을 위해 노력했다.

그러나 북한은 2005년 2월 10일 핵무기보유를 선언하고, 2006년 7월 5일 주변국가들인 한국, 미국, 일본, 중국, 러시아 등의 반대와 만류에도 불구하고 단거리 스커드미사일(한반도 사정거리), 중거리 노동미사일(일본 사거리), 장거리 대포동미사일(미국 사거리) 등의 7기를 동해 지역에 발사했다. 또한 동년 10월 9일에는 핵실험을 강행해 핵 및 미사일능력을 과시함으로써 한반도 및 세계에 핵위기를 초래했다.

미국과 일본은 북한의 핵 및 미사일에 대해 선제공격론까지 들고 나왔으며 중국과 러시아도 무모한 핵실험을 비난하고, 10월 14일 유엔 안전보장이사회에서는 북한에 군사무기판매금지 · 군사기술이전금지 · 금융자산동결 · 사치품금수조치 등 대북제재 결의안까지 채택하였다.

미국의 주도로 이루어진 유엔 결의안에 대해 북한은 미국의 대북한 압박이 핵실험을 하게 했고, 미국이 북한에 대해 더 이상 압박을 가중시키면 이를 전쟁선포로 간주하고 물리적 대응조치를 취할 것이라고 주장했다.[35]

> 북한은 제2차 세계대전에서 일본이 미국의 핵무기 투하에 패배한 것을 보았고, 또한 6 · 25전쟁에서 더글러스 맥아더 원수가 중국 만주지역에 핵무기 사용을 고려했던 사실을 알았다.
>
> 김일성 주석은 6 · 25전쟁이 휴전협정으로 끝나가자 1952년 12월 1일 국가과학원 개원식에서 우리도 핵무기(대량살상무기)를 보유해야 한다고 강조하고, 즉시 핵무기 개발을 위해 구소련에 과학자를 보내는 등 연구 개발에 착수하여 핵무기를 보유하게 되었다.

35 조영갑, 《국가위기관리론》(선학사, 2006)의 내용을 참조할 것.

즉 북한은 수차례 걸쳐 핵실험을 하고 마침내 2012년 4월 13일 최고인민회의에서 헌법전문을 정치사상 강국과 핵 보유국으로 수정하여 명기했다고 공식 발표했다.

북한의 핵보유는 ① 동아시아의 핵무장 도미노 우려(일본, 대만, 타 국가의 핵무장), ② 대량살상무기 확산방지 구상(PSI) 강화 및 확산(한국의 참여 확대), ③ 핵 보유한 통일 한국에 대한 주변국가의 경계(한국의 통일정책 부담), ④ 미국 · 일본의 미사일 방어(MD) 체제 강화(한국의 참여 확대), ⑤ 한반도 비핵화 공동선언 파기로 한국 핵전략의 필요성 대두(핵우산, 핵개발 및 전술핵 재배치, 정밀파괴무기 배치) 등에 영향을 미친 것이다.

그 후 6자회담에서는 한반도 비핵화 제1단계인 영변원자로 가동중단 및 핵시설봉인, 제2단계인 핵시설 불능화 및 검증확인과 제3단계인 핵시설 해체 및 핵무기 폐기를 추진해 한반도를 비핵화하는 것이다.

이와 같은 한반도 상황에서 미국은 2008년 12월 10일 국가정보위원회(NIC)의 글로벌 트렌드 2025보고서와 국방부 예하 합동군사령부의 2008합동작전 환경 평가서에서 아시아대륙 5개 핵보유 국가로써 중국, 러시아, 인도, 파키스탄, 북한을 명기하였다.

그리고 2010년 1월 20일 버락 오바마 정부의 로버트 게이츠 국방장관도 북한은 이미 수개의 핵무기를 보유했다고 기정사실화했다.

> …… 미국 데니스 블레어 국가정보국장(DNI)은 동년 2월 12일 북한이 핵무기를 ① 군사적 패배에 직면했을 때 ② 전쟁의 억제력 ③ 국제적 위상 확립 ④ 위협적인 외교수단으로 사용하고 있다고 분석했다. ……[36]

특히 2013년 북한 김정은 국무위원장은 핵무기와 경제발전을 위한 병진정책을 추구한 것이다. 2018년 6월 12일 싱가포르에서 북한 김정은 국무위원장과 미

36 한국일보, 2010년 2월 20일.

국 도널드 트럼프 대통령은 역사적인 북미정상회담을 갖고 "6 · 12 북미정상회담 합의문"을 발표했다. 6 · 12 북미정상회담 합의문은 미국과 북한은 평화와 번영을 위한 양국 국민의 열망에 따라 새로운 미국과 북한 관계를 수립하고, 한반도에 항구적이고 안정적인 평화체제와 한반도 비핵화를 위해 노력할 것을 선언했다. 즉 2021년 조 바이든 대통령은 "북한의 비핵화를 위해 최종적이고 안전검증된 비핵화가 이뤄질 때까지 유엔과 함께 대북제재를 유지한다"라는 것이다. 미국은 북한에 안전보장을 제공하고, 북한은 핵무기 폐기로 한반도의 완전한 비핵화 약속을 이행하여 경제를 발전시키고 평화통일을 달성해야 한다.

> …… 북한은 2021년에도 다양한 탄도미사일 발사 실험을 하고, 진정한 비핵화 정책시련을 어렵게 하고있다.
>
> 한반도의 비핵화 정책 핵심은 ① 북한에 다양한 최대 압박을 통해 단기간 내에 완전한 핵폐기를 하는것이다. ② 북한에 제재완화의 단계적 접근을 통해 핵동결이나 부분적인 핵폐기를 하여, 장기적으로 완전히 비핵화하는 것이다. ③ 북한의 비핵화가 실패했을 때는 한국과 미국의 동맹을 토대로 핵확장억제 혹은 전술핵 배치 및 독자적 핵무장을 고려할 수 있을 것이다. ……

21세기 미국은 국제적인 핵무기 경쟁이 일어난다면 자국의 안보위협과 인류가 위험에 빠지기 때문에 핵무기 비확산정책의 지속적인 추진과 핵무기 감축을 위한 군비통제를 더욱 강화시켜나가고 있다. 미국은 6자회담 및 북미 간 양자회담을 통해서 북미 간의 관계정상화 및 인도적 원조 · 경제지원과 북한의 핵시설 해체 및 핵무기 폐기를 위해 포괄적 노력을 한 것이다.

한국은 북한의 핵 폐기 및 한반도 군비통제를 위해서 국가이익이 충분히 고려될 수 있도록 정책적 · 전략적 노력들을 지속적으로 발전시켜나가야 한다. 또한 한반도 주변국가들은 핵 강대국가(미국 · 러시아 · 중국)이고 일본은 언제든지 핵개발을 할 수 있는 잠재국가이기 때문에 한국은 국제적 · 지역적 안보체제와 협조하고, 또는 독자적으로 핵 및 미사일의 군비통제에 대한 정책과 대응책을 준비하고 실천할 수 있어야 한다.

그리고 한국은 국가 번영과 평화통일정책을 실현하기 위해서 한반도 핵무기 군비통제와 함께 남북한 간의 재래무기 군비통제도 병행해 발전시켜나가야 한다.

5 결론

한국은 국제적 · 국내적 안보환경변화에 능동적으로 대처하면서 국가안보를 증진시키고, 미래의 통일한국 시대에 대비해서도 군비통제의 새로운 접근을 통해 민족공통이익과 국가발전에 중점을 두고 추진해나가야 한다.

21세기 남북한은 공동의 군비통제 필요성과 공통의 이익을 공유하고, 더 나아가서는 민족사적 차원으로 확대 재생산해 평화통일을 달성하는 데 기여토록 한 것이다. 국가의 생존과 번영이라는 국가이익을 위해서 장기적 · 종합적 · 기술적인 군비통제 접근전략을 개발하고, 통일정책과 군비통제가 조화를 이루면서 운용되어야 하며, 군비통제의 단계적인 추진, 그리고 군비통제체제 및 전문인력 양성 등이 발전해야 한다.

제4장

국가동원정책

1 서론

국제정세와 한반도 상황은 끊임없이 변화하고 있다. 변화는 기존 질서의 변동과 불확실한 미래를 전제로 한다는 점에서 불안과 두려움을 줄뿐만 아니라 변화를 겪는 과정에서는 언제나 진통과 난관이 따르기 마련이지만, 이를 극복하려는 의지와 용기가 있다면 변화는 오히려 발전의 계기가 된다.

국제 정세 변화에 대처하고 남북한의 국력차도 커진 만큼 북한에 자신감을 갖고 지속적으로 다양한 접근을 통한 북한의 변화를 유도한다면 남북통일은 반드시 이루어질 수 있다. 그렇다면 국가 안보적 차원에서 통일한국 이전이나 통일한국 이후의 국가동원정책은 어떻게 발전되어야 할 것인가는 새로운 과제가 된다.

여기에서는 먼저 국가동원에 대한 이론과 통일한국 이전이나 이후의 국가동원 환경변화를 분석해 동원정책 방향을 알아보고자 한다.

2 국가동원의 이론

1. 국가동원의 역사적 발전과정

모든 인간은 평화를 갈망하고 있다. 그런데도 불구하고 전쟁에 대비하는 의무에서 해방되었다고 생각하는 사람은 그 누구도 없다. 왜냐하면 인류역사는 오늘을 살아가고 있는 사람들에게 전쟁의 아픔을 가르쳐 주었기 때문이다.

현대국가는 국가방위를 위해서 두 가지 측면으로 발전시키고 있다. 하나는 대내외적 위협으로부터 국가를 방위하기 위해 상비전력을 유지하는 것이고, 다른 하나는 전쟁 시에 국가의 생존을 지속적으로 보장하기 위해서 동원전력을 확보하는 것이다. 특히 전쟁에서 국가동원은 고대국가부터 태동되어 현대국가에서는 가장 중요한 과제로 연구하고 발전시켜나가고 있다.

예컨대 고대 그리스 도시국가들은 자국의 안보를 튼튼히 하고 해외 식민지 확보에 주력하게 되었는데, 이때에 강국이었던 페르샤 국가와 대립하게 되었다. 서남아시아를 통일한 페르샤의 다리우스 1세가 소아시아 서안의 그리스 식민지에 대해 압력을 가하자 아테네를 중심으로 한 그리스 도시국가들은 동일 민족이라는 명분으로 동맹해 페르샤 전쟁을 치루었다.[1] 소아시아지역에서 그리스 식민지 문제로 아테네와 페르샤 양국가 간의 전쟁이 발생해 페르샤는 3차에 걸쳐 그리스를 공격

1 노병천, 《세계전사》, 서울: 연경문화사, 2001, pp. 33-48.

하게 되지만 그리스 도시국가들이 승리하게 되었다. 고대 그리스 도시국가인 아테네가 이 전쟁에서 승리할 수 있었던 가장 큰 원인중의 하나는 평시에는 소수의 상비군대로 국가를 방위하다가 적의 침입이 있을 때나 혹은 식민지 정벌 시에는 국민 전체가 동원되어 전쟁을 치르는 국민개병제도와 국가방위 정신이 확립되었기 때문인데, 이 제도는 현대국가에서 국가동원의 근원이 되었다.

오늘날 국가동원의 원형이라고 할 수 있는 국민개병제도는 고대 그리스 도시국가에서 시작되어 로마시대까지 계승되었으나, 그 후 중세 봉건시대나 절대군주시대에 와서는 영주 및 군주의 개인적 야심을 충족시키기 위한 것이 전쟁의 목적이었기 때문에 국가보다는 군주개인의 사병으로서 기사나 용병제도가 국민개병제도를 대신해서 발전하였다. 용병제도는 1789년 프랑스에서 부로봉 왕조의 절대주의적인 구제도가 타파됨으로써 사라지고, 근대 시민사회를 이룩한 프랑스 대혁명은 국가동원제도가 다시 부활하는 요인이 됨으로써 프랑스 대혁명 이후 근대국가시대 전쟁은 국민 모두가 참여하는 국민전쟁으로 발전된 것이다. 프랑스에 대한 간섭은 전 국민에 대한 간섭으로 간주해 바로 국민대 국민의 전쟁으로 발전하였고, 국가의 주인도 국왕이나 봉건제후가 아닌 국민이 국가의 주인이 된 것이다.

전쟁의 성격과 규모가 변화됨에 따라 군대도 과거의 용병제도에서 지원병제도로 진전되었다가 마침내는 전 국민에게 병역의무가 부과되어 징집을 실시하는 국민개병제도가 확립됨에 따라 근대국가동원제도가 나타나게 되었다. 즉, 용병제도는 18세기 프랑스 대혁명을 계기로 지원병제도로 바꾸어 졌으나 전쟁규모가 확대됨에 따라 지원병만으로 전시소요를 충족할 수 없어서 오늘날 국민개병의 징병제도가 확립된 것이다.[2] 이와 같이 근대국가 동원은 나폴레옹이 전 유럽을 석권하는 주요 원인이 됨으로써 유럽 인접국가에 병역 동원의 중요성을 인식시켰다.

현대국가동원은 제1차 세계대전과 제2차 세계대전을 치르면서 전쟁규모가 확대되고 장기 지구전화 되면서 국가총력전이 실시되었다. 제1차 세계대전은 4년 동안 32개국이 참전한 최초의 세계대전이었다. 이러한 막대한 물량소모를 뒷받침

2 조영갑, 《민군관계와 국가안보》(북코리아, 2005) 참조.

해주기 위해서는 전쟁이전에 준비된 군수품만으로는 전쟁수행이 불가능하게 되었고, 전쟁전후를 통해 국가의 유형적 · 무형적 제반자원을 총동원해 전쟁에 투입하지 않을 수 없게 됨에 따라 국가동원의 효율성 여부가 전쟁의 승패를 좌우하게 되었다.

제1차 세계대전시의 국가동원은 처음부터 준비하고 계획된 동원이 아니었기 때문에 전시에 필요한 동원은 부분적인 입법조치로 대처하면서 전쟁을 치루었으며, 또한 형식상으로는 전투원과 비전투원의 구분은 있었으나 실질적으로 전국민이 동원된 총력전이 되었다. 그 내용에서도 군사적 차원의 병력동원, 물자징발 사용 등 군수 분야에 제한된 군사동원이었으며, 그 동원책임도 군의 주도로 이루어진 불완전한 국가동원의 특징이 있다.

제2차 세계대전은 제1차 세계대전의 경험과 전쟁 시 동원의 필요성으로 각 국가는 국가적 차원에서 수립된 계획에 따라 국가동원을 철저히 수행한 전쟁이었다. 전쟁 참전국가들은 제1차 세계대전 중에 혹은 그 후에 전쟁에 필요한 동원자원의 통제 및 관리를 목적으로 국가동원에 관한 입법을 강구해 대부분의 국가들이 제2차 세계대전 전까지 현대적 국가동원 제도를 확립하였다.

예컨대 제2차 세계대전은 국가동원을 국가적 차원에서 준비하고 제도화해 수행한 전쟁으로서, 전쟁자원의 동원능력이 절대 우세한 미국을 비롯한 연합군은 전쟁에서 승리의 요인이 되었고, 전쟁차원의 동원 능력이 제한된 독일군과 일본군은 전쟁에서 절대적인 패인요인이 되었던 것이다.

제2차 세계대전에서는 장기지구전과 대량소모전에 대비해 국가적 차원의 군사동원, 경제동원, 정신동원을 비롯한 기타동원으로 국가동원제도가 확립되었고, 국가동원의 주체도 전쟁을 지도한 민 · 관 · 군의 공동책임으로 실시했었던 특징이 있다. 현대국가들은 제2차 세계대전 이후의 6 · 25전쟁, 베트남전쟁, 중동전쟁, 걸프전쟁을 비롯해서 2000년대 현재 9 · 11테러 이후 아프가니스탄전쟁, 이라크전쟁 등 현대전쟁에서 자국의 안보환경에 적합한 국가동원제도를 발전시켜나가고 있다.

요컨대 국가동원의 발전과정을 보면 고대 그리스 도시국가에서 국가동원의 고전적 근원을 찾을 수 있으나 중세 봉건시대에서는 용병제도 등으로 국가동원제도가 단절되었다. 그러나 나폴레옹 전쟁시대의 국민전쟁으로 다시 근대적 의미의 동원제도가 복원되어, 제1차 세계대전에서는 국가적 차원의 군사동원의 중요성을 인식하는 기회가 되었고, 제2차 세계대전부터는 총력전에 대비한 종합적인 국가동원정책으로 제도화되고, 21세기 현대국가에서는 국가위협과 전쟁양상의 변화에 따른 국가동원정책으로 발전하고 있다.

2. 국가동원의 개념

1) 국가동원의 정의

인류역사는 전쟁의 역사와 함께 발전해왔으며 그 전쟁은 필연적으로 국가동원이란 과제와 관련을 갖게 된다.

동원(Mobilization)이란 용어는 특정목적을 위해서 현재적이고 잠재적인 국력을 가동화하는 의미로 사용되어오고 있지만, 원래는 군사용어로서 전시 또는 사변 시에 군대의 전부 또는 일부를 평시편제로부터 전시편제로 전환하는 것이었다.[3]

그러나 제1차 세계대전 이후부터는 전쟁의 규모가 커지고 총력전화됨으로써 동원의 범위도 넓어져서 전시에 군대의 전투수행능력을 부여하는 단순한 군사동원(Military Mobilization)에서 전시에 필요한 제 기관을 설치해, 전쟁수행을 위한 국가의 인적 · 물적 · 기타 자원을 포함해 통제 및 운용하는 매우 넓은 의미의 국가동원(National Mobilization)으로 확대되어 발전하였다. 이상과 같은 과정을 통해 볼 때동원 개념은 크게 국가동원과 군사동원으로 구분해볼 수 있다.

지금까지 국가동원과 군사동원을 구별 없이 혼용해 사용한 경우가 많이 있는데, 그 이유는 동원이 전시 또는 이에 준하는 비상사태 시에 발령하는 것으로 모든 동원이 적의 침략에 대응하는 군사적 수단으로 인식해왔기 때문이다.

---

3 국방대학교, 《안보관계용어집》, 2006, p. 277.

1938년 일본의 총동원법에서 국가동원이란 전시에 대처해 국가목표를 달성하기 위해 국가의 전력을 가장 유효하게 발휘할 수 있도록 인적 · 물적 자원을 통제 및 운용하는 것[4]이라 하였고, 1989년 미국의 동원법에서는 국가동원을 국가자원을 모집하고 조직함으로써 전쟁 또는 국가비상사태에 대비하는 행위[5]라고 정의하고 있다.

한국도 1979년에 제정된 국가보위 특별조치법에서 국가동원을 비상사태에서 국가목표를 위해 인적 · 물적 자원을 효율적으로 동원하거나 통제 및 운용하는 것이라고 하였다.[6]

이상의 내용들을 종합해보면 국가동원이란 전시 또는 국가 비상사태 시에 정부가 국가위기와 국가이익을 보장하기 위해 국가의 인적 · 물적 · 정신적 자원을 비롯한 기타자원을 동원해 관리, 통제, 운용하는 총체적인 국가권력의 행위라고 정의할 수 있다. 이것은 평시 국가체제를 전시 국가체제로 전환 운용하는 것을 의미한 것으로서 국가안보목표를 달성하기 위해 국력을 전력으로 결집시키는 것이다.

그 반면에 군사동원이란 군대의 전부 또는 일부를 전쟁이나 기타 비상사태에 대응할 수 있는 태세로 전환시키는 것으로 말하고 있다.[7] 따라서 군사동원은 군의 군사활동을 수행하기 위해 국가동원체제의 지도로 병력, 물자, 재화 및 용역 등의 동원자원을 관리, 통제, 운용하는 행위를 말한 것이다. 이것은 군의 평시체제를 전시편제로 전환 운용하는 것을 의미한 것으로서 현존 군사력의 행동화라고 정의할 수 있다.

결과적으로 국가동원은 국가안보 목표를 달성하기 위해 국가가 이용 가능한 인적 · 물적 · 기타 자원을 동원하고 효율적으로 통제 및 운용해 군수소요를 충족시킴과 동시에 민수소요의 적정수급으로 국민생활을 안정시키고, 관수소요의 적정유지로 국가총력전을 수행하는 것이다.

---

4 唐島基智三,《國家總動員法解說》, 東京: 硏究書院, 1998, p. 167.

5 U.S.A. DOD, "Mobilization Handbook for Insallation Planner"(1989) 참조.

6 국가동원위원회, 〈국가보위에 관한 특별조치법〉, 법률 제2312호(1979) 참조.

7 국방대학교, 위의 책, p. 277.

군사동원은 국방목표를 달성하기 위해 병력, 물자, 기타자원을 군사활동에 적량, 적시, 적소에 운용할 수 있도록 하는 것이다. 따라서 국가동원이 민수소요 · 관수소요 · 군수소요의 모든 자원동원을 포괄한 넓은 의미의 개념인 반면에 군사동원은 군수소요에 필요한 자원만을 대상으로 하는 좁은 의미를 가진 차이가 있다.

2) 국가동원의 목표

국가동원의 목표는 전시 또는 국가비상사태 발생 시에 국가의 이용 가능한 인적 · 물적 자원을 효율적으로 동원해 군수소요를 충족시킴과 동시에 민수소요의 적정수급으로 민생의 안정을 도모하고, 관수소요를 충족시켜 지속적인 경제력을 확보함으로써 총력전 수행에 만전을 기하는 데 있다. 즉, 국가자원을 동원해 군사작전지원, 정부기능유지, 국민생활을 안정시켜 전쟁에서 승리하고, 또한 국민의 안정된 삶을 광범위하고 철저히 보호하는 데 그 목표가 있다.

국가동원을 위한 비상사태의 형태는 타 국가와의 전쟁을 비롯해서 정치적 · 사회적인 혼란, 재해 및 재난과 경제위기 등이 포함한다(그림 4-1).

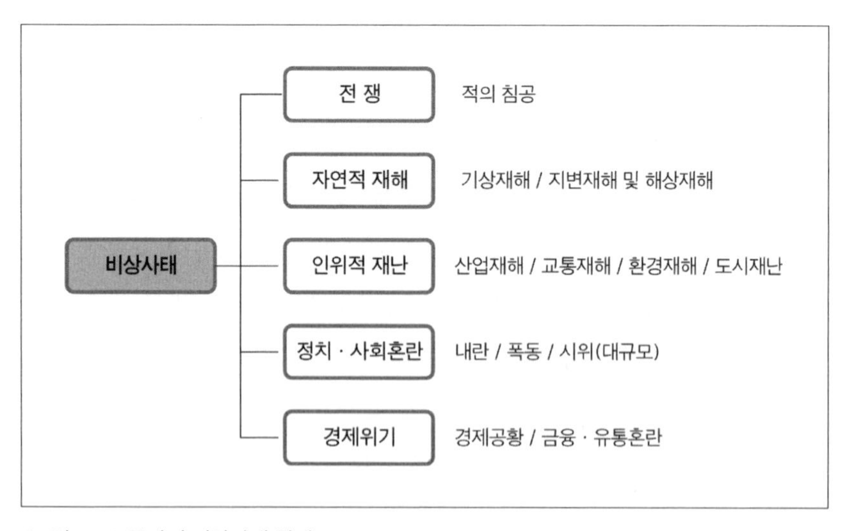

〈그림 4-1〉 국가의 비상사태 형태

3) 국가동원의 요건

국가가 동원을 실시할 때는 동원에 필요한 일정한 요건이 충족되어야 한다. 국가동원은 국가의 존망과 국민의 생존에 중대한 영향을 미치는 비상사태 시에만 이루어져야만 하며 어떤 개인의 이익이나 목적을 달성하기 위해 이루어져서는 안 된다. 즉 동원의 필수요건으로서 ① 동원의 시기(When)는 국가이익을 크게 위협하는 국가비상사태시가 되며, ② 동원의 주체(Who)는 개인이 아닌 국가이어야 하고, ③ 동원의 대상(What)은 국가의 모든 자원이며, ④ 동원의 행위(How)는 국가공권력의 발동과 동원대상자원의 의지가 통합되어 이루어져야 하며, ⑤ 동원의 목적은 국가안보 및 국가이익을 충족시킬 수 있어야 한다.

4) 국가동원의 원칙

(1) 목표의 원칙

국가동원 목표는 군사작전 지원과 민간소요의 적정수급보장을 통한 민생의 안정 도모 및 지속적인 경제력의 확보를 통해 총력전 수행에 만전을 기하는 데 있다. 따라서 동원은 자원의 낭비 없이 군사적 · 경제적인 동원을 하기 위해 목표를 적정수준으로 설정해야 한다.

(2) 통합성의 원칙

전시동원조직은 평시 행정조직이 전환되어 그 기능을 수행하기 때문에 동원 업무와 관련되는 각 조직 간에는 상호 유기적인 협조에서 통합된 계획을 수립하고 시행해야만 효율적인 동원을 보장할 수 있다.

(3) 적시성의 원칙

동원은 전쟁수행을 지원할 수 있도록 적시에 시행되어야 한다. 만약 동원령을 조기에 선포해 동원을 시행하였을 경우에는 막대한 국력 낭비를 초래할 수 있으며,

반대로 동원령선포 시기가 지연되었을 경우에는 전쟁수행에 차질이 발생될 수 있기 때문에 동원령선포 시기는 적시성을 고려해 결정해야 한다.

(4) 융통성의 원칙

동원은 군 · 관 · 민의 통합된 노력으로 수행되기 때문에 계획과 시행 간에 큰 차질이 발생할 수 있다. 특히 전쟁으로 인한 사회불안과 적의 교란 및 동원방해 활동, 동원자원의 이동을 위한 연락수단, 교통수단과 병참선의 제한 등은 동원계획시행에 중요한 장애요인으로 작용하게 된다. 따라서 효과적인 동원을 위해서는 적절한 융통성이 필요하다.

(5) 국민공개의 원칙

동원업무를 국민에게 명확하게 알리고 홍보해 사전에 준비하고 협조토록 해야 한다.

(6) 기본권보장의 원칙

동원은 국가의 강제력이 적용되지만 신체 및 재산 등 국민의 기본권에 대해서는 최소한의 통제 속에서 동원이 되어야 한다.

(7) 경제성의 원칙

동원은 최소의 소모로 최대의 효과를 창출할 수 있어야 한다.

(8) 균형성의 원칙

동원은 민수 · 관수 · 군수 등의 조화가 이루어 질 수 있는 민 · 관 · 군의 공동영역을 균형 있게 충족시킬 수 있어야 한다.

3. 국가동원의 구성

국가동원은 국가적 차원의 전시나 어떠한 국가비상사태시의 국가존립 목적을 달성하기 위해 정치 · 경제 · 군사 · 사회심리 · 과학기술 등 국가의 모든 역량을 동원하는 국가의 총체적 행위이다.[8]

국가동원은 국력요소를 중심으로 군사동원, 경제동원, 기타동원, 그리고 민방위, 복원 등으로 구성되며, 국가동원은 계획적 · 적시적 · 경제적 · 통합적인 동원이 되어야 한다(그림 4-2).

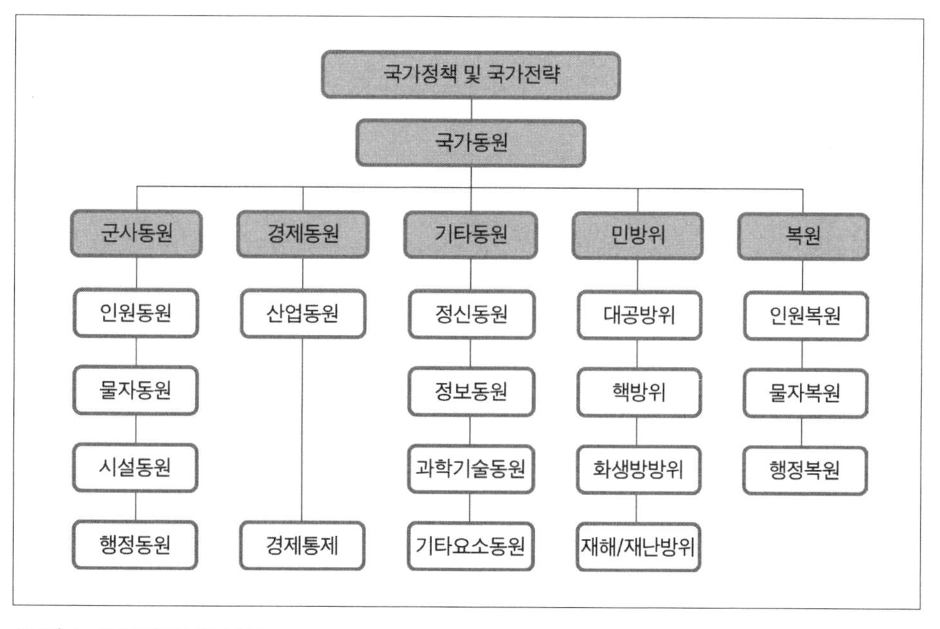

〈그림 4-2〉 국가동원의 구성

8 조영갑, 《국가동원연구》, 서울: 국방대학교, 2000, p. 5.

1) 군사동원

군사동원이란 인원, 물자, 시설, 행정 등의 각 요소를 군사활동을 위해 동원하는 것을 말한다.

군사동원에는 통상 예비병력의 소집, 징집, 훈련시설의 확장과 비축장비 불출준비, 후방지원을 위한 대책과 활동이 있으며, 전쟁준비나 전쟁수행을 지원하는 제반 군수대책이 포함된다.

군사동원은 동원령이 선포된 후에 즉각 군사활동을 효율적으로 지원할 수 있도록 하는 전쟁수행능력으로서 통상 전쟁의 규모가 커짐에 따라 점차 경제동원 및 기타동원 영역으로 그 범위가 확대되며, 동원령이 선포된 후 단시간 내에 동원이 되어야 하기 때문에 평시에 세밀한 계획과 준비가 있어야 한다.

(1) 인원동원

인원동원은 전시 또는 사변 등 국가비상사태로 동원령이 선포될 때 군부대에 병력을 충원하고 군사작전 지원에 필요한 인원을 확보하는 병력동원과 정부기능유지 또는 동원업체 임무수행과 기타 지원임무 등을 수행하는 데 있어 소요되는 인력동원으로 구분하고 있다.[9] 인원동원은 국가동원에서 가장 먼저 경험한 분야로서 전시에 무엇보다도 많은 인적 자원을 활용하지 않으면 안 된다. 우선적으로 군의 급속한 확충에 소요된 병력의 충원뿐만이 아니라 국가전시 행정력 확보 · 전시생산의 신속한 확충 · 과학기술의 역량발휘 등에도 많은 전문적 · 기술적 인력이 필요하다.

인원동원은 한 나라 인구의 특수한 연령층의 남자를 기준하게 된다. 통상 15~45세까지의 남자인구를 최대 군사동원이라 하는데, 이 경우에는 인구가 적은 나라에서 적용하고, 또한 19~35세까지의 남자인구를 최소 군사동원이라 하는데, 이는 인구가 많은 나라에서 적용된다. 그러나 국가노동력의 입장에서 볼 때에

9 합동참모본부, 《합동연합작전 군사용어사전》, 2006, p. 318.

19~60세의 인구가 가장 중요한 부분이다.

전시에는 군사력과 노동력 확장이 동시에 진행됨으로써, 최초에는 양자가 함께 격증하지만 군사동원에 우선권이 있으므로 그 만큼 민간 노동력은 감소된다. 따라서 감소되는 노동력을 확보하기 위해서 한층 더 많은 노동력 확장이 추구되어야 한다.

예컨대 제1차 세계대전 중에 대부분의 참전국이 그러했듯이 늦게 참전한 미국에 있어서도 인적 자원 소요에 대한 충분한 정보 및 계획이 없었기 때문에 낭비와 혼란이 생겼으며, 제2차 세계대전 중에서도 심각한 인원동원문제를 야기했다.[10]

이와 같이 인적 자원은 여타자원과의 대체성이 없기 때문에 인원을 어떻게 합리적으로 배분하고 통제해 운용할 것이냐는 국가동원에 있어서 가장 중요하고도 기본적인 동원요소가 된다.

(2) 물자동원

물자동원이란 전시에 소요되는 군수, 관수, 민수를 위한 생산력 확충용 및 수출입용 등의 소요와 공급을 조정하고 통제 관리하는 것을 말한 것으로서, 협의로는 보통 군수물자에 국한해 물자의 생산으로부터 처분, 유통, 비축, 소비통제 및 수출입에 이르기까지 통제수단이 강구되고 실시된다.

물자동원에서 동원의 대상이 되는 물자의 영역은 ① 병기, 함정, 탄약 및 기타 군용물자, ② 피복, 음료 및 사료, ③ 의약품, 의료기구 및 기타 위생용물자, ④ 선박, 항공기, 차량 및 기타 수송용물자, ⑤ 방송 · 컴퓨터 · 통신용물자, ⑥ 토목건축용물자 및 조명용물자, ⑦ 연료 및 전력, ⑧ 물자의 생산, 조리, 배합 또는 보유에 소요되는 원료, 재료, 기기, 장치 및 기타물자 등으로서 매우 광범위하며, 이것은 현대전쟁에서 대상이 더욱 확대되어가고 있다.

---

10 Donald W. *Mitchell, Human Resources*, Washington, D.C.: Industrial College the Arme Forces, 1966, pp. 174-186.

(3) 시설동원

시설동원은 군사작전은 물론 기타 전시소요까지도 충족하기 위해 토지, 건물, 장비, 건설업체 등의 징발이나 통제 및 관리하는 것을 말한다.

전시에 군의 증편, 이동, 작전을 위한 군수지원 만이 아니라 그밖에 국가 중요 시설의 확장, 이동, 분산 등에 새로운 토지, 건물 및 건설장비가 소요되며, 이를 위해 징발 또는 수용해 사용한 것이다.

국가비상대비 관리법에서 규정하고 있는 관리대상물자의 범위 중의 토지, 건물, 토목, 건축용 물자, 공작물 및 그 부속물자는 시설동원에 해당하는 영역이다.

시설동원의 기준은 동원령이 선포됨과 동시에 소집되는 인원과 동원되는 물자의 양을 고려하고 적의 공격이나 기타 활동에 의한 손실을 고려한 예비량을 포함하게 된다.

(4) 행정동원

행정동원이란 국가행정기능을 유지하고, 군사작전을 효율적으로 지원하기 위해 국가의 가용자원을 배당하고 통제하기 위해 제반 행정기능을 동원하는 것을 말한다.

전쟁을 수행하는 데 필요한 제반 자원을 군이 요구하는 시기와 장소에 효율적으로 투입하기 위해서는 행정적 · 법적인 통제 조치를 비롯해서 수송과 통신이 절대적으로 필요하기 때문에 수송동원과 컴퓨터 · 방송 · 통신동원을 행정동원에 포함시키기도 한다.

전시에 사용할 수 있는 자원 중에서 전쟁 수행을 위해 실제로 투입되는 양은 자원을 배당하고 통제하는 행정능력에 의해 좌우된다. 행정동원은 그 국가가 전시에 지휘할 수 있는 경제적 · 정신적 요소 못지않게 중요시된다. 왜냐하면 아무리 부강한 국가일지라도 진시에 국가가 보유하고 있는 자원 중에서 극히 일부분 밖에 동원할 수 없다면 전시에서 승리할 수 없기 때문이다.

2) 경제동원

경제동원이란 전시 또는 어떤 국가비상사태에서 국가목적(목표)을 달성하기 위해 자국의 경제자원을 동원하는 제반활동을 말한다. 경제동원에는 최소화할 수 있는 제반 통제수단이 포함된다.

현대전쟁을 수행하는 데 있어 첨단무기를 대량생산 및 해외구입을 하는데 그 비용이 증가하는 것이 필연적이라 하겠고, 일단 전쟁이 일어난 후에 소모되는 전비 및 물량으로 보았을 때 그 나라의 경제력은 전쟁의 지속성과 전쟁의 승패를 결정하는 중요한 요소가 된다.

(1) 산업동원

산업동원이란 평시의 산업시설 및 기구를 전시에 적응하게끔 전환시키는 것을 말한다.

전시 군수의 급격한 증가와 민수 및 관수의 기본소요를 충족시키기 위해 국가권력에 의한 중앙통제는 불가피하게 실시된다. 특히 군수의 급격한 증가를 충족시키기 위해 민수생산시설의 전환 및 군수생산설비의 확충과 생산통제는 산업동원에 있어서 그 중심적 과제가 된다.

전시에 국가가 보유한 생산시설에서 생산하는 품목과 양이 소요를 충족시킬 수 없는 경우에는 기존산업시설을 이용해 생산을 증대시키게 되는데 민수용 생산부문을 대폭 축소하고, 그 대신 군수물자를 생산하기 위해 생산시설을 확장하는 것이다.[11]

그러나 현대국가에서 생산시설을 확장하는 과정에서 문제가 되는 것이 투자문제이다. 자본주의 국가에서 기업가는 이익추구가 전제되어야 하므로 군수물자 생산을 위한 생산시설의 전환이나 확장은 전쟁종결에 대한 예측이 어렵고 전쟁 후

---

11 Harry B. Yoshpe & Charles F. Franke, *Production for Defense*, Washington. D.C.: Industrial College of the Armed Forces, 1968, p. 115.

의 재전환을 고려해, 이를 기피하려는 성향이 많이 있기 때문에 국가의 재정지출 형식이나 민군겸용 기술과 산업발전 등으로 해결하고 있다.

(2) 경제통제

경제통제는 전쟁을 수행함에 있어서 민간경제를 국가동원 목적에 부응하도록 유도 혹은 통제하는 것을 말한다.

케인즈는 1914년 제1차 세계대전이 시작되면서 경제의 자유방임시대는 끝났다라고 말하였는데, 현대국가는 전·평시를 막론하고, 경제통제를 실시하고 있다. 특히 전시 군수소요를 충족시키기 위해서는 민간소요를 억제해야 하기 때문에 이러한 통제로 인해 발생되는 제반문제를 해결하기 위해 더욱 강력한 통제를 실시하게 된다.

경제통제의 방법에는 직접통제와 간접통제가 있는데, 직접통제란 국가가 국민경제를 조직적으로 통제하는 것으로서, 상품가격의 통제, 생산과 소비의 제한 및 금지, 할당제도, 배급제도 등 실시로 자원을 군수산업 부문에 전환하고, 국민강제저축과 불필요한 기업정비 등 국가가 직접 경제활동에 대해 간섭하는 것을 말한다. 간접통제란 경제주체의 활동에 대해서는 방임하고, 그 대신에 화폐 등을 통제수단으로 사용해 통제하는 것으로서 재정조작과 금융조작을 통해 각종물자의 생산량과 자금의 수급을 조절하고 물가를 안정시키는 방법을 말한다.

요컨대 전시경제체제에서는 군수소요를 최대한으로 충족시켜 주고, 최소의 민수 및 관수소요로 국민생활을 안정시키면서, 전쟁목적을 조속히 달성하기 위해 취해지는 경제통제 종류에는 가격통제, 투자통제, 생산통제, 근로통제, 소비통제 등이 있다.[12]

---

12 국방대학교, 《국가자원동원 및 관리》, 2006, pp. 292-304.

3) 기타 동원

(1) 정신동원

정신동원은 현대국가에서 가장 중요한 동원요소이다.

독일 루덴돌프 장군은 총력전을 수행하기 위해서 국민의 정신력, 국가의 경제력 그리고 군사력의 총화가 이루어져야 한다고 말했다.

특히 정신력은 장기전을 수행함에 있어서 국가존립을 위한 생존전쟁에 필요한 단결력을 군 및 국민에게 부여하는 것이다. 이 단결력은 국가존망이 걸려 있는 전쟁에서 최후를 결정하는 요소이다 라고 주장했듯이 전시에서 국가가 국민으로 해금 전쟁목적을 인식시키고 총화단결해 전쟁을 지지 할 수 있도록 하는 것은 정신동원에서 나온 것이다.

정신력과 전투력은 상호 함수관계에 있으며, 전투력 면에서 부분적으로 열세에 놓여 있다고 할지라도 부대가 우세한 전의를 가지면 충분히 승리할 수 있는 것이다. 어떠한 전쟁에서도 국민의 정신적 기반과 적극적인 지지가 없이는 승리할 수 없다는 것을 전사 교훈을 통해 알 수 있다.

(2) 정보동원

현대전쟁을 비롯해서 테러 · 대량살상무기 · 마약 및 범죄 · 재해 및 재난 등 새로운 위협과의 전쟁을 수행하기 위해서는 필요한 지식정보자원 및 홍보매개체 자원 등을 확보해 적시에 사용하는 데 있으므로 동원자원에 대한 통합정보체제 구축이 필요하다.

국가동원을 실시하는 데 있어 수백만 명의 예비 병력과 수만 종의 물자, 시설, 장비, 업체 그리고 테러를 비롯한 새로운 형태의 전쟁 등에 대한 정보가 통제관리되기 위해서는 정보동원 관리체계가 정립되어, 필요한 분야가 필요한 지역의 요구된 시간에 정확하게 동원될 수 있어야 한다.

(3) 과학기술동원

과학기술동원이란 자연응용과학, 인문사회과학, 선험적 및 경험적 과학을 총동원함은 물론 현대전쟁을 수행하기 위해 필요한 연구기관과 과학자의 동원, 그리고 연구개발 업무에 국가적 통제를 가하는 것을 말한다.

현대전쟁은 5차원전쟁으로서 과학기술적으로 지상 · 해상 · 공중 · 우주 · 사이버 분야에서 연구개발은 전쟁과 불가분의 관계에 있으며 강대국가는 강대국대로 약소국가는 약소국대로 전쟁억제를 위한 최선의 방법으로 자국의 과학기술을 총동원해 치열한 경쟁을 벌이고 있다.

과학기술동원은 상당한 선행기간과 많은 자금투자를 필요로 하는 것이 특징이므로 평시부터 적극적이고 지속적인 국가지원이 없이는 이루어질 수 없는 것이고, 기술에서나 산업면에서 낙후된 국가일수록 더욱 어려운 문제이다. 또한 과학기술동원은 민군겸용기술 발전에도 영향을 미쳐서 무기체계 연구개발 뿐만 아니라 군사제도연구, 국방정책 및 군사전략과 전술교리 등 광범위한 분야를 포함하고 있으며, 그 외의 기타요소 동원 등이 있다.

4) 민방위

민방위란 적의 침공이나 전국 또는 일부 지방의 안녕질서를 위태롭게 한 재해 및 재난으로부터 주민의 생명과 재산을 보호하기 위해 정부의 지도로 주민이 수행해야 할 방공, 방재, 구조 및 복구 등 일체의 자위적 활동을 말한다.[13]

> 민방위의 역사적 배경은 제1차 세계대전 초기단계에 독일이 비행선으로 영국을 공격함에 따라 민간인의 방호활동이 행해졌으나 당시의 공격은 위력이 적었기 때문에 군관민일체가 된 조직적인 민간방위활동을 필요로 할 정도는 아니었다.

13 국방대학교, 《안보관계용어집》, 2006, p. 171.

제2차 세계대전에서는 항공기가 발달해 공격도 격화해졌기 때문에 공공용 대피호가 만들어졌고 또한 국가와 지방자치단체의 지휘 하에서 도시의 등화관제, 소방활동, 응급의료활동 등이 행해져 이들이 민방위의 주된 내용이 되었다. 또한 제2차 세계대전부터는 핵무기의 출현으로 전쟁양상의 변화에 따라 민방위의 내용도 현저하게 변화하였다. 현재의 민방위는 핵방호를 중심으로 생물, 화학무기, 기타 모든 수단에 의한 적의 공격에 대비하고, 나아가서 평시에는 지진, 화재, 해일, 풍수해, 폭발 등의 재해 및 재난에 대한 방호를 위해 민관군에 의한 일체의 군사적 활동을 포함하고 있다.

인류 역사는 전쟁의 역사였으며 전쟁의 역사는 주로 군사력에 의존해왔고, 그 군사력은 무력이란 수단에 의해서 행해져왔다.

현대전쟁은 과학기술의 발달로 인해 전쟁양상이 달라지고 무력수단 이외에도 국가의 모든 요소가 전쟁수행을 위해 동원됨으로써, 적의 공격목표는 군사목표에 그치지 않고 전쟁수행을 지원하는 국가경제를 비롯한 모든 국가잠재력이 포함되고 지역적으로도 후방지역까지 확대되었다. 따라서 현대전쟁은 군사적인 요소와 비군사적인 요소가 통합된 새로운 방위가 요청되고 있기 때문에 국가방위는 과거와 같이 무력에 의한 군사적 단일 방위수단에만 의존할 수 없게 되었다.

국가의 모든 요소가 전쟁에 동원되는 상황에서 전쟁잠재력을 건전하게 유지하기 위해서는 적의 직접적인 공격 외에도 예기하지 못한 자연재난이나 인공재해에 의해서 발생하는 민간의 피해를 방지한다는 것도 국가의 자원과 생산수단의 피해를 방지하고 전쟁잠재력을 보호하는 적극적인 방위가 되며, 또한 예방적인 보완수단으로서 민방위는 국가방위에 중요한 요소가 된 것이다.

이와 같이 현대국가는 전쟁양상의 질적인 변화와 대규모의 재난 및 재해 등 다양한 위협으로부터 국가를 방위하기 위해서 과거의 군사적 수단에만 의존하였던 협의의 방위로부터 국가의 모든 수단과 방법을 포함한 광의의 방위로 변화되었다. 따라서 민방위는 국가위협의 변화에 따라 각 국가가 처해 있는 상황에 맞는 민방위체제를 발전시켜나가고 있다.

5) 복원

국가는 동원목적을 달성하고 동원이 필요하지 않을 때는 신속히 동원을 해제하고 복원시켜야 한다. 전쟁을 위해 동원되었던 국가자원을 동원목적으로부터 해제해 평시상태로 복귀시키는 제반활동을 복원이라고 정의하고 있다.

복원은 국가목표 달성에 중요한 요소가 되고 있는데, 그 이유는 복원이 잘못되면 전쟁에서 얻은 승리의 의의를 상실할 수 있기 때문이다.

복원의 종류는 인원복원, 물자복원, 행정복원 등으로 구분한다.

첫째, 인원복원이란 동원되었던 인원동원 중 필요한 소요를 제외한 자원을 귀향조치시키는 것을 말하며, 그들에 대한 취업보장과 원호대책 등이 강구되어야 한다. 미국은 제2차 세계대전 당시 동원계획을 수립하면서 종전을 고려해 복원계획을 준비함으로써 전쟁이 끝난 후에도 수백만에 달하는 인원에게 무난히 직업을 알선해주고 원호조치를 강구해 사회를 안정시킬 수 있었다. 즉, 전시 동원국 내에 재고용 및 훈련 관리관을 두고 귀향하는 인원들에 대한 직업재훈련 · 직장소개와 원호조치를 계획하고 시행했던 것이다.

둘째, 물자복원이란 전쟁소요를 충족시키기 위해 동원했던 물자동원 중에서 종전과 함께 불필요하게 된 물자를 유효하게 처분 또는 재활용할 수 있도록 반환하고 환원시키는 제반조치를 말한다.

셋째, 행정복원이란 전시체제 확립을 위해 증 창설되었던 각종 행정기구를 원상으로 환원시키며, 국민에게 가해졌던 행정적 · 법적인 통제조치를 해제하는 것이다.

이와 같은 복원은 단계적으로 실시함으로써 전후의 혼란과 무질서를 방지할 수 있고, 전후 변화하는 국가 상황에도 신축성 있게 대처할 수 있다.

4. 국가동원의 유형 및 운용

1) 국가동원의 유형

국가동원은 인적 · 물적 또는 유형 · 무형의 모든 국가자원을 그 대상으로 하고 있기 때문에 전쟁양상이나 비상사태 유형에 따라서 동원의 범위나 내용이 다르며 그 표현방법도 매우 다양한 유형으로 분류하고 있다(표 4-1).

국가동원은 범위에 따라서 총동원과 부분동원, 시기에 따라서 전시동원과 평시동원, 형태에 따라서 정상동원과 긴급동원, 방법에 따라서 공개동원과 비밀동원, 대상에 따라서 인적 동원과 물적 동원, 목적에 따라서 민수동원, 관수동원, 군수동원 등으로 구분하고 있다.

〈표 4-1〉 국가동원의 유형

구분		내용
범위	총동원	동원대상이 되는 유 · 무형의 전 자원의 동원
	부분동원	동원대상자원 또는 지역의 일부를 동원
시기	전시동원	동원령을 선포하고 일정 계획에 의거 동원
	평시동원	전쟁 외 비상사태 시 또는 전시대비 훈련을 위한 동원
형태	정상동원	동원령 선포 시 사전계획에 의거 동원
	긴급동원	동원계획에 차질이 있거나 추가소요가 발생할 때 동원
방법	공개동원	각종 홍보매체를 통한 동원령 선포로 동원
	비밀동원	동원대상자에게 은밀하게 별도 통보하는 동원
대상자원	인적 동원	병력동원 및 인력동원
	물적 동원	인적 동원 외 동원, 즉 산업, 수송, 통신시설, 재정금융, 홍보매체, 시설, 토지, 기타의 동원
목적	민수동원	국민생활 안정을 위한 동원
	관수동원	정부기능 유지를 위한 동원
	군수동원	군사작전 지원을 위한 동원

즉, 국가동원은 전쟁양상 및 비상사태에 따라 국가동원 원칙을 적용해 국가동원의 유형을 결정해야 한다.

2) 국가동원의 운용

국가동원은 각 국가의 안보환경에 따라서 다양한 유형으로 분류해 운용하고 있다. 그 예로서 동원방법 면에서 본다면 미국은 공개동원 실시로 상대국가에게 국력을 과시해 국가이익을 추구하고, 이스라엘은 비밀동원을 실시해 선제기습 공격을 수행함으로써 전쟁의 주도권을 확보하는 데 이용하고 있다.

이와 같이 각 국가들은 전시나 비상사태의 형태에 따라서, 또는 자국의 상황에 따라서 국가동원을 매우 다양하게 운용하고 있다.

3 국가동원과 전쟁

1. 국가동원과 전쟁의 관계

국가동원은 전쟁 또는 이에 준하는 비상사태에 대처하기 위해 국가권력을 발동하는 것으로 동원전개과정은 전쟁의 사태변화에 신속하고 적절한 조치를 해야 한다.

국가동원은 전쟁의 특성과 변화 양상에 따라 달라질 수 있다. 현대국가에서 광의의 군사력 개념에는 정치전력, 경제전력, 정신전력 및 무력 등으로 구성되는 총력전적인 전력을 의미하며, 이같은 군사력의 구성요소에 대해 클라우스 노어(Klaus Knorr) 교수는 현존 군사력과 동원 군사력의 유기적인 결합[14]이라고 정의하고 있다.

군사력 측면에서 본다면 동원이란 잠재적 군사력인 제국력을 현존 군사력으로 전환해 전력화시키는 데 필요한 제반조치라고 할 수 있는데 국력 · 전력 · 동원의 상관관계는 다음과 같은 공식으로 표현할 수 있다.

$$Y = M \cdot X$$

14 Klaus Knorr, *The War Potential of Nations*, Princeton Unoversity Press, 2002, p. 19.

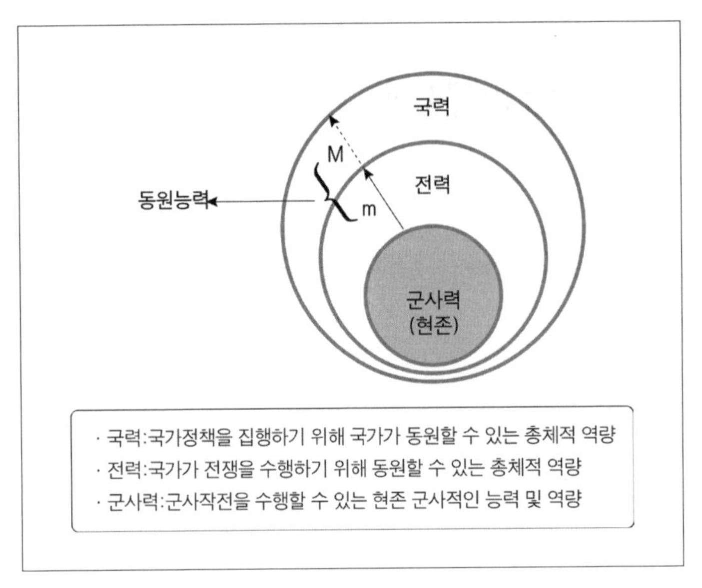

〈그림 4-3〉 국력, 전력, 군사력과 동원의 관계

Y = M · X 공식에서 Y는 전력을 뜻하고, X는 제국력이며, M은 동원능력을 뜻하고 있는데, 전력은 국력을 동원한 결과물이 된다.

현대전쟁에서는 전력의 극대화를 위해 효율적인 동원체제가 필수적이며, 그 사례는 이스라엘과 아랍 국가들의 중동전쟁에서 찾아볼 수 있다. 국력이 우세한 아랍 국가 측은 그것을 전력으로 동원하는 데 있어 이스라엘보다 훨씬 뒤졌기 때문에 국력이 약한 이스라엘에게 패배하고 말았던 것이다.[15] 전력과 국력의 관계는 대체로 함수관계에 있기는 하지만 보다 크게 작용하는 것은 동원능력이 되는 것이다(그림 4-3).

그러면 평시 현존 군사력과 잠재 군사력의 비율을 어느 정도로 조정하고 유지

15 Ray S. Cline, "World Power Trends and U. S. Foreign Policy for the 1980". 김석용 외 역, 《국력분단론》, 안보총서 제28권(서울: 국방대학교 안보문제연구소, 2005), pp. 172-173.
이스라엘과 아랍제국의 국력비교를 위해 Politectonics 공식 Pp=(C+E+M)×(S+W)에 따라 산출된 지수를 적용해보면 이스라엘은 39, 아랍제국(이집트+시리아)은 61로서 이스라엘이 1 : 1.6 비율로 아랍제국보다 약세한 것으로 판단되지만 이스라엘의 신속한 동원능력은 전쟁에서 승리의 요인이 되었다(C: 인구+영토, E: 경제력, M: 군사력, S: 군사전략, W: 국민의지).

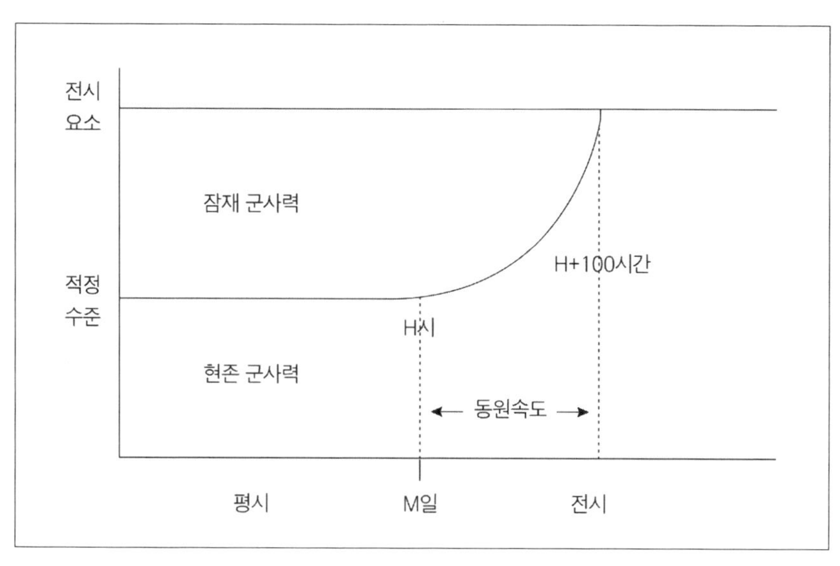

〈그림 4-4〉 국가동원의 적정수준

하는 것이 국가안보상 적합한 것인가 하는 문제가 재기되는데, 이것은 대단히 중요하면서도 어려운 과제가 된 것이다. 왜냐하면 그것은 국가목표와 국내외정세에 의해 크게 영향을 받기 때문이다.

국가동원의 적정수준에서 알 수 있듯이 국가 안보적 측면에서 본다면 현존군사력의 비율이 높으면 높을수록 좋겠지만, 현실적으로 막대한 국방비가 소요된다. 이러한 국방비의 지출은 상대적으로 국가의 경제성장과 국민복지 향상에 커다란 저해요소가 되기 때문에, 가능한 평시 국방비는 적정수준에서 유지하고, 그 기회비용은 타 분야에 전용해 잠재적 군사력 확대에 기여할 수 있도록 효율적인 국가동원체제가 요망되고 있기 때문이다(그림 4-4).

동원속도는 현대전쟁에서 전쟁의 승패를 결정하는 것이며, 각종 제도적 요소의 완비와 고도의 훈련, 그리고 국민의 의지가 뒷받침되어야 단축할 수 있다. 따라서 장차전은 동원속도의 효율성과 동원속도에 많은 영향을 받게 된다.

2. 국가동원영향과 전쟁 결과

국가동원이 전쟁 승패에 미치는 영향은 전쟁양상의 발전에 따라 변화되어왔다. 일본 군사전문가 스기다(杉田一次)와 후지하라(藤原岩市) 연구결과를 보면 전쟁승패의 결정요소가 시대에 따라 다음과 같이 변천해왔다고 말하고 있다(그림 4-5). 전쟁의 전과정을 전쟁조사연구단계, 전쟁준비단계, 전쟁실시단계로 구분하고 제1차 세계대전 이전의 전쟁들은 전쟁승패의 결정요소가 전쟁실시단계(80%)에 있었으나, 제2차 세계대전에서는 전쟁실시단계(45%), 전쟁준비단계(35%), 전쟁조사연구단계(20%)로 변화되었다. 그리고 현대전쟁에서는 전쟁준비단계(45%), 전쟁조사연구단계(30%), 전쟁실시단계(25%)로 변화됨으로써 전쟁준비단계에서 상비군의 대비태세와 국가동원의 신속한 준비의 중요성이 크게 영향을 미치고 있다.

예컨대 독일은 제1차 세계대전 패배로 베르사유 조약을 체결하였고, 그 결과

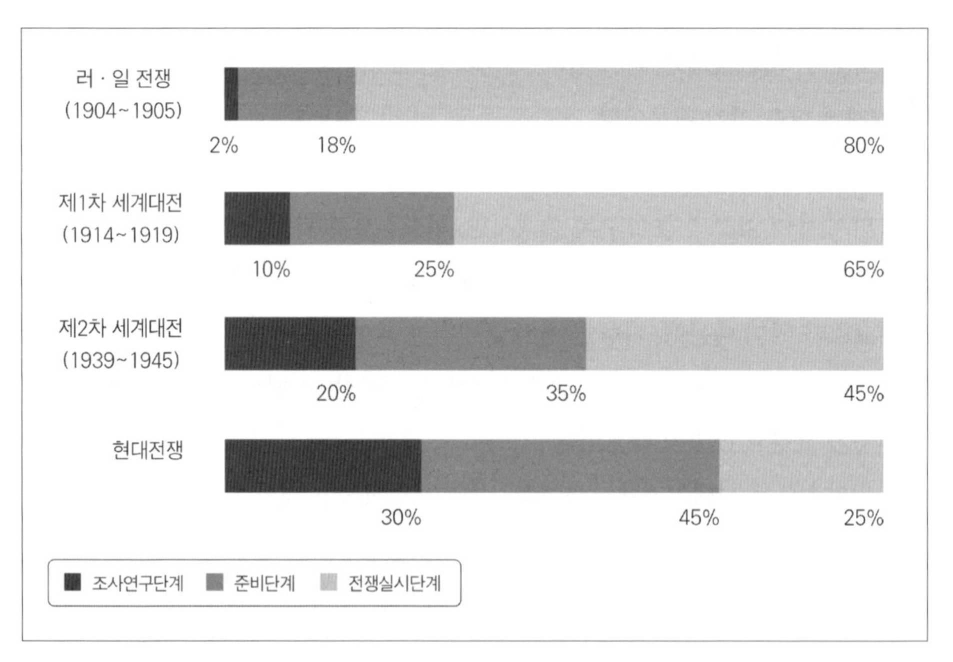

〈그림 4-5〉 전쟁승패 결정요소의 변화

자료: 《현대전쟁과 국방》, 일본, 시사통신사, 2005 참조.

로 1,320억 마르크라는 엄청난 전쟁배상금과 군비제한을 당하게 되었다.

독일은 육군 10만 명(장교 4,000명, 부사관 5만 9,500명, 병사 3만 6,500명)으로 제한하고 일반참모부와 지원병제도를 폐지 당하였으며, 군사교육도 금지되었다. 그러나 젝트의 비밀 재군비계획에 의해 평시에 10개 사단 기간편성으로 유지하다가 유사시에는 43만 명을 동원해 38개 사단으로 증편할 수 있도록 하였다. 또한 시민민병대 100만 명을 편성해 예비군을 창설하고, 군수소요물자와 장비는 민수물자를 신속히 동원해 전쟁을 할 수 있도록 국가동원체제를 완비하였는데, 이 결과는 히틀러로 하여금 제2차 세계대전을 일으킬 수 있는 발판을 제공하였다.[16]

이스라엘은 제3차 중동전쟁(1967. 6. 5~6. 10) 시에 중동의 맹주였던 낫세르 대통령의 이집트를 선제공격해 6일 만에 전쟁을 승리로 끝냈다. 이스라엘은 1956년의 전쟁에서 얻은 교훈을 충분히 활용하고, 1967년 국가위기가 닥치자 전 국민의 적극적인 협조와 사전에 동원준비완료로 20시간 내에 23개 여단을 동원해 전쟁을 승리했다(표 4-2).

미국은 1990년 걸프전쟁에서 이라크 후세인 대통령이 쿠웨이트 침공과 아랍 패권주의에 대한 응징을 위해 미국을 중심으로 한 다국적군에 의해서 걸프전쟁이 시작되었다. 미국은 걸프전쟁을 수행하기 위해서 14만 6천 명을 동원해 걸프전쟁을 승리로 이끌었으며, 2003년 이라크전쟁에서도 신속한 인적 · 물적 국가동원을 실시해 승리하였는데, 그것은 전쟁을 위한 조사연구단계와 철저한 사전준비단계의 결과였다.

〈표 4-2〉 동원 및 전쟁수행

구분	내용				
일자	5. 22	5. 23	5. 23~6. 4	6. 5~6. 10 (6일간)	6. 11~6. 20
동원 및 전쟁수행	동원령 하달	동원 및 편성완료	방어	공격	복원

16 노병천, 앞의 책, pp. 268-275.

3. 국가동원정책의 영향요소

국가동원정책을 정립하는 데는 여러 가지 요소가 영향을 미칠 수 있다.

동원환경이란 국가동원에 영향을 미칠 수 있는 요소와 특성이라 할 수 있으며, 그 요소로는 국내적 요소와 국외적 요소로 구별하는 경우[17]가 있는가 하면 정치체제, 전쟁의 양상과 전략 개념, 자원동원 역량, 행정체제로 구분하기도 하고[18] 예상되는 전쟁양상, 적의 위협, 지정학적 특성, 정치체제, 경제적 능력 등을 제시[19]하고 있다. 이와 같은 내용을 종합해 동원정책에 미칠 수 있는 영향요인을 분석해보면 국가체제, 주변국가의 정세, 전쟁양상과 국방정책, 동원잠재력 등을 제시할 수 있다(그림 4-6).

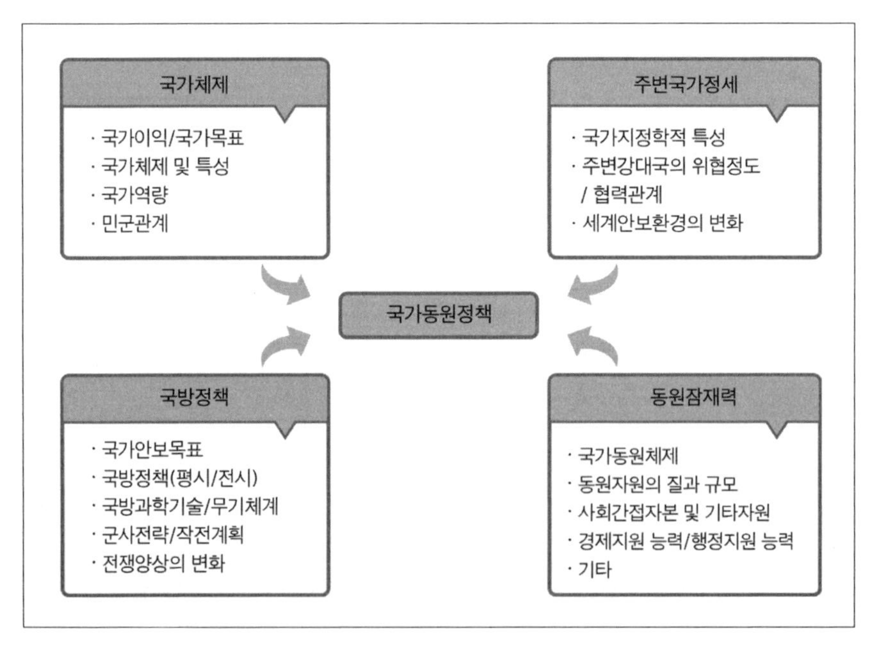

〈그림 4-6〉 국가동원정책의 영향 요소

17 백종천, 《국가방위론》(박영사, 2000) 참조.

18 육군본부, 〈동원업무〉(2000) 참조.

19 민병천, 《한국방위론》(고려원, 2000) 참조.

국가체제는 국가이익 및 국가목표, 국가체제 및 특성, 국가역량, 민군관계 등이 포함되고, 주변국가 정세는 한반도의 지정학적 특성, 주변 강대국가의 위협정도 및 협력관계, 세계안보환경의 변화가 될 수 있다. 또한 국방정책에서는 국가안보목표, 전쟁양상의 변화, 국방과학기술과 무기체계, 군사전략에 따른 군 구조 및 역할들이 되고, 국가동원 잠재력은 국가동원정책을 충족시킬 수 있는 동원목표, 동원체제와 자원의 질 및 규모로서 인적 · 물적 · 기타 자원의 능력, 그리고 이를 지원하고 뒷받침해줄 수 있는 경제지원 능력과 행정지원 능력 등이 있다.

21세기 국가동원정책의 영향요인들은 분단된 한국에서나 통일한국의 동원정책을 정립하는 데 중요한 고려요소가 되고 있다.

4 한국의 동원제도 발전과정

1. 한국 동원의 역사적 변천과정

한반도는 대륙국가와 해양국가의 힘이 상충된 지역으로서 수많은 침략을 받아왔다. 한국 민족은 그때마다 민족의 정통성과 독특한 군사제도를 발전시켜 국가안보를 지켜왔다.

고대국가로는 삼국시대부터 조선시대까지 병농일체 제도를 근간으로 국방의 주력은 상비군이 있었으나 평시에는 예비군이 각자의 생업에 종사하다가 전시에는 동원되어 국가를 방위하는 동원정책이 발전하였다.

현대국가에 들어서는 일제의 식민통치를 받았고, 해방과 동시에 남북한으로 분단되었으며, 6 · 25전쟁 등으로 국가적 어려움이 있었으나 현대적 의미의 국가동원체제는 구축되지 못했다.

그러나 1961년 5 · 16군사정변 후에 국제정세의 변화와 국가안보 전문집단의 정치참여로 자주국방문제가 현실적 과제로 제기되면서 옛 조상들의 상무정신과 국가동원의 중요성을 인식하고 현대국가동원 제도 및 정책을 정립하게 되었다.

한국은 최초로 1962년 헌법 및 국가안보회의법에 따라 국가안보회의가 설치되었다. 1966년에는 국가안보회의 예하에 국가동원연구위원회가 설치되어 국가동원에 대한 기본계획을 수립하고, 대통령을 보좌하면서 국가동원체제, 국가동원법안 및 동시행령을 작성하는 등 조사연구를 담당해왔으며, 1969년 3월에는 국가동원위원회를 해체하고 대통령의 국가안보위원회(NSC)의 산하기구인 비상기획위원회로 창설되었다.

비상기획위원회는 국가안보에 관련되는 국가동원의 기획 및 조정에 관한 사항을 연구하고, 그 결과와 개선방안을 국가안보회의에 보고 및 건의하도록 하였다. 한국 정부는 최초로 전시정부의 행동계획을 수립해 각 부처가 조치할 행동지침으로서 '70충무계획지침을 작성하고 충무계획을 발전시켰다.

1986년 6월에는 비상대비자원관리법이 제정되어 비상기획위원회를 국무총리 소속기관으로 변경해 비상대비업무를 총괄하도록 하였으며, 충무계획의 작성 근거 미비점을 보완하였다. 즉 평시계획수립, 자원조사, 자원관리훈련 등 평시관련 사항만 규정하고 있던 내용을 전시자원 동원에 관한 법률을 제정해 동원령 선포, 동원명령, 동원령 해제 등을 비롯해서 국가비상사태선포요건, 선포절차, 사태 및 기관별 조치사항을 보완하였다.

1993년에는 비상대비를 위한 정부기능 계획과 자원동원계획이 분리된 것을 통합해 부처별 충무계획으로 단일화하였으며, 1998년에는 정부조직개편에 따라 비상기획위원장의 직급을 장관급에서 차관급으로 축소하고, 국가안보회의 업무는 국가안보회의 사무처로 이관하였다.

그리고 2006년 이후에도 비상기획위원회는 전시 군사작전지원, 정부기능유지, 국민생활 안정을 위해 국무총리를 보좌해 비상대비업무의 기획 및 총괄, 조정 통제를 발전시켰으나 2008부터 2000년대 현재는 행정안전부 비상대비 기획관실로 통합해 실시하고 있다. 평시에는 ① 비상대비업무의 기본정책 수립, ② 비상대비계획(충무계획) 및 관련법령 총괄 · 조정, ③ 자원조사 및 관리, ④ 비상대비 교육 및 훈련, ⑤ 비상대비 태세 확인 점검, ⑥ 비상대비 담당자 운영을 한다.

전시에는 ① 자원동원, ② 전시행정체제로 전환, ③ 생필품 공급, 전재민 구호 등 국민생활안정 도모, ④ 주민, 차량통제 및 주요기관시설 긴급복구, ⑤ 정부종합상황실을 운영한다.

2018년 4월 6일 예비전력의 완벽한 동원으로 전투준비태세 완비를 위해 육군 동원전력사령부가 창설되었다. 동원전력사령부는 동원사단과 동원보충대대, 동원자원호송단에 배치되는 동원전력을 정예화하여 상비전력 감축에 따른 전력 공백을 최소화하고, 대량손실 병력을 효과적으로 보충해 전쟁 지속능력을 보장하는 것이다. 이와 같은 동원전력 강화는 동원부대와 동원자산의 통합, 지휘체계 단일화, 실전적 예비전력 육성으로 전쟁에서 승리와 성공의 기반이 될 것이다.[20]

2. 한국 고대국가의 동원제도

전쟁과 동원은 역사적으로 깊은 관계로 발전되어왔다. 그것은 고기가 물을 떠나서 살 수 없듯이 전쟁은 동원을 떠나 수행될 수 없기 때문이다. 한국은 많은 외침을 받으면서 고대국가에서 현대국가에 이르기까지 국가동원을 발전시켜왔다. 고구려시대부터 조선시대까지는 병농일체 제도를 근간으로 하여 국가방위는 상비군과 더불어 평시에는 각자의 생업에 종사하다가 일단 유사시에는 국가를 위해 자진 혹은 제도로 동원되어 의병 · 승병 · 병농활동에 의한 동원군으로 활동하였다(표 4-3).

〈표 4-3〉 고대 국가에서 동원제도

구분	제도	주요 내용
고구려	경당	- 평시: 사학기관으로서 인격수양 - 전시: 병농통합 군사훈련기관 역할
신라	화랑도	- 평시: 인격수양단체 - 전시: 자위단체
고려	광군	- 평시: 생업종사 - 전시: 농민시민군으로 활동
조선	민보방위체	- 평시: 생업종사 - 전시: 전략거점에 집결 고수방어

20 국방일보, 2018년 4월 9일.

1) 고구려와 신라시대

고구려는 경당제도를 통해 전국 각 지방에 산재한 사학기관에서 경학 · 문학 · 무예 등을 가르치며 문무일치의 교육을 시행하였다. 특히 장수왕 15년에는 평민자제 중 미혼청년을 대상으로 조직을 확대 개편해 인격 수양교육과 더불어 병농합동 군사훈련기관의 역할을 수행해 대제국 고구려를 건설하는 데 크게 기여하였다.

신라는 화랑제도가 있어 학문과 무예 교육을 시키고 국가동원기관으로의 역할을 하였다. 화랑도는 신라 제24대 진흥왕 때 원화라고 하는 화랑에서부터 시작해 화랑도가 제도화되었다. 화랑도는 자연발생적으로 조직된 순수 촌락공동체별 향민들의 인격수양단체로서 미혼청소년을 중심으로 한 귀족자제들로 조직되었다. 화랑도는 평시 전국의 명산대천을 찾아다니면서 인격수양 및 무술훈련을 실시하고, 전시에는 동원되어 국가방위의 주요 역할을 수행하였다.

신라가 3국을 통일하는 데는 화랑관창과 같은 특출한 화랑도의 인적 동원과 화랑도 정신의 정신동원이 크게 기여했다는 것은 역사가 증명해주고 있다.

2) 고려시대

고려는 광군제도가 있어 학문과 무예교육을 시키고 국가동원기관의 역할을 하였다. 광군은 947년 고려 정종 2년에 시작하였으며, 병농일체 개념에 의한 농민 시민군 성격으로서 지휘권은 지방호족에게 있었다. 광군제도의 나이는 16~60세 남자로서 전국적으로 조직되었으며, 평시에는 생업에 종사하고 유사시에는 군역 동원 및 향촌단위 시민군 연합체로서 역할을 수행하였다.

3) 조선시대

조선시대는 민간의 힘으로 쌓아서 만든 보루에서 방위하는 민보방위체제가 발전하였다. 민보방위체제는 평시 생업에 종사하다가 유사시 군역에 동원된 향촌단위 시민군의 연합체로서 수개 마을의 향민과 물자를 전략적으로 거점위치에 집결해 고수방어를 실시하였다. 민보방위는 남녀노소로 구분해 조직하였으며 16~55세 남자는 정군, 여자 및 노약자는 아군, 노군, 산군으로 편성하였다. 민간의 힘으로 구축된 진지인 민보와 관군의 힘으로 구축된 진지인 관보를 유기적으로 연결해 초토전과 유격전을 배합한 전법을 수행하였다.

한국의 고대국가 동원제도에서 조상들은 정규군이나 동원된 예비군으로서 16세부터 60세까지 병역의무기간을 가졌다는 것이며, 연소자나 노쇠한 자는 직접 출병을 못하는 대신에 출정가족을 돌봐주기 위해서 근로 · 물자 · 정신적인 지원을 아끼지 않았다. 그러나 이러한 병력의무제도, 동원제도와 호국정신이 흐려지고 자신의 안일만을 위한 일부 양반계급과 위정자들이 있었기 때문에 병자호란, 임진왜란 등 전란을 자초하였고, 마침내는 일본제국주의에 의한 36년간 나라를 잃었다.

3. 한국의 동원제도

1) 6 · 25전쟁 시 국가동원

한국은 제2차 세계대전 종전과 더불어 독립하였으나 한반도는 38선을 경계로 북쪽에는 공산국가로 남쪽은 민주국가로 다시 분단되었다. 북한 공산정권은 적화통일의 목표를 달성하기 위해 남한 민주정부에 대한 다양한 형태의 공격을 하였다. 그 예로서 북한은 제주 4 · 3사건과 여수 · 순천 반란사건 등을 비롯해서 훈련된 무장유격대원을 남한에 침투시켜 산간벽지에서 준동하게 하고, 국내의 반란분자를 선동해 무장폭도로서 혹은 개별적으로 치안을 교란하고 지방행정을 마비시키는 한편, 부락, 소도시 등에 습격을 감행하였다.

또한 38선에서는 북한 군대로 하여금 조직적인 도발 행위를 자행하게 하였다. 한국군은 이러한 공산유격 부대의 토벌을 위해 병력을 증강해 토벌작전을 성공시켰지만 1949년 11월 주한미군 철수가 발표되었으며, 북한은 적화통일을 획책함으로써 한국 정부는 미군철수 보류를 미국과 유엔에 요청하였으나 일부 군사고문단을 잔류시키고 전부 철수하였다.

미국은 미군철수에 따라 무기원조 법안을 승인하고 소총 및 공용화기, 구식대포 그리고 자동차 등을 지원하였으나 대부분 노후화된 장비뿐이었다. 미국은 한국군의 무장을 약화시켜 북진통일정책을 저지하고 북한의 공격도 억제해보려고 막연한 기대를 하고 있었던 것이다. 미국이 남한에서 철수함에 따라 한반도의 힘의 균형이 와해됨으로써 1950년 6월 25일 일요일 새벽 38선 일대에서 일제히 기습남침을 감행하였다.

전쟁에서 적당한 시기에 인원과 물자가 작전임무수행을 위해 동원될 수 있느냐 동원될 수 없느냐에 따라서 전쟁의 승패는 결정된다. 그러나 한국은 신생국가로 탄생해 국내부적 혼란과 국가체제가 확립되지 않았고, 설마 북한이 감히 남침을 할 수 있으리라고 생각하지 않았기 때문에 전쟁 발발 시 국가의 총역량을 집중할 수 있는 비상계획이나 제도가 수립되지 않았다. 6 · 25전쟁 시 동원업무는 시시각각으로 변화하는 작전양상에 따라 준비계획이 없이 임기응변식으로 인원, 물자를 일선 전투부대 및 후방 지원부대에 투입하는 데 중점을 두었다. 이것도 6 · 25전쟁 초기에는 북한군의 기습공격에 후퇴작전만이 전개됨에 따라 동원업무 체제란 문자 그대로 마비상태에 빠져 있었다.

예컨대 38선의 방어전을 비롯해 서울공방전, 나아가서는 오산전투 및 낙동강 방어전 등에 이르는 초기 작전에 있어서 한국군은 인적 · 물적 동원의 미비로 온갖 역경과 고충을 겪지 않을 수 없었다. 1950년 9월 역사적인 인천상륙작전을 전후해 늦게나마 한국군은 비로소 전시 동원체제를 수립하고, 전투 병력의 개편에 수반한 후방 근무부대의 증편을 도모할 수 있는 기초 작업을 끝낼 수 있었다.

즉, 북진작전으로 전환되자 한국군은 미군의 동원 및 인사지원제도를 참고로 한국적 특성을 고려한 국민 총동원체제인 동원계획과 그 운용 세칙을 마련하게 되었는데, 동원업무 체제를 인원동원, 물자동원으로 구분해 고찰해보기로 한다.

(1) 인원 동원

한국군은 건군 초창기에 10만 병력 수준의 제한으로 지원병제도를 실시하였으나 1949년 9월 6일 법률 제41호에 의거 병역법 및 동시행령을 제정 공포해 지원병제도에서 의무병제도로 개혁하였다.[21]

인원동원을 위해 동원제도 및 동원계획이 있어야 하지만, 이에 대한 대비책이 없었던 전쟁 상황에서 많은 피난민으로 공공질서가 혼란하고, 국가행정력이 미치는 지역의 제한, 병적행정 및 법규에 의한 원칙적인 소집도 불가능한 실태였기 때문에 많은 병력 충당은 불가능하였다.

예컨대 1949년 9월 병무 집행기관으로 설치되었던 육군본부 병무국과 각도병사구 사령부도 다음해 1950년 3월에 해체되었다. 따라서 6 · 25전쟁 직전까지 병사업무는 그 임무가 육군본부 고급부관실 징모과에 이관되고 그 일부 기획사항은 육본 인사국에 병무계를 두어 각각 업무를 분담시켜왔기 때문에 운영의 기형적인 현상을 초래하고 있었다. 이러한 제도의 모순은 6 · 25전쟁이 발발하자 전세의 악화와 더불어 날로 증가되는 병력보충을 위한 인원동원체제에 있어서 완전히 그 기능을 상실하게 되었다.

이렇게 되어 한국군은 최후 수단으로 전쟁 발발과 더불어 국가 비상계엄령이 선포되어 계엄사무를 관장하자 병역법 제58조를 적용해 제2국민병 소집과 각종 단체의 집단소집 등 일련의 병력동원계획을 마련하고 가두 소집 및 검색을 실시해 임기응변식으로 병력확보에 전력하였다.

1951년 초에 아군의 전면적인 제2차 총반격 작전으로 남한전역이 다시 재탈환되자 군은 병사구 사령부를 부활시켜 계속 병무소집을 하게 하였다. 1951년 8월 25일에는 국방부에 병무국이 설치됨에 따라 병사구 사령부는 국방부 병무국에 예속되어 휴전에 이르기까지 서로 유기적인 체제가 확립되어 병력동원업무는 비로소 본 궤도에 올랐다. 병무국의 설치와 병사구 사령부의 병무국 예속 이유는 전쟁의 장기화에 대비해 1952년부터 시행하게 된 군의 편제확장과 병력증강 계획에 의

21 조영갑, 《한국동원연구》, 서울: 국방대학교, 2000, pp. 55-58.

거 제2훈련소를 새로이 창설하는가 하면 종래의 제1훈련소를 확장해 1일 입소병력을 300명에서 500명으로 동원하게 됨에 따라 병무 소집업무가 양적으로 증대하게 되었다.

결과적으로 6 · 25전쟁은 국가동원체제나 계획정립에서 이루어진 것이 아니라 임기응변적인 군사동원으로 실시되었으며, 1950년부터 1956년까지 병력손실과 보충을 위한 병력동원은 한국의 국가동원계획에 많은 교훈을 남겼다.

국민방위군 창설

북진작전이 성공적으로 진행되어 조국통일 성업이 목전에 다다랐으나 중국군의 개입으로 전국이 다시 혼란해지자 군은 이에 대처할 수 있는 병력동원을 위한 국민 총동원체제로서 국민 방위군을 창설하였다. 이 국민 방위군은 전술한 바와 같이 제2국민병으로 해당하는 만 17세 이상 40세 미만의 장정을 동원 훈련해 국민개병의 정신을 앙양시키는 동시에 전시병력보충의 신속성을 확보하는 데 그 설치 목적이 있었다. 따라서 정부는 1950년 12월 21일 법률 제172호에 의거 국민 방위군 설치법을 제정 공포하게 되었고, 동 설치법에 따라 군은 제2국민병을 소집 방위군 창설에 임하였다.

당시 소집 편성된 병력은 그 대부분이 농촌출신 장정들이었고, 그 총병력은 50만 명으로 추산되었다. 그러나 방위군 간부 중에는 많은 수의 정규군 기피자들이 임명되었고 개중에는 과거 형법에 의해 처벌받은 자도 있어 점차 그 내부에는 부정이 싹트기 시작하였다. 그 후 방위군은 1 · 4후퇴와 더불어 남하해 대구에 총사령부를 설치하고 예하 병력은 후방 각지에 분산 배치되었다.

이때 방위군 간부들은 장정들의 후방 이송 시부터 다액의 국고금과 식량, 의복, 의료품 등 많은 보급물자를 부정 착복함으로써 수만 명의 장정들을 굶주려 죽게 하고, 또는 병사하게 하는 등 도저히 용납할 수 없는 사건들이 연발되어 방위군은 인원동원 목적과는 달리 오히려 국력을 저해시키는 암적 존재로서 국민의 지탄을 받았다.

비전투원인 기술근무사단(K · S · C) 편성

전쟁이 날로 치열해지자 군은 전투병력 외에 작전 지원작업에 종사할 노무자 동원문제가 또 하나의 심각한 문제로 대두되었다. 이리하여 군은 1951년 5월 근무 동원령에 근거를 두고 만 35세부터 45세까지의 장정들을 의무적으로 군사 노무동원에 봉사하게 하고, 각 도, 시, 군 단위로 인원을 할당동원 소집하였으나, 공무원, 불구자, 신병허약자는 제외되었다. 이렇게 소집된 노무자들로 군은 1951년 7월 15일 제5군단 일반명령 제17호에 의거 기술 근무사단(K · S · C)을 창설하였다(당시 제5군단은 1951년 5월에 국민방위군의 뒤를 이어 설치된 예비군단임). 이 근무 사단의 특수성은 인사 행정면에 있어서는 육군본부가 관리하고, 작전 지휘 및 기타 보급일체는 미 8군이 담당하고 있었다. 그 후 1951년 11월 1일 육본 일반명령 제159호에 의거 제5군단이 해체되자 동일자로 이 근무 사단은 새로 신설된 육본 병무 감실의 지시를 받게 되었다.

또한 각 근무 사단은 미8군이 작전상 필요로 하는 인력을 필요한 시간에 필요한 지점에다 대비시키고 비전투요원으로서 제반 작업 기타 노무일체를 담당해 전투요원 및 전투부대를 직접 지원하는 데에 그 목적이 있는 것이다. 따라서 이 근무 사단은 문자 그대로 근무 기술로서 근무부 장교, 사병, 노무자로 구성되어 있으며, 현역 장교는 미8군 작전 지시에 의해 근무 장병을 통솔하고, 근무 장병은 노무자를 직접 지휘 감독하였다. 이들은 주로 교량 및 도로 보수, 탄약 및 군장비 운반 등에 임하였으며, 개중에는 최전선에서 용전 분투 하다가 전사한 용사들도 많았다. 이들 노무자 동원 숫자는 1952년과 1953년에 있어서 약 60,000명에 달하였다. 이들의 복무 기간은 6개월로 제한되어 있으나 작전상 복무 기간이 연장된 예가 허다하였으며, 1953년 국정감사 지적사항으로 이를 시정하기 위해 미8군과 절충, 만기 대상자의 대다수를 한꺼번에 귀향 조치케 하였다.

(2) 물자동원

6 · 25전쟁으로 전국에 비상계엄 또는 경비계엄령이 선포되어 사법 및 행정권이 계엄사령관에게 귀속하게 되자 군은 1950년 7월 3일 육군본부에 계엄민사부를 설치하고, 동년 7월 6일 징발에 관한 특별 조치령을 공포한 후 전쟁수행을 위해 군 작전상 필요한 군수물자, 시설 등을 징발하는 긴급조치를 취하였다. 특히 전쟁수행과 더불어 부딪친 일대 난관은 수송력의 부족이었다.

작전상 수반된 막대한 병력의 소요로 군수 물자의 수송 지원은 일각의 여유도

〈표 4-4〉 국가동원과 징발

구분	동원	징발
근거	- 비상대비자원관리법령 - 전시자원동원에 관한 법률 - 병역법령	- 징발법령
목적	- 비상사태 시 국가안전 보장을 위한 인적 · 물적 자원의 효율적 운영	- 군 작전 수행을 위해 필요로 하는 토지, 물자, 시설 또는 권리의 강제적 사용
시기	- 동원령 선포 시	- 전시 또는 이에 준하는 비상사태 시
대상지역	- 전국 또는 일정지역	- 전국 또는 일정지역
사전준비	- 충무계획	- 사전계획 없음
대상	- 인적 · 물적 자원	- 동산, 부동산, 권리 등
집행기관	- 주무부장관 및 권한위임된 시 · 도지사 등	- 국방부장관(징발관) - 계엄지역: 계엄사령관
특징	- 인력 포함	- 인력 미포함

주지 않았으며, 군의 수송단은 소요의 백분의 일도 충당하지 못하였다. 따라서 군은 육상 · 해상 수송 소요를 충당하기 위해 부득이 민간 소유의 차량과 수송선박을 징발하기에 이르렀다(표 4-4).

차량 징발업무는 당초 육군본부 병기감실에서 취급해오다가 1952년 11월 20일 다시 민사부로 이관되어 업무를 수행 중 계엄령의 해제와 더불어 내무부 치안국으로 이관되었다.

또한 부동산은 토지 및 건물동원을 실시해 사용하였으며, 1953년 휴전 후 정세가 점차 호전되자 군 영구 주둔지를 제외하고는 그 대부분의 연고자에게 반환 또는 보상되었다. 또한 부동산 징발은 국민의 경제적 생활에 미치는 영향이 큼으로 군은 휴전 이후에 국방부 방침에 의거 가급적이면 민간 재산의 동원은 중지했었다.[22]

즉, 한국은 6 · 25전쟁 시까지 국가적 차원에서의 국가동원 계획이나 제도가 없었다. 6 · 25전쟁 초기에 인원동원은 동원기구 미비 또는 마비로 거의 가두소집

22 조영갑, 앞의 책, p. 63.

으로 병력을 충당하였고, 물자동원은 동원법에 의한 영장에 의해 징발되고 동원해야 하나 국가동원 법규 및 제도화 미비로 현지 부대장의 직권으로 발행한 징발증명서에 의거 집행하는 경우가 많았다.

이상과 같이 6 · 25전쟁 3년간은 미군의 동원체제 및 동원업무를 기초로 한국군의 군사동원 업무는 시작해 임기응변적인 국민 총동원체제로 승리할 수 있었고, 국가적 차원에서 국가동원의 중요성을 인식케 해 국가동원문제를 계속 연구하고 발전시켜야 할 과제가 되었다.

한국의 국가동원은 1960년대부터 제도화되고 발전되었으며, 2000년대 현재는 현대국가의 국가동원체제로 정립될 수 있었다.

2) 국가 비상대비 체제와 전환절차

현대국가에서 대규모 상비군 유지는 막대한 군사비가 소요되며, 군사비 지출은 점차 제한을 받고 있는 추세이다. 평시 국가기능을 신속하게 전시체제로 전환하고 필수의 상비전력을 적정수준 유지하면서 국가의 안전을 보장하기 위해서는 효율적인 국가동원으로 잠재전력을 현존전력화해야 할 중요성이 증대되고 있다.

국가비상사태는 인적 · 물적 자원을 효율적으로 동원한 것이 필수적이며, 또한 국가동원령 선포는 국방장관의 제안으로 국무회의 의결을 거쳐서 대통령이 선포하게 된다(그림 4-7).

그리고 국가비상사태는 위기관리단계에서 전시전환단계로 진전되어 충무사태, 동원령, 계엄령 선포 등으로 발효하게 된다.

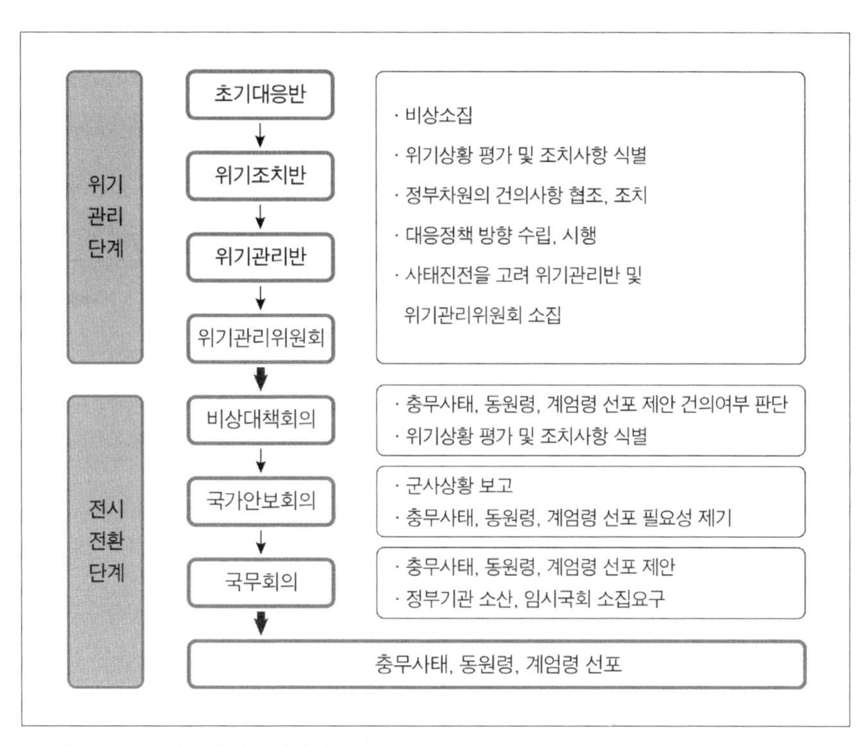

〈그림 4-7〉 국가비상사태 전환절차

3) 국가동원체계 및 집행절차

국가동원 체계로서 대통령은 국가동원령의 선포 및 해제를 하게 되고 병력동원은 국방부를 통해 각 병무청에서 동원소집하고 국무총리는 관련된 부서를 통해 물자동원에 대한 업무를 총괄 및 조정하고 명령하게 된다. 그리고 주무부장관은 소관자원에 대한 명령을 각 시도지사에게 내리게 되며 그 예하 조직에서는 동원영장 교부를 하게 된다.

첫째, 국가동원체계는 〈그림 4-8〉과 같다. 둘째, 동원업무 수행기관에서 임무와 관련기관은 대통령, 국무총리, 주무부장관, 특별 · 광역시장 및 도지사, 시 · 군 · 구의 장이며, 그 임무는 수행기관에 따라 구분하고 실시한다(표 4-5). 즉, 국가안보를 위태롭게 하는 전시 · 사변 또는 이에 준하는 사태, 각종 자연적 · 인위적인

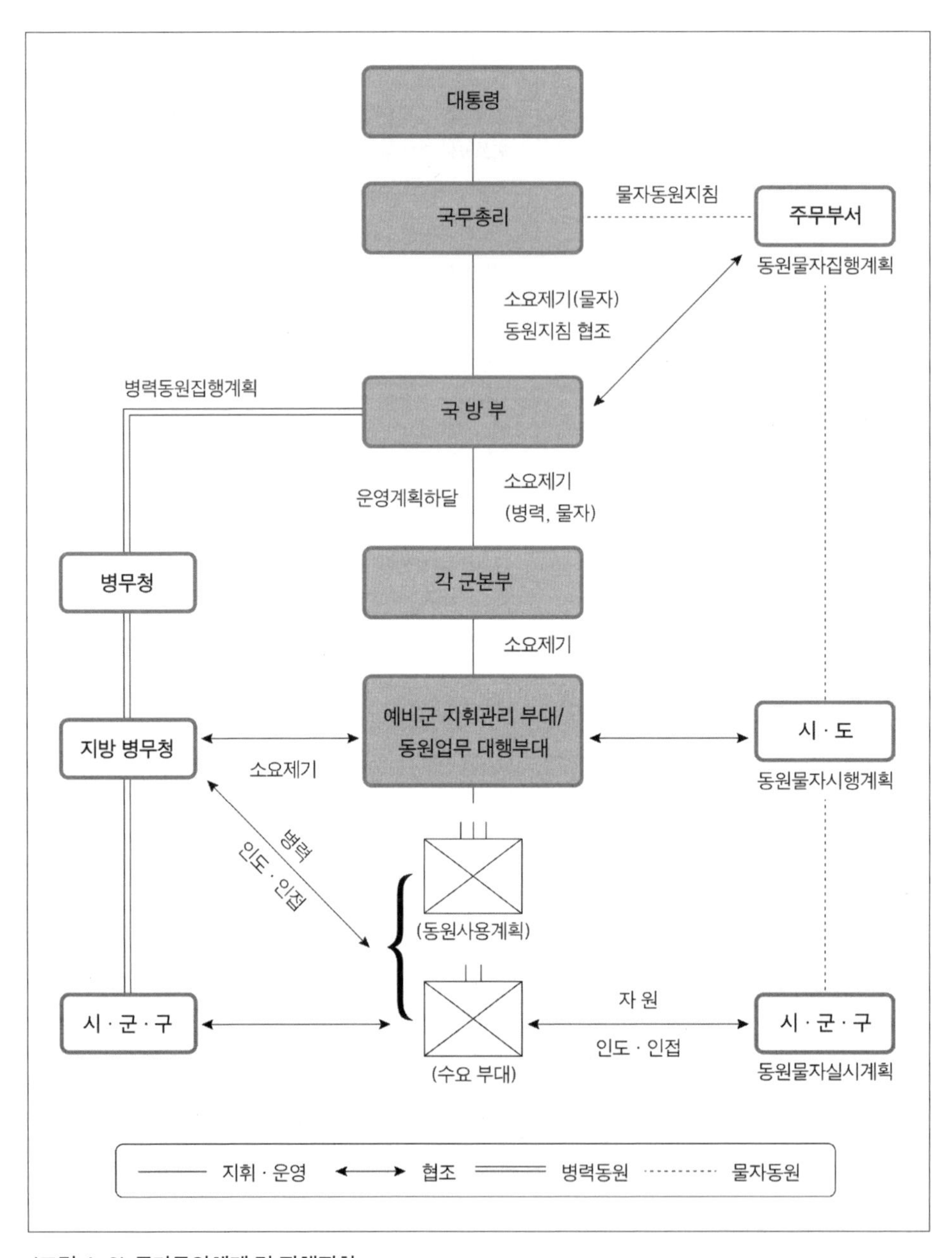

〈그림 4-8〉 국가동원체계 및 집행절차

〈표 4-5〉 동원업무 수행기관

동원행정기관	임무	관련기관
대통령	- 기본계획 승인 - 국가동원령 선포 및 해제	국무총리
국무총리	- 기본계획 지침 작성 - 기본계획 작성, 시달 및 통고	대통령, 주무부장관
국무총리 (관련부서)	- 각 부처 집행계획 승인 - 동원준비에 관한 통제, 조정 - 동원물자 비축에 관한 통제, 조정 - 동원자원에 관한 조사 등 통제, 조정 - 동원계획 집행에 관한 통제, 조정 - 기타 동원행정에 관한 통제, 조정	주무부장관
주무부장관	- 기본계획안 작성 제출 - 집행계획 작성, 시달 및 통보 - 시행계획 승인 - 동원물자 및 동원업체 지정 - 통제업체 임무통지 및 실시 계획 승인 - 자체 동원물자 비축 - 지정된 물자의 소유자 또는 동원업체의 장에 대한 물자비축, 시설보강 및 확장과 기술자 양성, 기술개발 명령 - 동원명령 및 통제업체 동원영장 발부 - 동원대상 자원의 실태조사 - 국무총리의 명령, 지시사항 이행	국무총리, 특별 · 광역시장 및 도지사
특별 · 광역시장 및 도지사	- 시행계획 작성 및 시달 - 위임된 동원업체 지정 - 시 · 도 통제업체에 대한 임무통지 - 자원조사의 실시보고 - 동원업체 지원소요 요청 및 반영 - 동원영장 및 인수증 작성 교부 - 동원관련 지원업체 배급소 지정 - 주무부 장관의 위임명령, 지시사항 이행	주무부장관, 시 · 군 · 구의 장
시 · 군 · 구의 장	- 실시계획 작성 및 시달 - 물자 및 업체 동원영장과 인수증 교부 - 물자 및 업체 동원상태 기록서 작성 송부 - 물자 및 업체 동원집행 - 자원조사 - 비축물자관리 - 기타 도지사 등의 위임명령 지시사항 이행	

재해 및 재난으로부터 정부통제가 필요한 사태에서 동원업무 수행기관들은 전문성 · 적시성 · 경제성 · 책임성을 갖고 동원업무를 해야 한다. 셋째, 국가동원계획 작성 기관 및 협조기관의 협력은 중요하다. 동원 협조기관에 따라 인원동원, 산업동원, 수송동원, 건설동원, 통신동원 등으로 구분해 계획이 각 부처별로 작성되고 동원한다.

4) 국가동원해제

국가동원해제 명령은 ① 대통령이 국가동원령의 해제를 선포할 때, ② 동원기간이 종료할 때, ③ 동원을 계속 실시하기 어려울 때, ④ 동원요청 기관의 장으로부터 동원해제 요청이 있을 때에 실시한다.

동원해제 요청은 동원요청기관의 장은 동원해제 요건이 충족될 경우 동원명령 주무부장관에게 동원해제 요청하게 된다. 또한 동원해제 명령은 동원요청기관의 장으로부터 동원해제 요청이 있을 경우 동원명령 주무부장관은 동원영장 발부기관 및 동원요청 기관의 장에게 동원해제를 명령한다.

5 한국의 국가동원정책

1. 개요

한반도는 1945년 8월 15일 해방과 더불어 남북한의 분단 및 6 · 25전쟁의 아픔이 있었고, 냉전체제 아래서의 갈등과 분쟁이 지속되어왔다. 그러나 2000년 6 · 15남북공동선언은 지금까지 남북한의 냉전과 적대적 관계를 화해와 협력적 관계로 전환시켰다. 앞으로 평화적으로 민주통일을 이룩하기 위해서는 통일한국 이전이나 통일한국 이후를 위해서 동원정책을 발전시켜나가야 한다.

2. 국가동원정책의 새로운 접근

현대국가는 지식정보화 시대에 알맞은 새로운 국가안보와 비상대비정책이 요구되고 있다(표 4-6).

한국은 반도적 위치와 중앙적 위치의 지정학적 관계 때문에 통일한국 이전이나 통일한국 이후에도 새로운 안보환경에 도전을 받게 될 것이다(그림 4-9).

남북한 대치 속에서도 화해 협력기와 평화공존기에는 북한 위협이 축소 지향적으로 진행되고 통일기에 이르면 북한의 위협은 소멸된 반면에 통일한국의 위협은 세계 4대강국인 미국 · 일본 · 중국 · 러시아의 한반도 영향력 확대를 위한 주변

〈표 4-6〉 산업화 · 지식정보화 시대의 안보

구분	산업화 시대	지식정보화 시대
기본인식	국가안보(National Security)	포괄안보(Comprehensive Security)
위협	주로 외부로부터의 군사적 위협(전통적 안보위협)	전통적 안보위협 이외에 – 테러, 대량살상무기 – 범죄, 마약, 환경파괴 – 대규모 재해 및 재난 – 비군사적 위협 등
중심과제	– 국가주권/가치 및 이념수호 – 국가이익 보호 및 확충	– 전통적 안보 – 인권, 복지, 평화 등 인류의 보편적 가치 보호 – 국가안보+인간안보 유지
대비전략	– 국방부 · 외교부 등 중심 – 독자적 안보역량 강화에 중점	– 전통적 안보기구 외에 새로운 기구 창설/재정비 – 국제사회, 각 국가와 협력안보, 집단안보 일반화

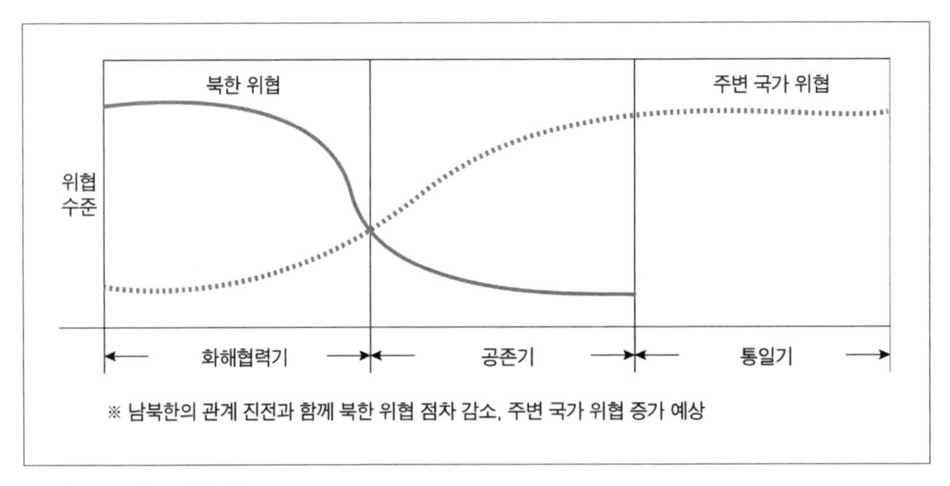

〈그림 4-9〉 안보위협전망

국가들의 갈등으로 새로운 위협에 도전받게 될 것이다.

대륙세력인 중국과 러시아 그리고 해양세력인 미국과 일본은 통일한국과 직접적인 국경 및 지원관계를 가짐으로써 영토분쟁, 민족갈등, 역사왜곡, 국가이익추구 등 다양한 형태의 분쟁소지가 상존해 한반도는 불안정성과 불확실성이 더욱 증대될 수 있다.

> 2005년 10월 미국의 뉴욕타임스지는 "남북한이 통일되면 아시아는 분열될 것인가"라는 제목의 기사에서 "중국과 일본은 한반도에서 안정을 갈구하지만 상대에 의해 자국의 영향력이 잠식되는 것을 용인하지 못할 것이다. 양국은 과거에 한반도를 놓고 충돌했으며 현재 양국지도자들이 갖고 있는 최악의 악몽도 한반도와 관련된 것이다. 일본은 한반도가 중국의 영향권에 들어가 중국이 부산항 같은 곳을 군사적으로 이용하면 위협이 제기될 것을 우려하고 있고, 중국은 일본의 재무장과 군국주의의 재등장을 경계하고 있다. 중국과 일본 관계악화는 동북아시아 지역에 불가피하게 암울한 결과를 초래할 것이며, 이런 점이 미군주둔의 가장 설득력 있는 이유가 될 수 있다"라고 지적했다.

이와 같이 주변 4개국은 통일한국에 비해 절대 우위의 국력과 군사력을 보유한 강대국가로서, 남북한의 분단 상황과는 전혀 다른 안보환경변화에 대응하기 위해서 국방정책은 상비전력건설과 더불어 국가동원정책의 새로운 접근이 있어야 한다. 그 이유는 통일한국의 국토가 남북으로 길게 뻗어 있고, 북부의 대륙접속과 산악지역, 중부의 양해안과 내륙지역, 남부의 해안과 평원지역이 갖는 독특한 자연지리적 특성을 갖고 있다.

또한 중국, 러시아의 대륙세력과 일본, 미국의 해양세력의 상이한 불특정위협이 존재하고 있고, 그리고 주변 위협국가들의 전혀 상이한 국방정책과 군사전략에 대응해야 하기 때문이다.

통일한국의 국경선은 현재의 휴전선에서 북쪽으로는 압록강, 두만강이 될 것이며, 남쪽에서는 동해, 서해, 남해지역과 그 해안으로 확대될 것이다. 따라서 국가동원은 국방정책에 따라 상비전력과 동원전력의 구조, 국가체제 및 행정체계를 고려해서 동원자원배치와 규모 및 이동성, 지형조건, 수송로, 군사작전 요소 등을 고려한 총동원과 더불어 지역단위의 부분동원을 발전시켜나가야 한다.

요컨대 21세기 전시 혹은 이에 준하는 비상사태 시에 한국의 통일이전 동원정책은 현재 내용을 보완 · 발전시켜나가면 될 것이다. 그러나 한국의 통일 이후의 동원정책은 총동원 개념을 원칙으로 하지만 일부지역 방위 상황에서는 북부 · 중부 · 남부의 지역단위의 부분동원을 실시해 동원자원의 시간적 · 공간적인 속도성과 경제성, 기술성 및 전문성으로 그 효율성을 최대화하는 방향으로 동원정책이 발전되어야 한다.

3. 국가동원전력을 국방의 핵심전력화

통일한국 이전이나 이후의 군사력 건설에 대한 동원정책방향은 가장 중요한 과제로서, 그것은 평시에는 현존위협과 주변국가 위협을 억제하고 전시에는 국가를 방위하기 위해 적극적인 수세 · 공세적 방위전략이나 공세적 방위전략을 채택해 선별적인 보복능력까지도 확보할 수 있어야 하기 때문이다.

현재는 현존 위협에 대비한 소요전력과 통일 이후의 주변국가 위협에 대비한 소요전력을 만족시킬 수 있는 이중적 접근의 동시대비 소요전력을 건설해나가야 한다(그림 4-10).

그러나 한국의 전력증강방향으로서 현재는 한국 병력규모만으로도 68만 명이 되나 공존기 및 통일기를 거쳐 안정기의 적정 병력 수는 한반도 안보환경을 고

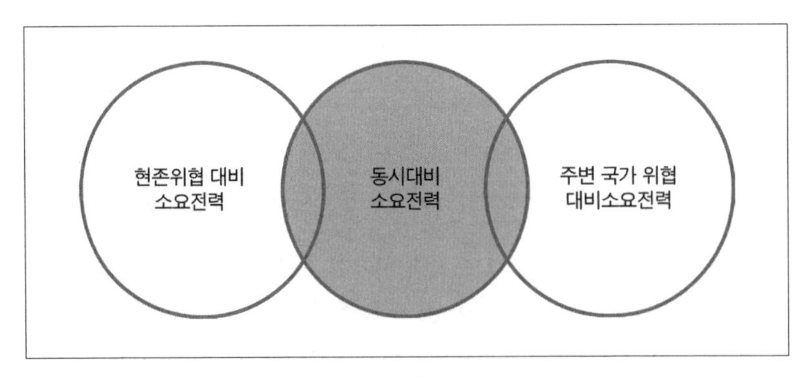

〈그림 4-10〉 현존/미래 위협 동시 대비 전력 우선 보강

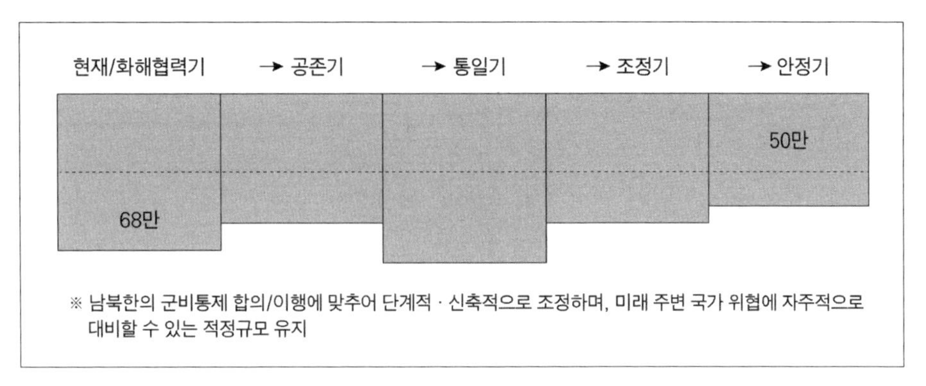

〈그림 4-11〉 통일 한국의 전력증강 방향

려해 단계적 · 신축적 조정으로 50만 명이 될 것이다(그림 4-11).

한국의 현존위협과 주변 4강대국가 위협에 대처하기 위해서 상비전력의 확대 필요성이 증가될 수 있으나, 세계사적 · 주변 정세적 · 국내 상황적 요소들은 상비전력의 축소지향적인 운용이 될 수밖에 없다.

이에 대한 대응책으로, 세계적인 강대국가들로 둘러싸인 상대적으로 작은 국가인 한국이 생존과 번영을 확보하기 위해서는 이스라엘의 동원정책과 제도에서 그 길을 찾을 수가 있다. 한국의 군사력 건설은 상비전력 감축에 따른 방위충분전력으로서 정예화된 동원전력을 확보해야 한다(표 4-7).

한국의 상비전력은 신속 대응군으로 적의 초기 공세를 저지하고 전쟁 진행상황에 따라서 전략적 타격군으로 운용할 수 있도록 하며, 동원전력은 평시에는 위협국가들이 감히 넘볼 수 없는 질 높은 전쟁 억제군으로 운용하고, 전시에는 신속한

〈표 4-7〉 한국의 군사력 운용

구분	운용 개념
상비전력	초기신속대응군, 전략적 타격군 ※ 정보 · 과학기술군
동원전력	전쟁억제군(평시), 신속한 동원으로 국토방위 주력군(전시) ※ 지상부대 주전력군, 양적 우세보다는 기술성 · 전문성 위주의 질적 동원군 건설

동원능력을 발휘해 지상부대 주전력군으로 적의 침략의지를 분쇄하고 선별적인 보복력으로 적의 공격부대를 타격해 승리할 수 있는 국토방위 주력군으로 발전시켜나가야 한다.

이와 같은 동원전력의 적극적인 운용을 위해서 지금까지 양적 우위의 동원전력보다는 질적 우위의 동원전력이 될 수 있도록 동원정책 및 제도를 발전시켜나가야 한다.

4. 현대전쟁에 대비한 정예동원자원 관리

오늘날 인류 문명은 산업문명시대에서 지식정보문명시대로 전환되면서, 현대전쟁 양상도 아날로그 전쟁에서 디지털 전쟁으로 바뀌어서 하이테크 전쟁, 컴퓨터 전쟁, 네트워크전쟁 등으로 불러지고 있다. 현대전쟁은 감시 · 정찰(ISR) 및 지휘통제(C4I)와 정밀타격(PGM)의 복합체계로 전쟁형태가 변화됨에 따라 지식정보가 전쟁의 승패를 결정하는 핵심적 요소가 되었다. 또한 파괴의 탈대량화가 이루어졌으며, 전쟁이 지상 · 해상 · 공중에 이어 우주 및 사이버 공간까지 확대된 것을 비롯해서 로봇트의 무인화 전투 · 네트워크형의 소규모 전투 · 비대칭적 전투 · 유연성 있는 군사조직 등으로 환경이 변화되고 있다. 이 같은 전쟁양상의 변화는 국가자원 동원체제 구축에 있어서도 대량자원 동원 개념으로부터 정예자원 동원 개념으로 전환이 요구되고 있다(그림 4-12).

첫째, 현대전쟁을 수행하기 위해서는 우수한 인적동원이 필요하다.

한반도 주변 강대국가의 장단기적인 군사혁신에 따른 군사력 건설은 미래전의 양상이 첨단무기체계 및 전문 기술군에 의한 기술정보전쟁이 될 것을 예견할 수 있기 때문에 한국의 동원자원도 전문기술인력위주로 전환되는 것이 장차 전쟁지원에 필요하다.

한국도 첨단무기는 점차 확대하고 구형무기는 도태 조정함으로써 군 조직도 자본집약형에서 기술집약형 구조로 발전함에 따라 현대전쟁에 소요된 전문성

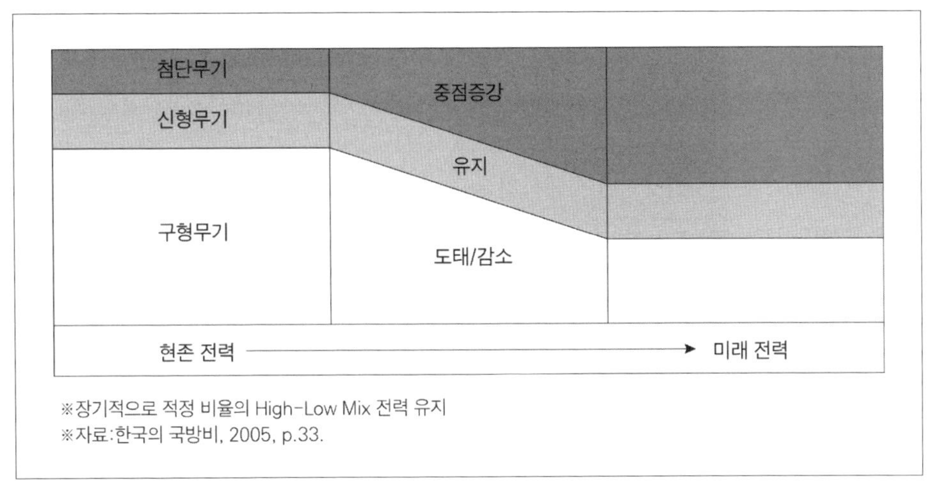

〈그림 4-12〉 현대 전쟁 발전과 미래 전력

과 기술성이 있는 인적 자원과 물적 자원이 동원되어야 한다. 이를 위해 현재 수량적으로 방대한 인적 · 물적 동원보다는 첨단 전쟁기술에 관련된 지식정보전문성인 무기체계, 컴퓨터, 통신, 항공우주 등 전문인력을 보호하고 육성해 전장과 연계된 필수 정예자원이 동원될 수 있도록 동원정책 전환이 있어야 한다. 그리고 국가의 인구증가 감소는 '양적 위주, 대군주의 동원'을 더욱 어렵게 만들고 있기 때문에 '질적 위주, 정예기술주의'로 전환됨이 더욱 절실하게 되었다.

이 같은 전쟁 상황 변화로 인해 지금까지의 양적 대군주의를 질적 정예기술주의로 전환하기 위해 징병제도를 모병제도로 전환해야 한다는 주장도 제기되고 있다. 모병제도로의 전환은 인구 감소에 따른 병력 충원 해결 및 전쟁 전문성 강화, 잇단 군사고 및 병역비리 해소, 일자리 창출 등의 긍정적 효과도 있지만, 반대로 선택적 군 복무로 인한 안보의식의 약화, 경제적 여유가 없는 젊은 층만이 주로 군에 입대할 가능성, 국방예산 확보의 어려움 등 부정적인 효과에 대한 문제가 함께 제기되고 있다.

둘째, 민군겸용기술 확대로 물적 동원능력을 높여야 한다.

민군겸용 기술이란 기술 · 공정 · 제품을 국방부문과 민간부문에 공통적으로 활용해 국방역량과 산업 경쟁력을 동시에 높일 수 있는 기술인 것이다. 인류역사가 전쟁과 함께 발전되면서 군사기술의 발전을 가져왔고, 군사기술은 민수기술에 파급되어 산업을 발전시키는 데 크게 기여하였다.

> 1960년대부터 민수기술이 군사기술을 따라 잡았고, 어떤 기술은 군사기술보다 앞질러 발전함으로써 1970년대부터 미국은 민군겸용기술 개발 및 사용이 시작되어 2003년 이라크 전쟁부터는 민수용으로 개발했던 첨단 부품을 조달해 군수용에 집중 사용하였다.

그동안 한국도 1970년대 자주국방정책으로 국방과학기술의 발전을 가져왔고, 그것은 군의 전력화뿐만 아니라 민수 분야의 산업기술력 향상에도 크게 기여했으며, 1998년 4월 10일에는 민군겸용기술사업 촉진법이 제정되었으며, 그 결과로 2006년 8월 22일 민군겸용으로 개발된 무궁화 5호 발사가 성공함으로써 한국군은 최초로 위성통신을 확보해 군사작전에 사용하게 되었다. 2020년대의 다양한 전자무기 및 드론 등의 등장은 민군겸용 기술의 확대로 발전하고 있다.

민군겸용 위성통신의 확보는 한반도 지형장해에 의한 지휘통신체계 극복, 육 · 해 · 공군의 통합지휘통신 구축, 전쟁양상 변화에 따른 네트워크중심 작전을 위한 민군겸용기술체계 구축과 실천을 제도화하였다.

현존하는 위협이나 통일한국의 미래전쟁 수행을 위한 전력 면에서 볼 때 한국의 군사력은 인력위주에서 첨단무기 중심의 기술집약형으로 변화되어가야 한다. 한반도 주변의 불특정 국가들의 위협에 대응하고 전쟁에서 승리하기 위해서 첨단정밀유도무기, 전자전 성능 및 전자공간의 안보 영토화를 이룩해 지상, 해상, 공중, 우주, 사이버전력을 최적화해야 한다.

21세기 한국의 전략환경에 적합한 무기체계 분야는 크게 세 가지로 요약할 수 있으며, 이는 ① 전장감시 통신체계, ② 전략정밀 유도무기, ③ 항공 및 방공 분야로서 미래전력을 위해 개발해야 할 핵심기술은 전자장비, 통신회로망, 소프트웨어, 컴퓨터 기술 등을 민군겸용기술로 발전시켜 효율성, 경제성, 동원성을 위해 발전시켜나가야 한다.[23]

이와 같이 민군겸용기술의 중요성은 군사 분야와 비군사 분야를 포괄하는 총체적 국가의 과학기술능력을 향상시킬 수 있고, 신속한 민군기술의 전환체제 구축으로 전시 또는 비상사태 시에 물적 동원능력을 향상시킬 수 있으며, 연구개발 자원의 저비용, 고효율성을 가져올 수 있다.

5. 국가동원체제 정립 및 교육훈련

한국에서 국가동원을 효과적으로 수행하기 위해서는 전시 또는 국가비상대비 동원체제와 법령 등이 정비되어야 한다(표 4-8).

〈표 4-8〉 비상사태별 관련기구/관계법령

업무 분야	주무기관	관계법령	비고
전시 대비	- 행정안전부(관련부서)	- 비상대비 자원관리법 - 전시자원동원법	- 국무총리보좌의 비계선 조직
국지도발 및 사회혼란	- 국방부/ 행안부(소방방재청)	- 향통예비군 설치법 - 민방위기본법	- 지역 및 직장 예비군/민방위대 편성
적 침투도발	- 국방부/합참	- 통합방위법	- 중앙, 지역, 직장 통합방위협의회
민방위	- 소방방재청	- 민방위기본법	- 중앙민방협의회
재난 및 안전관리	- 행안부	- 재난 및 안전관리 기본법	- 총리 산하 중앙안전관리위원회에서 정책심의, 행정기관 협의 및 조정
국가핵심 기반체계 보호	- 주무부처별	- 개별 법령 - 국가위기관리 기본지침	- 국정현안 정책조정회의
테러	- 국정원	- 대테러지침(대통령훈령 47호)	- 대테러 대책위원회 테러방지법

23 김철환, 위의 책, pp. 200-205.

〈표 4-9〉 비상사태 동원훈련 구분

구분	내용
정부연습 (을지연습)	- 전국적인 규모로 실시하는 전시대비 도상연습 - 1968년부터 매년실시(1976년부터 군사연습과 병행실시) - 연습총감: 국무총리
종합훈련 (충무훈련)	- 시 · 도 단위별로 인력 · 병력, 물자동원, 긴급복구 등을 실시하는 지역별 실제 종합훈련 - 일정 주기로 실시 - 연습장: 시 · 도 지사

오늘날 현존위협이나 통일 이후의 불특정 위협에 대비하기 위해서는 한국은 국가동원 관리업무를 ① 전면전에 대비하는 전시대비 업무, ② 국지도발 혹은 사회 혼란 등에 대비하는 민방위 업무, ③ 향토방위를 위한 향토예비군 업무, ④ 각종 대형 재난 및 재해에 대비하는 재난관리 업무, ⑤ 그리고 앞의 업무들과 유기적인 관련을 갖는 분야를 통합하기 위한 통합방위 업무로 구분하고 있다. 그러나 전 · 평시에 국가비상 대비 및 동원에 대한 공통적인 업무를 수행하면서도 법령이 다르고 주무부서가 분산되어 있어 업무 수행상에 책임성 · 신속성 · 통합성 · 효율성에 많은 문제점을 갖고 있다.

따라서 전시대비에 따른 동원에 관련된 법령들의 정비도 전시 · 평시 구분 없이 적용할 수 있도록 통합해 제정하고 단순화시켜야 한다. 또한 전시 · 사변 또는 이에 준하는 국가비상사태 시에 능동적으로 대처하기 위해 실시하는 교육 및 훈련을 발전시켜야 한다(표 4-9).

21세기 통일한국 이전이나 이후의 국가위상 향상과 새로운 안보환경변화에 적응하기 위해 국가동원체제와 비상동원훈련을 발전시켜 한국에 적합한 동원체제를 구축하는 방향으로 발전시켜야 한다.

6 결론

한국은 현존위협에 대해 현재 동원정책을 더욱 개선 및 보완 발전시켜나가야 한다. 그러나 통일 이후는 주변 강대국가인 미 · 일 · 중 · 러시아의 중앙적 · 반도적 · 병참적 · 디딤돌적 지정학의 위치에서 현재의 휴전선 4배인 한만 국경선과 현재의 2배 정도가 길어진 해안 방어선에서 국가를 방위한다는 것은 더욱 어려운 당면과제가 될 것이다.

외적 동원환경 요소로서 주변국가의 관계와 전쟁양상의 변화, 그리고 내적동원환경 요소로서 민주시민의 삶의 질 향상에 따른 복지국가 건설과 국가동원자원의 질적 · 양적 동원의 제한성으로 무한정적인 상비전력증강은 어떤 한계를 가질 수밖에 없다. 이런 어려움을 극복하면서 통일한국 이전이나 통일한국 이후의 안보환경에 맞는 국가동원정책을 제도화해나가는 것은 미래가 아니라 오늘의 과제이면서 책임인 것이다.

한국의 동원정책방향은 현존의 위협과 미래의 주변국가 위협에 대비해서 ① 한반도에서 동원을 시간적 · 공간적인 어려움을 극복해 신속하고 효율적인 동원체제가 될 수 있도록 하고, ② 상비전력은 초기 신속 대응군 및 전략적 타격군으로 운용하고, 동원전력은 평시에는 전쟁억제 전력으로 기능을 하다가 전시에는 국토방위의 주력군으로 운용될 수 있도록 정예화해야 하고, 또한 ③ 지식정보화시대의 전쟁에 필요한 양적 동원이 아니라 질적 동원으로 발전되어야 하며, ④ 국가동원체제와 기능이 강화되고 동원법령이 재정비되어야 하겠다.

21세기 한국의 동원정책은 상비전력의 제한성을 극복할 수 있도록 전 국민의 역량을 모아서 강력한 국가전투력의 핵심으로서 동원전력이 될 수 있도록 발전시켜나가야 한다.

제5장

국가통일정책

1 서론

한반도는 분단된 냉전시대에서 2000년 6월 15일 남북한정상의 만남과 6 · 15 남북공동선언으로 화해와 협력의 탈냉전시대를 열었다. 앞으로 남북한 간에는 갈등과 분쟁도 있겠지만 남북한의 공존과 번영을 위해 정치적 · 경제적 · 사회적 · 문화적 그리고 군사적 교류와 협력 증진을 통해 통일을 위한 새로운 전환점이 되었다.

평화를 원하거든 전쟁에 대비하라는 말이 있듯이 독일의 통일도 동서독 간에 정상이 첫 만남 후 20년이 걸렸으며, 그 통일과정은 서독의 튼튼한 국가안보 바탕 위에서 포용과 번영정책의 지속성에서 이룩될 수 있었다.

이러한 역사를 교훈 삼아 한국은 국가안전과 국가 번영을 보장하고 평화통일을 위한 희망찬 미래를 확보할 수 있도록 노력해야 한다.

따라서 본 연구에서는 분단국가 통일과정의 교훈을 통해 한반도 통일을 위한 현실적 과제들을 진단해보고, 이를 준비하기 위해 국가안보적 차원에서 새로운 통일정책방향에 대해서 알아보고자 한다.

2 국가의 통일 유형과 군사통합 이론

1. 분단국가의 통일 개념과 유형 및 군사통합 방법

1) 통일의 개념

오늘날 국가와 민족은 수많은 흥망성쇠의 역사를 반복하면서 발전해왔으며, 그 가운데 어떤 국가는 지구상에서 영원히 사라져 버렸는가 하면, 어떤 민족은 분열되고 분단되었다가 다시 통일되어 일어나는 사례도 있다.

통일의 정의는 나누어진 것들(사상, 행동, 조직, 제도, 지역, 국가 등)을 합쳐서 하나로 만든 것을 말한다. 한반도 통일이란 남북으로 분단된 대한민국과 조선민주주의 인민공화국이 다시 단일국가, 단일국민이 되는 것을 의미한 것이다.

2) 통일의 유형과 군사통합 방법

분단된 국가와 민족이 다시 통일을 이룩한 유형을 알아보면 무력적 강제통일모형, 대등적 합병통일모형, 일방적 흡수통일모형이 있다(표 5-1).

무력적 강제통일모형은 전쟁 또는 무력개입에 의한 통일로서, 관계국가는 강력한 군사력을 보유하고, 통일지상주의에 집착해 대립과 갈등에 의한 전쟁으로 민족멸망을 초래할 수 있는 유형이다.

〈표 5-1〉 국가통일유형과 군사통합 방법

구분	무력적 강제통일	대등적 합병통일	일방적 흡수통일
통일 상황	- 전쟁 또는 무력개입에 의한 통일 상황	- 합의에 의한 대등적 합병통일 상황	- 협의에 의한 일방적 흡수통일 상황
통일 과정	- 통일 지상주의 치중 - 계획적 · 의도적 통일	- 공존의 원칙에 근거 - 계획적 통일	- 예측불가 통일
통일 전제	- 당사국 공히 강력한 군사력 보유	- 공히 기존체제의 인정	- 상대국 체제 붕괴
군사통합	- 피합병국의 무조건적 굴복, 무장해제 - 주도국 군제중심의 군사통합 - 피합병국 군제의 폐기 및 관련 자산에 대한 불고려	- 당사국 간의 대등한 군사통합조건 합의로 실시 - 당사국 군제혼성형의 군사합병 ※무력갈등요인의 제도적 내재	- 피합병국의 협의적 흡수, 무장해제 - 주도국 군제중심의 군사통합 - 피합병국 군제의 가용성 및 군사자산에 대한 보상고려
당면문제	- 대립과 적대감 잔존 - 민족멸망 초래	- 당사국 간 기득권 다툼 - 통일 불안	- 예측 불가능한 상대국가 붕괴에 대비
접근시각	- 수용 불가 ※ 북한의 추구방안	- 이상적 유형 - 통일 이후 혼란 최소화 ※ 한국의 추구방안	- 상대국가 자극 가능 ※ 북한 붕괴 시 실현가능 방안
통일사례	- 베트남 통일 - 남북예멘(2차 통합)	- 남북예멘 협상통일(1차 통합)	- 독일 통일
한국사례	- 이승만 대통령의 북진통일정책 실패 - 북한의 6 · 25전쟁 실패(1950. 6. 25)	- 김구에 의한 남북협상 합의통일 실패(1948. 4. 22) - 1948년에 이승만 박사의 남한 단독정부수립에 반대 - 김규식과 함께 평양을 방문해 북한 김일성 주석과 협상해 통일정부 수립을 희망하였으나 실패	- 문민정부의 흡수통일 노력 실패 - 북한의 급변사태 발생 시에 실현가능성 상존

역사적으로 북베트남은 남베트남을 무력적 강제로 베트남을 통일하였으나 국가통일과정에서 남베트남인들의 난민탈출로 인한 보트 피플과 내분 등으로 많은 살상적 · 파괴적 사건 등이 있었다.

대등적 합병통일모형은 당사국가 간에 대등한 입장에서 합의로 합병통일을 하는 것으로서, 관계국가는 공존의 원칙에 근거해 기존의 체제를 인정한 가장 이상적인 통일모형이 된다. 그 예로부터 1차로 북예멘과 남예멘이 대등적 합병통일을 성공하였으나 당사국가 간에 기득권 다툼으로 다시 분단되어 2차로 북예멘은 전쟁을 통한 무력적 강제로 남예멘을 재통일하였는데, 이와 같은 대등적 합병통일은 불안한 요인도 있다.

일방적 흡수통일모형은 당사국가 간에 협의는 하지만 주도국가의 흡수로 통일을 하는 것으로서, 상대국가가 붕괴되면 흡수통일을 해야 하기 때문에 항상 통일에 대비해야 한다. 그 예로는 독일통일로서 서독의 튼튼한 국력은 동독의 붕괴를 협의로 흡수해 통일을 완성하였다.

2. 무력적 강제통일

1) 개념

무력적 강제통일모형은 전쟁 또는 무력개입으로 피합병국가의 무조건적 굴복과 무장해제로 주도국가의 국가통일 및 군사통합을 하게 되며, 이때는 피합병국가의 군제를 폐기하고 관련 자산에 대한 보상도 하지 않게 된다. 그 사례로 베트남의 국가통일과 군사통합과정을 살펴보면 다음과 같다.

2) 베트남의 분단과정

베트남은 프랑스의 식민통치와 일본군의 침략에 대항해 싸운 공산당 중심의 베트남 독립동맹은 제2차 세계대전이 종료되면서, 1945년 9월에 베트남 민주공화국을 선포했다.[1] 베트남은 19세기 이래 약 80년간 프랑스의 식민지였고, 제2차 세

1 이만종, 〈분단국의 통일과 군사통합 사례연구〉(국방대학교 합참대, 2001), pp. 3-28 참조.

계대전이 발발한 후인 1940년에 일본군이 진주해 다시 5년간의 식민통치를 받았다. 그러나 1945년 일본군의 항복으로 무장해제를 위해 영국과 중국이 베트남을 남북으로 점령하였는데, 프랑스는 먼저 영국과 뒤이어 중국과 협정을 맺음으로써 베트남을 되찾았다.

1945년 8월 프랑스가 다시 베트남을 식민통치하게 되자 1946년 12월 29일 베트남 독립동맹군이 하노이에서 프랑스군을 공격하게 된 것이 베트남전쟁의 도화선이 되어 장기간 전쟁이 계속되었다. 그 결과로 1954년 7월 21일 제네바회담에서 베트남주재 프랑스군 사령관과 하노이의 베트민(Vietminh) 사령관 사이에 휴전협정이 체결됨으로써 베트민군은 17도 이북으로, 프랑스군은 17도 이남으로 철수하게 되었다. 이것이 직접적인 분단의 계기가 되어 제네바회담의 휴전협정에 따라 북베트남은 1954년 10월에 강력한 통치권을 확립해 호찌민이 이끄는 공산정권이 수립되었다.

한편 남베트남은 1954년 10월 독자적으로 국민투표를 실시해 헌법을 제정한 후에 총선거를 실시해 고 딘 디엠을 대통령으로 선출함으로써 남베트남 정부를 수립하게 되었다. 그리고 미국과 프랑스의 협상에 따라 남베트남에서 프랑스군이 완전 철수하고, 이 지역에서 미군이 남베트남을 지원하게 되었다.

3) 베트남의 통일과정

제1차 베트남전쟁은 1945년 제네바 협정으로 종료되었으나, 북쪽에는 베트남 독립연맹 주도로 마르크스 · 레닌주의에 입각한 베트남 민주공화국(북베트남)이 세워졌다.[2] 그 반면에 남쪽에는 미국의 지원을 받은 베트남 공화국(남베트남)이 수립되었으나, 남베트남은 북베트남과 남베트남 내부 베트콩의 조직적 저항으로 체제유지가 어려운 상황이 전개되었다.

북베트남의 남베트남에 대한 침공은 1956년부터 본격화되었다. 남베트남 정

---

2 이만종, 앞의 책, pp. 4-7.

부의 수립과 미국의 방위공약에 따라 호찌민은 전략을 수정해, 군사공세로부터 남베트남 내부에서 테러행위와 게릴라전을 위주로 하는 전략으로 바꾸었다.

1958년 남베트남에서는 공산주의자들에 의해 비엔호아의 미군기지가 기습당하고, 미 군사고문단원 2명이 피살됨으로써 첫 희생자를 내게 되었다. 1959년부터는 민중세력들이 중심이 되어 농촌 지역에서 반정부활동을 전개하면서 점차 반란의 성격을 띠게 되었다. 남베트남 정부는 이들에 대한 말살정책을 폈으나 반정부세력은 걷잡을 수 없이 확대되어 나갔다. 남베트남의 수많은 농민들은 조상 전래의 집에서 쫓겨나 포로수용소와 같은 강제집단수용소에 이주됨으로써 농민들의 반정부 감정을 더욱 격화시키는 결과를 초래하였으며, 원로 불교승들의 분신자살과 불교도의 비폭력 반정부 투쟁은 결국 고딘 디엠 정권의 몰락을 초래했다.[3]

1960년 12월 20일 적극적인 반정부 저항운동가를 중심으로 남북통일과 평화 · 중립 · 독립을 지지하는 재야세력들이 규합해 남베트남민족 해방전선인 베트콩(Veit-Cong)을 결성, 남베트남에서 정치 · 군사투쟁에 일체의 책임을 지는 조직체제를 갖추었다.

한편 북베트남에서는 남베트남 출신 이주자들을 남베트남으로 복귀시켜 베트콩과 합세하도록 하였고, 1961년에는 남베트남군에서 도망병 · 탈영병들이 속출했으며, 이들은 대부분 베트콩에 합류했다. 베트콩의 정치적 기반은 광범위했고, 그 조직은 각계각층을 망라했다. 또한 베트콩은 수많은 농민들을 기반으로 해 점령지구를 해방구로 선포하고 농민에게 토지를 분배해주고, 새로운 영농기술을 보급해 수확량을 증대시켜 농민들의 신뢰를 구축해 갔다. 그뿐만 아니라 베트콩은 도시에 침투해서 파업을 주도하고, 학생운동권에 침투해 반정부활동을 추진했으며, 정부의 공무원 및 군대 내부에도 상당수의 동조자를 배치해 많은 인민의 지지를 받는 조직으로 성장해 갔다.

1963년 1월 남베트남군은 내부전투에서 패배했고, 남베트남 정부에 대한 불교도와 학생들의 반정부데모가 전국적으로 확산되어 갔다.

---

3 장석은, 《분단국의 통일과 교훈》, 통일연수원, 1993, pp. 8-27.

1964년 8월 통킹만 사건[4]이 발생하자 미국의 지상군부대가 본격적으로 베트남 전쟁에 참전하게 되었다. 1965년 4월 북베트남은 이른바 평화협상 4개항을 내놓았다.[5] 이 중 가장 문제가 되었던 조항은 제3항의 민족해방전선의 강령에 따라야 한다는 것이었다. 즉, 남베트남 정부의 타도라는 조건은 들어줄 수 없는 조건이었기 때문에 협상은 처음부터 불가능하게 되었다.

한편 미국의 기본 입장은 14개항[6]으로 집약되었고, 미국과 북베트남은 조금도 양보 없이 팽팽한 대결을 계속하게 되었다. 협상이 지연됨에 따라 미국의 북베트남 폭격은 더욱 치열해졌고, B-52기의 폭격이 정기적으로 감행되었으며, 1966년에는 베트남에 미군이 계속 증파되어 무려 40만 명을 넘게 되었다.

1968년 3월 31일 미국 존슨 대통령은 북폭을 부분적으로 중지한다고 발표했다. 북베트남은 동년 4월 3일 미국의 모든 전쟁행위를 무조건 종식시키면 미국과 대화할 용의가 있다고 발표해 1968년 5월 10일 파리회담 예비회의가 열리게 되었다. 파리회담은 많은 문제들로 어려운 상황에 놓이게 되었다. 남베트남은 베트콩대

---

4 통킹만 사건이란 통킹만에 정박 중이던 미국 첩보선 메독스 호와 터너조이 호가 1964년 8월 2일과 4일, 북베트남 초계함의 습격을 받은 사건을 말한다. 미국은 북베트남 해군 시설에 폭격 명령을 내리는 한편, 동남아에서 국제적 평화와 안전을 유지하기 위한 미국의 전폭적인 지지를 약속하는 통킹만 결의문을 채택했다.

5 **평화협상 4개항**
1. 미국은 베트남에서 철수하고 전쟁행위를 중지해야 한다.
2. 통일이 될 때까지 베트남에 외국군이 주둔해서는 안 되며 어떠한 군사동맹에도 가담해서는 안 된다.
3. 베트남의 국내 문제는 민족해방전선의 강령에 따라 해결되어야 한다.
4. 베트남의 통일은 외부의 간섭 없이 베트남인 스스로 해결해야 한다.

6 **미국의 기본입장 14개항**
1. 1954년과 1962년의 제네바협정에 기초한다.
2. 미국은 전제조건 없는 협상을 환영한다.
3. 미국은 무조건 대화를 환영한다.
4. 미국은 동남아회의의 개최를 환영한다.
5. 적대행위의 중지를 위한 예비회담의 개최를 환영한다.
6. 북베트남이 제의한 4개항의 토의를 환영한다.
7. 미국은 동남아에서 군사기지를 원치 않는다.
8. 미국은 베트남의 평화가 정착되면 미군을 철수시킨다.
9. 미국은 베트남인 스스로의 선택에 의한 정부수립을 적극 지원한다.
10. 베트남의 통일은 베트남인 스스로의 의사에 따라 실현되어야 한다.
11. 동남아국가들의 비동맹이나 중립을 선택할 자유를 존중한다.
12. 미국은 동남아의 경제 재건을 위한 지원을 희망한다.
13. 베트콩은 북베트남의 침략행위가 중지되는 즉시 협상에 참여시킬 것이다.
14. 미국은 북폭을 중지할 용의가 있다.

표의 참석을 반대했고, 북베트남과 베트콩은 남베트남의 참석을 반대했다. 결국 4개 당사자 대표들이 모두 참석하기로 합의하고 원탁에 둘러앉아 국가호칭이나 국기를 표기하지 않기로 합의했다. 그러나 이 회의에서도 북폭 중지를 둘러싸고 교착상태에 빠져들었다.

같은 해 8월 4일 파리에서 미국 키신저와 북베트남 수안 투이와의 비밀회담도 성과 없이 끝나고, 1968년 호찌민의 사망으로 1970년 2월에 키신저와 레 둑토와의 4차례에 걸친 비밀접촉을 가지게 되었다. 미국은 새로운 제안으로 미국과 북베트남 간에 협정이 맺어진 이후 6개월 이내에 남베트남에서 완전 철수할 것과 총선거가 실시되기 1개월 전에 남베트남 티우 정부가 사임할 것을 제의했다.

한편 키신저는 진전 없는 협상의 전략을 바꾸어 구소련과 중국을 통한 압력작전을 성공시켜 1972년 7월 18일 베트남 평화협상은 끝을 맺었다. 파리협정은 베트남에서의 전쟁종결과 평화회복에 관한 협정으로서, 파리협정 조인 4당사자(미국 정부, 베트남공화국 정부, 베트남인민공화국 정부, 남베트남 임시혁명정부)는 1973년 6월 13일 조인하였다. 이 협정 제2장 군사조항에 미국 및 그 동맹국가 군대는 전쟁행위 중지 발효일로부터 60일 이내에 군사 · 준군사요원 및 무기 · 탄약을 남베트남에서 전면 철수 · 철거하며, 그 후에는 남베트남의 두 당사자(남베트남 정부, 남베트남 임시혁명정부)가 현지 상태에서 협정이 규정한 모든 군사적 · 정치적 해결의 주체가 된다고 규정하였다.

즉, 베트콩의 실체를 인정했고, 미군철수 후의 남베트남에 두 개의 실체를 사실상 승인한 결과를 가져왔던 것이다. 파리협정 후에 남북베트남 당사자로 구성된 휴전감시기구는 사실상 제 기능을 수행하지 못했고, 쌍방 간의 전투는 그치지 않고 계속되었으며, 결과적으로 북베트남에 의한 무력통일의 기회를 제공하였다.

요컨대 북베트남은 파리협상이 조인된 후부터 남베트남을 전쟁을 통한 무력적 강제통일을 하기 위해 군사력을 증강하고, 무력통일전략을 완성하였다. 북베트남은 북베트남군과 남베트남 내부의 베트콩 합동으로 1975년 3월 11일 남베트남에 대한 총공세작전을 개시하였으며, 그 결과 1975년 4월 30일 남베트남의 수도 사이공(현재 호찌민 시)이 함락됨으로써 무력적 강제통일모형에 의한 공산화통일이 되었다.

4) 베트남의 군사통합 방법

남베트남의 수도 사이공 함락 시 하노이 정치국이 북부정규군 사령관에게 하달된 명령에 의하면 계속 무력으로 공격해 남베트남의 전 지역을 접수해 해방하고, 남베트남군의 무장을 해제시켜서 군대를 해체시키며, 모든 적군의 저항을 철저히 분쇄할 것을 지시하였다.[7]

또한 북베트남의 노동당 간부들이 남베트남의 모든 실권을 장악해 남베트남 전역에 각급 군사위원회를 설치하고 남베트남의 군정업무를 통할하였다.

하부 행정구역에서는 인민행정위원회를 설치해 지방행정을 담당하였고, 남베트남 관리를 위해서 북베트남으로부터 다수의 간부(약 5만 명)가 파견되었으며, 관리인력 부족 시에는 북베트남 정규군 병력을 사용하기도 하였다. 그러나 남베트남의 인민해방전선(베트콩)요원은 철저히 배격하였다.[8]

군사관리 측면에서도 북베트남 정규군 위주로 일방적인 관리를 하였다. 북베트남군을 남베트남 전역에 배치하고, 북베트남군이 이동 시에는 지방 베트콩군이 병참지원 및 보조 역할을 담당하였다.

남부 베트콩군을 북베트남군에 통합해, 반혁명세력 진압 시에는 남부 베트콩군을 최대로 활용하였으며, 북베트남군은 절대로 남부베트콩군 지휘에 두지 않고 베트콩군의 간부는 지휘체계에서 항시 소외시켰다.

치안은 북베트남군 · 헌병 · 인민보안대를 통한 물리적 강제력에 의해 유지 및 통제하였으며, 각통반에 이르기까지 보안조직을 편성해 모든 조직은 북베트남에서 파견된 간부가 장악하였다.

또한 혁명정부에 반항하는 세력의 근원을 발본색원해, 혁명정권에 적대적인

---

7 이만종, 앞의 책, pp. 8-10.

8 장흥기 · 이량 · 이만종, 《남북 군사통합방안 연구》, 한국국방연구원, 1994, p. 44.

〈표 5-2〉 통일 전후 남북베트남의 군사력

구분		통일 전 남베트남	통일 전 북베트남	통일 후 베트남
병력	육	570,000	450,000	600,000
	해	3,000	55,000	3,000
	공	10,000	60,000	12,000
	계	583,000	565,000	615,000
부대	육	- 18개 보병 사단 - 1개 포병 사단 - 4개 기갑 연대 - 20개 보병 연대 - 15개 방공 연대	- 11개 보병 사단 - 1개 공정 사단 - 2개 보병 연대 - 18개 항공 중대 - 14개 포병 대대	- 18개 보병 사단 - 1개 포병 사단 - 3개 기갑 연대 - 15개 보병 연대 - 20개 방공 연대
	해	- 해안 경비 전대 - 소형 정크 부대	- 해안 경비 전대 - 상륙전대 - 1개 해병 사단	- 호위전대 - 경비전대 - 상륙부대
	공	13개 항공 중대	13개 항공 중대	13개 항공 중대
장비	육	- 전차: 900 - 야포: 2,500 - 대공포: 8,000	- 전차: 600 - 야포: 1,675	- 전차: 1,400 - 장갑차: 1,300 - 야포: 3,800
	해	- MGB: 28 - MTB: 18 - 정찰보트: 30 - 상륙정: 20 - 헬기: 4	- 프리키트함: 9 - 경비정: 8 - 정찰보트: 46 - 상륙정: 40 - 소해정: 7	- 프리키트함: 2 - MGB: 30 - 경비정: 72 - 상륙정: 37
	공	- 전투기: 203 - 훈련기: 50 - 헬기: 18	- 전투기: 509 - 훈련기: 48 - 헬기: 685	- 전투기: 198 - 훈련기: 30 - 헬기: 35

※ 통일 전 1974년 통일 후 1976년 기준자료. IISS, Military Balance 참조.

인사(관리, 군인, 기타 일반대중)들을 조사 및 분류 후에 재교육(약 150만 명)을 시키고, 약 15만 명에 대해서는 3~5년간 격리수용 조치를 취하였으며, 약 6만여 명을 처형하였다.[9]

9 이만종, 〈베트남의 통일과 군사통합〉, 한국군사문제연구원, 《한국군사》 제2호, 1996. 1, pp. 69-70.

베트남 통일 후에 군사력 규모는 〈표 5-2〉에서 볼 수 있듯이 남베트남군을 해체하고 기존의 북베트남군 수준으로 유지하였다.

3. 대등적 합병통일

1) 개념

대등적 합병통일 모형은 당사국 간의 대등한 입장에서 정치적 · 군사적 통합 조건을 합의해 정치체제 · 군사제도가 혼성으로 통합을 하게 된다. 그러나 당사국 간에 주도권 확보경쟁으로 제도적인 무력갈등 요인이 내재되어 있어, 그 요인을 최소화하지 못하면 갈등 및 내전이 일어날 수 있다. 그 사례로 예멘의 경우를 살펴보면 다음과 같다.

2) 예멘의 분단과정

예멘은 아라비아반도 남쪽에 위치한 국가로서 지정학적으로 유럽-아시아-아프리카를 연결하는 중요한 위치에 자리 잡고 있으며, 예멘은 1517년 오스만터키에게 점령되어 그 지배를 받게 된 이후 다른 민족의 식민통치를 벗어나는 과정에서 분단되었다. 오스만터키의 지배권에 들어간 예멘은 현지의 토후세력들이 할거한 상태에서도 이슬람교에 의한 민족의 일체성을 유지해왔다.

제1차 세계대전으로 인해 오스만터키가 철수하면서 남예멘지역을 제외한 북예멘이 독립하게 되었다.[10] 오랫동안 터키의 지배를 받아오다 1918년 왕정체제로 독립한 북예멘은 아랍 부족사회의 전통이 강한 보수적인 국가이었다. 1962년 군사쿠데타로 왕정이 붕괴된 후에 자본주의 시장경제체제로 발전하였다.

10 이만종, 〈예멘의 통일과정에 대한 소고〉, 한국국방연구원, 《주간국방논단》 제94-549호, 1994. 9. 26, pp. 1-2.

한편 남예멘은 1939년부터 1967년까지 영국의 식민지였다. 남예멘은 영국함대가 수도 아덴을 점령함으로써 오스만터키의 지배로부터 영국의 식민지로 바뀌게 되었고 1967년 독립을 쟁취할 때까지 무려 28년간 영국의 식민통치 아래 지배를 받아왔다.

남예멘의 독립은 영국의 자의에 의한 것이 아니라 남예멘의 치열한 반영테러와 폭동, 유엔총회의결 등 국내외적 압력에 기인한 것이었다. 1967년 마르크스주의를 표방한 민족해방전선이 남예멘 인민공화국을 건설하고 구소련 정책을 펴며 사회주의 노선을 추종하였다. 1980년대에는 내전을 방불케 하는 권력투쟁이 있었으며, 막대한 석유매장량을 가지고 있다.

이와 같이 남북예멘은 같은 날에 남북으로 분단된 분단국가가 아니라 1918년 북예멘의 독립과 1967년 남예멘의 독립으로 무려 50년의 시차를 두고 분단 독립되었기 때문에 분열국가로 구분하기도 한다.

3) 예멘의 통일과정

1968년 이후 남북예멘 관계에서 사우디아라비아는 경제원조와 산악지역 부족들에 대한 지원을 적절히 이용해 예멘통일정책에 간섭하였다. 사우디아라비아 정부가 남북예멘의 통일을 방해했던 이유는 통일예멘 정부가 이슬람국가의 성격보다는 공산혁명세력이 될 것으로 우려했기 때문이었다. 사우디아라비아 정부의 반공정책과 군주국가로서 예멘 통일은 적어도 1980년대가 될 때까지 방해를 받았다.[11]

경제적으로 후진성을 면치 못한 예멘의 유일한 희망은 석유산업 개발이며, 남북 예멘의 총 97억 5천만 배럴의 석유개발은 통일정책을 통해서만이 개발할 수 있는 자원이었다. 이는 상대적으로 사우디아라비아가 경계심과 우려를 보이는 또 하나의 이유가 되었다.

---

11 이만종, 《분단국가의 통일과 군사통합 사례연구》, 서울: 국방대학교 합참대, 2001, pp. 11-16.

1989년 구소련 고르바초프(M. Gorbachev) 대통령의 페레스트로이카 정책과 경제원조 중단으로 남예멘 경제는 악화되었고, 남예멘 주민들이 일하기 위해서 북예멘으로 탈출하기 시작하였다. 특히 유가하락과 중동건설시장의 둔화로 150만 명에 달하는 해외거주 예멘인들이 보내온 송금이 급격히 감소한 것도 예멘경제를 심각하게 악화시킨 요인이 되어 석유사업 개발을 위한 통일정책의 필요성이 절실하게 대두되었다.[12]

예멘의 통일과정은 1972년 트리폴리선언[13]과 1979년 쿠웨이트협정[14]이라는 정치적 협상기간을 거쳐서 1980년대의 실무통일 협상기간에 세분화하고 구체화되었다.[15] 남북예멘 통일은 한순간의 정치협상에 의한 합병통일이 아니라 23년간이라는 통일준비기간이 있었으며, 서로 접근하기 위한 국내 권력투쟁뿐만 아니라 남북예멘 간의 무력충돌이 1972년과 1979년 두 차례나 있었다.

---

12 홍순남, 〈완전한 합의통일의 모델 예멘〉, 통일한국, 1992. 5.

13 트리폴리선언은 카다피 리비아 국가원수의 중재노력에 의해 남북예멘 정상들이 합의한 통일정책이었으며 중요한 합의 내용은 다음과 같다.
1. 국호는 예멘공화국(The Yemen Republic)으로 한다.
2. 국기는 3색(적 · 백 · 흑)으로 한다.
3. 수도는 북예멘의 수도인 사나(Sana)로 한다.
4. 종교는 이슬람교를 국교로 하며, 이슬람샤리아법 정신을 준수한다.
5. 국어는 아랍어를 사용한다.
6. 국가이념은 공화주의, 민족주의, 민주주의로 한다.
7. 정치체계는 단일 대통령제, 통합된 의회와 행정부 및 사법부로 구성한다.

14 아랍의 대의와 PLO의 대표성을 강조한 남북예멘의 쿠웨이트 협정에서 합의한 사항은 다음과 같다.
1. 통일헌법 준비위원회 구성과 4개월 이내에 통일헌법 초안을 준비한다.
2. 통일헌법초안을 승인하기 위한 양국 정상회담을 개최한다.
3. 통일헌법초안을 6개월 이내에 국민투표에 부친다.
4. 통일행정을 담당할 통일각료위원회를 구성한다.
5. 카이로협정과 트리폴리선언, 아랍연맹결의안의 정신을 준수한다.
6. 양국의 정상은 사나와 아덴에서 매월 정기적인 통일감독회의를 소집한다.

15 쿠웨이트협정 이후 남북예멘의 통일정책 진행과정을 보면 다음과 같다.
- 1980. 5(아덴정상회담): 공동경제사업과 통일협력
- 1981. 5(사나공동 각료위원회 구성): 통일정책에 대한 완전합의 발표
- 1982. 5: 예멘공화국으로 국명채택
- 1983. 8: 남북예멘 통일헌법초안 심의
- 1988. 5: 남북예멘 간 여행규제 완화 합의
- 1989. 11: 여행규제 완화실시
- 1989. 12(아덴정상회담): 통일헌법 초안을 의회의 비준을 받아 6개월 이내에 국민투표 실시합의
- 1990. 5. 22: 통일예멘공화국 선포

북예멘은 계속된 권력투쟁 양상으로 군사쿠데타가 자주 일어났으나 1978년 이후 알리 압둘라 살레 대통령이 3선을 하면서 정치를 안정시켰으며, 남예멘은 계속된 권력투쟁에서 1986년 아타스 대통령이 집권하면서 통일정책의 환경을 조성하였다.

1990년 5월 25일 발표된 통일예멘의 국가조직은 통일헌법에 의해 대통령평의회, 의회, 국무원으로 분립되었으며 ① 국가최고 지도기관이라 할 수 있는 대통령평의회는 5인으로 구성되고(북예멘 3명, 남예멘 2명) 임기는 5년이다. 대통령의 역할을 수행하는 대통령 평의회장은 국무위원회를 주재하도록 되어 있는데, 이 직책은 북예멘의 대통령이었던 알리 압둘라 살레 대통령이 맡게 되었으며 총리는 남예멘의 아타스 대통령, 부통령은 남예멘의 집권당인 예멘사회주의당(PSP) 서기장인 알바이드가 되었다. ② 의회는 국무원에 대한 인준권과 불신임권을 행사할 수 있고, 과도기간 중 북예멘에서 159명, 남예멘에서 111명, 기타 민족대표 31명 등 총 301명으로 구성되었으며 의장은 남예멘 수상이 임명되었다. ③ 국무원은 총 내각이 39명으로(북예멘 20명, 남예멘 19명) 구성되었으며, ④ 군 조직으로서 군의 최고통수권자는 대통령이 되고, 국방장관은 남예멘 국방장관, 참모총장직은 북예멘 참모총장이 맡았으며, 그 아래로 남북예멘군의 조직은 그대로 두었다.

이와 같은 통일예멘의 권력구조는 베트남이나 독일과는 달리 1대 1의 대등한 합의 통일방식을 선택하였다. 결국 남북예멘은 실질적인 통일작업에서 형식적으로는 조직을 해체해 합병하는 방법을 취하였지만, 결과적으로는 모든 기구를 존속시키면서 중앙기구만을 만들어 통일해 가는 부피만 확대시킨 방법을 취하였다. 면적은 남예멘이 북예멘보다 크지만(1.3배), 인구는 북예멘이 927만, 남예멘이 235만으로 거의 4배에 달하고 GDP도 북예멘이 남예멘에 비해 5.5배가 되며 연간 군사비도 2.6배, 병력은 1.4배로 우세한 상황이었다.

이러한 상황에도 불구하고 남북예멘은 거의 대등한 상태로 합병해 통일을 이루었다. 통일직후 예멘의 살레 대통령은 남북예멘 정상회담을 성공시킨 비결은 상

대방에게 패배감을 느끼게 하지 않는 것이라고 강조하였다.[16]

다시 말하면 그는 남예멘의 사회당 총서기 알 바이드와의 개인적인 신뢰관계를 구축하고 정치적인 이해관계에 있어서도 충분한 합의를 보았다고 할 수 있다. 그러나 이질적인 사회체제에서 정치통합의 수순을 무리하게 진행시킴으로써 통일예멘은 군대는 물론 경찰 및 정보조직과 일반 행정조직 등에서 실질적인 통합을 이루지 못하였다. 즉, 사실상 2개의 국가가 국경선만 없애고 독자적으로 국가를 경영하는 경우가 되었다.

또한 통일예멘은 계속되는 마이너스 성장(1991년 4.8%, 1992년 1.5%)과 높은 인플레이션(1991년 45%, 1992년 70%) 등은 예멘의 경제에 막대한 타격을 주었으며[17] 석유생산을 둘러싼 이권 다툼도 양측의 갈등을 고조시켰다. 상대적으로 경제력이 우세한 북예멘 측은 통일 이후 개발된 남예멘지역의 유전에서 나오는 수입을 독차지함으로써 남예멘의 불만을 가중시켰다. 남예멘은 석유자원이 공평하게 배분되지 않는다면 통일예멘 공화국에서 탈퇴하겠다는 경고를 수차례 하였다.

부통령직을 맡아 북예멘의 중심지이자 통일예멘의 수도인 사나로 들어간 남예멘의 지도자 알 바이드는 1993년 8월에 정부의 모든 회의와 행사를 거부하고 자신의 정치적 근거지인 아덴으로 돌아가 버렸다. 알 바이드의 개혁요구는 번번이 묵살되었고 그의 측근이나 지지자들이 살해되기까지 하였다.[18] 이러한 과정에서 두 정치 지도자들의 감정은 극도로 대립되었다.

결국 평화적 합의에 의한 대등적 합병통일의 한 모형으로 인식되어왔던 남북예멘은 통일 후 4년 만에 내전사태로 돌입했고, 1994년 5월 21일 남예멘이 분단독립을 선언해 통일 이전의 상태로 돌아간 후에 동족상잔의 내전은 북예멘이 일방적으로 우세해 남예멘의 수도 아덴을 함락시키고, 1994년 7월 7일 2차로 무력적 강제로 재통일되었다.

---

16 경향신문, 1997년 7월 5일.

17 IISS Military Balanc, 1993~1994.

18 경향신문, 1994년 5월 23일.

4) 예멘의 군사통합 방법

1990년 예멘의 통일시 군사통합과정은 기본적으로 1대 1 평등배분의 원칙에 의한 대등관계의 합병이었다.[19]

남북예멘의 모든 기존조직기구를 그대로 둔 채로 중앙기구만을 만들어 연방식으로 관장하는 형태를 취함에 따라, 남북예멘의 군대도 그대로 존속시키면서 총참모총장직만 새로 만들어 중앙기구 하나가 더 확대된 부피만 커진 통합형태였다 (표 5-3).

남북예멘의 군대가 외형적으로는 통합되었지만 실질적으로 군대의 충성심은 기존의 남북예멘정부 지향성을 가진 이중구조를 형성하고 있었다. 북예멘의 이슬람적 가치관과 남예멘의 사회주의적 가치관이 서로 동화되지 못한 채 이념적 · 조직적 갈등 요소를 그대로 간직하고 있었다. 남북예멘의 군사력은 통일 후 그대로 공존하면서 약간의 규모 확장 및 기구조정을 하였다.

이와 같은 요인들은 1차적인 대등적 합병통일 방법을 실패하게 했고, 다시 북예멘이 남예멘을 전쟁을 통해서 2차적인 무력적 강제 통일방법으로 진정한 예멘통일을 완성하였다.

19 이만종, 앞의 책, pp. 16-17.

〈표 5-3〉 통일 전후 남북예멘의 군사력

구분		통일 전 남예멘	통일 전 북예멘	통일 후 예멘
병력	육	37,000	24,000	60,000
	해	500	1,000	3,000
	공	1,000	2,500	2,000
	계	38,500	27,500	65,000
부대	육	- 3개 기갑여단 - 9개 보병여단 - 1개 기계화 사단 - 5개 포병여단	- 1개 기갑여단 - 9개 보병여단 - 3개 기계화 사단 - 3개 포병여단	- 4개 기갑여단 - 19개 보병여단 - 5개 기계화 사단 - 7개 포병여단
	해	- 해안경비부대 - 기뢰탐색부대 - 상륙부대	- 해안경비부대 - 유도탄정부대 - 상륙부대	- 해안경비부대 - 기뢰탐색부대 - 상륙부대
	공	- 7개 항공 중대 - 1개 항공 포대	- 7개 항공 중대 - 1개 방공 포대	- 10개 항공 중대 - 1개 방공 포대
장비	육	- 전차: 715 - 장갑차: 490 - 야포: 427 - 대전차포: 56	- 전차: 480 - 장갑차: 530 - 야포: 416 - 대전차포: 36	- 전차: 1,275 - 장갑차: 970 - 야포: 820 - 대전차포: 72
	해	- 경비정: 8 - 기뢰탐색정: 3 - 상륙정: 2	- 경비정: 6 - 기뢰탐색정: 6 - 상륙정: 5	- 경비정: 12 - 기뢰탐색정: 6 - 상륙정: 5
	공	- 전투기: 87 - 수송기: 12 - 헬기: 40	- 전투기: 92 - 수송기: 57 - 헬기: 48	- 전투기: 95 - 수송기: 67 - 헬기: 67

※ 통일 전 1990년, 통일 후 1991년 기준. IISS, Military Balance 참조.

4. 일방적 흡수통일

1) 개념

일방적 흡수통일 모형은 당사국가 간에 협의는 하지만 주도국가의 일방적 흡수로 통일하고, 군사통합도 협의는 하지만 주도국가의 일방적 군제중심으로 흡수통합하는 것인데, 이때는 피합병국가 군제의 가용성 및 군사자산에 대해 보상을 고려하게 된다. 그 사례는 통일 독일이 되고, 그 내용을 알아보면 다음과 같다.

2) 독일의 분단과정

제2차 세계대전에서 미국 · 영국 · 프랑스 · 구소련 등 연합국에 패배한 독일은 1945년 점령된 데 이어서 1949년에는 동독과 서독 정부가 수립되었다. 1945년 8월 전승국이었던 연합국 4개국(미 · 영 · 불 · 소)들은 패전국가인 독일로 하여금 비무장화 · 전범처리 · 민주주의 정착 · 나치청산 등 네 가지 원칙으로 개혁하도록 협정하였다.[20] 이는 두 번씩이나 세계대전의 진원지가 되었던 독일에 군국주의의 뿌리를 뽑고 주변국가들의 안전보장을 정착시키는 것이 전후 세계의 가장 주요한 관심사이었기 때문이다.

독일은 완전히 무장해제 되었고, 프로이센이 점령했던 동쪽지방은 구소련에 귀속되고 오데르, 나이제강의 동쪽은 폴란드에 흡수되었다. 또한 동 · 서독으로 분할되어 서쪽은 미국이, 동쪽은 구소련이 점령하게 되었다. 이로 인해 전후의 독일 영토는 1937년에 비해 4분의 3으로 줄어들게 되었다.[21]

미국 · 영국 · 프랑스의 점령지구인 서독측은 1948년 9월 1일에 헌법위원회가 설립되어 헌법초안을 작성해, 1949년 5월 8일에 새로운 헌법(독일연방공화국 기본법)

20 이만종, 앞의 책, pp. 17-19.

21 백경남, 《독일, 분단에서 통일까지》, 도서출판 강천, 1991, p. 47.

이 채택되고, 모든 주의회의 비준을 거쳐, 동년 5월 23일 기본법이 제정되었다.

기본법이 제정한 선거법에 기초해 1949년 9월 20일 내각을 완료해 테오도르 호이스(Theodor Heuss)를 대통령으로, 콘라드 아데나워(Konrad Adenauer)를 수상으로 선출하였다. 아데나워 수상은 철저한 방공정책을 내세움으로써 서독은 동독과 외교관계를 맺고 있는 모든 국가와는 결코 국교를 맺지 않고 단절하는 할슈타인정책을 천명하였다.

한편 동독 측은 구소련 점령당국에 의해서 신속하게 분단정권의 기반이 조성되었다. 1946년 4월 21일에는 공산당과 사회민주당을 통합해 독일통일사회당을 만들고 1947년 2월 2일 인민회의를 소집, 서독 정권 수립을 저지하려는 통일독일의 재건을 주창하였다. 1948년 3월에는 제2회 인민회의가 개최되고 인민평의회가 설치되었다. 구소련점령당국은 3월 20일 독일 공동관리위원회에서 탈퇴를 통고하고 동독정권의 수립에 착수하였다.

1949년 5월 15일 인민평의회는 총선거를 실시해 5월 30일에 헌법초안을 작성하고, 10월 7일 인민평의회는 임시 인민회의로서 독일민주공화국 헌법의 선포와 실시를 선언하였다. 이로써 독일은 1990년 재통일을 이루기까지 두 개의 독일로 분단되어 대립하였다.

3) 독일의 통일과정

1969년 빌리 브란트 수상이 집권하면서 사민당과 자민당의 연립정부가 출범했다. 브란트 수상은 아데나워 수상의 할슈타인 정책을 포기하고, "동서독의 통일을 실현하기 위해서는 국제정치와 군사적 여건의 변화, 유럽에서 세력균형의 변화와 독일민족의 통일의지에 따라 통일정책을 구현할 수밖에 없다"는 현실을 인식하고, 1969년 10월 28일 동방정책을 발표했다.[22]

---

22 1. 독일 내에 두 국가의 존재를 인정한다. 이는 동독에 대한 국제법상의 승인이 아니라 국내법상의 승인이다.
2. 양독은 상호 외국이 아니라 특수관계이나 동독과 일반적인 국가 간 관계에 입각해 불가침조약을 체결할 용의가 있다.

브란트 수상은 공산국가를 대상으로 하는 접근과 병행해 동독과의 관계개선을 목표로 한 동방정책을 추진해, 당장 실현되기 어려운 통일은 역사의 과제로 남겨두고, 우선 시급한 교류 · 협력을 실현함으로써 동서독의 공동번영과 민족화합을 도모해 독일민족의 공동체의식을 확산시켜나가는 정책을 추진하였다.

예컨대 동독과 서독이 분단된 지 4반세기만인 1970년 3월(동독 지역), 5월(서독 지역)에 서독 브란트(Willy Brandt) 수상과 동독 슈토프(Willy Stoph) 수상 간에 정상회담을 갖고 동서독 간 교류와 협력으로 민족적 동질성 회복을 통한 통일독일의 미래를 논의했다.

1970년 1월부터 5월까지 서독은 구소련과 '상호무력행사포기의 원칙'에 관한 사항과 '국경선 준수에 관한 문제'에 관련된 사항에 대해서 본격적인 협상을 추진하였고, 마침내 1970년 8월 12일 모스크바에서 독 · 소 불가침조약이 체결되었다.[23]

그리고 1972년 12월 21일 동독과 서독은 상호 무력사용 포기, 자주통일 실현, 군비통제 노력, 경제 및 제 분야의 교류협력발전을 위한 10개항으로 구성된 동서독 기본조약이 체결되었다.[24] 이 조약의 체결은 '동서독 통일헌장'과 같은 성격을 띠게 되었으며, 안으로는 독일민족의 분단으로 인한 고통을 경감시키려는 정치적인 명분을 찾고, 동서독 간의 새로운 관계개선을 모색함으로써 상호신뢰를 회복해

---

3. 독일에 대한 4대 강국의 권리와 의무를 계속 존중한다.
4. 핵확산금지조약에 서명할 예정이다.
5. 양국 간 경제 · 문화 부문에 상호 협력할 것이다.
6. 폴란드와 소련에게 무장사용 포기를 위한 협상을 제의한다.
7. '할슈타인정책'을 공식적으로 폐기한다.
8. 폴란드와 '오데르 · 나이제선에 관한 국경협상'을 성실히 전개할 것이다.

23 **독 · 서 불가침조약 5개항**
1. 유럽의 평화유지
2. 분쟁의 평화적 해결
3. 무력행사의 포기
4. '오데르 · 나아제선'을 포함한 현재의 국경선 존중
5. 독일민족의 자결권에 의한 통일의지 존중

24 동서독 기본조약 체결이 있기까지는 정상회담 2회, 장 · 차관회담 70회, 실 · 국장급회담 200회 등 모두 2년간 무려 272회의 회담 끝에 이루어진 결실이었다.

공존 공영한다는 의미를 찾게 되었다.

동서독은 기본조약 체결 이후부터, 다방면에서 교류협력이 순조롭게 이루어져 제반교류가 활발히 추진되어 갔다. 동서독은 서로 간의 방문을 허용하고 1987년에는 약 1천만 명이 상호방문을 실시하였으며, 1981년 체결된 이주협정에 따라 1983년부터 통일 이전까지 매년 약 3만 명의 이주자가 동독에서 서독으로 이주해 왔다.

또한 단일경제단위의 원칙에 따라 경제교류는 외국무역이 아닌 역내교역으로 규정하고 무관세원칙을 적용해 활발한 교류를 추진하였으며, 체육교류도 분단 이후 계속되어왔다. 그뿐만 아니라 동서독의 철로 및 도로 연결 사용, 체신교류, 문화교류, 언론 및 방송교류, 특히 서독의 동독에 대한 통일보험금으로서 적극적인 사회간접자본(SOC) 지원 등은 양독 간의 동질성을 회복하는 데 크게 기여하였다.[25]

1989년 6월부터 동독 시민들의 서독으로의 탈주가 증가함에 따라 동독정부는 현지의 서독대사관 및 동독주재 영국대사관과 미국대사관 등을 폐쇄하였다. 이어 9월 초순에는 동독의 젊은이들이 헝가리를 거쳐 혹은 오스트리아를 통해 서독으로 탈주하면서 동서독 통일논의가 고조되기 시작하였다.

구소련의 고르바쵸프 수상은 동독을 방문해 페레스트로이카에 동독도 함께 참여해 사회주의국가들의 공동번영을 도모할 것을 제의하였지만 동독 호네커 수상은 이를 거절했다.

그 결과 동독 시민들은 개혁 · 개방이 실현되지 않을 것을 인식하고 서독으로 이주하는 길을 택하게 되었을 뿐만 아니라, 개혁과 민주화를 요구하는 시위는 점점 확대되어 전국 주요 도시로 확산되어 나갔다.

1989년 10월 18일 에리히 호네커 수상은 사퇴했고, 후임으로 에곤 크렌츠 국가평의회 부의장이 신임 수상 및 당서기장으로 취임하였으나 곳곳에서 불신임을 받고, 시위는 계속 확대되어 시위대는 2백만 명을 넘게 되었고 탈출자는 37만 명이나 되었다.

---

25 장석은, 앞의 책, pp. 47-58.

마침내 동독 내각은 총사퇴하게 되었고, 11월 9일 베를린 장벽의 개방을 선포하게 되었다. 이어 크렌츠 수상은 실각되고, 11월 13일 한스 모드로가 내각수상에 선출되어 '당과 정부를 분리하겠다'고 선언하였다.

1990년 3월 18일 동독은 최초의 자유총선거에서 우파연합인 독일연맹이 압승을 거두고 통일의 전망을 밝게 해주었다. 자유총선거에서 압승한 독일연맹은 서독의 기민당과 제휴한 동독의 기민당을 주축으로 하는 보수연합으로서, 가능한 빠른 통일 방법을 취하며, 동서독의 화폐통합과 국영기업의 민영화를 선거공약으로 내세웠다.

1990년 5월 18일 동독과 서독은 통화 · 경제 · 사회보장동맹에 관한 조약을 서독의 본에서 체결하였다. 이 조약에서 화폐개혁, 시장경제체제 및 사회보장 등에 관련된 실생활과 밀접한 내용에 대해서 합의하였고, 1990년 5월 5일 서독의 본에서 시작된 '2+4 회담'은 9월 12일 4차회담[26]을 마지막으로 해 동 · 서독과 미 · 영 · 프 · 구소련(러시아)이 독일통일의 문제를 매듭짓게 되었고 '2+4 협정'[27]이 체결되었다.

---

26 **2+4 회담의 4차례 개최사항**
- 제1차 회담: 1990. 5. 5 본에서 개최
- 제2차 회담: 1990. 6. 7 동베를린에서 개최
- 제3차 회담: 1990. 7. 17 파리에서 개최
- 제4차 회담: 1990. 9. 12 모스크바에서 개최

27 **2+4(동독 · 서독과 미국 · 영국 · 프랑스 · 구소련) 협정의 주요 내용**
1. 통일독일은 서독과 동독의 영토 및 전체 베를린으로 구성되며, 통일독일과 폴란드는 국제법상 효력을 갖는 협정을 통해 현재의 국경을 인정한다.
2. 통일독일의 헌법에 국가 간의 평화관계를 저해하려는 의도를 가졌거나, 그러한 의도 아래 수행된 침략전쟁 준비와 같은 행위는 위헌이며, 응징돼야 할 위반행위임을 명시한다.
3. 통일독일은 핵 · 생물 · 화학무기의 생산 · 보유 · 통제에 대한 포기입장을 재확인한다. 3~4년 내에 군 병력을 37만 명 이하로 감축해야 한다.
4. 통일독일과 소련은 현 동독영토 미 베를린에 있는 소련군의 주둔조건 및 기간 그리고 1994년을 시한으로 한 소련군의 철수 완료 등의 문제를 협정을 통해 해결한다.
5. 현 독일 영토 및 베를린에 소련군이 주둔하는 동안 미 · 영 · 불의 군대는 통일독일이 요청하는 경우에만 베를린에 주둔한다.
6. 전승국들에 귀속되어 있었던 통일독일의 권리들은 그로부터 파생되는 모든 권한 및 의무와 더불어 본 협정의 영향을 받지 않는다.
7. 미 · 영 · 불 · 소는 현 시점부터 베를린과 전 독일영토에 대해 보유하고 있던 권리 및 의무 발동을 중지한다.
8. 본 협정은 가능한 빠른 시일 내에 관련국 의회의 승인을 받아야 한다.

이 같은 과정에서 서독 콜 수상은 미 · 영 · 프 · 구소련에게 독일통일의 역사성 · 정당성을 이해시켜 독일통일에 협조토록 하는 선린외교정책을 추진해 1990년 8월 31일 동서독은 '제2국가조약'이라는 정치조약을 체결하고 통일 이전에 법적 구속력을 갖는 문서를 만들어 통일독일을 완성했다.

이 중에서 가장 중요한 내용은 국가와 헌법, 소유권 · 재정 · 재산의 사유화, 노동 · 사회보장 관련사항이었으며, 1990년 10월 3일 동독 주민들이 선거를 통해 서독과 통일을 원한다는 결과에 따라 동독의회에서 서독의 기본법 제23조에 의해 동독의 서독으로의 흡수결의를 함으로써, 명실공히 상호협력에 의한 통일된 독일은 두 차례의 선거를 거쳐 연방국가로 통합되었다.

4) 독일의 군사통합 방법

통일독일 과정에서 군사통합은 다른 모든 분야와 함께 대등한 입장에서의 통합이 아닌 동독인민군의 서독연방군에로의 흡수였는데, 흡수자체도 조직 대 조직의 흡수라기보다는 동독군의 조직과 체제를 일체 인정하지 않고, 독일연방군이 직접 동독군의 개인과 장비를 개별적으로 인수한 것이라고 할 수 있다.[28]

1990년 10월 3일 통일독일로 인해 기존 동독인민군의 모든 명령 · 지휘권은 독일연방군으로 인계되고, 동독지역에 독일연방군 동부사령부가 설치되어 동 · 서독 군사통합 과도기에 전 동독지역의 군행정을 관할하였다.

동부사령부는 1991년 7월 1일 해체되어 육 · 해 · 공군 참모본부 예하로 편입될 때까지 동독군의 해체 및 개편, 구동독군의 사용 장비, 탄약, 시설 등을 관리 및 평가하였고, 주독 구소련군의 중계 및 철수지원도 담당하였다.

동독군으로부터 인수한 육군 2개 군사구역을 2개 방어지역사령부로 6개 사단을 6개 여단으로, 해군 3개 전단을 3개 전대로 그리고 공군 2개 비행사단을 1개 비행단으로 축소 개편해 각각 독일연방군 육 · 해 · 공군 예하에 편성하였다.

28 주독 한국무관부, 〈통독과 동 · 서독 군사통합과정 연구〉, 1991. 2, p. 27.

〈표 5-4〉 통독군 병력감축현황

구분	서독군	1990. 12 현재	1991	1992	1993	정기운영병력
총원	495,000	524,900 (88,000)	476,300	447,000	408,200	370,000
육군	345,000	359,000 (57,300)	335,000	316,000	287,000	260,000
해군	39,000	44,900 (8,700)	37,600	35,200	31,200	26,200
공군	111,000	120,700 (22,700)	103,700	95,800	90,000	83,800

※ IISS Military Balance 참조. (　) 안은 동독군.

독일연방군에 편입된 동독군의 병력규모는 총 10만 명(직업군인 및 장기복무자 6만 명, 의무복무자 4만 명)에 달하였으며, 이들 중 장성과 55세 이상의 직업군인 정치장교는 강제 퇴역 조치하였고, 장기복무자(장교, 부사관) 중 군복무 희망자는 2년의 계약 근무 후 장기복무여부를 결정하였다.

독일연방군 2천여 명을 동독지역에 파견해 동독군 부대의 지휘관 및 참모로 배치하였고, 100여 개 훈련소에 175개의 교관팀을 파견, 병역의무로 입영하는 병사들의 교육지원을 담당하게 하였다.

통일 직후 독일의 병력규모는 54만 명에서 연말까지 52만 5,000명 선으로 1994년 이후 37만 명 선으로 감축하였고, 연도별 병력감축현황 〈표 5-4〉와 같다.

원칙적으로 모든 인수부대는 연방군 장비와 동일하게 무장시키면서 동독군 인수장비들은 부분적으로만 사용하였고, 탄약은 해체실험과 함께 대다수를 폐기해, 잉여장비, 탄약 처리비용 및 병영시설 정비예산은 막대하게 소요되었다.

1990년 11월 19일 유럽 재래식 전력 감축협상에 의한 통독 후 주요장비에 대한 감축은 〈표 5-5〉와 같다.

1990년 11월에 일반병의 급료를 동 · 서독군 동일하게 책정하고 다음해 7월부터 전역금 및 상여금도 동일액을 지급하는 것으로 결정하는 등 동독군의 시설 및 토지 중 900여 개의 주둔지, 2천개소의 소유지를 인수하고 그중 800여 개의 주

〈표 5-5〉 통독 후 주요장비 감축 현황

구분	장비 수	동독장비	서독장비	보유상한선	감축소요
전차	7,000	2,274	4,726	4,166	2,834(41%)
장갑차	8,920	5,817	3,103	3,446	5,474(61%)
야포	4,602	2,140	2,462	2,705	1,897(41%)
비행기	1,018	392	626	900	118(12%)
헬기	258	51	207	306	

※ 주독 무관부, 〈통일 독일의 군구조〉, 1992. 6. 참조.

둔지는 군사보안시설로 경계를 한 후 점차 군사제한구역으로 해체하였으며, 109개의 병영시설은 연방부동산 관리청에 인계하였다.

군사통합에 대한 보상성격으로 처우개선에 노력하였으나, 과도기적 경제 · 사회적 현상으로 인한 갈등심화, 서독군의 동독지역 근무기피, 동독군 출신 장교 및 부사관의 지휘능력이나 상황대처능력의 미흡으로 인해 동독군의 효과적인 동화와 하나의 군대 육성이라는 과제를 해결하는 데에는 어려움이 있었다.

통일전후 독일의 군사력을 비교해보면 미래의 통일한국에서 군사통합 방법에 대한 교훈적 내용을 예견해볼 수 있다(표 5-6).

〈표 5-6〉 통일 전후 동서독의 군사력

구분		통일 전 동독	통일 전 서독	통일 후 독일
병력(명)	육	345,000	120,000	260,000
	해	39,000	16,000	26,200
	공	111,000	37,100	83,800
	계	495,000	173,100	370,000
부대	육	- 3개 군단 - 12개 보병 사단 - 3개 지역사 - 6개 관구	- 2개 군사 - 6개 보병 사단 - 2개 지역사	- 8개 사단 - 2개 지역사 - 6개 관구
	해	- 6개 전단 - 2개 지원사 - 항공대	- 3개 전단 - 1개 통신지원사 - 항공대	- 5개 전단 - 3개 지원사 - 항공대
	공	- 4개 비행 사단 - 2개 항공 사단 - 1개 항공 사단	- 2개 비행 사단 - 1개 방공 사단	- 5개 비행 사단 - 공군지원사령부
장비	육	- 전차: 4,227 - 장갑차: 6,201 - 야포: 2,488 - 대전차: 3,363 - 헬기: 697	- 전차: 3,150 - 장갑차: 6,400 - 야포: 2,500 - 미사일: 3,600	- 전차: 7,090 - 장갑차: 10,955 - 야포: 3,318 - 대전차: 3,660 - 헬기: 840
	해	- 잠수함: 24 - 구축함: 7 - 소해정: 57 - 고속공격함: 38 - 전투기: 123	- 전투함: 19 - 경비정: 38 - 기뢰정: 42 - 지원함: 15 - 헬기: 12	- 잠수함: 22 - 구축함: 14 - 경비정: 43 - 기뢰/소해정: 57 - 전투기: 123 - 헬기: 41
	공	- 전투기: 486 - 정찰기: 60 - 헬기: 96 - 수송기: 162	- 전투기: 275 - 헬기: 140 - 수송기: 32 - 미사일: 205	- 전투기: 653 - 헬기: 175 - 수송기: 85 - 미사일: 611
기타(명)		- 민간인: 180,000 (군비국, 국방행정) - 예비군: 750,000 (대기, 동원, 일반) - 국경수비: 20,000	- 예비군: 323,500 - 국경 수비: 47,000	- 예비군: 530,000 - 국경수비대: 38,000

※ 통일 전 '89년, 통일 후 '95년 기준, IISS Military Balance 참조.

5. 분단국가 통일 및 군사통합 교훈

분단국가들의 통일유형과 군사통합과정을 분석하면서 한반도에서 현재의 통일과정과 미래의 통일한국에서 행해져야 할 많은 과제 해결의 시사점을 발견할 수가 있다.[29]

첫째, 통일은 평화적인 유형으로 이루어야 하며, 무력에 의한 통일은 예방되어야 한다. 한 민족이 전쟁을 통한 통일을 이룩한 베트남은 통일된 이후에도 국토의 황폐화와 생산시설 파괴뿐만 아니라 막대한 인명피해에 따른 고통을 겪었다. 전쟁으로 인한 국가의 상처는 통일정부에 대해 국민들이 자발적으로 협력할 것을 기대하기 어려운 상황을 만들게 된다. 이런 상황에서 통일베트남이 경제발전과 국가통합을 위해 노력하고 치유한다는 것은 국가적 · 민족적 과제가 되었으며, 그것을 치유하기 위한 노력은 더욱 클 수밖에 없었다. 따라서 베트남 · 예멘 · 독일의 통일 교훈을 분석하고 평가해, 통일한국을 위해 새로운 창의적 방법을 추구해야 한다.

둘째, 통일과정에서 정경분리원칙의 적용으로 경제통합을 이루는 것이다. 경제협력의 전개과정에서 기업은 경제적 이익을 얻고, 정부는 평화와 안정이라는 정치적 이익을 얻어내는 정경분리원칙이 적용된 동독에 대한 적극적인 지원은 좋은 접근 모델이 될 수 있다. 따라서 대북 경제협력은 북한의 개방속도를 주시하면서 기업과 기업 간, 기업과 정부 간의 유기적인 협조 속에 경제통합이 평화통일의 길잡이가 될 수 있도록 할 것이다. 또한 통일독일의 협력에 의한 일방적 흡수통일 방법에 관한 교훈은 북한이 급변사태발생으로 붕괴되었을 때 고려할 수 있는 모형으로 통일한국을 위해서도 종합적인 연구와 대책이 준비되어야 한다.

> …… 서독은 1972년 12월 21일 동서독 기본조약을 체결한 이후 장기간에 걸쳐 동독과 교류협력을 강화해왔을 뿐만 아니라 총 320억 달러를 동독에 대규모 지원했다. 그리고 서독의 기민당 · 사민당 · 자민당 · 녹색당 등 정당과 사회단체

---

29 김용재, 〈21세기 한반도 시대와 우리의 과제〉, 서울: 통일부 통일교육원, 2001, 북한문제 이해 참조.

들이 동독의 정당과 사회단체들과 긴밀한 연대를 구축하고, 동독인민회의의 서독 편입 결의와 통일조약 체결을 거쳐 1990년 10월 3일 독일통일을 공식 선포한 것은 동서독의 대등한 합병통일 수준의 긴밀한 합의에 의한 흡수통일이었다. 따라서 한반도에서 남북한도 평시에 긴밀한 교류협력으로 대등한 합병통일 및 일방적 흡수통일을 할 수 있어야 한다.

셋째, 한반도의 정전체제를 평화체제로 전환하고 통일준비를 해나가는 데 있어 사회적 · 문화적 통합이 있어야 한다. 베트남 통일에서 알 수 있듯이 국가안보에 대한 국민들의 정신자세와 안보의식, 정부의 정통성과 국민들의 지지, 공산주의자들이 내세우는 협상전략과 통일전략전술의 이해가 얼마나 중요한 결과를 가져왔는지 생각해볼 수 있다.

한반도의 평화를 보장하는 제도적 장치가 없는 한 평화통일은 실현될 수 없기 때문이다. 또한 예멘의 통일과정은 양국 정부조직을 기계적으로 통합했을 때 조직은 비대해지고 명령 · 통제 계통이 불명확해지는 현상을 발견할 수 있다. 그리고 통일 후의 사회상에 대한 명확한 국민적 합의가 전제되지 않는다면 통일은 졸속으로 흐르거나 종국에는 내전으로까지 갈 수 있다는 것을 알 수 있다. 따라서 통일은 국가지도층뿐만 아니라 주민 간에도 신뢰가 쌓여서 사회적 · 문화적 통합이 이루어져야 한다.

넷째, 국가통합역량을 극대화해 정치적 · 군사적 통합을 이룩해야 한다.

통일독일의 과정에서 알 수 있듯이 통일은 막대한 경제적 · 사회적 비용을 수반한다. 따라서 지속적인 자유시장체제로 경제성장을 추구하면서 다른 한편으로는 바람직한 정치적 · 군사적 통합으로 자유민주국가 체제를 건설해나가며, 이러한 국가의 미래와 추진정책 등에 대해 국민적 신뢰와 협조를 얻도록 노력해야 한다. 아무리 훌륭한 통일정책도 국민들이 적극적으로 참여하지 않은 상태에서는 좋은 결과를 이룰 수 없기 때문이다.

다섯째, 통일주도국가는 군비통제정책과 군사통합연구의 사전준비완료가 되어야 한다.

한국은 현재의 통일과정, 미래의 통일한국에서 주도권을 갖고 변화하는 안보환경을 관리하기 위해서는 군비통제정책 및 군사통합 방법의 사전대비에 충실해야 한다.

6. 독일과 한국의 통일정책 과정 비교

1) 독일의 통일정책 및 통일방안

역사란 자유스러움 속에서 역사의 진실을 찾을 수 있고, 그 진실은 현재의 문제해결에 많은 교훈을 갖게 하는데, 과거 독일의 통일 역사는 오늘날 한반도 통일문제를 풀어가는 데 많은 시사점을 제시하고 있다(표 5-7).

먼저 독일의 통일정책 진행과정에 대해서 알아보면 서독 초대수상이었던 아데나워(Konard Adenauer, 1949~1963)는 동독과 관계하고 있는 모든 국가와는 국교를 단절한 적대적인 할슈타인정책으로 강력한 반공정책을 시행해 자유민주국가 체제

〈표 5-7〉 독일통일정책의 발전과정

구분	내용	비고
아데나워 정부 시대 (1949~1963)	1. 할슈타인정책: 반공정책 2. 경제부흥: 국력신장으로 통일기초 완성 ※ 라인강의 기적 달성	대립 시대
브란트 정부 시대 (1969~1974)	1. 동방정책: 다양한 접근을 통한 변화 전략 - 할슈타인 정책 폐기 - 적극적 교류협력/SOC지원/특별관계인정 - 동서독 간 기본협정체결/동독 적극지원 2. 국내외적 격렬한 반대 의견(국내/영/프/러 등) ※ 노벨평화상(1971), 정부불신임안 상정(1972)	화해 · 협력 시대
콜 정부 시대 (1982~1998)	1. 선린외교정책: 교류 · 협력, 주변국가 통일정책 지지 획득 2. 앞 정부 동방정책 지속추진 3. 민족자결원칙으로 문제해결 ※ 독일 통일 완성	통일 시대

를 확립하고 라인 강의 기적으로 표현된 경제발전을 이룩해 통일의 기반을 조성하였다.

제4대 수상이었던 브란트(Willy Brandt, 1969~1974)는 할슈타인정책을 포기하고 절대 우위의 경제력을 기반으로 적극적인 국가지원을 통한 다양한 접근으로 동독의 변화를 유도하고, 동서독 간에 기본조약을 맺어 동독의 실체를 인정하는 등 현실정책으로 동방정책을 추진해 상호신뢰를 회복하고 화해협력시대의 전환점을 만들어 통일의 길을 열었으나 그 당시에는 서독국민의 세금을 동독에 퍼주는 공산주의자로 비난을 받았고, 정치적으로는 국회불신임결의에 회부되어 어렵게 정치적 위기를 넘기도 했으며, 대외적으로는 주변 강대국가들에게 경계 및 반대로 많은 직간접적 시련을 겪기도 했다. 그러나 1990년 10월 3일 독일이 통일되었을 때 국민들은 통일의 영웅으로서 브란트 전 수상을 찾았다.

제6대 수상이었던 콜(Helmut Kohl, 1982~1998)은 16년간의 장기집권을 통해 다양한 접근을 통한 변화를 유도한 일관성 있는 통일정책으로서 동방정책의 지속추진과 서독의 월등한 국력으로 동독에 대한 정치, 경제, 사회, 문화 등을 적극 지원해 동독 주민들의 민주화와 개방화 욕구를 자극했다.

결과적으로 브란트 수상의 통일안보 정책인 동방정책은 동독에게 서독의 자유와 풍요를 향한 동경심을 불어넣어 끝내 서독으로의 긴밀한 협의를 통한 일방적 흡수통일 방안으로 통일국가의 필요성과 가치를 인식시킴과 동시에 주변국가의 선린외교정책을 통해 독일 통일정책의 지지를 확보해 통일을 완성하였다.

2) 한국의 통일정책 및 통일방안

한반도 분할의 역사는 오래된다. 한반도가 대륙세력과 해양세력이 교차하는 지정학적 위치 때문에 오래 전부터 두 세력 사이에 분할 논의가 진행되곤 했기 때문이다. 예컨대 1593년 6월 해양세력인 일본 도요토미 히데요시가 조선 8도 중에 경기 · 충청 · 전라 · 경상 등 남부 4도를 일본에 할양하고, 북부 4도는 대륙세력인 명나라에 분할을 제한하면서 한반도 분할론이 등장했지만, 이는 조선과 명나라의

〈그림 5-1〉 역대 해양세력과 대륙세력의 한반도 분할안

반대로 무산되었다.

1894년 7월에는 영국이 청나라와 일본에 서울을 중심으로 하는 남북한 분할론을 제시했다. 청나라는 수락 의사를 영국에 전달했으나, 한반도 독점을 노리던 일본은 영국의 제한을 거절했고, 그 결과로 청일전쟁이 일어나게 된다. 일본이 한반도에서 청나라를 밀어내자 다시 러시아가 모습을 드러냈다. 러시아의 존재감에 눌린 일본은 1896년 북위 39도선인 대동강변 분할안을 제안했지만 러시아는 한반도 남부를 요충지로 보았기 때문에 이에 동의하지 않았다. 이후 1945년 일본 패망

이후에 한반도는 다시 대륙세력인 러시아가 북한 지역을 점령하고 해양세력인 미국이 남한 지역을 점령함에 따라 38도선으로 분할되어오다가 한반도에서 1950년 6 · 25전쟁이 일어났다.

이 같은 한반도 분할의 역사는 길고 험난했지만, 한반도 통일을 위한 노력은 그간 계속되었다. 한국의 통일정책 발전과정을 보면, 제1공화국의 이승만 대통령은 자유민주국가체제를 확립하고 북진통일정책을 내세워 멸공통일을 주장하였고, 제3공화국과 제4공화국에서 박정희 대통령은 강력한 선건설 · 후통일 정책으로 경제를 발전시켜 북한의 국력을 추월하는 데 성공해 통일기반을 마련하였으나 이때까지 남한은 체계적이고 계획적인 통일방안은 갖고 있지 않았다(표 5-8).

그러나 제5공화국(전두환 대통령)에서 최초로 통일정책이 민족화합 민주통일방안으로 구체화되어 발전시킨 이래로 제6공화국(노태우 대통령)의 한민족공동체통일방안 실현을 위한 북방정책, 문민정부(김영삼 대통령)의 민족공동체 형성을 위한 3단계 통일방안과 북한의 김일성 주석 사망으로 북한체제 붕괴에 대비해 흡수통일을 위한 노력이 있었으나 국내외적 상황과 북한이 변화하지 않음으로써 일관성 있는 통일정책이 추진되지 못했다.

2000년 6월 15일 남한 김대중 대통령과 북한 김정일 국방위원장 간의 역사적 제1차 정상회담은 남북한 간에 통일한국을 위한 새로운 발전적 전환점이 되었다. 김대중 정부는 남북기본합의서 원칙을 준수하면서 ① 흡수통일 반대, ② 무력사용 불용납, ③ 교류 · 협력의 추진 등 3개 기조 아래서 햇볕정책을 일관성 있게 추진해 통일을 위한 상호 신뢰 회복과 한반도 냉전체제를 해체하고 평화통일을 이룩하기 위해 다양한 접근을 통한 변화를 유도하였다.

그리고 2007년 10월 4일 평양에서 노무현 대통령과 김정일 국방위원장이 제2차 남북정상회담을 열고 10 · 4정상선언을 하여 6 · 15공동선언을 구현하는 실천적 방안들을 확인하였다. 또한 이명박 정부도 북한을 대화보다 압박을 통해 변화를 유도하는 실천방법 차이로 갈등적 · 대결적 요소가 있었지만 화해와 협력을 통해 평화통일을 달성한다는 같은 정책기조 연장선상에서 상생과 공영정책, 박근혜 정부도 한반도 신뢰 프로세스라는 국가 번영과 평화통일정책이 지속되고 있다.

〈표 5-8〉 한국통일정책의 발전과정

구분	내용	비고
이승만 정부 시대	북진통일정책 실패(6 · 25전쟁) ※ 민주정치체제 정립: 반공정책	대립 시대
박정희 정부 시대	- 선걸설 · 후통일 정책: 반공정책 - 경제부흥: 국력신장으로 통일기반 조성 성공했으나 후통일 정책 실패 ※ 경제적으로 한강의 기적 달성	
김대중 정부 시대	1. 국가 번영과 평화통일정책 ※ 햇볕정책을 기조로 한 포용정책, 평화번영정책, 상생과 공영정책, 한반도 신뢰 프로세스 정책 등의 포괄정책 2. 다양한 접근을 통한 북한의 협력과 변화 유도 3. 남북한의 교류 · 협력 · 변화로 공동번영과 평화통일 달성 추진 - 남북한의 정상회담과 6 · 15공동선언/이행 - 남북한의 신뢰구축과 교류협력 관계발전 - 남북한의 통일정책의 공통성 인정과 확대 ※ 노벨평화상(2000년) 수상 ※ 다음 정부에서 국가 번영과 평화통일정책의 지속 추진	화해 · 협력 시대
통일정부 시대	1. 국가 번영과 평화통일정책과 선린외교정책 동시 추진 ※ 주변국가의 한국통일 외교적 지지획득을 위한 선린외교정책 2. 앞 정부 정책 지속추진 - 화해협력으로 평화정착 - 통일국가 완성 ※ 정치 · 경제 · 사회 · 문화 · 군사의 적극적인 교류 · 협력 완성 - 남한은 북한의 교류 · 협력 · 변화 유도와 선린외교의 통합 추진 ※ 남북한은 교류 · 협력 → 협력 · 변화 → 변화 · 통일의 단계적 실천으로 국가 번영과 평화통일정책 완성 3. 자유민주국가 및 자유시장 경제체제 통합완성	통일 시대

2014년 1월 6일 박근혜 대통령은 한반도 신뢰 프로세스 통일안보정책을 추진함에 있어서 남북한 통일은 대박이라고 말했다.

지금 국민들 중에는 통일 비용이 너무 많이 들지 않겠느냐, 그래서 굳이 통일을 할 필요가 있겠냐고 생각하는 사람들도 계신 것으로 알고 있다. 그러나 저는 남북한 통일은 한마디로 대박이다, 라고 생각한다. 통일의 가치는 돈으로 계산할 수 없는 엄청난 것이라고 통일의 당위성을 말했다.

…… 그리고 박근혜 대통령은 한반도 통일은 주변국가(중국 · 러시아 · 일본 · 미

국)들에게도 대박이 된다고 밝혔다.

그러나 이명박 정부와 박근혜 정부에서 북한은 군사적 도발과 핵미사일 실험 등으로 남북한 간의 갈등과 대립은 격화되고, 정치 · 경제 · 사회 · 문화 · 군사의 모든 관계가 단절되어 통일정책은 실패했다.

문재인 정부는 남북한 정상들이 선언한 6 · 15공동선언(제1차 정상회담)과 10 · 4정상선언(제2차 남북정상회담)을 계승하여 2018년 4월 24일 문재인 대통령과 김정은 국무위원장이 판문점 평화의 집(남한 지역 위치)에서 제3차 정상회담을 열었다. 이 회담에서 두 정상은 "한반도의 평화와 번영, 통일을 위한 4 · 24 판문점 선언"을 통해 ① 남북 공동연락사무소 개성 설치, ② 8 · 15 광복절 이산가족 · 친족 상봉, ③ 종전을 선언하고 정전협정을 평화협정으로 전환, ④ 완전한 비핵화를 통한 핵 없는 한반도의 실현, ⑤ NLL 일대의 평화수역화 등에 대한 내용에 서명했다. 아울러 제1차 및 제2차 남북정상회담에서 채택된 남북선언들과 모든 합의를 철저히 이행하고 발전시켜나갈 것을 약속했다. 또한 2018년 문재인 대통령과 김정은 국무위원장은 평양에서 제4차 정상회담(9. 18.~9. 20.)을 갖고 한반도 비핵화와 경제협력으로 평화통일을 위한 9 · 19 평양 공동선언을 발표하였다.

예컨대 통일은 곧 비용이란 부정적 논란의 등식을 깨고 통일에 대한 꿈과 희망을 밝힌 내용으로써, 김대중 정부의 통일안보정책과 같은 원칙과 방향인 것이다. 따라서 한국은 화해 · 협력 · 변화를 통해 평화통일을 완성한다는 국가번영과 평화통일정책을 지속적으로 추진하면서, 한국정부의 공식적인 통일방안인 민족공동체통일방안으로 화해협력-남북연합-1민족 1국가의 통일국가 완성을 합의에 의한 합병통일을 점진적이고 단계별로 이룩하는 것이다.

북한급변사태로 인한 일정한 협의를 통한 일방적 흡수통일 가능성에 대비해야 하지만 급변사태가 일어나지 않을 상황에 대비한 정상적인 합의를 통한 대등한 합병통일노력을 지속적으로 추진해야 한다.

21세기 통일국가가 될 때까지 현재 정부도 튼튼한 국가안보와 민주주의 및 경제성장을 바탕으로, 다양한 접근을 통한 교류와 협력으로 신뢰를 구축하고, 협력과 변화를 유도하고 발전시켜, 변화와 통일을 완성하는 총체적 원칙 속에서 국가 번영과 평화통일정책을 지속 추진해야 한다. 또한 한반도 주변국가인 미국 · 중국 · 일본 · 러시아의 적극적인 지지를 획득하는 선린외교정책을 추가해 통일한국을 이룩해 나가야 한다.

이를 위해 민과 군은 국가통일정책을 뒷받침하기 위해서 통일과정에서나 통일한국에서 군사적 · 비군사적 통합에 대한 안보정책 · 국방정책 · 군사전략을 충분히 연구하고 준비해야 한다.

3 남북한의 통일정책과 전략

1. 북한의 통일정책과 대남 전략

북한은 통일의 개념을 남북으로 분단된 지역의 적화통일, 분열된 주민의 재결합, 그리고 상이한 이념체제의 통합으로 규정하고 변함없는 무력적화 통일정책을 유지하고 있으며, 그 목적을 달성하기 위해서는 무력적 방법과 비무력적 방법 등을 전개하면서, 대남 전략을 시대적 환경과 조건에 따라 변화시켜왔는데 그 내용을 알아보면 〈표 5-9〉와 같다.[30]

첫째, 무력적화기도 전략시기(1945~1961)에 북한은 무력으로 남한을 적화통일시키겠다는 전략을 수행한 반면에 한국은 독립 되었으나 정치, 경제, 사회, 군사적으로 대단히 어려운 시기였다.

북한은 이러한 한국내의 혼란과 격동의 시기를 이용해 무력수단에 의한 무력적화통일을 시도한 시기적 특징을 갖고 있다.

이 시기에는 6 · 25전쟁을 준비하고 수행하면서 또한 6 · 25전쟁이 끝난 후에는 전쟁책임을 한 · 미 측에 전가하기 위한 선전과 간첩침투 등 무력에 의한 재남침 준비를 하는 등 적화통일을 위한 무력적화기도 전략시기라고 말할 수 있다.

둘째, 폭력혁명유도 전략시기(1961~1998)로서, 한국은 1960년 5 · 16군사정변

30 조영갑, 《국방심리전략과 리더십》(북코리아, 2006) 참조.

〈표 5-9〉 남북한 통일정책 및 전략비교

구분	북한	남한
기본정책	무력적화통일	민주평화통일
전략	무력적화기도 전략시기(1945~1961)	전쟁 개념 전략시기(1945~1961)
	폭력혁명 유도전략시기(1961~1998)	냉전 개념 전략시기(1961~1998)
	화전실용적 전략시기(1998~2000년대 현재)	평화 개념 전략시기(1998~2000년대 현재)

이후에 이룩한 반공체제 강화 및 정치적 안정 속에서 고도의 경제성장과 군사력이 건설되자 북한은 무력수단을 통한 적화통일의 기본정책을 고수하고 있는 가운데 현실적으로 단독 무력침략만으로는 목표달성에 한계가 있다는 것을 느끼게 되었다. 북한은 무력에 의한 적화통일을 효과적으로 수행하기 위해서는 보조수단으로 모든 선전매체를 동원해 남한 내부의 지지세력 기반 구축을 위한 청년학생들과 종교계 및 재야세력, 해외교포 등의 반정부 투쟁 참여 등을 적극적으로 부추기고 남한 주민의 봉기를 선동하기 위한 심리전 공세실시, 그리고 대화마당에서 정치선전 등에 총력을 기울임으로써 남한 내부로부터 폭력혁명을 유도하였다. 즉, 북한은 무력수단만으로는 적화통일이 어렵다는 것을 인식하고 남한 내부에서 폭력 혁명이 일어나면 무력 남침과 결합해 적화통일을 효과적으로 수행하겠다는 시기였다.

셋째, 화전 실용적 이익추구전략시기(1998~2000년대 현재)로서, 북한은 무력적화통일이라는 기본정책에는 변화가 없지만 공산주의 종주국인 구소련(러시아)의 붕괴와 중국의 실용주의 노선 변화 등 국제적 환경 변화에 적응하고, 다른 한편으로는 경제적, 정치적 · 사회적 어려움을 타개하기 위해 평화와 위기를 적절히 조합한 이중적 실용주의를 추구하고 있다.

특히 2000년 6 · 15공동선언 이후에 나타난 금강산관광 개방, 개성공단 설치, 도로 및 철도 연결, 해상 및 공중 일부 개방, 군사적 신뢰 구축 노력 등에 관한 북한의 전략변화는 북한이 안고 있는 정치적 · 경제적 · 사회적으로 어려운 현실적 문제를 극복하기 위한 보다 적극적인 이익추구의 실용주의적 전략변화라고 할 수 있다.

그런가 하면 북한은 핵실험 및 미사일 실험, 6자회담, 그리고 2010년에는 천안함 폭침사건과 연평도 포격사건을 도발해 남북한 간에 정치적 · 군사적 위기를 조성하기도 했다.

21세기 북한의 이중적 접근 전략 변화를 고려해 한국은 한반도 주변환경과 국가 번영에 부합된 평화통일정책을 계속 추진할 수 있는 지혜와 용기가 필요하고, 또한 그 실천을 위해서는 튼튼한 국가안보가 뒷받침이 되어야 한다.

2. 한국의 통일정책과 대북 전략

한국은 민주평화통일정책을 실현하기 위해 시대적 상황과 북한의 대남 전략에 따라 대응전략을 발전시켜왔는데, 그 시기를 시대적 특징에 따라 구분해보면 다음과 같다.[31]

첫째, 전쟁 개념의 전략시기(1945~1961)로서, 한국은 1945년 8월 15일 광복과 더불어 국토가 분단되고 1950년 6 · 25전쟁에서는 국가의 존망이 달려 있는 무력전쟁을 경험하면서 전쟁 개념의 대북전략을 추구하였다.

둘째, 냉전 개념의 전략시기(1961~1998)로서, 한국은 1960년 5 · 16군사정변 이후의 정치적 · 경제적 · 군사적인 발전과 국제적 위상이 높아진 데 반해 북한의 발전은 정체 현상을 면하지 못하게 되자 남한 내부자체의 혼란을 유도하기 위한 정치 외교전 · 사상전 등을 치열하게 펼쳤다. 남한은 이에 대응해 정치 사상적 · 경제적 · 군사적 우위 확보를 위한 이념적 냉전 개념의 대북전략을 실시하였다.

셋째, 평화 개념의 전략시기(1998~2000년대 현재)로서, 지금까지 전쟁 및 냉전개념의 적대적이고 대립적인 통일정책 추구에서 이제는 화해와 협력을 통한 국가번영과 평화통일정책 추구로 일방적 · 시혜적 대북지원 차원을 넘어 남북한 모두에게 도움이 되고 번영해 평화통일을 할 수 있는 평화 개념의 대북전략을 추구하고

---

31 조영갑, 《국방심리전략과 리더십》(북코리아, 2006) 참조.

있다.

이러한 정책방향은 김대중 정부의 햇볕정책을 기조로 한 노무현 정부의 평화번영정책, 이명박 정부의 상생과 공영정책, 박근혜 정부의 한반도 신뢰 프로세스 정책, 현재 정부의 평화통일안보정책 등을 포괄하여 국가 번영과 평화통일정책이라고 명칭하였다.

국가 번영과 평화통일정책을 구현하기 위한 대북전략은 건국 이후 이승만 정부에서 김영삼 정부 때까지는 평화체제보다는 한반도의 안정과 평화를 지키는 피스 키핑(Peace-Keeping) 전략이었다면 김대중 정부부터 현재 정부까지는 평화체제를 자주적으로 관리하고 만들어가는 피스 메이킹(Peace-Making) 전략으로 나가고 있다.

오늘날 국제정세도 많이 변화하고 남북한의 국력차도 커진 만큼 북한에 대한 자신감을 갖고 교류 · 협력 · 변화로 유도해 평화체제로 가꿔나가야 한다. 그 전략의 바탕에는 다양한 접근을 통한 교류 · 협력으로 북한을 국제사회로 이끌어 내고 민족 공동체에 참여시킴으로써 안보위협도 근원적으로 해결할 수 있도록 북한의 변화를 유도해 평화통일을 달성하는 인내력이 요구된 것이다.

21세기 국가 번영과 평화통일정책은 국력이나 안보가 취약하면 선택할 수 없는 정책으로서, 확고한 안보를 바탕으로 교류 · 협력 · 변화를 추구함으로써 한반도의 냉전체제 회귀를 방지하고, 실질적인 통일방안 논의를 할 수 있기 때문에 다음 정부에서도 남북한의 평화통일을 위해서 국가 번영과 평화통일정책의 기조는 지속적으로 추진해야 한다. 왜냐하면 독일통일도 통일과정에서 크고 많은 어려운 장해적 사건들이 있었으나 그때마다 슬기롭게 극복하고, 정책의 지속성을 유지함으로써, 1970년 3월 19일 서독 빌리 브라트 수상과 동독 빌리 슈토프 수상이 만난 지 20년 후인 1990년 10월 3일 독일통일이 완결되었으며, 그것은 다양한 접근을 통한 교류 · 협력 · 변화 · 통일을 유도했던 동방정책과 선린외교정책을 지속한 결과이었기 때문이다.

3. 남북한의 통일정책 비교

1) 남북한의 통일노력

한반도는 1945년 8월 15일 해방과 더불어 남북분단 및 6 · 25전쟁의 아픔이 있었고, 냉전체제에서 갈등과 분쟁이 55년간을 지배해왔다. 그러나 2000년 6월 13일부터 6월 15일까지 있었던 남한 김대중 대통령과 북한 김정일 국방위원장이 평양에서 역사적 정상회담을 갖게 됨으로써 남북한 주민들에게 분단의 벽을 넘어 민족적 동질감을 느끼게 하였다. 특히 남북한의 정상이 합의해 발표한 6 · 15남북공동선언에서 ① 통일 자주적 해결, ② 연합-연방제 공통성 인정, ③ 친척 방문단 교환, ④ 경제협력 확대, ⑤ 당국대화재개의 역사적 서명은 한반도에 새로운 통일 역사를 시작케 하는 전환점이 되었다.

지금까지 남북한 간의 관계는 적대적 분쟁관계로서 대결을 통한 각각의 단결과 발전을 추구하였다면, 6 · 15남북공동선언 이후의 관계는 협력적 공존관계로서 협력을 통해 남북내부와 민족전체의 발전을 추구하게 되었다.

또한 6 · 15공동선언이 어느 때보다도 실천 가능하다는 기대는 국제환경의 변화와 과거처럼 남북한 정상의 위임을 받은 특사나 총리가 아니라 양측 정상이 직접 서명한 합의문이라는 특성을 갖고 있기 때문이다.

예컨대 남북한의 역대합의서 내용으로서 1972년 7월 4일에 합의된 7 · 4남북공동성명은 자주, 평화, 민족 대단결이라는 통일의 대원칙을 만들어 냈지만 그 원칙 자체가 너무 포괄적이고 남북한 양측의 해석이 너무 달라 구체적인 실행에 들어가기에 앞서 양측 체제 강화에 이용당하는 결과로 귀결됐다(표 5-10).

1991년 12월 13일 발표된 남북기본합의서를 비롯해서 1992년 9월 17일 부속합의서는 남북 관계를 처음으로 특수관계로 인정한 문서로서 교류와 협력, 평화를 위한 불가침, 정치적 신뢰회복 등을 위한 구체적인 이행조치 내용까지 담았으나, 이행조치 실행을 위한 조건 등을 싸고 남북한 양측의 해석과 이견이 노출되면서 실천되지 못했다.

<표 5-10> 역대 합의서와 6 · 15공동선언 내용 비교

구분	7 · 4남북공동성명 (1972. 7. 4)	남북기본합의서 (1991. 12. 13)	6 · 15남북공동선언 (2000. 6. 15)
기본 원칙	자주, 평화, 민족적 대단결	남북 화해, 불가침, 교류 · 협력	자주통일, 통일방안 공통성 인정, 이산가족, 당국대화와 교류, 협력
주요 내용	조국통일 3대 원칙 - 자주: 외세에 의존하거나 간섭 없이 자주적으로 해결한다. - 평화: 무력행사에 의거하지 않고 평화적 방법으로 실현한다. - 민족대단결: 사상과 이념 제도의 차이를 초월해 우선 하나의 민족으로서 민족적 대단결을 도모한다.	정치 군사적 대결상태를 해소해 민족화해를 이루고 무력에 의한 침략과 충돌을 막고 긴장완화와 평화를 보장하며 다각적인 교류협력을 실현해 민족공동의 이익과 번영을 도모한다. - 남북화해: 연락사무소 설치운영 등 8개항 - 남북불가침: 남북군사 공동위 운영 등 6개항 - 남북교류협력: 이산가족 상봉 등 9개항	이번 남북정상회담이 상호 이해 증진과 남북 관계 발전 평화통일 실현에 중대한 의의를 가진다고 평가한다. - 통일문제의 자주적 해결 - 연합제안과 낮은 단계의 연방제안 공통성 인정 - 이산가족방문단 교환 및 비전향장기수문제해결 - 민족경제균형발전 및 제반 분야의 협력과 교류 - 당국 간 대화 확대
실천 방안	- 남북조절위원회 실시	- 분과별 위원회, 공동위원회 설치	- 당국자 간 대화
서명 주체	- 이후락 특사 - 김영주 특사	- 정원식 총리 - 연형묵 총리	- 김대중 대통령 - 김정일 국방위원장
이후 변화	- 남한은 유신체제 - 북한은 유일사상체제로 강화	- 북핵문제의 국제문제화 - 남북한의 적대적 관계 유지	- 남북한의 정치적 · 경제적 · 사회화적 · 군사적 교류 발전 - 평화통일의 전환점

그리고 2000년 6월 15일에 합의된 6 · 15남북공동선언은 7 · 4남북공동성명과 같이 원칙적인 합의의 성격이 강하지만 양측 정상이 직접 그 선언을 이행하는 문제까지 논의한 이후에 나온 것이라는 점에서 그 만큼 실천 가능성이 높은 것이다.

특히 남측의 연합제와 북측의 낮은 단계의 연방제가 가진 공통성을 인정하고 양측이 실현해나갈 목표로 삼는 등 통일방안에 대한 최초의 합의였으며, 6 · 15남북공동선언은 이산가족 문제와 비전향 장기수 문제를 인도주의라는 같은 범주 속에서 해결방법을 마련한 것은 과거에는 감히 생각할 수 없었던 새로운 접근이었다.

과거의 모습과 유사한 점도 있는데, 그것은 빠른 시일 안에 당국 사이의 대화를 개최키로 한 부분으로서 7 · 4남북공동성명은 조절위원회를 설치하고, 기본합의서는 부속합의서를 통해 분야별 공동위원회를 구성해 운영하기로 합의했지만 모두 중도에 좌절한 경험이 있다.

요컨대 역대합의서에서 알아본 것같이 남북한의 공동합의서는 있었으나 그 실천은 없었으며, 오히려 갈등과 분쟁으로 인한 국가적 위기상황은 더욱 치열하게 전개됨으로써 선언적 의미 이외의 실천이 없었다.

그러나 6 · 15남북공동선언 이후 10 · 4남북정상공동선언과 4 · 27남북정상공동선언 등으로 한국은 북한에 대해 다양한 접근을 통한 교류와 협력, 협력과 변화, 변화와 통일 목표를 달성하기 위해 노력하고 있다. 그 과정에서 통일의 길이 멀고 험하다는 사실을 알고 국가 번영와 평화통일정책을 지속적으로 추진하며, 그 세부 실천과정에서는 다양한 협상원칙(일방주의원칙, 상호주의원칙, 지원과 압박원칙) 등을 부분적으로 개선하면서 공동 노력해나가는 것이다.

2) 남북한의 통일방안 비교

한국은 1982년 민족화합 민주통일방안을 처음으로 제시한 후에 1989년 9월 11일 구체화된 한민족공동체 통일방안을 국내외에 천명하고, 다시 민족공동체 통일방안으로 개명되어 한국의 공식 통일방안으로 계승 발전되고 있다. 그 주요 내용을 보면 다음과 같다.

통일의 3원칙으로 자주 · 평화 · 민주의 원칙을 제시하였는데, 이는 민족자결 정신에 따라 자주적으로, 무력행사에 의거하지 않고, 평화적으로 그리고 민족대단결을 도모하고 민주적으로 통일을 이룩하자고 하는 뜻을 가지고 있다.

통일의 과정은 공존공영의 토대 위해서 남과 북이 연합해 단일 민족사회를 지향해 단일민족국가로 통일민주공화국을 건설하는 것이다. 과도적 통일체제로서 남북연합을 구성하며, 이것은 통일국가 실현의 중간과정으로서 민족의 공존공영, 민족사회의 동질화, 그리고 민족공동 생활권 형성의 역할을 추구하고 있다. 또한 사회 · 문화 · 경제공동체 실현을 위해 남북정상회담을 통해 민족공동체 헌장을 채택 · 공포하고, 평화와 통일을 위한 기본방안, 상호불가침에 관한 사항, 남북연합기구의 설치 · 운영에 관한 남북 간의 포괄적인 합의를 규정하고 있다.

남북연합기구는 남북정상회의(최고 결정기구), 남북각료회의(협의 · 조정 및 실행보장기구), 남북평의회(통일 준비기구), 공동사무처(실무 지원지구) 등의 설치를 제안하였으며, 비무장지대 내에 평화구역을 설정해 남북연합의 기구 · 시설 등을 설치하고 통일평화시로 발전시킬 것을 제의하였다.

통일국가 수립절차로는 남북평의회에서 마련한 통일법안을 민주적 방법과 절차에 따라 확정 · 공포하며, 통일헌법이 정하는 내용에 따라 총선거 실시 → 통일국회와 통일정부 구성 → 통일국가 완성 등의 절차를 수립하는 것이다.

통일국가는 민족성원 모두가 주인이 되는 하나의 민족공동체로서 각자의 자유 · 인권 · 행복이 보장되는 민주국가로서, 국가형태는 단일국가이며, 국회구성은 양원제(상원은 지역대표성, 하원은 국민대표성)로 하고, 통일민주공화국의 정책기조로는 민주공화체제(민족성원의 참여와 기회균등 보장, 자유로운 주의 · 주장 표현)로 민족성원 모두의 복지를 증진하고, 민족의 항구적 안전이 보장되는 단일민족국가, 모든 나라와 선린우호관계를 유지하며 세계평화에 이바지하는 것으로 되어 있다.

이러한 통일의 원칙(자주 · 평화 · 민주)을 토대로 기존의 통일방안에서 통일과정과 통일국가의 미래상을 보완 · 발전시켜서 민족공동체 통일방안을 발전시켜나가는 것이다(표 5-11).

민족공동체 통일방안은 합의를 통한 대등한 합병통일 방안으로써, 하나의 민족공동체를 건설하는 방향에서 통일을 점진적 · 단계적으로 이루어나가야 한다는 기조에서 통일의 과정을 화해 · 협력단계 → 남북연합단계 → 통일국가 완성단계의 3단계로 설정하고 있다.

제1단계로서 화해 · 협력단계는 남북한이 적대와 불신 · 대립관계를 청산하고, 상호신뢰 속에 긴장을 완화하고 화해를 정착시켜나가면서 실질적인 교류 · 협력을 실시해 협력적 공존을 추구해나가는 단계이다. 이러한 1단계 과정을 거치면서 남북한은 상호 신뢰를 바탕으로 민족동질성을 회복하면서 본격적으로 통일을 준비하는 방향으로 나가게 된다.

〈표 5-11〉 남북한 통일방안 비교

방안내용	민족공동체 통일방안	고려연방제 통일방안
통일철학	자유민주주의(인간 중심)	주체사상(계급 중심)
통일원칙	자주 – 평화 – 민주	자주 – 평화 – 민족 대단결
전제조건	없음	국보법폐지, 주한미군철수 등
통일과정	화해협력– 남북연합– 완전통일 ※ 민족사회 건설 우선 (민족국가 → 통일국가)	연방국가의 점차적 완성 ※ 국가체제 조립 우선 (국가통일 → 민족통일)
과도체제기구	남북연합(남북정상회의, 남북각료회의, 남북평의회)	낮은 단계 연방(구체적 내용 미 발표)
통일국가실현절차	통일헌법에 의한 민주적 남북한총선	연석회의 방식에 의한 정치협상
통일국가형태	1민족 1국가 1체제 1정부의 통일국가	1민족 1국가 2제도 2정부 연방국가
통일국가기구	통일정부, 통일국회(양원제)	최고민족연방회의, 연방상설위원회

제2단계로서 남북연합단계는 남북한이 연합해 단일 민족공동체 형성을 지향, 궁극적으로 단일 민족국가를 건설한다는 목표를 설정하고, 남북한 간의 공존을 제도화하는 중간과정으로서 과도적 통일체제인 남북연합의 구성 및 운영하는 단계가 된다. 남북연합단계에서는 남북한 간의 합의에 따라 법적 · 제도적 장치가 제도화되어 남북연합기구들이 창설 및 운영되게 된다.

제3단계로서 통일국가 완성단계는 남북연합단계에서 구축된 민족공동의 생활권을 바탕으로 정치공동체를 실현해, 남북한 두 체제를 완전히 통합하는 것으로서 1민족 1국가의 단일국가로의 통일을 완성하는 단계이다. 즉, 통일헌법에 따른 총선거를 통해 통일정부를 구성함으로써 평화통일을 완성하게 되는 것이다. 민족공동체 통일방안에서는 통일국가의 미래상으로 민족구성원 모두가 주인이 되며, 민족구성원 개개인의 자유와 복지와 인간존엄성이 보장되는 선진 민주국가를 제시하고 있다.

특히 2000년 6월 15일 김대중 대통령과 김정일 국방위원장은 역사적인 남북정상회담을 통해, 남과 북은 나라의 통일문제를 그 주인인 우리 민족끼리 서로 힘

〈표 5-12〉 연합제와 낮은 단계 연방제 비교

남측의 국가연합	북측의 낮은 단계 연방
- 1민족 2국가 2제도 2정부 - 두 지역국가가 국방 및 외교권을 각기 보유 - 두 지역국가 간의 협력기구 제도화: 남북연합 정상회의, 남북연합회의(국회) 남북연합 각료회의 구성	- 1민족 1국가 2제도 2정부 - 연방국가가 두 지역정부 조정: 연방국가가 국방 및 외교적 권한을 대표하는 것이 원칙(1991년 이후 연방국가의 국방외교권을 지역정부에 대폭이양 주장)
공통점 - 남북한의 체제공존 인정 - 흡수통일 및 적화통일포기와 평화공존 지향 - 2개의 독립적 실체 사이의 교류협력 확대 - 지역정부 간 협력제도 설치	차이점 - 연방국가의 존재유무 - 국방외교권 행사의 주체 및 강도

※ 북한의 낮은 단계의 연방이란 느슨한 형태의 연방이란 뜻임.

을 합쳐 자주적으로 해결해나가기로 하였다.

남과 북은 나라의 통일을 위한 남측의 연합제 안과 북측의 낮은 단계의 연방제안이 서로 공통점이 있다고 남북한 최고정치지도자들이 최초로 인정하고, 앞으로 이 방향에서 통일을 지향시켜나가기로 하였다(표 5-12).

6 · 15남북공동선언은 지금까지 남북한의 냉전과 적대적 관계를 화해와 협력적관계로 전환시킴으로써 새로운 민족적 희망과 각오를 갖게 하였다.

예컨대 남한의 통일방안 변화과정을 알아보면 제1공화국에서 제4공화국까지는 단지 남북 자유총선거에 의한 단일국가 수립이라는 단순 개념을 지니고 있다가 1982년 제5공화국에서 통일헌법제정으로 규정한 민족화합 민주통일방안을 제시한 이래로 제6공화국에서는 국민의 의견을 수렴해 1989년에 한민족공동체 통일방안에 남북연합제를 수용하였고, 문민정부에서는 한민족공동체 통일방안내용 일부를 보완해 1994년에 민족 공동체 통일방안 3단계를 제시해 2000년대 현재도 지속되고 있다.

그 반면에 북한은 남한보다 먼저 체계적으로 통일방안을 발전시켜 제시하였는데 1960년대에 과도적 남북연방제를 제안한 이후로 1민족, 1국가, 2제도, 2정부

형태의 고려연방제 통일방안을 발전시켜왔다. 특히 김일성 주석이 1991년 신년사에서 제시했었던 느슨한(낮은 단계) 연방제는 완전한 고려연방제 달성에 앞서 잠정적으로 지역정부에 국방 · 외교권 등을 부여함으로써, 남한의 남북연합과 일정부분의 공통점을 지니게 되었는데, 이러한 내용을 21세기에도 더욱 발전시켜 결국에는 1민족 1국가체제로 평화통일을 완성해야 한다.

4 한국의 통일정책

1. 개요

전쟁을 억제하고 평화적 통일을 달성하기 위해서는 힘의 뒷받침이 있어야 한다. 이를 위해 능동적인 국방태세 강화, 미래의 불확실한 안보상황과 전쟁양상 변화에 대비할 수 있는 정보 · 과학군의 건설, 국민의 신뢰와 지지를 확보할 수 있는 튼튼한 국가안보 바탕 위에서 국가 번영과 평화통일정책으로 한국 통일을 실현시켜나가야 한다.

2. 북한 급변사태와 통일유형

분단국가가 재통일하기 위해서는 무력적 강제통일모형 · 대등적 합병통일모형 · 일방적 흡수통일모형이 있으며, 통일을 주도한 국가는 어떠한 상황에서도 통일을 이룩할 수 있도록 대비하고 준비해야 한다.

한국은 국가 번영과 평화통일정책 실현을 위해 교류와 협력을 통한 대등적 합병통일을 추진하고 준비하고 있으며, 전쟁을 통한 무력적 강제통일은 절대 반대하고 있다.

그러나 독일통일 과정을 보면 통일은 계획하고 기대한데로 만이 일어나지 않고, 예상하지 않은 급변사태 발생으로 일방적 흡수통일이나 합의에 의한 대등한 합병통일의 기회가 올 수 있다는 역사적 사실을 알 수 있다.

> …… 독일통일의 아버지라 일컫는 빌리 브란트 전 수상이 1989년 6월에 한국을 방문하였다.
>
> 이때에 박관용 전 국회의장이 독일 통일에 대한 전망을 질문하였는데, 브란트 전 수상은 나는 독일통일이 되는 것을 보고 죽었으면 했지만 빨리 통일이 될 것 같지 않다. 미군과 소련군이 주둔하고 있고, 주변국가들이 반대하고 있기 때문이다. 이런 상황이라면 한국이 먼저 통일이 될 것 같다고 대답하였다. 그러나 같은 해 11월에 베를린의 브란덴부르크 장벽이 무너지고 독일 통일은 완성되었다.

한반도 분단구조가 언제 어떠한 형태로 흔들리고, 어떤 방법으로 통일이 될 수 있을지 알 수 없는 상황이다. 그러나 확실한 사실은 그런 급변사태가 닥쳤을 때 충분한 사전준비가 없다면, 한국이 주도 및 기회를 살리지 못하고, 혼란만 가중시키고 또 다시 주변국가의 이익에 따라 민족의 불행만을 반복할 수 있다는 것이다.

한반도에서 북한은 정치 · 외교적, 경제적, 사회 · 심리적, 군사적으로 불안한 국가로써, 국제적 · 국내적 전문가들은 북한급변사태 발생과 흡수통일의 가능성을 예견하고 있다. 한국에서 북한의 상황을 설명하고 예측하는 용어로서 급변사태라는 개념을 사용하고, 또한 북한이 내부적 환경변화와 외부적 충격에 의한 급변사태 발생 가능성이 논의되어왔다.

북한에서 급변사태란 ① 전쟁 이외의 다양한 위기사태, ② 한반도 안전위협 및 전쟁으로 발전 가능한 북한 불안정, ③ 북한 내부의 불안정 상황, ④ 외부의 개입 및 충격으로 급변사태가 발생해 북한의 정권이 붕괴되는 것이라고 정의하고 있다.[32]

북한 급변사태에 대한 가능성은 국제적 · 국가적 상황 변화에 따라 계속해서 주장되어왔으며, 그 급변사태를 흡수통일로 연결해 민주통일국가를 건설해나가는

---

32 백승주, 〈북한 급변사태 시 군사 차원 대비방향〉, 서울: 고려대학교 북한학연구소, 2006, pp. 29-65.

〈표 5-13〉 시기별 북한 정권 붕괴설

연도	주요 내용	근거
1990	- 동구사회주의체제 몰락	- 국제사회로부터의 고립
1994	- 김일성 주석 사망	- 북한사회 구심점 상실
1995~1998	- 자연재해 등으로 인한 식량난	- 식량배급체제 붕괴로 인한 주민통제력 급감
2006	- 핵실험으로 인한 경제제재 - 미사일 발사 제재 - 핵실험 강행 제재	- 유엔의 경제제재 - 북한 무기 수출 등에 타격 - 외화벌이 감소에 따른 군부 위축 - 내부 갈등에 따른 체제 붕괴
2008~ 2000년대 현재	- 김정일 국방위원장 중병 및 사망 - 김정은 체제 혼란 - 북한 급변사태 발생	- 김정일 통치력 상실 - 김정은 체제 붕괴 - 다양한 급변사태로 북한체제 붕괴

것이다(표 5-13).

이와 같은 급변사태는 ① 북한체제 붕괴(정변, 쿠데타), ② 무정부상태(폭동, 내전, 내부질서 마비), ③ 재해 및 재난, ④ 대량탈북사태 발생, ⑤ 대량살상무기 반군탈취 및 해외유출, ⑥ 한국인 대량 피랍사태 등을 조기에 수습하고 안정화시키기 위해서는 한국의 계획적이고 적극적인 정치 · 외교적, 경제적, 사회 · 심리적, 군사적인 개입과 활동이 있어야 한다. 그리고 북한 급변사태에 대한 주변국가(미국 · 중국 · 일본 · 러시아)들의 정치 · 외교적, 경제적, 사회 · 심리적, 군사적 개입조치는 명분과 실리로 갈등하고 대립해 새로운 위기로 발전할 수가 있다.

한국은 급변사태에 대한 확고한 기본원칙 속에서 주변국가들의 한국 통일정책에 대한 지지와 지원을 확보할 수 있도록 대응책을 연구하고 준비해야 한다. 한국은 언제 발생할 지도 모를 북한 급변사태를 극복하고 평화적이고 안정적인 흡수통일을 위해서 급변사태 내재단계 · 급변대비태세 가능단계 · 급변대비태세 임박단계 · 급변대비태세 발생단계 등의 급변사태 대응계획을 발전시키고, 단계별 내용을 조치할 수 있어야 한다(표 5-14).[33]

33 남성욱, 〈한반도 급변사태와 우리의 효율적인 대응방안〉, 서울: 고려대학교 북한학연구소, 2006, pp. 45-62.

<표 5-14> 급변사태의 단계별 징후와 주요 조치

구분	징후	주요 조치
급변사태 내재단계(관찰 실시) 북한의 평상시와 다른 예기치 않은 행동이 빈번하게 발생	- 정기적인 훈련 일정과는 다르게 군인들의 대규모 야간 이동 증가 - 권력층 간 충돌, 유고, 실각 관련 유언비어가 급증 - 북한의 직장이나 기업소 등에서 과거에는 보기 어려운 지시나 집회 개최	- 주변국가 국경지역에 대한 정보 수집을 강화하면서 인적 자원 및 전자장비를 통해 사태의 정확한 사실 여부를 파악하는 데 주력 - 상황을 실시간으로 추적, 파악 및 분석으로 다음단계의 상황전개를 예측하는 데 주력
급변대비태세 가능단계(주목 실시) 평상시와는 다른 예상치 않은 각종 징후발생	- 군부의 이동이 빈번해지고, 군인들의 휴가가 금지되면서 무장군인들의 대도시 인근 주둔 장면이 증가 - 기업소에 대한 검열활동의 강화, 사상총화 시간 급증 - 평양과 지방간 열차 운행횟수가 감소, 시 외각 교통통제 증가	- 주변국가의 긴급 연결망을 구축, 미국과 정보공조 체계 가동, 정치지도자의 유고 가능성 파악에 총력 - 북한 지역에 체류하고 있는 한국 국민들의 신속한 철수를 지시 - 미국과 북한 사태에 대한 주변국이 일방적 개입을 방지하기 위한 외교적 협의체를 가동
급변대비태세 임박단계(사태 파악)	- 권력층 간 충돌로 정치지도자의 부상, 감금 등 유고설이 포착 - 주변 특정국가 군대가 평양으로 이동하고 있다는 설 유포 - 야간 통행금지 시행 - 평양 인근에 총성이 들리는 등 특이 사건이 발생 - 조선중앙방송, 노동신문에 새로운 사태를 언급하는 기사가 일부 등장	- 조기경보체제 본격가동 - 휴전선 전국비상경계령(Defcon) 발동 - 미국과 긴밀한 정보 공유로 미국의 첨단위성에 의한 북한 정보를 실시간으로 수령해 대응책 마련 - 탈북자 수용시설 설치 - 비군사적 · · 군사적 대응조치 강구
급변대비태세 발생단계(사태 대처)	- 정치지도자 유고 공식확인, 주민 간 애도 분위기 조성, 노동당과 군부에 의한 연합 권력 협의체 구성 - 주변 특정국가가 평양 내 권력자들과 후계체제에 깊이 개입 - 정치 · 외교적, 경제적, 사회 · 심리적, 군사적인 변화 발생	- 주변국가 국경지대 한국 국민 접근 자제 요망 - 한미 간 합동대응체제 가동 - 북한의 사후관리를 둘러싸고 국제적 군사개입 및 대립방지 대책 실시 - 탈북자 대량 유입 관리 대책 및 수용시설 가동 - 정치 · 외교적, 경제적, 사회 · 심리적, 군사적인 대응책 실행

즉 급변사태 내재단계는 평상시와 다른 예기치 않은 사건이 빈번하게 발생할 조짐이 있는 등 해당 상황에 대해 집중적인 사실 확인과 분석이 필요한 단계이며,

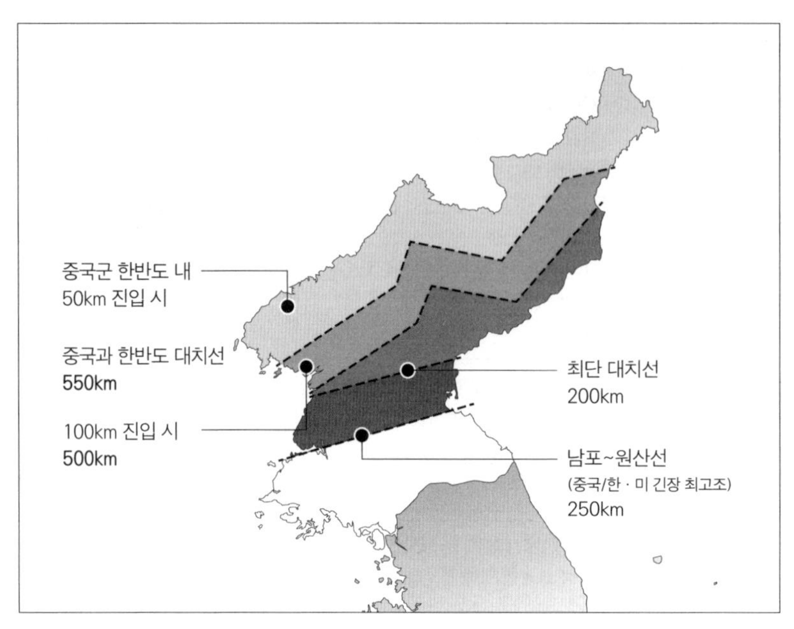

〈그림 5-2〉 북한 급변사태 중국군 개입 4개 분할선

자료: 미 랜드연구소.

급변대비태세 가능단계는 평상시와는 다른 예기치 않은 각종 징후가 부분적이고 간헐적으로 발생하기 시작하는 단계이다.

급변대비태세 임박단계는 사태를 파악해 초기대응조치를 시행하는 단계이며, 마지막으로 급변대비태세 발생단계는 비상대응체제를 가동해 실제적으로 위기대응 조치를 실시해 사태에 대처하는 단계이다.

급변사태 발생으로 북한은 혼란에 빠지고 중국군은 핵시설 확보를 위한 점령 훈련을 실시했다고 한다.[34]

미국 랜드연구소(RAND)는 북한 급변사태가 발생하면 중국이 실제 군대를 투입해 한반도를 4가지로 상정해 북한 지역을 잠정적으로 관리할 수 있다고 했다. 중국은 잠재적 적국인 미국과 직접 국경을 맞대는 것을 피하기 위해 완충지대가 필요하기 때문에 북한의 현상유지책이 최상이기 때문이다.

---

34 중앙일보, 2018년 1월 9일.

북한 급변사태가 종료된 후에 한국이 통일을 이룩하고 중국군의 완전 철군을 유도하려면 한국군이 북한 지역을 장악하고 안정화시킬 수 있는 독자적인 작전능력을 가져야 한다. 이 같은 미국 랜드연구소의 주장을 고려한다면 북한 급변사태 발생에 치밀한 대비책이 필요하다.

이와 같이 급변사태는 북한의 정권이나 체제의 붕괴를 초래하는 극도의 혼란 사태가 발생해 한국의 비상조치 강구가 필요한 상황인 것이다. 따라서 한반도 미래의 불투명성에 따른 위기와 기회를 동시에 가져다 줄 수 있는 북한의 급변사태를 연구하고, 준비해 협력적이고 안정적인 흡수통일을 완성할 수 있어야 한다.

3. 통일정책과 국가안보 관계

1) 통일정책과 국가안보 인식

1950년 1월 12일 전국기자인 협회에서 한국을 미국의 극동방위선에서 제외한다는 에치슨라인을 발표한 것이 6 · 25전쟁을 부른 주요 원인 중 하나가 되었다고 해서 지탄을 받았던 미국 국무장관 에치슨(D. G. Acheson, 1949~1953)은 1971년에 임종하면서 "불행한 한국에 불안한 침묵이 퍼져가고 있으며, 이는 아직도 계속되고 있다는 말을 남기었다. 에치슨이 말한 불행한 한국의 상황은 30년이나 더 계속되어오다가 2000년 6 · 15공동선언으로 한반도에서 교류 · 협력의 평화공존 시대로의 전환기를 가져왔다.

그러나 통일을 위한 남북한의 평화공존 시대나 통일이후의 주변국가의 위협에 대처하기 위해서도 국가안보는 국가체제와 가치를 보존하고, 국민의 생명과 행복을 보장하기 위한 국가존립의 조건으로서 가장 중요한 요소인 것이다.

통일과 안보는 상반된 대치 개념이 아니라 상호보완적 개념으로서 안보가 있어야 통일이 보장된다는 선안보 · 후통일 개념의 중요성을 이해해야 한다(표 5-15).

왜냐하면 안보는 영구적이고 현재적이며 국가 생존권적인 문제이지만, 통일

〈표 5-15〉 국가안보와 통일의 관계

구분	안보	통일
지속성	영구적	한시적
행위주체	일방적	상대적
시기	현재적	미래지향적
성취방법	힘의 우위확보	화해와 협력
중요도	국가 생존권적인 문제	민족염원의 당위적 문제

은 한시적이고 미래지향적이며 민족염원의 당위적 문제가 되기 때문에 튼튼한 안보바탕 위에서 통일을 달성해야 한다. 또한 한국이 원치 않은 무력통일이나 공산화통일은 용납할 수 없기 때문이며, 민주평화통일을 위해서는 정치적 · 경제적 · 군사적 힘의 뒷받침이 되지 않는 통일논리는 한낱 허상에 불과할 수 있기 때문이다.

2) 안보 · 통일 교육의 새로운 접근

한반도는 남북분단과 6 · 25전쟁으로 인해 적대감이 고조되고 서로를 민족공동체의 일원으로 인정하기보다는 타도와 전복의 대상으로 삼아왔으며, 또한 정치 · 경제 · 사회 · 문화 · 의식 등 모든 분야를 이질화시키는 요인이 되게 하였다.

6 · 25전쟁 발발 당시에 문교부장관이었던 백낙준 박사는 "싸우는 국가의 교육은 싸우는 교육이어야 한다"고 규정한 이후로 통일안보교육은 멸공, 반공을 강요했고 그 누구도 북한의 동족에 대한 연민을 나타내서는 안 된다는 금기 속에서 살아왔으며, 그동안 국가안보교육 변천과정을 알아보면 다음과 같다(표 5-16).

즉, 1945년부터 1990년대까지 남북한은 흑백논리와 양자택일 식의 2분법적 단순논리가 지배해 남북한 간의 이질화를 더욱 깊게 하였으나, 2000년 6 · 15남북공동선언은 현실에 맞는 대북 의식전환을 필요로 하였고, 안보 · 통일교육체계 및 내용도 새로운 정립이 요구되었다.

지금까지 안보 · 통일교육 내용을 분석해보면 일반사회에서는 안보보다는 통

〈표 5-16〉 국가안보정책의 변천과정

구분	1945~1961	1961~1998	1998~2000년대 현재
안보정책	북진통일정책	선건설 · 후통일 정책	국가 번영과 평화통일정책 (햇볕정책 기조의 다양한 통일정책 통합)
교육 중점	멸공	반공	교류 · 협력 · 변화, 공존공영, 평화적 자유민주국가 통일
사용 용어	북괴/괴뢰도당 - 6 · 25전쟁(1950)	북한공산집단 - 7 · 4남북공동성명(1972) - 남북기본합의서(1991) 및 부속합의서(1992)	북한 측, 북한당국 - 6 · 15남북공동선언(2000) - 10 · 4남북정상선언(2007)

일을 우선하는 교육을 해왔고, 군대는 통일보다는 안보 우선교육을 실시함으로써 국가적 차원에서의 안보 · 통일교육의 표류와 혼란을 가져왔다.

그러나 안보와 통일은 양 수레바퀴로서 밀접한 관계에 있으나 튼튼한 안보바탕 위에 통일이 될 수 있다는 교육체계 및 내용으로 개선하는 것이다(표 5-17).

남북한은 평화통일을 지향하고 있는데, 안보 · 통일교육은 냉전적 사고에서 실시된다든지 역사적 분단사를 이해시키는 과정도 없이 통일에 대한 당위성만 주장한다든지, 혹은 젊은 사람들의 사고는 급변하고 있는데 통일교육은 피부에 와 닿지 않는 체제 비교 이론만을 강조하는 교육에서 벗어나야 한다.

21세기 안보 교육은 평화 지향적인 사고와 역사적 · 현실적 사실에 기초해서 분단사와 안보의 중요성을 이해시키고, 남북한을 균형 있게 바라볼 수 있는 지식과 지혜를 갖기 위한 새로운 노력과 통합을 이룩할 수 있도록 발전시켜야 한다.

〈표 5-17〉 안보 · 통일교육의 우선순위

구분	내용
시민사회	통일을 안보보다 우선 개념으로 교육(통일 〉 안보)
군대	안보를 통일보다 우선 개념으로 교육(통일 〈 안보)
정립방향	굳건한 안보 위에 통일달성 교육(통일 ≤ 안보)

4. 평화통일정책의 일관성과 선린외교정책 추진

독일이 평화적 통일을 이룩한 것은 수차례의 정권교체에도 불구하고 빌리 브란트 수상의 동방정책이 일관성 있게 추진되어왔다는 것이다.

이념적 성향이나 개인적 성향에 따라 좌우로 널뛰지 않은 동방정책의 일관성 유지와 국제사회(미국 · 구소련 · 유럽)에 통일의 당위성 이해를 구하는 선린외교정책을 추가하고, 그리고 동독 및 서독 국민의 신뢰를 얻어 모두를 만족시킬 수 있었던 것이 결정적 요인이 되었다. 또한 어떤 상황이나 변화에 따라 문제가 있으면 일관성을 잃지 않는 가운데 신중하게 고려해 소리 없이 수정하고 보완하면서 국가이익과 상호공존을 위한 통일외교력을 발휘했다.

한국은 국가 번영과 평화통일정책의 성공과 한반도 위협요소를 극복하기 위해서는 남북한 간의 일관성 있는 정책 추진과 상호공영을 위해 공동노력이 무엇보다도 중요하다.

> …… 이와 같이 국가 번영과 평화통일정책을 준비하고 추진하면 한반도는 통일될 것이다.
>
> 미국 국가정보위원회(NIC)는 "글로벌 트랜드 2025" 보고서에서 한반도는 2025년부터 2030년대까지 통일될 것이며, 통일 한국은 남한의 자본과 기술력, 북한의 노동력과 천연자원이 결합해 2050년대면 국내총생산(GDP)이 미국을 제외한 프랑스 · 독일 · 일본을 추월할 것으로 전망했다…….

이를 효과적으로 추진하기 위해서는 미 · 일 · 중 · 러 등 한반도 주변국가와 군사적 · 비군사적 교류협력을 균형 있게 실천해 한반도 안보환경변화를 주도적으로 관리하면서, 한국의 통일정책을 이해시키고, 한반도 통일의 당위성과 지지를 획득해 평화통일을 달성할 수 있도록 선린외교정책을 더욱 발전시켜야 한다.

5. 평화통일을 위한 국방정책 실현

첫째, 한국군의 국방정책 실현의 노력이 중요하다.

한국은 앞으로 남북한 간의 교류 · 협력과 평화를 정착시킨 후, 통일한국을 이룩해 국가의 안정과 민족의 번영을 달성해야 한다. 이와 같은 국가목표를 달성하기 위해서 한국군은 북한의 현존 위협에 대처하고, 미래 주변국가들의 위협에도 대비할 수 있는 선진 정예국방구현을 위해 정진해야 한다.

즉 한국군은 한반도에서 남북한의 관계와 안보상황이 어떻게 변화하든지 간에 국가의 독립과 자유를 보존하고, 국토를 방위하며, 국민의 생명과 재산을 보호한다는 군의 변함없는 기본 임무와 사명을 완수하기 위해 확고한 국방태세를 확립해야 한다. 이를 위해 전통적 전쟁에 대비한 정예의 상비군 건설, 위기관리체제내실화, 경제적인 국방운용, 국가동원태세완비 등으로 총력전을 수행하고, 새로운 전쟁의 형태인 테러전, 대량살상무기전, 사이버전 등에 대비해야 한다.

둘째, 적정수준의 국방비 확보가 중요하다.

군사력 건설 개념도 양적 대군주의에서 질적 정예주의로 전환됨에 따라 미래를 준비하는 군사력은 하이테크전 · 네트워크전 · 사이버전에 대비한 첨단무기와 정예인력구조로 무장된 정보 · 과학군 건설이 요구되고 있다. 미래의 정보화 · 과학화된 군을 건설하기 위해서는 고지식, 고기능, 고기술의 국방인력이 필요하고, 첨단 무기체계의 독자적 개발 및 무기 확보가 있어야 한다. 이를 위한 국방비 투자는 장기간의 전력화 선행기간을 고려해 최소한 10~20년 이후를 예측하고 투자해야 적기에 전투력 발휘가 가능하다. 적정 수준의 국방비 확보는 중요하며, 국민의 절대적 이해와 지지가 필수적인 요소가 된다.

따라서 군은 국민을 상대로 국방비는 국가방위 활동에 필연적으로 수반되는 비용으로서, 전쟁으로부터 국민을 보호하는 안보보험료인 동시에 미래 평화를 보장하기 위한 투자란 내용을 적극적으로 홍보하고 이해시켜 안정적인 국방비를 확보해야 하고, 국민은 이해와 더불어 적극적인 지원이 있어야 한다. 이것은 곧 현존 위협과 미래 잠재적 위협에 동시 대비할 수 있는 국방정책의 실현이 되는 것이다.

셋째, 성공적인 한반도 통일을 위해서는 북한 지역에서 군사작전과 함께 민군 작전을 철저히 준비해야 한다.

민군 작전은 제1단계 안전확보작전, 제2단계 안정화 작전, 제3단계 권환전환 단계별로 실시해야 할 민군 작전계획과 민군 작전 전문부대를 편성 운용할 수 있도록 해야 한다.

6. 군사통합 연구 및 준비

한국은 자유민주주의체제와 자유시장 경제체제로 통일되어야 하며, 그 순서는 경제적 통합, 사회 · 문화적 통합, 정치 · 군사적 통합으로 이루어져야 한다.

통합이란 둘 이상의 것을 하나로 모아서 다스리는 것으로서, 관련 단위체의 관계가 변화해 자립성과 독립성을 포기하고 더 큰 사회적 단위체 속에 일부가 되는 과정 및 결과인 것이다.[35]

군사통합도 상이한 지휘체제 및 명령체계에서 독자적 목적을 수행하던 군이 제반 목적과 기능, 조직체를 하나의 공동기능 및 조직체제로 결합시키는 과정이며, 군사활동의 일원화와 공동화를 위한 조직적 결합과정이다. 국가통일 과정에서 군은 국가와 민족, 영토를 배경으로 존립의 정체성을 갖기 때문에 군사통합은 종합적인 국가통합 과정의 가장 중요한 요소가 된다.[36] 군사통합은 국가통일 합의에 이르기까지 정치적 상황 전개와 통일유형의 선택에 따라 종속적으로 그 방법이 정해질 수 있으며 통일기에 실질적으로 이루어지는 남북한 통합작업의 일부로 진행될 것이다.

예컨대 군사통합은 군 내부의 독자적인 구상으로 수행될 수 있는 것이 아니라 통일 과정에서 종합적인 국가통합 구상의 일부로서 정치 · 경제 · 사회 · 문화 분야

35 이희승, 《국어대사전》, 서울: 민중서관, 1994, p. 4032.

36 유정렬, 〈독일 · 베트남 · 예멘의 군사통합사례연구〉, 국방대학교, 1995, pp. 5-8.

의 통합과 연계되어 상호 보완적으로 이루어져야 한다. 군대의 특성 자체가 정치종속적인 무장조직이고, 계층적 지휘체계와 통수보위 성향의 획일적인 조직이며, 의식구조의 경직성과 규범화할 집단공동체 조직인 점을 감안해보면, 군사통합은 군조직이 지휘체계상 완전히 하나의 조직으로 정형화되어야만 제 기능을 발휘할 수 있다.

21세기 통일국가에서 군사통합 시 고려해야 할 사항으로는 군제, 군사교리, 무기체계와 장비, 시설 및 물자의 통합을 우선적으로 생각해볼 수 있지만 결국 통합 시에 가장 문제점으로 대두될 것은 인력의 통합이며, 이는 서로의 동질성 회복이 중요하다. 이에 따라 군대조직 개편, 인사관리, 교육훈련, 병역제도, 동원제도, 정신전력 등에 대한 통합방안이 크게 영향을 받게 된다.

하나의 군대 완성을 위한 갈등 해소방안의 지속적인 추진과 법적 제도 및 장치의 마련 등 범국가적인 지원이 각 분야의 통합과 함께 이루어질 수 있도록 사전에 준비해야 한다. 그리고 독일 통일 과정에서 군사통합의 교훈을 볼 때 남북한의 군사통합에 대비한 전문요원을 사전에 양성하고, 부대 해체 및 통폐합과 더불어 대거 제대하게 될 군인들에 대한 사회 적응훈련 및 최소 생활수준 보장, 일할 수 있는 직장 등도 고려한 전반적인 군사통합 방안을 마련해야 한다. 이렇게 하기 위해서는 군사통합 시 예상되는 모든 문제점들을 사전에 연구하고 준비해 지속적으로 대안을 발전시켜나가야 한다.

5 결론

세계는 냉전시대의 대립과 갈등으로 얼룩진 전쟁을 종식시키고, 탈냉전시대는 평화와 자유를 기대했었다. 그러나 오늘도 이 지구 어느 곳에서는 갈등 · 분쟁 · 위기 · 전쟁이 일어나 인류를 살육하고 건설을 파괴하며, 자국의 이익을 위해 투쟁하고 있다.

21세기 주변국가들은 한반도의 분단을 통해 자국의 안보이익을 계속 추구하기 위해 한반도 통일을 가능한 늦추려는 속셈도 가지고 있을지도 모른다.

그러나 한국은 한반도 평화통일을 위해 주도적 역할을 해야 한다. 동독 마지막 총리였던 로타어 데메지에르는 사실 통일독일의 주역은 동독주민이었다. 동독주민들이 들고 일어나 개혁 개방을 요구하는 평화적 시위를 벌이지 않았다면 결코 베를린 장벽은 무너지지 않았을 것이다. 장벽이 무너진 순간부터 우리는 쫓기듯이 통일협상을 급하게 서둘렀다. 서독은 지속적인 브란트 수상의 동방정책과 콜 수상의 선린외교정책 접근으로 동독 내부에 변화를 불어넣는 노력을 꾸준히 해왔다. 인권과 자유, 인간다운 삶을 열망한 동독주민들로 하여금 스스로 장벽을 깨도록 했다고 말했다.

북한주민에게 남한사람들처럼 사는 삶을 원하도록 만들기 위해서는 북한지역에 다양한 햇볕을 들게 해 지속 가능한 한반도 평화를 정착시키고, 교류 · 협력을 통해 북한의 변화 및 통일을 유도하고, 선린외교활동을 통해 국제적 통일지지기반을 확충하여 통일을 완성할 수 있도록 지속적이고 실천적인 국가번영과 평화통일정책을 추진해야 한다.

그 반면에 한반도가 통일되면 미국, 중국, 일본, 러시아는 한반도에 영향력 확대를 위해 사활적 이익 경쟁을 하게 될 것이다. 한반도에서 한국은 주변국가의 영향력 확대에 대비하고, 현재의 남북한의 관계 변화과정과 미래의 통일한국의 불확실성 및 불안정성에 대비해 준비하는 것은 오늘을 책임지고 있는 사람들의 과제이다.

한국은 전환기적 안보환경변화에 대한 새로운 인식과 평가를 바탕으로 현존위협과 미래위협에 대비한 안보정책 · 국방정책 · 군사전략을 재정립해 국가 번영과 평화통일정책을 지원하기 위해 노력해야 한다. 즉, 국가목표의 하나인 민주평화통일을 이룩하기 위해서 국제적으로는 국가 간의 동맹 및 협력관계 발전과 국내적으로는 민군이 국력을 모아 먼저 국가안보를 튼튼하게 하고, 그 바탕 위에 평화통일이 달성되도록 해야 한다.

이를 위해 정치 · 외교력, 경제력, 사회 · 심리전력, 문화력의 바탕위에서 확고한 국방태세 확립, 안보변화를 주도적으로 관리할 수 있는 국방운용 능력 향상, 미래지향적인 정보 · 과학군 건설, 국가안보를 위한 새로운 민군관계 정립, 군사통합 연구 및 준비 등을 추진해나가야 한다.

참고문헌

구영록, 《한국의 국가이익》, 서울: 법문사, 2021.

국가안전보장회의, 《평화번영과 국가안보》, 2004~2021.

국방부군사편찬연구소, 《국방정책변천사(1945~1994)》, 1995.

______, 《건군50년사》, 1998.

______, 《한미군사관계사(1871~2002)》, 2002.

______, 《대몽투쟁사》, 1986.

______, 《여요전쟁사》, 1990.

______, 《한국전쟁사》, 2001~2014.

______, 《한국고대 군사전략》, 2006.

______, 《고려시대 군사전략》, 2006.

______, 《조선시대 군사전략》, 2006.

국방대학교, 《안보관계용어집》, 2021.

______, 《군비경쟁이론》, 2006.

______, 《군비통제이론과 실제》, 2006.

국방부, 《국방백서》, 1988~2021.

______, 《국방기획관리기본규정》, 2006.

______, 《국방정책》, 1998~2021.

______, 《자주국방과 우리의 안보》, 2003.

______, 《국방개혁 2020》, 2005.

______, 《국방사》(1, 2, 3, 4), 1945~2005.

______, 《한국적 군사혁신의 비전과 방책》, 2003.

국방연구원, 〈21세기 군사혁신과 한국의 국방비전〉, 1998.

______, 〈중장기 안보비전과 한국형 국방전략〉, 2004.

______, 〈중장기 위협평가 및 국가안보전략〉, 2000.
권영식 외, 《국방지리》, 서울 : 박영사, 1980.
권영찬 · 이성복, 《기획론》, 서울 : 법문사, 2002.
권태영 · 정춘일, 《선진국방의 지평》, 서울 : 을지서적, 1998.
김신복 외, 《대통령과 국가정책》, 서울 : 대영문화사, 1994.
김열수, 《국가위기관리체제론》, 서울 : 오름, 2005.
김영준, 《인간과 전쟁》, 서울 : 법문사, 2003.
김운태, 《한국정치론》, 서울 : 박영사, 2014.
김재엽, 《한국형 자력방위》, 서울 : 북코리아, 2004.
김재홍, 《군》(1, 2), 서울 : 동아일보, 1994.
김정렴, 《한국경제정책 30년사》, 서울 : 중앙일보사, 1995.
______, 《박정희》, 서울 : 중앙일보사. 1997.
김점곤, 《세계군축》, 서울 : 박영사, 2000.
김호진, 《한국정치체제론》, 서울 : 박영사, 2005.
남만권, 《군비통제 이론과 실제》, 서울 : 국방연구원, 2004.
노화준, 《정책학원론》, 서울 : 박영사, 2005.
민병천, 《한국방위론》, 서울 : 고려원, 1986.
민진, 《국방행정》, 서울 : 대명출판사, 2005.
박동서, 《한국행정의 발전》, 서울 : 법문사, 1978.
박휘락, 《전쟁, 전략, 군사입문》, 서울 : 법문사, 2005.
백종철, 《한반도 공동안보론》, 서울 : 일신사, 1993.
______, 《국가방위론》, 서울 : 박영사, 2003.
송대성, 《한반도 군비통제》, 서울 : 신태양사, 1996.
송병락, 《한국경제론》, 서울 : 박영사, 2005.
오석홍, 《조직이론》, 서울 : 박영사, 2005.
오춘추, 《대전략론》, 국방대학교, 2000.
유영옥, 《행정학》, 서울 : 세경사, 1987.
유훈, 《행정학원론》, 서울 : 법문사, 2005.
육군사관학교, 《한국전쟁사》, 1985.
______, 《국제학술심포지엄 논문집》 II, 1991.
윤현근(역), 《테러와의 전쟁을 위한 국가군사전략계획》, 국방대학교, 2006.
이극찬, 《정치학》, 서울 : 법문사, 2018.
이만종, 《분단국가의 통일과 군사통합연구》, 서울 : 국방대학교, 2001.

이민룡,《한국안보정책론》, 서울 : 진영사, 1996.

이선호,《국방행정론》, 서울 : 고려원, 1995.

이종렬 외,《정책학 강의》, 서울 : 대영문화사, 2003.

이종학,《현대전략론》, 서울 : 박영사, 1981.

이용필 외,《위기관리론》, 서울 : 인간사랑, 2003.

이희승,《국어대사전》, 민중서림, 2000.

임덕순 외,《정치지리학》, 서울 : 일지사, 1973.

장명순,《북한군사연구》, 서울 : 팔복원, 2003.

장홍기 외,《남북군사통합방안연구》, 한국국방연구원, 1994.

정용길,《분단국 통일론》, 서울 : 고려원, 1998.

정인흥 외,《정치대사전》, 서울 : 박영사, 2005.

정정길,《정책학원론》, 서울 : 대명출판사, 2005.

조영갑,《세계전쟁과 테러》, 서울 : 북코리아, 2011.

______,《민군관계와 국가안보》, 서울 : 북코리아, 2010.

______,《국방심리전략과 리더십》, 서울 : 북코리아, 2009.

______,《국가위기관리론》, 서울 : 선학사, 2008.

______,《국방정책과 제도》, 국방대학교, 2006.

______,《현대무기체계론》, 서울 : 선학사, 2021.

______,《한국민군관계론》, 서울 : 한원사, 2000.

______,《한국군 리더십 진단과 강화방안》(공저), 국방대학교, 2005.

______,《국방정책과 군사전략 연구》, 국방대학교, 2003.

______,《고급제대리더십과 민군관계》, 국방대학교, 2006.

______,《민군작전과 심리전》, 국방대학교, 2006.

______,《군대와 사회》, 국방대학교, 2000.

______,《한국군 베트남전쟁 참전정책 결정과 평가》, 연세대학교, 1996.

______,《한국 직업군인의 복지증진을 위한 정책적 대응》, 경남대학교, 1997.

차영구 · 황병무,《국방정책의 이론과 실제》, 서울 : 오름, 2002.

최신융 · 강제상,《행정기획론》, 서울 : 박영사, 2003.

통일부,《북한개요》, 2000~2014.

______,《통일백서》, 2000~2014.

______,《통일문제이해》, 2000~2014.

한용섭,《한반도 평화와 군비통제》, 서울 : 박영사, 2004.

합동참모본부,《합동기획》, 2005.

_____, 《미 합동작전기획 교리》, 2005.

_____, 《한국전사》, 1984.

기타 일간신문 외.

Alvin Toffler, 《전쟁과 반전쟁》(이규행 역), 서울 : 한국경제신문사, 2000.

David S. Alberts, 《정보시대 전쟁의 이해》(권태환 역), 국방대학교, 2004.

Donald M. Snow, 《미국은 왜 전쟁을 하는가 : 전쟁과 정치의 관계》(권영근 역), 서울: 연경문화사, 2003.

George H. Sabine, 《정치사상사》(1, 2)(차남희 역), 서울 : 한길사, 2000.

Gunther Blumentritt, 《전략과 전술》(류재승 역), 서울 : 한울, 1994.

Joshua S. Goldstein, 《국제관계의 이해》(김연각 역), 서울 : 인간사랑, 2006.

Kenneth Allard, 《미래전 어떻게 싸울 것인가》(권영근 역), 서울 : 연경문화사, 2001.

Michael Howard, 《20세기의 역사》(차하순 역), 서울 : 가지않은길, 2000.

Paul Kennedy, 《강대국의 흥망》(전남석 역), 서울 : 한국경제신문사, 1992.

_____, 《21세기 준비》(변도은 역), 서울 : 한국경제신문사, 1993.

Paul R. Pillar, 《테러와 미국의 외교정책》(김열수 역), 국방대학교, 2001.

Robert J. Art, 《미국의 대전략》(이석중 역), 서울 : 나남, 2005.

Samuel P. Huntington, 《문명의 충돌》(이희재 역), 서울 : 김영사, 2000.

Seyom Brown, 《전쟁의 원인과 예방》(김병열 역), 국방대학교, 1995.

赤根谷達雄, 《신안전보장론》(김준섭 역), 국방대학교, 2004.

鳴春秋, 《대전략론》(안보문제연구소 역), 국방대학교, 2006.

Hans J. Morgenthar, "Another Great Debate: The National Interest of the United States," *American Political Science Review*, December, 1952.

Michael Howard & W. Roger, Louis ed, *The Oxford History of the Twentieth Century*, London: Oxford University Press, 1998.

Rober E. Oxgood, *Ideals and Self-Interest in American's Foreign Relatio*, Chicago: University of Chicago, 1953.

The Secretary of Defense (Pentagon Washington D.C.), Quadrennial Defense Review Report, 2006.

The White House, *A National Security Strategy for a New Century*, 1998~2000.

저자 조영갑

국방대학교 · 대진대학교 교수
한성대학교 국방과학대학원 교수
미국 캘리포니아 주립대학교 교환교수
합동군사대학교 명예교수
국방부장관 국방정책자문위원
통일부 통일교육위원
경남대학교 대학원 / 행정학 박사(정책학 전공)
연세대학교 대학원 / 행정학 석사
국방대학교 안보대학원 / 안보과정
육군대학 교관 / 행정부장
국방정신교육원 교수 / 처장 / 육군대령 예편
육군본부 작전참모부 / 화력담당관
제25사단 포병연대장 / 제27사단 제99포병대대장
학생군사학교 교육단장 / 교수부장
한국행정학회 · 한국정책학회 연구위원
한국군사학회 · 국가위기관리학회 이사
한국안보평론가협회 회장

주요 저서 및 논문

《국가안보론》
《국가위기관리론》
《민군관계와 국가안보》
《세계전쟁과 테러》
《전쟁사》
《국방심리전략과 리더십》
《한국민군관계론》
《현대무기체계론》
〈한국군 리더십 진단과 강화방안〉
〈고급제대 리더십과 민군관계〉
〈국방정책과 제도〉
〈국방정책과 군사전략〉
〈심리전략과 민군작전〉
〈군비통제정책〉
〈군대와 사회〉
〈통일한국이 강대국이 되는 통일안보정책 방향〉
〈한국군부의 정치참여 과정과 역할에 관한 연구: 1961~1972〉
〈한국직업군인의 복지증진을 위한 정책적 대응〉 외 다수 논문